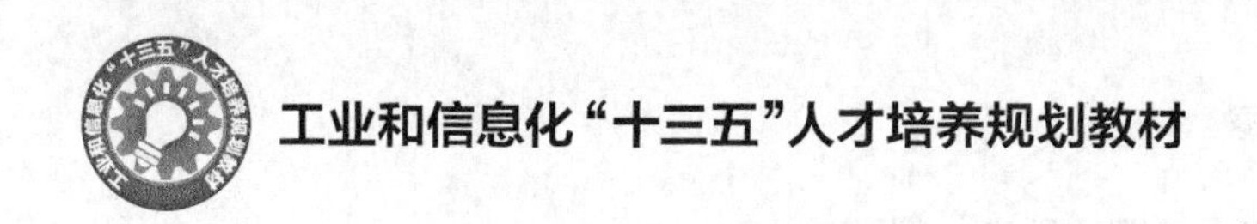

JavaScript前端开发案例教程

黑马程序员 编著

人民邮电出版社

北京

图书在版编目（CIP）数据

JavaScript前端开发案例教程 / 黑马程序员编著
. -- 北京 : 人民邮电出版社, 2018.2（2023.8重印）
工业和信息化“十三五”人才培养规划教材
ISBN 978-7-115-44318-2

Ⅰ. ①J… Ⅱ. ①黑… Ⅲ. ①JAVA语言－程序设计－高等学校－教材 Ⅳ. ①TP312.8

中国版本图书馆CIP数据核字(2017)第321095号

内容提要

JavaScript 是一种广泛应用于 Web 前端开发的脚本语言，具有简单、易学、易用的特点，用 JavaScript 开发网页可以增强网页的互动性，为用户提供实时的、动态的交互体验。

本书共分为 12 章，内容包括 JavaScript 快速入门、基本语法、数组、函数、对象、BOM、DOM、事件、正则表达式、Ajax、jQuery 和网页版 2048 小游戏。为了加深初学者对知识的领悟，本书在确保知识讲解系统、全面的基础上，还配备了精彩的案例，将多个知识点综合运用。

本书适合作为高等院校本、专科计算机相关专业的教材使用，也可作为 JavaScript 爱好者的参考书，是一本适合广大计算机编程爱好者学习参考的优秀读物。

◆ 编　　著　黑马程序员
责任编辑　范博涛
责任印制　马振武

◆ 人民邮电出版社出版发行　　北京市丰台区成寿寺路 11 号
邮编　100164　　电子邮件　315@ptpress.com.cn
网址　http://www.ptpress.com.cn
固安县铭成印刷有限公司印刷

◆ 开本：787×1092　1/16
印张：21.5　　　　2018 年 2 月第 1 版
字数：523 千字　　　　2023 年 8 月河北第 18 次印刷

定价：49.80 元

读者服务热线：(010)81055256　印装质量热线：(010)81055316
反盗版热线：(010)81055315
广告经营许可证：京东市监广登字20170147号

序言 FOREWORD

本书的创作公司——江苏传智播客教育科技股份有限公司（简称“传智教育”）作为第一个实现 A 股 IPO 上市的教育企业，是一家培养高精尖数字化专业人才的公司，公司主要培养人工智能、大数据、智能制造、软件、互联网、区块链、数据分析、网络营销、新媒体等领域的人才。公司成立以来紧随国家科技发展战略，在讲授内容方面始终保持前沿先进技术，已向社会高科技企业输送数十万名技术人员，为企业数字化转型、升级提供了强有力的人才支撑。

公司的教师团队由一批拥有 10 年以上开发经验，且来自互联网企业或研究机构的 IT 精英组成，他们负责研究、开发教学模式和课程内容。公司具有完善的课程研发体系，一直走在整个行业的前列，在行业内竖立起了良好的口碑。公司在教育领域有 2 个子品牌：黑马程序员和院校邦。

一、黑马程序员——高端 IT 教育品牌

“黑马程序员”的学员多为大学毕业后想从事 IT 行业，但各方面条件还不成熟的年轻人。“黑马程序员”的学员筛选制度非常严格，包括了严格的技术测试、自学能力测试，还包括性格测试、压力测试、品德测试等。百里挑一的残酷筛选制度确保了学员质量，并降低了企业的用人风险。

自“黑马程序员”成立以来，教学研发团队一直致力于打造精品课程资源，不断在产、学、研 3 个层面创新自己的执教理念与教学方针，并集中“黑马程序员”的优势力量，有针对性地出版了计算机系列教材百余种，制作教学视频数百套，发表各类技术文章数千篇。

二、院校邦——院校服务品牌

院校邦以“协万千名校育人、助天下英才圆梦”为核心理念，立足于中国职业教育改革，为高校提供健全的校企合作解决方案，其中包括原创教材、高校教辅平台、师资培训、院校公开课、实习实训、协同育人、专业共建、传智杯大赛等，形成了系统的高校合作模式。院校邦旨在帮助高校深化教学改革，实现高校人才培养与企业发展的合作共赢。

（一）为大学生提供的配套服务

1. 请同学们登录“高校学习平台”，免费获取海量学习资源。平台可以帮助高校学生解决各类学习问题。

高校学习平台

2. 针对高校学生在学习过程中的压力等问题，院校邦面向大学生量身打造了 IT 学习小助手——“邦小苑”，可提供教材配套学习资源。同学们快来关注“邦小苑”微信公众号。

“邦小苑”微信公众号

（二）为教师提供的配套服务

1. 院校邦为所有教材精心设计了“教案+授课资源+考试系统+题库+教学辅助案例”的系列教学资源。高校老师可登录“高校教辅平台”免费使用。

高校教辅平台

2.针对高校教师在教学过程中存在的授课压力等问题，院校邦为教师打造了教学好帮手——“传智教育院校邦”，教师可添加“码大牛”老师微信/QQ：2011168841，或扫描下方二维码，获取最新的教学辅助资源。

“传智教育院校邦”微信公众号

三、意见与反馈

为了让教师和同学们有更好的教材使用体验，您如有任何关于教材的意见或建议请扫码下方二维码进行反馈，感谢对我们工作的支持。

前 言　FOREWORD

JavaScript 是一种脚本语言，从诞生至今广泛应用于 Web 开发，可以实现网页的交互，为用户提供流畅美观的浏览效果。近几年，互联网行业对用户体验的要求越来越高，前端开发技术越来越受到重视，JavaScript 作为 Web 前端开发领域中举足轻重的一门语言，如何能够快速、全面、系统地了解并掌握它的应用，成为 Web 开发人员的迫切需求。

为什么要学习本书

本书面向具有网页（HTML、CSS）基础的人群，讲解如何将 JavaScript 与 HTML、CSS 相结合，开发交互性强的网页。通过先易后难、从简入繁、从基础到高级的阶梯方式逐步深入讲解，将 JavaScript 基础知识和应用技术进行了综合讲解。

本书遵循基础知识先行、实用案例辅助、综合项目护航的原则，按照学习的难易度以及先后顺序，采用“知识讲解 + 案例实践”的混合方式来安排全书的内容，及时有效地引导初学者将学过的内容串联起来，培养分析问题和解决问题的综合运用能力。本书将抽象的概念具体化，学到的知识实践化，让读者不仅理解和掌握基本知识，还能根据实际需求进行扩展与提高，达到“学用结合”的效果。

如何使用本书

本书讲解的内容主要包括 JavaScript 基本语法、数组、函数、对象、BOM、DOM、事件等基础知识，以及正则表达式、Ajax、jQuery 等扩展知识，最后还提供了一个综合性的实战项目——“2048”网页游戏开发。全书共分为 12 章，分别对每章进行简要的介绍，具体如下。

第 1 章主要讲解 JavaScript 的基本概念，包括 JavaScript 的由来、特点、应用等。为了帮助初学者快速体验 JavaScript 编程，本章铺垫了一些基础知识，如编程实现数学运算、比较两个数字大小等。考虑到初学者在学习过程中经常会遇到函数、对象、事件等陌生名词，本章对这些基本的概念进行了通俗易懂的讲解，让读者理解这些技术出现的原因，建立学习的目标感和方向感。

第 2～4 章分别围绕 JavaScript 基本语法、数组和函数进行深入的讲解，这部分内容是 JavaScript 编程的基本功，只有准确理解和熟练掌握了这部分内容，才能够解决实际开发中的一些基本需求。为了避免学习过程枯燥乏味，在课程中安排了九九乘法表、省份城市的三级联动、网页计算器等趣味案例，对重点知识进行强化练习，使学习情况得到即时反馈。

第 5 章主要讲解对象相关的内容。近年来出现了许多流行的 JavaScript 框架和模板引擎，从侧面反映了动态网页显示逻辑的开发逐渐从后端转向前端，这就对前端代码的可维护性、可扩展性提出了更高的要求。为此，本章讲解了 JavaScript 自定义对象、内置对象、代码调试、原型与继承等内容，通过学习这些课程，可以帮助读者提高代码编写的质量，为模块化开发、框架开发、团队协作开发等场景奠定基础。

第 6～8 章分别讲解 BOM、DOM 和事件，这些技术与浏览器和网页密切相关。诸如限时秒杀、定时跳转、购物车等交互功能的开发都离不开这些技术。开发人员甚至可以将贪吃蛇、俄罗斯方块这些经典游戏搬到网页上，将网页转变成支持用户操作的界面。

第 9 章讲解正则表达式的基本语法，以及在 JavaScript 中的使用。正则表达式经常用于对一些有规律的字符串进行处理。例如，验证用户填写的表单、查找和替换文本、抓取内容等。在实际开发中，通过正则表达式可以用简短的几行代码，完成原本可能需要几十甚至上百行代码的工作，极大地方便了对字符串的处理。

第 10 章讲解 Ajax 技术。Ajax 是 Web 开发中非常重要的一项技术，它使得客户端网页可以与服务器端进行异步通信。利用 Ajax 技术，可以在网页上开发在线聊天、自动接收消息、无刷新分页等需要与服务器通信的程序，而不需要安装任何额外的浏览器插件，极大增强了用户体验。

第 11 章讲解 jQuery 的使用。jQuery 是 JavaScript 开发中的利器，它简化了 DOM 操作，用更少的代码完成更多的功能。即使对于 JavaScript 基础非常薄弱的新手，也能通过 jQuery 轻松完成许多功能的开发。读者在掌握了 JavaScript 面向对象等课程后再来学习本章节，可以更好地理解 jQuery 的实现原理，借鉴 jQuery 的设计思想来编写简洁、高质量的代码。

第 12 章讲解了实战项目 2048 网页游戏的开发。游戏编程不仅有趣味性，也具有一定的难度，非常考验开发人员的技术功底。本章不仅完成了游戏所有功能逻辑的开发，对于代码也进行了合理的封装，为后期维护、修改和扩展提供便利。

在上面所列举的 12 章中，第 1～8 章是基础课程，主要帮助初学者奠定扎实的基本功；第 9～11 章是对扩展技术的讲解，这些章节内容比较复杂，希望初学者多加思考，认真完成书中所讲的每个案例；第 12 章的实战项目综合运用了前面的知识与技术，在完全掌握后，读者还可以尝试开发贪吃蛇、俄罗斯方块等其他类型的游戏。

在学习过程中，读者一定要亲自实践本书中的案例代码。如果不能完全理解书中所讲知识，读者可以登录高校学习平台，通过平台中的教学视频进行深入学习。学习完一个知识点后，要及时在高校学习平台上进行测试，以巩固学习内容。

另外，如果读者在理解知识点的过程中遇到困难，建议不要纠结于某个地方，可以先往后学习。通常来讲，通过逐渐地学习，前面不懂和疑惑的知识也就能够理解了。在学习编程的过程中，一定要多多动手实践，如果在实践的过程中遇到问题，建议多思考，理清思路，认真分析问题发生的原因，并在问题解决后总结出经验。

致谢

本书的编写和整理工作由传智播客教育科技股份有限公司完成，主要参与人员有吕春林、陈欢、韩冬、乔治铭、高美云、马丹、李东超、王金涛、刘晓强、韩振国等，全体人员在近一年的编写过程中付出了很多心血，在此表示衷心的感谢。

意见反馈

尽管我们付出了最大的努力，但书中难免会有不妥之处，欢迎各界专家和读者朋友们来函给予宝贵意见，我们将不胜感激。您在阅读本书时，如发现任何问题或有不认同之处可以通过电子邮件与我们取得联系。

请发送电子邮件至：itcast_book@vip.sina.com

黑马程序员

2017 年 12 月 1 日于北京

目 录　CONTENTS

1 Chapter

第1章 JavaScript 快速入门

JavaScript

学习目标

- 熟悉 JavaScript 的用途和发展状况
- 理解 JavaScript 与 ECMAScript 的关系
- 掌握 JavaScript 的基本使用方法

在 Web 前端开发中，HTML、CSS 和 JavaScript 是开发网页所必备的技术。在掌握了 HTML 和 CSS 技术之后，已经能够编写出各式各样的网页了，但若想让网页具有良好的交互性，JavaScript 是一个极佳的选择。本章将介绍 JavaScript 的基本概念，并通过实践案例来体验 JavaScript 编程。

1.1 初识 JavaScript

1.1.1 什么是 JavaScript

JavaScript 是 Web 开发领域中的一种功能强大的编程语言，主要用于开发交互式的 Web 页面。在计算机、手机等设备上浏览的网页，其大多数的交互逻辑几乎都是由 JavaScript 实现的。

对于制作一个网页而言，HTML、CSS 和 JavaScript 分别代表了结构、样式和行为，结构是网页的骨架，样式是网页的外观，行为是网页的交互逻辑，如表 1-1 所示。

表 1-1 比较 HTML、CSS 和 JavaScript

语言	作用	说明
HTML	结构	从语义的角度，描述页面结构
CSS	样式	从审美的角度，美化页面
JavaScript	行为	从交互的角度，提升用户体验

JavaScript 内嵌于 HTML 网页中，通过浏览器内置的 JavaScript 引擎直接编译，把一个原本只用来显示的页面，转变成支持用户交互的页面程序。

下面通过一些示例来展示 JavaScript 能够制作的页面效果，如图 1-1 所示。

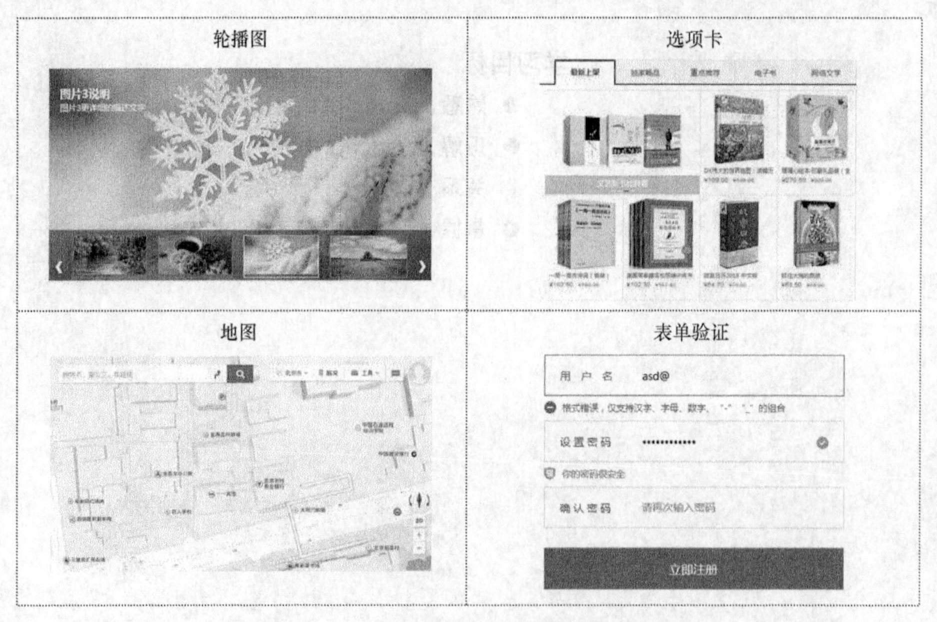

图1-1 JavaScript在网页中的应用

从图 1–1 中可以看出，网页中许多常见的交互效果，都可以利用 JavaScript 来实现。JavaScript 可以使网页的互动性更强，用户体验更好。

1.1.2　JavaScript 的由来

在 1995 年时，Netscape（网景）公司（现在的 Mozilla）的 Brendan Eich（布兰登·艾奇）在网景导航者浏览器上首次设计出了 JavaScript。Netscape 最初将这个脚本语言命名为 LiveScript，后来 Netscape 公司与 Sun 公司（2009 年被 Oracle 公司收购）合作之后将其改名为 JavaScript，这是由于当时 Sun 公司推出的 Java 语言备受关注，Netscape 公司为了营销借用了 Java 这个名称，但实际上 JavaScript 与 Java 的关系就像“大熊猫”与“小熊猫”，它们本质上是两种不同的编程语言。

在设计之初，JavaScript 是一种可以嵌入到网页中的编程语言，用来控制浏览器的行为。例如，直接在浏览器中进行表单验证，用户只有填写格式正确的内容后才能够提交表单，避免了因表单填写错误导致的反复提交，节省了时间和网络资源。

JavaScript 语言非常灵活，其语言特性也产生了一些不良的影响。例如，一些网站利用 JavaScript 制作网页上的漂浮广告、弹窗，让用户感到厌烦。甚至还有一些不怀好意的人，利用 Web 开发中的安全漏洞，在网页中编写恶意代码，窃取用户网站身份信息、传播病毒等。

尽管如此，JavaScript 仍然是 Web 开发中的一个不可或缺的技术。能否合理使用 JavaScript 取决于网站端正的态度和开发人员扎实的技术功底。人们更希望看到 JavaScript 推动 Web 技术的发展，造福每一位互联网用户。

今天的 JavaScript 承担了更多的责任，尤其是当 Ajax 技术兴起之后，浏览器和服务器可以进行异步交互了，网站的用户体验又得到了更大的提升。例如，当用户在百度的搜索框中输入几个字以后，网页会智能感知用户接下来要搜索的内容，如图 1–2 所示。这个效果的实现，离不开 JavaScript 编程。

图1–2　百度搜索框

另外，JavaScript 的用途已经不仅局限于浏览器了，Node.js 的出现使得开发人员能够在服务器端编写 JavaScript 代码，使得 JavaScript 的应用更加广泛，而本书主要针对浏览器端的 JavaScript 语言基础进行讲解，推荐读者在掌握语言基础后再学习更高级的技术。

1.1.3 JavaScript 的特点

1. JavaScript 是脚本语言

脚本（Script）简单地说就是一条条的文本命令，按照程序流程执行。常见的脚本语言有 JavaScript、VBScript、Perl、PHP、Python 等，而 C、C++、Java、C#这些语言不属于脚本语言。它们的区别在于，非脚本语言一般需要编译、链接，生成独立的可执行文件后才能运行；而脚本语言依赖于解释器，只在被调用时自动进行解释或编译。脚本语言缩短了传统语言“编写 → 编译→链接→运行”的过程。

脚本语言通常都有简单、易学、易用的特点，语法规则比较松散，使开发人员能够快速完成程序的编写工作，但其缺点是执行效率不如编译型的语言快。不过，由于计算机的运行速度越来越快，Web 应用的需求变化也越来越快，人们更加重视软件的开发速度，脚本语言带来的执行效率下降已经可以忽视了。

2. JavaScript 可以跨平台

JavaScript 语言不依赖操作系统，仅需要浏览器的支持。目前，几乎所有的浏览器都支持 JavaScript。在移动互联网时代，利用手机等各类移动设备上网的用户越来越多，JavaScript 的跨平台性使其在移动端也承担着重要的职责。例如，JavaScript 可以搭配 CSS3 编写响应式的网页，或者将网页模仿成移动 APP 的交互方式，使 APP 开发和更新的周期变短。JavaScript 还可以搭配 HTML5 中的 Canvas（画布）技术在网页上进行动画和游戏制作。

3. JavaScript 支持面向对象

面向对象是软件开发中的一种重要的编程思想，其优点非常多。例如，基于面向对象思想诞生了许多优秀的库和框架，可以使 JavaScript 开发变得快捷和高效，降低了开发成本。近几年，Web 前端开发技术日益受到重视，除了经典的 JavaScript 库 jQuery，又诞生了 Bootstrap、AngularJS、Vue.js、Backbone.js、React、webpack 等框架和工具。

1.1.4 JavaScript 与 ECMAScript 的关系

1996 年，网景公司在 Navigator 2.0 浏览器中正式内置了 JavaScript 脚本语言后，微软公司开发了一种与 JavaScript 相近的语言 JScript，内置于 Internet Explorer 3.0 浏览器发布。网景公司面临丧失浏览器脚本语言的主导权的局面，决定将 JavaScript 提交 Ecma 国际，希望 JavaScript 能够成为国际标准。

Ecma 国际（前身为欧洲计算机制造商协会）是一家国际性会员制度的信息和电信标准组织，该组织发布了 262 号标准文件（ECMA-262），规定了浏览器脚本语言的标准，并将这种语言称为 ECMAScript。JavaScript 和 JScript 可以理解为 ECMAScript 的实现和扩展。

2015 年，Ecma 国际发布了新版本 ECMAScript 2015（人们习惯称为 ECMAScript 6、ES6），相比前一个版本做出了大量的改进。考虑到仍然有很多用户还在使用旧版本的浏览器，为了保证网页的兼容性，不建议开发人员使用这些新特性。但为了顺应技术更新，本书在讲解时也会为大家补充介绍一些关于 ES6 的新技术。

1.2 开发工具

JavaScript 的开发工具主要包括浏览器和代码编辑器两种软件。浏览器用于执行、调试 JavaScript 代码，代码编辑器用于编写代码。本节将针对这两种开发工具进行讲解。

1.2.1 浏览器

浏览器是访问互联网中各种网站所必备的工具。由于浏览器的种类、版本比较多，作为 JavaScript 开发人员需要解决各种浏览器的兼容性，确保用户使用的浏览器能够准确执行自己编写的程序。表 1–2 列举了几种常见的浏览器及其特点。

表 1-2 常见浏览器

开发商	浏览器	特点
Microsoft	Internet Explorer	Windows 操作系统的内置浏览器，用户数量较多
	Microsoft Edge	Windows 10 操作系统提供的浏览器，速度更快、功能更多
Google	Google Chrome	目前市场占有率较高的浏览器，具有简洁、快速的特点
Mozilla	Mozilla Firefox	一款优秀的浏览器，但市场占有率低于 Google Chrome
Apple	Safari	主要应用在苹果 iOS、macOS 操作系统中的浏览器

在表 1–2 列举的浏览器中，Internet Explorer 浏览器的常见版本有 6、7、8、9、10、11。其中 6、7、8 发布时间较早，用户数量多，但兼容性和执行效率稍微低一些。本书选择各方面比较优秀的 Google Chrome 浏览器进行讲解。

面对市面上众多的浏览器，开发人员如何掌控程序的兼容性呢？实际上，许多浏览器都使用了相同的内核，了解其内核就能对浏览器有一个清晰的归类。浏览器内核分成两部分：排版引擎和 JavaScript 引擎。排版引擎负责将取得的网页内容（如 HTML、CSS 等）进行解析和处理，然后显示到屏幕中。JavaScript 引擎用于解析 JavaScript 语言，通过执行代码来实现网页的交互效果。下面分别介绍一些常见的排版引擎和 JavaScript 引擎。

1. 排版引擎

（1）Trident

Trident 是 Internet Explorer（IE）浏览器使用的引擎。Trident 在 Windows 操作系统中被设计为一个功能模块，使得其他软件的开发人员可以便捷地将网页浏览功能加入到其开发的应用程序里。

国内很多的双核浏览器提供了“兼容模式”，该模式便是使用了 Trident 引擎。其代表软件有遨游、世界之窗、QQ 浏览器、猎豹安全浏览器、360 安全浏览器、360 极速浏览器等。

（2）EdgeHTML

微软公司在 Windows 10 操作系统中提供了一个新的浏览器 Microsoft Edge，其最显著的特点是使用了新引擎 EdgeHTML。EdgeHTML 在速度方面有了极大的提升，在 Trident 基础上删除了过时的旧技术支持代码，增加了许多对现代浏览器的技术支持。

（3）Gecko

Gecko 是 Mozilla FireFox（火狐浏览器）使用的引擎，其特点是源代码完全公开，可开发程度很高，全世界的程序员都可以为其编写代码、增加功能。Gecko 原本是由网景公司开发的，现在由 Mozilla 基金会维护。Gecko 是跨平台的，支持在 Windows、Linux 和 macOS 等操作系统上运行。

（4）WebKit

WebKit是一个开放源代码的浏览器引擎，其所包含的WebCore 排版引擎和JavaScriptCore引擎来自于 KDE 项目组的 KHTML 和 KJS。苹果公司采用了 KHTML 作为开发 Safari 浏览器的引擎后，衍生出了 WebKit 引擎，并按照开源协议开放了 WebKit 的源代码。WebKit 具有高效稳定、兼容性好、源码结构清晰、易于维护的特点。Google Chrome 浏览器也曾经使用过 WebKit 引擎。

（5）Blink

Blink 是一个由 Google 公司和 Opera Software ASA 开发的浏览器排版引擎，Google 公司将这个引擎作为开源浏览器 Chromium 项目的一部分。Blink 是 WebKit 中 WebCore 组件的一个分支，并且在 Chrome（28 及后续版本）、Opera（15 及后续版本）等浏览器中使用。

目前国内大部分浏览器都采用了 WebKit 或 Blink 内核，一些双核浏览器将其作为“急速模式”的内核。在移动设备中，iPhone 和 iPad 等苹果 iOS 平台使用 Webkit 内核；Android 4.4 之前的 Android 系统浏览器内核是 Webkit，在 Android 4.4 系统中更改为 Blink。

2. JavaScript 引擎

（1）Chakra

Chakra 是微软公司在 IE 9~11、Microsoft Edge 等浏览器中使用的 JavaScript 引擎。目前，该引擎的核心部分已经开源，其开源版本称为 ChakraCore。

（2）SpiderMonkey

SpiderMonkey 是 Mozilla 项目中的一个 JavaScript 引擎，主要用于 Firefox 浏览器。其后又发布了 TraceMonkey、JaegerMonkey、IonMonkey、OdinMonkey 等改进版引擎，提高了性能。

（3）Rhino

Rhino 是 Mozilla 项目中的一个使用 Java 语言编写的 JavaScript 引擎，它被作为 Java SE6 上的默认 JavaScript 引擎，主要用于为 Java 执行环境提供 JavaScript 的支持。

（4）JavaScriptCore

JavaScriptCore 是苹果在 Safari 浏览器使用的 JavaScript 引擎。

（5）V8

V8 是 Google 为 Chrome 浏览器开发的 JavaScript 引擎，具有较快的执行速度。V8 非常受欢迎，其他一些软件也整合了 V8 引擎，如 Node.js。

1.2.2 代码编辑器

工欲善其事，必先利其器，一款优秀的开发工具能够极大提高程序开发效率与体验。在 Web 前端开发中，常用的编辑工具有 Notepad++、Sublime Text、WebStorm 等，下面介绍这些编辑工具的特点。

1. Notepad++

Notepad++是一款在 Windows 环境下免费开源的代码编辑器，支持的语言包括 HTML、CSS、JavaScript、XML、PHP、Java、C/C++、C#等。

2. Sublime Text

Sublime Text 是一个轻量级的代码编辑器，具有友好的用户界面，支持拼写检查、书签、自定义按键绑定等功能，还可以通过灵活的插件机制扩展编辑器的功能，其插件可以利用 Python 语言开发。Sublime Text 是一个跨平台的编辑器，支持 Windows、Linux、macOS 等操作系统。

3. NetBeans

NetBeans 是由 Sun 公司建立的开放源代码的软件开发工具，可以在 Windows、Linux、和 macOS 平台上进行开发，是一个可扩展的开发平台。NetBeans 开发环境可提供代码编写、调试、跟踪、语法高亮、语法检查、格式化代码风格等功能，还可以通过插件扩展更多功能。

4. HBuilder

HBuilder 是由 DCloud（数字天堂）推出的一款支持 HTML5 的 Web 开发编辑器，在前端开发、移动开发方面提供了丰富的功能和贴心的用户体验。HBuilder 具有较全的语法库和浏览器兼容数据，还为基于 HTML5 的移动端 App 开发提供了良好的支持。

5. Adobe Dreamweaver

Adobe Dreamweaver 是一个集网页制作和网站管理于一身的所见即所得网页编辑器，用于帮助网页设计师提高网页制作效率，降低网页开发的难度和 HTML、CSS 的学习门槛。但缺点是可视化编辑功能会产生大量冗余的代码，而且不适合开发结构复杂、需要大量动态交互的网页。

6. WebStorm

WebStorm 是 JetBrains 公司推出的一款 Web 前端开发工具，JavaScript、HTML5 开发是其强项，支持许多流行的前端技术，如 jQuery、Prototype、Less、Sass、AngularJS、ESLint、webpack 等。

在上述 6 种编辑工具中，Notepad++的特点是小巧，占用资源少，非常适合初学者使用。本书选择使用 Notepad++进行代码编写，其软件界面如图 1-3 所示。

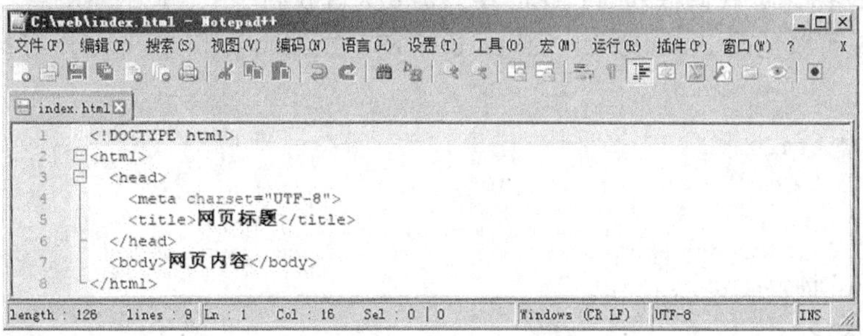

```
<!DOCTYPE html>
<html>
  <head>
    <meta charset="UTF-8">
    <title>网页标题</title>
  </head>
  <body>网页内容</body>
</html>
```

图1-3 Notepad++编辑器

1.2.3 【案例】第一个 JavaScript 程序

在初步了解 JavaScript 的基本概念和开发工具以后，相信大家已经迫不及待地想要使用 JavaScript 语言来编写网页程序了。那么，接下来就开始动手体验第一个 JavaScript 程序吧。

1. 创建网页文件并设置编码

使用代码编辑器创建一个 hello.html 文件，并设置文件的编码格式。这里推荐大家使用 UTF-8 编码，这是目前网页开发中普遍使用的字符编码，可以支持世界上大部分的语言文字。

以 Notepad++编辑器为例，将文件设置为 UTF-8 无 BOM 格式的方法，如图 1-4 所示。

图1-4 设置编码格式

在编码格式中，BOM（Byte Order Mark）是指字节顺序标记，它会在文件头部占用 3 个字节，用来标识文件的编码格式。对于 HTML 网页，不需要通过 BOM 来识别编码，因此推荐选择无 BOM 格式。

2. 编写一个简单的网页

设置编码后，编写一个简单的网页，具体示例如下。

```
1  <!DOCTYPE html>
2  <html>
3    <head>
4      <meta charset="UTF-8">
5      <title>网页标题</title>
6    </head>
7    <body>网页内容</body>
8  </html>
```

在上述代码中，第 4 行声明了网页的编码为 UTF-8，帮助浏览器正确识别网页的编码格式。

3. 将 JavaScript 嵌入到 HTML 中

为了将 JavaScript 代码嵌入到 HTML 中，需要为其找到一个合适的落脚点。通过 HTML 中的<script>标签可以包裹 JavaScript 代码，通常将其放到<head>或<body>等标签中，具体示例如下。

```
1  <!DOCTYPE html>
2  <html>
3    <head>
4      <meta charset="UTF-8">
5      <title>网页标题</title>
6      <script>
7        alert('第一个 JavaScript 程序！');
8      </script>
9    </head>
10   <body>网页内容</body>
11 </html>
```

在上述代码中，第 6～8 行就是嵌入到 HTML 中的 JavaScript 代码，这段代码用于弹出一个警告框。第 7 行是一条 JavaScript 语句，其中分号“;”表示该语句结束，后面可以编写下一条语句。

4. 测试网页程序

使用浏览器打开 hello.html 文件，会看到 JavaScript 代码的运行结果，如图 1-5 所示。

图1-5 查看运行结果

从图 1-5 中可以看出，JavaScript 代码已经执行了，此时单击警告框上的“确定”按钮，就可以关闭警告框，显示网页内容。

在编写 JavaScript 代码时，应注意基本的语法规则，避免程序出错。具体如下。

① JavaScript 严格区分大小写，在编写代码时一定注意大小写的正确性。例如，将案例代码中的 alert 改为 ALert，则警告框将无法弹出。

② JavaScript 代码对空格、换行、缩进不敏感，一条语句可以分成多行书写。例如，将 alert 后面的“(”换到下一行，程序依然正确执行。

③ 如果一条语句结束后，换行书写下一条语句，后面的分号可以省略。但是在实际开发中，保持良好的代码风格是很重要的，建议每一条语句都加上分号结束。

1.3 JavaScript 入门

JavaScript 语言有许多语法概念，如函数、对象、事件等，这些内容相对复杂、关联性强，这就需要对这种语言特性有一个准确的理解和掌握。为了让初学者更顺利地学习这些课程，本节将为大家提前铺垫这些内容，在有了基本的认识之后，学习后面的内容就水到渠成了。

1.3.1 JavaScript 引入方式

在网页中编写 JavaScript 时，可以通过嵌入式、外链式和行内式这 3 种方式来引入 JavaScript 代码。下面针对这 3 种方式分别进行讲解。

1. 嵌入式

嵌入式就是使用<script>标签包裹 JavaScript 代码，直接编写到 HTML 文件中，具体示例如下。

```
<script>
   JavaScript 语句;
</script>
```

```
<script type="text/javascript">
   JavaScript 语句;
</script>
```

上述示例演示了两种书写方式，其中<script>标签的 type 属性用于告知浏览器脚本的类型，由于 HTML5 中该属性的默认值为“text/javascript”，因此在编写时可以省略 type 属性。

2. 外链式

外链式是指将 JavaScript 代码保存到一个单独的文件中，通常使用“js”作为文件的扩展名，然后使用<script>标签的 src 属性引入文件，具体示例如下。

HTML 文件

```
……
<script src="js/test.js"></script>
……
```

js/test.js 文件

```
……
alert('Hello');
……
```

通过示例可以看出，src 属性是一个文件路径或 URL 地址，可以指定为如下形式。

① 相对路径："js/test.js" 引入当前目录下的 js 子目录中的 test.js 文件；"../js/test.js" 引入上级目录下的 js 子目录中的 test.js 文件。

② 绝对路径："/js/test.js" 引入网站根目录下的 js 子目录中的 test.js 文件；如果网页在本地，可以通过 "file:///C:/js/test.js" 引入本地文件。

③ URL 地址：如 "http://js.test/file.js"；若自动使用当前页面协议，可写为 "//js.test/file.js"。

在实际开发中，当需要编写大量、逻辑复杂、特有功能的 JavaScript 代码时，推荐大家使用外链式。相比嵌入式，外链式的优势可以总结为以下 3 点。

① 嵌入式会导致 HTML 与 JavaScript 代码混合在一起，不利于修改和维护。

② 嵌入式会增加 HTML 文件的体积，影响网页本身的加载速度，而外链式可以利用浏览器缓存提高速度。例如，在多个页面中引入了相同的 js 文件时，打开第 1 个页面后，浏览器就将 js 文件缓存下来，下次打开其他页面时就不用重新下载 js 文件了。

③ 外链式有利于分布式部署。网页中链接的 js、css、图片等静态文件可以部署到 CDN 服务器上，利用 CDN 的优势加快下载速度。

3. 行内式

行内式是将 JavaScript 代码作为 HTML 标签的属性值使用。例如，在单击 "test" 按钮时，弹出一个警告框提示 "Hello"，具体示例如下。

```
<a href="javascript:alert('Hello');">test</a>
```

JavaScript 还可以写在 HTML 标签的事件属性中，事件是 JavaScript 中的一种机制。例如，单击网页中的一个按钮时，就会触发按钮的单击事件，具体示例如下。

```
<input type="button" onclick="alert('Hello');" value="test">
```

上述代码实现了单击 "test" 按钮时，弹出一个警告框提示 "Hello"。

由于现代网页开发提倡结构、样式、行为的分离，即分离 HTML、CSS、JavaScript 三部分的代码，避免直接写在 HTML 标签的属性中，从而更有利于维护。因此在实际开发中不推荐使用行内式。

多学一招：JavaScript 异步加载

在引入 JavaScript 代码时，无论使用内嵌式还是外链式，页面的下载和渲染都会暂停，等待脚本执行完成后才会继续。对于外链式，由于页面加载脚本文件会阻塞其他资源的下载，因此对于不需要提前执行的代码，将<script>标签放在<body>标签的底部，可以减少对整个页面下载的影响。

为了降低 JavaScript 阻塞问题对页面造成的影响，可以使用 HTML5 为<script>标签新增的两个可选属性：async 和 defer，下面分别介绍其作用。

（1）async

async 用于异步加载，即先下载文件，不阻塞其他代码执行，下载完成后再执行。

```
<script src="http://js.test/file.js" async></script>
```

（2）defer

defer 用于延后执行，即先下载文件，直到网页加载完成后再执行。

```
<script src="http://js.test/file.js" defer></script>
```

添加 async 或 defer 属性后，即使文件下载失败，也不会阻塞后面的 JavaScript 代码执行。

1.3.2　常用输出语句

利用输出语句可以输出一段代码的执行结果，在学习 JavaScript 的过程中会经常用到输出语句。因此，接下来为大家介绍 3 个常用的输出语句。

1. alert()

alert()用于弹出一个警告框，确保用户可以看到某些信息，在前面的示例中已经演示过。利用 alert()可以很方便地输出一个结果，经常用于测试程序。

2. console.log()

console.log()用于在浏览器的控制台中输出内容。例如，在 hello.html 中编写如下代码。

```
console.log('你好！');
```

使用 Chrome 浏览器打开 hello.html，按 F12 键（或在网页空白区域单击鼠标右键，在弹出的菜单中选择“检查”）启动开发者工具，然后切换到 Console 控制台选项卡，如图 1-6 所示。

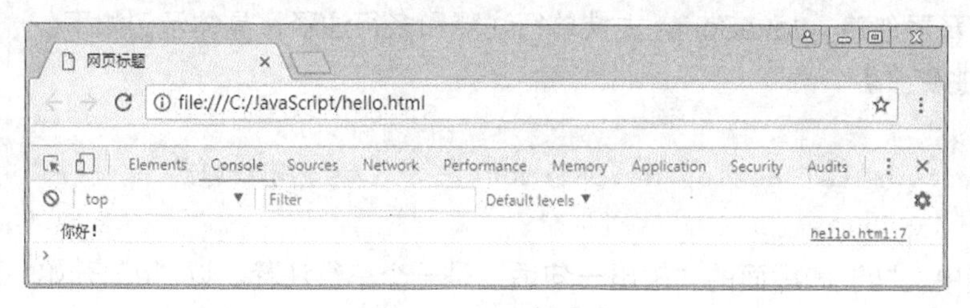

图1-6　浏览器控制台

从图 1-6 中可以看出，控制台显示了输出结果“你好!”，右边的“hello.html:7”表示输出的代码来自于 hello.html 文件中的第 7 行。

3. document.write()

document.write()用于在 HTML 文档页面中输出内容，具体示例如下。

```
document.write('你好！');
```

接下来通过例 1-1 来演示 document.write()的使用方法。

【例 1-1】demo01.html

```
1  <!DOCTYPE html>
2  <html>
3    <head>
4      <meta charset="UTF-8">
5      <title>网页标题</title>
```

```
6      <script>document.write('<b>这是加粗文本</b>');</script>
7    </head>
8    <body>
9      这是<script>document.write('内嵌文本');</script>
10   </body>
11 </html>
```

通过浏览器测试，运行结果如图 1-7 所示。

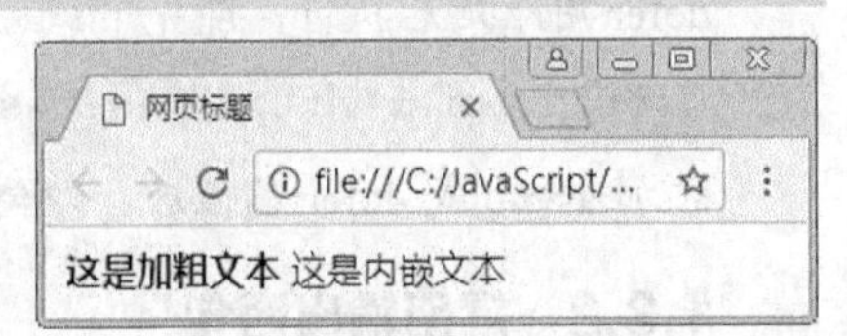

图1-7 在网页中输出内容

从运行结果可以看出，document.write()的输出内容中如果含有 HTML 标签，会被浏览器解析。如果在<body>标签内嵌入 JavaScript 代码，就可以在指定位置输出内容。

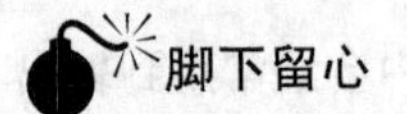

若输出的内容中包含 JavaScript 结束标记，会导致代码提前结束，具体示例如下。

```
<script>
  document.write('<script>alert(123);</script>');
</script>
```

通过浏览器测试上述代码，会发现警告框没有弹出，程序出错。这是因为第 2 行代码中的</script>被当成结束标记。若要解决这个问题，可在“/”前面加上“\”转义，即“<\/script>”。

1.3.3 注释

在 JavaScript 开发过程中，使用注释是为了便于代码的可读性，它在程序解析时会被 JavaScript 解释器忽略。JavaScript 支持单行注释和多行注释，具体示例如下。

1. 单行注释“//”

```
<script>
  document.write('Hello, JavaScript');    // 输出一句话
</script>
```

上述示例中，“//”和后面的“输出一句话”是一个单行注释。以“//”开始，到该行结束或 JavaScript 标记结束之前的内容都是注释。

2. 多行注释“/* */”

```
<script>
  /*
    alert('Hello, JavaScript');
    console.log('1234');
  */
</script>
```

上述示例中，“/*”和“*/”之间的内容为多行注释，多行注释以“/*”开始，以“*/”结束。同时，多行注释中可以嵌套单行注释，但不能再嵌套多行注释。

1.3.4 数据与运算

1. 数学运算

JavaScript 支持加（+）减（-）乘（*）除（/）四则运算，具体示例如下。

```
alert(220 + 230);                  // 输出结果：450
alert(2 * 3 + 25 / 5 - 1);        // 输出结果：10
alert(2 * (3 + 25) / 5 - 1);      // 输出结果：10.2
```

通过示例可以看出，程序会按照先乘除后加减的规则进行运算，利用小括号可以改变优先顺序。

2. 比较两个数字的大小

通过比较运算符可以比较两个数字的大小，具体示例如下。

```
alert(22 > 33);            // 输出结果：false
alert(22 < 33);            // 输出结果：true
alert(22 == 33);           // 输出结果：false
alert(22 == 22);           // 输出结果：true
```

从上述示例可以看出，比较的结果是 true 或 false，这是一种布尔类型的值，表示真和假。如果比较结果为 true，表示成立；如果比较结果为 false，表示不成立。

3. 使用字符串保存数据

当需要在警告框中输出“Hello”时，为了在代码中保存“Hello”这个数据，就需要用到字符串这种数据类型。在 JavaScript 中，使用单引号或双引号包裹的数据是字符串，具体示例如下。

```
alert('Hello');      // 单引号字符串
alert("Hello");      // 双引号字符串
```

4. 比较两个字符串是否相同

使用“==”运算符可以比较两个字符串是否相同，具体示例如下。

```
alert('22' == '22');     // 输出结果：true
alert('22' == '33');     // 输出结果：false
```

5. 字符串与数字的拼接

使用“+”运算符操作两个字符串时，表示字符串拼接，具体示例如下。

```
alert('220' + '230');                         // 输出结果：220230
```

若其中一个是数字，则表示将数字与字符串拼接，示例代码如下。

```
alert('220 + 230 = ' + 220 + 230);          // 输出结果：220 + 230 = 220230
```

通过输出结果可以看出，字符串会与相邻的数字拼接。如果需要先对“220 + 230”进行计算，应使用小括号提高优先级，示例代码如下。

```
alert('220 + 230 = ' + (220 + 230));      // 输出结果：220 + 230 = 450
```

6. 根据比较结果执行不同的代码

if...else 语句用于需要根据比较的结果，来执行不同的代码，具体示例如下。

```
if (22 > 33) {
  alert(true);              // 判断成立时执行此语句
} else {
  alert(false);             // 判断不成立时执行此语句
}
```

上述代码执行后，输出结果为 false。若将“22 > 33”改为“22 < 33”，则输出结果为 true。

7. 使用变量保存数据

当一个数据需要多次使用时，可以利用变量将数据保存起来。变量是保存数据的容器，每一个变量都有唯一的名称，通过名称可以访问其保存的数据。

下面演示如何使用 var 关键字来声明变量，然后利用变量进行运算，具体示例如下。

```
var num1 = 22;            // 使用名称为 num1 的变量保存数字 22
var num2 = 33;            // 使用名称为 num2 的变量保存数字 33
alert(num1 + num2);       // 输出结果：55
alert(num1 - num2);       // 输出结果：-11
```

在上述示例中，var 关键字后面的 num1、num2 是变量名，“=”用于将右边的数据赋值给左边的变量。通过变量保存数据后，就可以进行运算了。

变量的值可以被修改。接下来在上述示例的基础上继续编写代码，实现交换两个变量的值。

```
var temp = num1;          // 将变量 num1 的值赋给变量 temp
num1 = num2;              // 将变量 num2 的值赋给变量 num1
num2 = temp;              // 将变量 temp 的值赋给变量 num2
alert('num1 = ' + num1 + ', num2 = ' + num2); // 输出结果：num1 = 33, num2 = 22
```

通过输出结果可以看出，变量 num1 和 num2 的值已经交换成功了。由于直接将 num1 和 num2 互相赋值，会导致其中一个变量的值丢失，因此需要使用第 3 个变量 temp 临时保存其中一个变量的值。

1.3.5 函数

1. 函数的用途

当程序的代码量达到一定规模时，阅读和修改会变得非常吃力，这时候人们发现，代码只有模块化、组件化，才能更好地维护。因此，在程序设计中，会将一些常用的功能模块编写成函数，通过调用一个个的函数来完成任务，既减少了重复的代码，又能使代码编写更加有条理。

前面用到的 alert()就是一个函数，alert 是函数名称，小括号用于接收输入的参数。“alert(123)”表示将数字 123 传入给 alert()函数。函数执行后就会弹出一个警告框，并将 123 显示出来。

由此可见，函数用来封装一些经常用到的代码，封装之后，用户只需关注函数的输入、输出和造成的影响，即使不知道函数内部的处理过程，也不会影响函数正常的使用。

2. 函数的返回值

函数执行后可以返回一个表示执行结果的值，下面以 prompt()函数为例进行演示。

```
var name = prompt('请输入你的名字：');     // 弹出一个输入框，提示用户输入内容
alert('你的名字是：' + name);               // 输出用户输入的内容
```

通过浏览器测试，运行结果如图 1-8 所示。

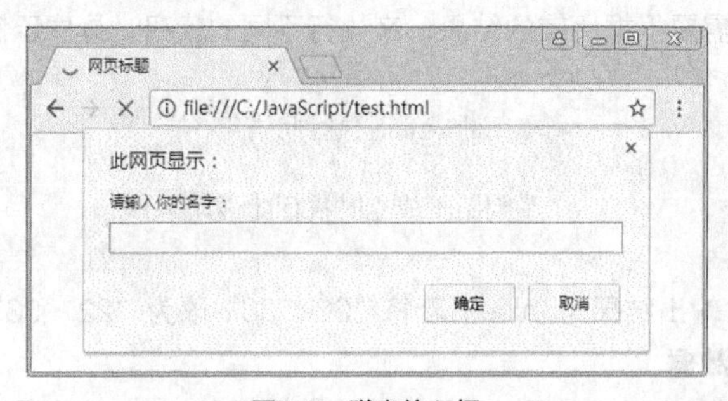

图1-8 弹出输入框

如果用户单击输入框的“取消”按钮，prompt()函数返回 null；如果单击“确认”按钮，prompt()函数返回用户输入的文本。返回后，使用变量 name 保存，然后利用 alert()输出了变量 name 的值，实现将用户输入的内容通过警告框显示出来。

根据每个人不同的编写习惯，示例中的代码还可以简化为一行，即省略 name 变量，直接将 prompt()的返回值与字符串拼接，具体示例如下。

```
alert('你的名字是：' + prompt('请输入你的名字：'));
```

3. 函数的参数

在调用函数时，有些函数支持传入一个或多个参数，多个参数可使用逗号分隔。例如，prompt()函数的第 2 个参数用于设置弹出的输入框中的默认文本，具体示例如下。

```
prompt('请输入你的名字：', '匿名');
```

通过浏览器测试，效果如图 1-9 所示。

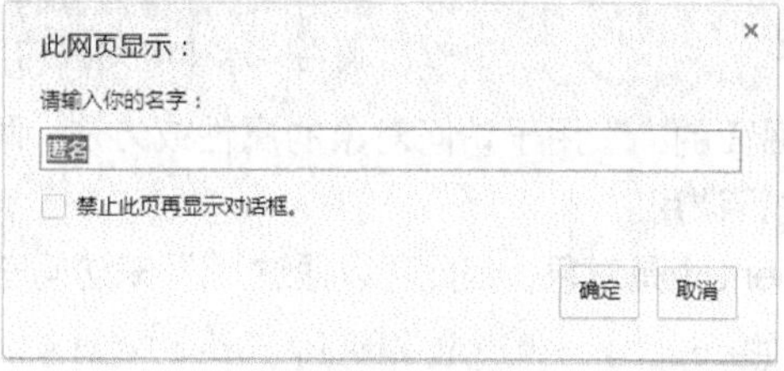

图1-9　设置输入框中的默认文本

4. 自定义函数

除了直接调用 JavaScript 内置的函数，用户还可以自己定义一些函数，用于封装代码。下面演示定义一个简单的求和函数 sum()，具体示例如下。

```
// 定义函数
function sum(a, b) {
  var c = a + b;            // 函数内部的代码
  return c;                 // 函数的返回值（也可以与上一行合并为 return a + b;）
}
// 调用函数
alert(sum(11, 22));       // 输出结果：33
alert(sum(22, 33));       // 输出结果：55
```

在上述代码示例中，function 是定义函数使用的关键字，sum 是函数名，小括号中的变量 a 和 b 用于保存函数调用时传递的参数，return 关键字用于将函数的处理结果返回。在完成函数的定义后，其调用方式与内置函数相同。

1.3.6 对象

1. 对象的用途

编写程序如同开一家公司，一开始可能只有几个员工，当公司的规模增大、业务增多时，对于人员的管理就非常重要，这就需要为公司划分部门。划分之后，每个部门都有明确的工作职责，最高领导不用亲自指挥所有的员工，而是以部门为单位指挥工作，部门领导再将工作细化到每个员工，这样就减少了高层领导的工作负担，将更多的时间放在宏观层面的战略上。

在程序中划分对象，如同在公司中划分部门。一个对象的成员由属性和方法组成，属性就是一些变量，可以用来保存部门的名称、人数等基本信息；方法就是一些函数，可以用来保存部门的各种工作任务。当最高领导指挥这些部门时，通过访问对象的属性来获取信息，通过调用对象的方法来完成工作。

2. window 对象

window 对象是 JavaScript 与浏览器之间交互的主要接入点，提供了用于 JavaScript 脚本控制浏览器的一些接口，利用这些接口可以实现弹出警告框、输入框，或者更改网页文档内容等效果。

在前面用过的 console 和 document 是 window 对象的属性，alert()、prompt()是 window 对象的方法。其完整的写法如下。

```
window.console;                    // 访问 window 对象的 console 属性
window.document;                   // 访问 window 对象的 document 属性
window.alert('test');              // 调用 window 对象的 alert()方法
window.prompt('test');             // 调用 window 对象的 prompt()方法
```

上述代码中，window 后面的“.”用于访问对象的属性或方法，两者通过有无小括号来区分，有小括号表示可作为方法进行调用。

由于 console 和 document 也是对象，因此可以通过“.”来访问它们的成员，具体示例如下。

```
window.console.log('test');       // 调用 console 对象的 log()方法
window.document.write('test');    // 调用 document 对象的 write()方法
```

从上述代码可以看出，log()是 console 对象的方法，write()是 document 对象的方法。

3. document 对象

document 对象是 window 对象的属性之一，主要用于与网页文档进行交互。当通过 JavaScript 访问或修改网页中的某个元素时，需要先利用 document 对象提供的方法，根据元素的标签名（如 div、span 等）或元素的属性（如 id、class、name）来获取一个元素对象，然后再使用这个对象的属性、方法来进行操作。下面的代码演示了如何获取一个 id 属性值为 test 的 div 元素的内容。

```
<body>
  <div id="test">Hello</div>
  <script>
    var test = document.getElementById('test');  // 根据元素 id 获取元素对象
    alert(test.innerHTML);  // 通过 innerHTML 属性获取元素内容，输出结果：Hello
  </script>
</body>
```

在上述代码中，document 对象的 getElementById()方法用于根据元素的 id 属性获取对象，其返回的是一个元素对象，该对象的 innerHTML 属性表示元素的 HTML 内容。通过 alert()输出 test 对象的 innerHTML 属性，即可获取到元素的内容。

关于 document 对象和元素对象的具体内容会在 DOM 章中详细讲解。

4. String 对象

对象在 JavaScript 中几乎无处不在，在代码中直接定义的字符串，就可以作为对象来使用。一个对象包含了多个属性和方法，用来获取信息或进行处理，具体示例如下。

```
var str = 'apple';                    // 定义一个字符串
alert(str.length);                    // 获取字符串长度，输出结果：5
alert(str.toUpperCase());             // 获取转换大写后的结果，输出结果：APPLE
alert('aa'.toUpperCase());            // 直接调用字符串的成员方法，输出结果：AA
```

从上述代码可以看出，任何一个字符串对象都拥有 length 属性和 toUpperCase()方法，这是因为它们都是基于同一个模板创建的。另外，字符串对象还有许多其他的属性和方法，用于对字符串进行处理，将会在后面的章节为大家讲解。

5. 自定义对象

除了直接使用 JavaScript 中的内置对象，用户也可以自己创建一个自定义对象，并为对象添加属性和方法。下面通过代码演示自定义对象的创建和使用。

```
// 创建对象
var stu = {};                     // 创建一个名称为 stu 的空对象
// 添加属性
stu.name = '小明';                // 为 stu 对象添加 name 属性
stu.gender = '男';                // 为 stu 对象添加 gender 属性
stu.age = 18;                     // 为 stu 对象添加 age 属性
// 访问属性
alert(stu.name);                  // 访问 stu 对象的 name 属性，输出结果：小明
// 添加方法
stu.introduce = function () {
  return '我叫' + this.name + '，今年' + this.age + '岁。';
};
// 调用方法
alert(stu.introduce());           // 输出结果：我叫小明，今年 18 岁
```

从上述代码可以看出，使用大括号“{}”即可创建一个自定义的空对象，创建后通过赋值的方式可以为对象添加成员。如果赋值的是一个可调用的函数，则表示添加的是方法，否则表示添加的是属性。

在 stu 对象的 introduce()方法中，this 表示当前对象（this 相当于 stu）。通过 this 来访问当前对象的属性或方法，可以使对象内部的代码不依赖于对象外部的变量名，当对象的变量名被修改时，不影响对象内部的代码。

1.3.7 事件

事件是指可以被 JavaScript 侦测到的交互行为，如在网页中滑动、单击鼠标，滚动屏幕，敲击键盘等。当发生事件以后，可以利用 JavaScript 编程来执行一些特定的代码，从而实现网页的交互效果。

在前面讲解 JavaScript 引入方式时已经演示过，如何为一个按钮添加单击事件，具体示例如下。

```
<input type="button" onclick="alert('Hello');" value="test">
```

由于在开发中提倡 JavaSript 代码与 HTML 代码分离，因此该方法并不推荐。所以在学习对象以后，可以通过元素对象来添加事件，具体示例如下。

```
<body>
  <input id="btn" type="button" value="test">
```

```
    <script>
      document.getElementById('btn').onclick = function() {
        alert(this.value);  // 获取按钮的 value 属性，输出结果：test
      };
    </script>
  </body>
```

上述代码中，通过 getElementById()创建元素对象以后，为该对象设置了 onclick 事件，当 JavaScript 检测到鼠标单击 id 为 btn 的按钮时自动执行。在 onclick 事件中，this 表示当前发生事件的元素对象，通过该对象的 value 属性可以获取元素在 HTML 中的 value 属性值。

JavaScript 中的事件还有很多，如 onload、onmouseover 等，具体会在事件章中详细讲解。

1.3.8 【案例】改变网页背景色

在学习了 JavaScript 的入门知识以后，下面开发一个简单的 JavaScript 程序，实现单击网页中的按钮改变网页的背景色。具体示例如下。

```
1  <!DOCTYPE html>
2  <html>
3    <head>
4      <meta charset="UTF-8">
5      <title>改变网页背景色</title>
6      <script>
7        function color(str) {
8          document.body.style.backgroundColor = str;
9        }
10     </script>
11   </head>
12   <body>
13     <input type="button" value="设为红色" onclick="color('red')">
14     <input type="button" value="设为黄色" onclick="color('yellow')">
15     <input type="button" value="设为蓝色" onclick="color('blue')">
16     <input type="button" value="设为自定义颜色" onclick="color('#00ff00')">
17   </body>
18 </html>
```

上述代码中，第 7～9 行定义了一个 color()函数用于改变网页背景色，该函数的参数 str 表示传入的颜色值。第 8 行代码用于改变 document.body 元素的 style 对象中的 backgroundColor 属性，其中 style 对象表示元素的样式，backgroundColor 属性表示 CSS 中的“background-color”。

通过浏览器测试，运行结果如图 1-10 所示。

图1-10　改变背景色前

单击“设为黄色”按钮，观察网页背景色的变化，效果如图 1-11 所示。

图1-11　改变背景色后

动手实践：验证用户输入的密码

本案例用于验证用户输入的密码是否正确。实现的方式是通过输入框获取用户输入的密码，然后进行判断。若输入正确，则提示“密码输入正确!”，否则提示“密码输入错误!”。具体示例如下。

```
1  <!DOCTYPE html>
2  <html>
3    <head>
4      <meta charset="UTF-8">
5      <title>验证用户输入的密码</title>
6      <script>
7        var password = prompt('请输入密码：');
8        if (password == '123456') {
9          alert('密码输入正确！');
10       } else {
11         alert('密码输入错误！');
12       }
13     </script>
14   </head>
15   <body></body>
16 </html>
```

上述第 8 行代码通过将用户输入的密码与正确的密码“123456”进行比较，如果相同则执行第 9 行代码，如果不同则执行第 11 行代码。

通过浏览器测试，运行结果如图 1-12 所示。

输入正确的密码“123456”后单击“确定”按钮，运行结果如图 1-13 所示。

图1-12　验证用户输入的密码

图1-13　密码输入正确效果

如果输入错误的密码，则图中的提示信息会变成“密码输入错误!”。

本章小结

本章首先介绍了 JavaScript 的用途、发展状况，以及与 ECMAScript 的关系，然后讲解了浏览器、代码编辑器相关的内容，接着针对 JavaScript 的入门知识进行了介绍，包括引入方式、输出语句、注释、数据运算、函数、对象、事件等，最后通过趣味案例来体验了 JavaScript 编程的简单应用。

课后练习

一、填空题

1. window.document.body 可以简写为________。
2. console.log(alert('Hello'))在控制台的输出结果是________。
3. 编辑器中“以 UTF-8 无 BOM 格式编码”中的 BOM 指的是________。
4. alert('测试'.length)的输出结果是________。

二、判断题

1. JavaScript 是 Java 语言的脚本形式。(   )
2. JavaScript 中的方法名不区分大小写。(   )
3. JavaScript 语句结束时的分号可以省略。(   )
4. 通过外链式引入 JavaScript 时，可以省略</script>标记。(   )

三、选择题

1. 定义函数使用的关键字是（   ）。

   A. function　　B. func　　C. var　　D. new

2. 为代码添加多行注释的语法为（   ）。

   A. <!-- -->　　B. //　　C. /* */　　D. #

3. 在对象的方法中访问属性 name 的语法为（   ）。

   A. self.name　　B. this.name　　C. self.name()　　D. this.name()

四、编程题

利用本章知识，编写一个将用户输入的信息输出到网页的 JavaScript 程序。

2 Chapter

第 2 章 基本语法

JavaScript

学习目标

- 掌握变量的定义与赋值
- 掌握数据类型与运算符的使用
- 掌握流程控制语句的使用

对于任何一种编程语言来说，掌握基本语法都是学好这门编程语言的第一步，只有完全掌握了基础知识，才能游刃有余的学习后续内容。本章将针对 JavaScript 的变量定义、数据类型、运算符等基础语法进行详细讲解。

2.1 变量

2.1.1 标识符

程序开发中，经常需要自定义一些符号来标记一些名称，并赋予其特定的用途，如变量名、函数名等，这些符号都被称为标识符。而标识符的定义需要遵循一定的规则，具体如下。

（1）由大小写字母、数字、下划线和美元符号（$）组成，如 str、arr3、get_name、$a。

（2）不能以数字开头，如 56name 是非法标识符。

（3）严格区分大小写，如 it 与 IT 表示两个不同的标识符。

（4）不能使用 JavaScript 中的关键字命名，如 var 作为变量名是不合法的。

（5）要尽量要做到“见其名知其意”，如 name 表示名称，age 表示年龄等。

值得一提的是，当标识符中需要多个单词进行表示时，常见的表示方式有下划线法（如 user_name）、驼峰法（如 userName）和帕斯卡法（如 UserName）。读者可根据开发需求统一规范命名的方式，如下划线方式通常应用于变量的命名，驼峰法通常应用于函数的命名等。

2.1.2 保留关键字

保留关键字是指在 JavaScript 语言中被事先定义好并赋予特殊含义的单词。JavaScript 保留关键字不能作为变量名和函数名使用，否则会使 JavaScript 在载入过程中出现语法错误。与其他编程语言一样，JavaScript 中也有许多保留关键字，下面列举的是 ES5 中规定的关键字，具体如表 2-1 所示。

表 2-1 ES5 中规定的关键字

break	case	catch	class	const	continue
debugger	default	delete	do	else	export
extends	false	finally	for	function	if
import	in	instanceof	new	null	return
super	switch	this	throw	try	true
typeof	var	void	while	with	yield

表 2-1 列举的关键字中，每个关键字都有特殊的作用。例如，var 关键字用于定义变量，typeof 关键字用于判断给定数据的类型，function 关键字用于定义一个函数。本书后面的章节中将陆续对这些关键字进行讲解，这里只需了解即可。

除此之外，JavaScript 中还有一些未来保留关键字，也就是预留的，未来可能会成为关键字的单词，具体如表 2-2 所示。

值得一提的是，标识符在定义时，建议不要使用未来保留关键字，避免它们将来转换为关键字时出现错误。

表 2-2 未来保留关键字

abstract	arguments	await	byte	boolean	char
double	enum	eval	final	float	goto
implements	int	interface	let	long	native
package	private	protected	public	short	static
synchronized	throws	transient	volatile		

2.1.3 变量的使用

变量可以看作是存储数据的容器。例如，盛水的杯子，杯子指的就是变量，杯中的水指的就是保存在变量中的数据。JavaScript 中变量通常利用 var 关键字声明，并且变量名的命名规则与标识符相同。如 number、_it123 为合法的变量名，而 88shout、&num 为非法变量名。

下面为了让初学者掌握变量的声明，通过以下代码进行演示。

```
var sales;
var hits, hot, NEWS;
var room_101, room102;
var $name, $age;
```

上述代码中，利用 var 声明，但未赋初始值的变量，默认值会被设定为 undefined。其中，行末的分号表示语句结束，变量与变量之间的运算符是 JavaScript 中的逗号（,）操作符，实现一条语句可同时完成多个变量的声明。

2.1.4 变量的赋值

声明完成后就可以为变量赋值，也可以在声明变量的同时为变量赋值。具体示例如下。

```
var unit, room;                  // 声明变量
unit = 3;                        // 为变量赋值
room = 1001;                     // 为变量赋值
var fname = 'Tom', age = 12;     // 声明变量的同时赋值
```

除了上述提供的两种赋值方式外，也可以省略声明变量的 var 关键字，直接为变量赋值。具体示例如下。

```
flag = false;                    // 为变量 flag 赋值 false
a = 1, b = 2;                    // 为变量 a 和 b 分别赋值为 1 和 2
```

值得注意的是，JavaScript 中变量虽然可以不事先声明，直接省略 var 关键字为变量赋值。但由于 JavaScript 采用的是动态编译，程序运行时不容易发现代码中的错误，所以推荐读者在使用变量前，要养成先声明的良好习惯。

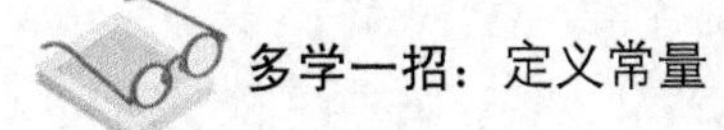

多学一招：定义常量

常量可以理解为在脚本运行过程中值始终不变的量。它的特点是一旦被定义就不能被修改或重新定义。例如，数学中的圆周率 π 就是一个常量，其值就是固定且不能被改变的。

而 JavaScript 中在 ES6 之前是没有常量的，现 ES6 中新增了 const 关键字，用于实现常量的定义，常量的命名遵循标识符的命名规则，习惯上常量名称总是使用大写字母表示。具体示例如下。

```
var r = 6;
const PI = 3.14;
const P = 2 * PI * r;
console.log('P=' + P); // 输出结果：P=37.68
```

从上可知，常量在赋值时可以是具体的数据，也可以是表达式的值或变量。需要注意的是，常量一旦被赋值就不能被改变，并且常量在声明时必须为其指定某个值。

2.2 数据类型

2.2.1 数据类型分类

对于 JavaScript 这样一个轻量级解释型脚本来说，数据只需在使用或赋值时根据设置的具体内容再确定其对应的类型。但是读者需要了解的是，每一种编程语言都有自己所支持的数据类型，JavaScript 也不例外。它将其支持的数据类型分为两大类，分别为基本数据类型和引用数据类型，如图 2-1 所示。

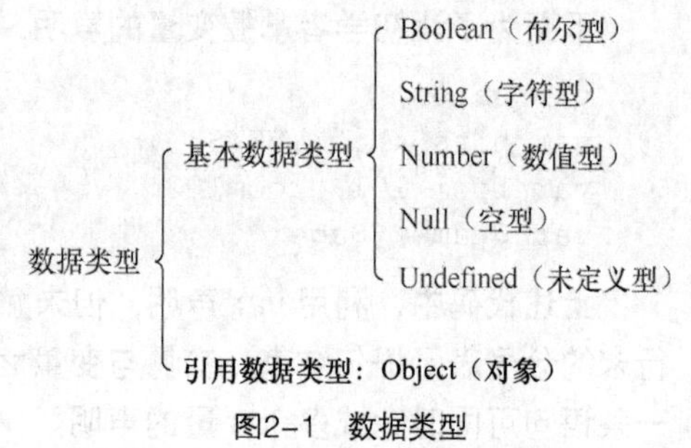

图2-1 数据类型

在图 2-1 中，Object 对象分为用户自定义的对象和 JavaScript 提供的内置对象，关于如何自定义对象以及内置对象的使用将会在后续的章进行详细的讲解。

2.2.2 基本数据类型

1. 布尔型

布尔型（Boolean）是 JavaScript 中较常用的数据类型之一，通常用于逻辑判断。它只有 true 和 false 两个值，表示事物的“真”和“假”。具体示例如下。

```
var flag1 = true;        // 为变量 flag1 赋一个布尔类型的值 true
var flag2 = false;       // 为变量 flag2 赋一个布尔类型的值 false
```

需要注意的是，JavaScript 中严格遵循大小写，因此 true 和 false 值只有全部为小写时才表示布尔型。

2. 数值型

数值型（Number）是最基本的数据类型。与其他程序语言不同的是，JavaScript 中的数值型并不区分整数和浮点数，所有数字都是数值型。在使用时它还可以添加“-”符号表示负数，添加“+”符号表示正数（通常情况下省略“+”），或是设置为 NaN 表示非数值。具体示例如下。

```
var oct = 032;           // 八进制数表示的 26
var dec = 26;            // 十进制数 26
var hex = 0x1a;          // 十六进制数表示的 26
var fnum1 = 7.26;        // 标准格式
var fnum2 = -6.24;       // 标准格式
var fnum3 = 3.14E6;      // 科学计数法格式 3.14*10^6
var fnum4 = 8.96E-3;     // 科学计数法格式 8.96*10^-3
```

上述代码定义的 oct 和 hex 变量，分别是八进制和十六进制形式表示的 26。变量 fnum1、fnum2、fnum3 和 fnum4 则是利用标准格式和科学计数方式表示的小数。只要给定的值不超过 JavaScript 中允许数值指定的范围即可。

多学一招：NaN 非数值

JavaScript 中 NaN 是一个全局对象的属性，它的初始值就是 NaN，与数值型（Number）中的特殊值 NaN 一样，都表示非数字（Not a Number），可用于表示某个数据是否属于数值型，但是它没有一个确切的值，仅表示非数值型的一个范围。例如，NaN 与 NaN 进行比较时，结果不一定为真（true），这是由于被操作的数据可能是布尔型、字符型、空型、未定义型和对象型中的任意一种类型。

3. 字符型

字符型（String）是由 Unicode 字符、数字等组成的字符序列，这个字符序列我们一般将其称为字符串，它是 JavaScript 用来表示文本的数据类型。程序中的字符型数据包含在单引号（'）或双引号（""）中，具体示例如下。

```
var slogan = 'Knowledge';        // 单引号，存放一个单词
var str = "the sky is blue.";    // 双引号，存放一个句子
var color = '"red"blue';         // 单引号中包含双引号
var food = "'pizza'bread";       // 双引号中包含单引号
var num = '', total = "";        // 定义空字符串
```

从上可知，由单引号定界的字符串中可以包含双引号，由双引号定界的字符串中也可以包含单引号。但是如要在单引号中使用单引号，或在双引号中使用双引号，则需要使用转义字符“\”对其进行转义。具体示例如下。

```
var say1 = 'I\'m ...';          // 在控制台的输出结果：I'm ...
var say2 = "\"Tom\"";                  // 在控制台的输出结果："Tom"
```

除此之外，在字符串中使用换行、Tab 等特殊符号时，也需要利用转义符“\”转义。JavaScript 常用的需要转义的特殊字符如表 2-3 所示。

表 2-3　特殊字符

特殊字符	含义	特殊字符	含义
\'	单引号	\"	双引号
\n	回车换行	\v	跳格（Tab、水平）
\t	Tab 符号	\r	换行
\f	换页	\\	反斜杠（\）
\b	退格	\0	Null 字节
\xhh	由两位 16 进制数字 hh 表示的 ISO-8859-1 字符。如“\x61”表示“a”	\uhhhh	由四位 16 进制数字 hhhh 表示的 Unicode 字符。如“\u597d”表示“好”

4. 空型

空型（Null）只有一个特殊的 null 值，用于表示一个不存在的或无效的对象或地址。且由于 JavaScript 中大小写敏感，因此变量的值只有是小写的 null 时才表示空型（Null）。

5. 未定义型

未定义型（Undefined）也只有一个特殊的 undefined 值，用于声明的变量还未被初始化时，变量的默认值为 undefined。与 null 不同的是，undefined 表示没有为变量设置值，而 null 则表示变量（对象或地址）不存在或无效。需要注意的是，null 和 undefined 与空字符串（''）和 0 都不相等。

2.2.3 数据类型检测

JavaScript 中变量的数据类型不是开发人员设定的，而是根据该变量使用的上下文在运行时决定的，下面通过一个变量相加的示例进行演示。

```
var num1 = 12, num2 = '34', sum = 0;   // 声明变量并赋值
sum = num1 + num2;                     // 变量进行相加运算
console.log(sum);                      // 输出结果：1234
```

从上述示例的输出结果可以看出，此处的相加运算并没有按照我们预想的进行相加，而是将两个变量的值进行了拼接。这是由于在进行相加运算时，未对参与运算的变量进行数据类型检测，若检测后都是数值型变量，才能够进行相加运算，否则需要对其进行数据类型转换（下一节讲解）。

开发中若要检测变量是否符合期望的数据类型，可以使用 typeof 操作符或对象原型的扩展函数 Object.prototype.toString.call()来完成。

1. typeof 操作符

typeof 操作符以字符串形式，返回未经计算的操作数的类型。下面在控制台输出上述示例中参与运算的变量以及运算结果的数据类型为例进行演示。

```
console.log(typeof num1);            // 输出结果：number
console.log(typeof num2);            // 输出结果：string
console.log(typeof sum);             // 输出结果：string
```

从上述示例可以看出，参与运算的变量 num1 是数值型，而 num2 是字符型。因此，变量 num1 与 num2 在进行“+”运算时，进行的是字符拼接，最后的输出结果也是字符型数据。通过“typeof num2 == 'number'”即可判断变量 num2 是否为数值型。值得一提的是，在利用 typeof 检测 null 的类型时返回的是 object 而不是 null，这是 JavaScript 最初实现时的历史遗留问题。

2. 对象原型的扩展函数

由于 JavaScript 中一切皆对象，因此也可以利用对象原型的扩展函数 Object.prototype.toString.call()更精确地区分数据类型，具体示例如下。

```
var data = null;    // 待判断的数据
var type = 'Null'; // 数据类型，开始字母要大写，如 Boolean、String、Undefined 等
// 检测数据类型的表达式，若是指定的 type 型，则返回 true，否则返回 false
Object.prototype.toString.call(data) == '[object ' + type + ']';
```

在上述代码中，Object.prototype.toString.call(data)的返回值是一个形如“[object 数据类型]”的字符型结果。因此，只要修改 data 和 type 变量的值，就可以利用对象原型的扩展函数完成数据类型的检测。如上述检测变量 data 是否是空型（Null），可在控制台查看到检测结果为 true。

2.2.4　数据类型转换

对两个数据进行操作时，若其数据类型不相同，则需要对其进行数据类型转换。除了可以利用 JavaScript 的自动转换外，还可以根据程序的需要具体指定数据的转换类型。下面对几种常见的数据类型转换进行简单的介绍。

1．转布尔型

数据转布尔型在开发中是最常见的一种类型转换，经常用于表达式和流程控制语句中，如数据的比较、条件的判断。下面以布尔型的转换方式，来判断用户是否有内容输入的示例进行演示。

```
var con = prompt(); // 保存用户的输出内容
if (Boolean(con)) {
  document.write('已输入内容');
} else {
  document.write('无输入内容');
}
console.log(Boolean(con)); // 用户单击"取消"按钮，则结果为 false
console.log(Boolean(con)); // 用户未输入，单击"确定"按钮，则结果为 false
console.log(Boolean(con)); // 用户输入"哈哈"，单击"确定"按钮，则结果为 true
```

在上述示例中，通过 Boolean()函数可对用户输入的内容进行布尔类型转换，当用户单击"取消按钮"或用户未输入任何字符就单击"确定"按钮时，会被转为 false，当有内容输入时就转为 true。

除此之外，读者还需要了解的是，Boolean()函数会将任何非空字符串和非零的数值转换为 true，将空字符串、0、NaN、undefined 和 null 转换为 false。

2．转数值型

开发中在接收用户传递的数据进行运算时，为了保证参与运算的都是数值型，经常需要对其进行转换。例如，根据用户的输入完成自动求和时，就需要利用 JavaScript 提供的 Number()函数、parseInt()函数或 parseFloat()函数对参与运算的数据进行转换，保证都是数值型数据。

下面以 parseInt()函数的使用为例进行讲解，具体示例如下。

```
// 获取用户的输入，完成自动求和
var num1 = prompt('请输入求和的第 1 个数据：');      // 假设当前用户输入：123abc
var num2 = prompt('请输入求和的第 2 个数据：');      // 假设当前用户输入：456
// 未处理，直接进行相加运算
console.log(num1 + num2);                        // 输出结果：123abc456
console.log(parseInt(num1) + parseInt(num2));    // 输出结果：579
```

从上可知，只有对参与运算的数据进行数值型转换，才能实现自动求和，否则会将其当作字符串进行拼接。

值得一提的是，转数值型的函数在使用时有一定的区别，具体如表 2-4 所示。

表 2-4　转数值型

待转数据	Number()	parseInt()	parseFloat()
纯数字字符串	转成对应的数字	转成对应的数字	转成对应的数字
空字符串	0	NaN	NaN
数字开头的字符串	NaN	转成开头的数字	转成开头的数字

续表

待转数据	Number()	parseInt()	parseFloat()
非数字开头字符串	NaN	NaN	NaN
null	0	NaN	NaN
undefined	NaN	NaN	NaN
false	0	NaN	NaN
true	1	NaN	NaN

表 2-4 中的所有函数在转换纯数字时会忽略前导零，如“0123”字符串会被转换为 123。parseFloat()函数会将数据转换为浮点数（可以理解为小数）；parseInt()函数会直接省略小数部分，返回数据的整数部分，并可通过第 2 个参数设置转换的进制数。具体示例如下。

```
console.log(parseInt('123abc'));            // 输出结果：123
console.log(parseInt('F', 16));             // 输出结果：15
```

在上述代码中，parseInt()函数的第 2 个参数是 2～36 之间的整数，表示待转换字符串的进制数，默认值为 10，表示十进制，将其设置为 16 时表示十六进制。因此，字符 F 的转换结果为 15。

需要注意的是，上述自动求和示例的实现并不严谨，在实际开发中还需要对转换后的结果是否是 NaN 进行判断，只有不是 NaN 时，才能够进行运算。

此时，可以利用 JavaScript 提供的 isNaN()函数来确定，当给定值为 undefined、NaN 和{}（对象）时返回 true，否则返回 false。其中，若给定数据不是数值类型时，isNaN()函数首先会尝试将其转换为数值类型，然后再进行判断。例如，修改自动求和示例，具体代码如下。

```
// 获取用户的输入，完成自动求和
var num1 = prompt('请输入求和的第 1 个数据：');          // 假设当前用户输入：abc
var num2 = prompt('请输入求和的第 2 个数据：');          // 假设当前用户输入：123
var num1 = parseInt(num1), num2 = parseInt(num2);  // 转数值型
if (isNaN(num1) || isNaN(num2)) {                  // 判断是否是 NaN
  console.log('非法数字');
} else {
  console.log(num1 + num2);
}
```

上述第 4 行代码利用 parseInt()函数，将用户输入的数据转换为整数，然后利用 if...else 语句进行判断，只要转换用户传入的数据中有一个为 NaN，则 isNaN()的返回值就为 true，在控制台输出“非法数字”进行提示，否则在控制台输出自动求和的结果。

3. 转字符型

在开发中，需要将数据转换成字符型时，可以利用 JavaScript 提供的 String()函数和 toString()方法进行转换，它们的区别是前者可以将任意类型转换为字符型；而后者除了 null 和 undefined 没有 toString()方法外，其他数据类型都可以完成字符的转换。具体示例如下。

```
var num1 = num2 = num3 = 4, num4 = 26;
console.log(String(12));                           // 输出结果：12
console.log(num1 + num2 + num3.toString());        // 输出结果：84
console.log(num4.toString(2));                     // 输出结果：11010
```

在上述第 3 行代码中，首先计算 num1+ num2 的结果为 8，然后与 num3 转成的字符串'4'进行拼接，得到输出结果 84。其中，toString()方法在进行数据类型转换时，可通过参数设置，将数值转换为指定进制的字符串，例如 num4.toString(2)，表示首先将十进制 26 转为二进制 11010，然后再转为字符型数据。

2.3 表达式

表达式可以是各种类型的数据、变量和运算符的集合。其中，最简单的表达式可以是一个变量。下面列举一些常见的表达式。

```
var x, y, z;                // 声明变量
x = 1;                      // 将表达式“1”的值赋给变量 x
y = 2 + 3;                  // 将表达式“2 + 3”的值赋给变量 y
z = y = x;                  // 将表达式“y = x”的值赋给变量 z
console.log(z);             // 将表达式“z”的值作为参数传给 console.log()方法
console.log(x + y);         // 将表达式“x + y”的值作为参数传给 console.log()方法
```

从上述代码可以看出，表达式是 JavaScript 中非常重要的基石，包括一个单独的变量“z”和含有运算符的“x + y”等都可以将其理解为表达式。

2.4 运算符

在程序中，经常会对数据进行运算。为此，JavaScript 提供了多种类型的运算符，所谓运算符就是专门用于告诉程序执行特定运算或逻辑操作的符号。根据运算符的作用，可以将运算符大致分为 7 类。下面将针对这 7 类运算符的使用以及优先级顺序进行详细讲解。

2.4.1 算术运算符

算术运算符用于对数值类型的变量及常量进行算数运算。与数学中的加减乘除类似，也是最简单和最常用的运算符号。其中，常用的运算符及使用示例如表 2–5 所示。

表 2-5　算术运算符

运算符	运算	示例	结果
+	加	5+5	10
–	减	6–4	2
*	乘	3*4	12
/	除	3/2	1.5
%	求余	5%7	5
**	幂运算（ES7 新特性）	3**4	81
++	自增（前置）	a=2, b=++a;	a=3;b=3;
++	自增（后置）	a=2, b=a++;	a=3;b=2;
--	自减（前置）	a=2, b=--a;	a=1;b=1;
--	自减（后置）	a=2, b=a--;	a=1;b=2;

算术运算符的使用看似简单，也容易理解，但是在实际应用过程中还需要注意以下几点。

（1）进行四则混合运算时，运算顺序要遵循数学中“先乘除后加减”的原则。

（2）在进行取模运算时，运算结果的正负取决于被模数（%左边的数）的符号，与模数（%右边的数）的符号无关。例如，(−8)%7 = −1，而 8%(−7)= 1。

（3）在开发中尽量避免利用小数进行运算，有时可能因 JavaScript 的精度导致结果的偏差。例如，1.66+1.77，我们理想中的值应该是 3.43，但是 JavaScript 的计算结果却是 3.4299999999999997。

此时，可以将参与运算的数据转换为整数，计算后再转换为小数即可。例如：将 1.66 和 1.77 分别乘以 100，相加后再除以 100，即可得到 3.43。

（4）“+”和“−”在算术运算时还可以表示正数或负数，例如：(+2.1) + (−1.1)的运算结果为 1。

（5）运算符（++或−−）放在操作数前面时，先进行自增或自减运算，再进行其他运算。如果运算符放在操作数后面时，则先进行其他运算，再进行自增或自减运算。

（6）递增和递减运算符仅对数值型和布尔型数据操作，操作时会将布尔值 true 当作 1，false 当作 0。

2.4.2 字符串运算符

JavaScript 中，“+”操作的两个数据中只要有一个是字符型，则“+”就表示字符串运算符，用于返回两个数据拼接后的字符串。具体示例如下。

```
var color = 'blue';
var str = 'The sky is '+color;
var tel = 110 + '120';
console.log(str);                            // 输出结果为：The sky is blue
console.log(tel);                            // 输出结果为：110120
console.log(typeof str, typeof tel);   // 输出结果：string string
```

从上述示例可知，当变量或值通过运算符“+”与字符串进行运算时，变量或值就会被自动转换为字符型，与指定的字符串进行拼接。值得一提的是，利用字符串运算符“+”的特性，可以将布尔型、整型、浮点型或为 null 的数据，与空字符串进行拼接，就会完成字符型的自动转换。

2.4.3 赋值运算符

赋值运算符用于将运算符右边的值赋给左边的变量。其中，“=”是最基本的赋值运算符，而非数学意义上相等的关系。其中，常用的赋值运算符及示例如表 2-6 所示。

表 2-6 赋值运算符

运算符	运算	示例	结果
=	赋值	a=3, b=2;	a=3;b=2;
+=	加并赋值	a=3, b=2; a+=b;	a=5;b=2;
−=	减并赋值	a=3, b=2;a−=b;	a=1;b=2;
*=	乘并赋值	a=3, b=2;a*=b;	a=6;b=2;
/=	除并赋值	a=3, b=2;a/=b;	a=1.5;b=2;

续表

运算符	运算	范例	结果
%=	模并赋值	a=3, b=2;a%=b;	a=1;b=2;
+=	连接并赋值	a='abc';a+='def';	a='abcdef';
**=	幂运算并赋值（ES7 新特性）	a=2; a**= 5;	a=32;
<<=	左移位赋值	a=9,b=2;a <<= b;	a=36;b=2;
>>=	右移位赋值	a=-9,b=2;a >>= b;	a=-3;b=2;
>>>=	无符号右移位赋值	a=-9,b=2;a >>>= b;	a= 1073741821;b=2;
&=	按位与赋值	a=3,b=9;a &= b;	a=1;b=9;
^=	按位异或赋值	a=3,b=9;a ^= b;	a=10;b=9;
|=	按位或赋值	a=3,b=9;a |= b;	a=11;b=9;

表中关于位赋值运算符的使用此处了解即可，位运算符具体如何运算会在后面进行详细讲解。接下来将分别介绍赋值运算符的使用以及相关的注意事项。

（1）同时赋值

通过“=”赋值运算符不仅可以为指定变量赋值，还可以利用一条赋值语句同时对多个变量进行赋值，具体示例如下。

```
var a = b = c = 8;        // 为三个变量同时赋值
```

在上述代码中，一条赋值语句可以同时为变量 a、b、c 赋值，这是由于赋值运算符的结合性为“从右向左”，即先将 8 赋值给变量 c，然后再把变量 c 的值赋值给变量 b，最后把变量 b 的值赋值变量 a，表达式赋值完成。

（2）“+=”运算符

通过前面的学习，我们知道“+”运算符在 JavaScript 中既可以表示加运算、正数运算，又可以表示字符串运算符。因此，运算符“+=”在使用时，若其操作数都是非字符型数据时，则表示相加后赋值，否则用于拼接字符串，具体示例如下。

```
var num1 = 2, num2 = '2';
num1 += 3;
num2 += 3;
console.log(num1, num2); // 输出结果为：5 "23"
```

从上可知，运算符“+=”在执行时，首先左侧变量与右侧操作数进行运算后，再将运算结果赋值给左侧的变量。因此，变量 num1 与 3 都是数值型数据，所以进行相加运算，结果为 5；而变量 num2 是字符型数据 2，3 是数值型数据，所以进行字符串拼接，结果为 23。

2.4.4 比较运算符

比较运算符用于对两个数值或变量进行比较，其结果是一个布尔值，即 true 或 false。接下来通过表 2-7 列出常用的比较运算符及其用法。

比较运算符的使用虽然很简单，但是在实际开发中还需要注意以下两点。

（1）不相同类型的数据进行比较时，首先会自动将其转换成相同类型的数据后再进行比较，例如，字符串'123'与 123 进行比较时，首先会将字符串'123'转换成数值型，然后再与 123 进行比较。

表 2-7　比较运算符

运算符	运算	示例（x=5）	结果
==	等于	x == 4	false
!=	不等于	x != 4	true
===	全等	x === 5	true
!==	不全等	x !== '5'	true
>	大于	x > 5	false
>=	大于或等于	x >= 5	true
<	小于	x < 5	false
<=	小于或等于	x <= 5	true

（2）运算符“==”和“!=”与运算符“===”和“!==”在进行比较时，前两个运算符只比较数据的值是否相等，而后两个运算符不仅要比较值是否相等，还要比较数据的类型是否相同。

2.4.5　逻辑运算符

逻辑运算符常用于布尔型的数据进行操作，当操作数都是布尔值时，返回值也是布尔值；当操作数不是布尔值时，运算符“&&”和“||”的返回值就是一个特定的操作数的值。具体如表 2-8 所示。

表 2-8　逻辑运算符

<table>
<tr><th>运算符</th><th>运算</th><th>示例</th><th>结果</th></tr>
<tr><td>&&</td><td>与</td><td>a && b</td><td>a 和 b 都为 true，结果为 true，否则为 false</td></tr>
<tr><td>||</td><td>或</td><td>a || b</td><td>a 和 b 中至少有一个为 true，则结果为 true，否则为 false</td></tr>
<tr><td>!</td><td>非</td><td>! a</td><td>若 a 为 false，结果为 true，否则相反</td></tr>
</table>

逻辑运算符在使用时，是从左到右的顺序进行求值，因此运算时需要注意，可能会出现“短路”的情况，具体如下所示。

（1）当使用“&&”连接两个表达式时，如果左边表达式的值为 false，则右边的表达式不会执行，逻辑运算结果为 false。

（2）当使用“||”连接两个表达式时，如果左边表达式的值为 true，则右边的表达式不会执行，逻辑运算结果为 true。

另外，在实际开发中，逻辑运算符也可以针对结果为布尔值的表达式进行运算。例如，x > 3 && y != 0。

2.4.6　三元运算符

三元运算符是一种需要三个操作数的运算符，运算的结果根据给定条件决定。具体语法如下所示。

```
条件表达式 ? 表达式 1 : 表达式 2
```

在上述语法格式中，先求条件表达式的值，如果为 true，则返回表达式 1 的执行结果；如果条件表达式的值为 false，则返回表达式 2 的执行结果。具体示例如下。

```
var age = prompt('请输入需要判断的年龄：');
var status = age >= 18 ? '已成年' : '未成年';
console.log(status);
```

上述 age 变量用于接收用户输入的年龄，然后首先执行“age>=18”，当判断结果为 true 时，将字符串“已成年”赋值给变量 status，否则将“未成年”赋值给变量 status。最后可通过控制台查看输出结果。

2.4.7　位运算符

JavaScript 中将参与位运算符的操作数视为由二进制（0 和 1）组成的 32 位的串。例如，十进制数字 9 用二进制表示为 1001，运算时会将二进制数的每一位进行运算，具体如表 2-9 所示。

表 2-9　位运算符

运算符	名称	示例	结果
&	按位与	a & b	a 和 b 每一位进行“与”操作后的结果
|	按位或	a | b	a 和 b 每一位进行“或”操作后的结果
~	按位非	~ a	a 的每一位进行“非”操作后的结果
^	按位异或	a ^ b	a 和 b 每一位进行“异或”操作后的结果
<<	左移	a << b	将 a 左移 b 位，右边用 0 填充
>>	右移	a >> b	将 a 右移 b 位，丢弃被移出位，左边最高位用 0 或 1 填充
>>>	无符号右移	a >>>b	将 a 右移 b 位，丢弃被移出位，左边最高位用 0 填充

需要注意的是，JavaScript 中位运算符仅能对数值型的数据进行运算。在对数字进行位运算之前，程序会将所有的操作数转换成二进制数，然后再逐位运算。

接下来，通过具体的示例，演示位运算符是如何对数据进行运算的。

（1）“&”是将参与运算的两个二进制数进行“与”运算，如果两个二进制位都是 1，则该位的运算结果为 1，否则为 0。

例如，将 15 与 9 进行与运算，数字 15 对应的二进制数为 1111，数字 9 对应的二进制数为 1001，具体演算过程如下。

```
      00000000 00000000 00000000 00001111
  &   00000000 00000000 00000000 00001001
  ────────────────────────────────────────
      00000000 00000000 00000000 00001001
```

运算结果为 1001，对应十进制的数值为 9。

（2）“|”是将参与运算的两个二进制数进行“或”运算，如果二进制位上有一个值是 1，则该位的运行结果为 1，否则为 0。

例如，将 15 与 9 进行或运算，具体演算过程如下。

```
      00000000 00000000 00000000 00001111
  |   00000000 00000000 00000000 00001001
```

```
__________________________________________________
      00000000 00000000 00000000 00001111
```

运算结果为 1111，对应十进制的数值为 15。

（3）“~”只针对一个操作数进行操作，如果二进制位是 0 则取反值为 1；如果是 1 则取反值为 0。

例如，将 15 进行取反运算，具体演算过程如下。

```
~     00000000 00000000 00000000 00001111
__________________________________________________
      11111111 11111111 11111111 11110000
```

运算结果的最高位是 1 表示负数，则末位减 1 取反，即可得到对应的十进制数值为-16。

（4）“^”将参与运算的两个二进制数进行“异或”运算，如果二进制位相同，则值为 0，否则为 1。

例如，将 15 与 9 进行异或运算，具体演算过程如下。

```
      00000000 00000000 00000000 00001111
^     00000000 00000000 00000000 00001001
__________________________________________________
      00000000 00000000 00000000 00000110
```

运算结果为 110，对应十进制的数值为 6。

（5）“<<”是将操作数所有二进制位向左移动指定位数。运算时，右边的空位补 0。左边移走的部分舍去。

例如，数字 9 用二进制表示为 1001，将它左移两位，具体演算过程如下。

```
      00000000 00000000 00000000 00001001          <<2
__________________________________________________
      00000000 00000000 00000000 00100100
```

运算结果为 100100，对应十进制的数值为 36。

（6）“>>”是将操作数所有二进制位向右移动指定位数。运算时，左边的空位根据原数的符号位补 0 或者 1（原来是负数就补 1，是正数就补 0）。

例如，数字 9 用二进制表示为 1001，将它右移两位，具体演算过程如下。

```
      00000000 00000000 00000000 00001001          >>2
__________________________________________________
      00000000 00000000 00000000 00000010
```

运算结果为 10，对应十进制的数值为 2。

（7）“>>>”是将操作数所有二进制位向右移动指定位数。运算时，左边的空位补 0（不考虑原数正负）。

例如，数字 19 用二进制表示为 10011，将它无符号右移两位，运行验算过程如下。

```
      00000000 00000000 00000000 00010011          >>>2
__________________________________________________
      00000000 00000000 00000000 00000100
```

运算结果为 100，对应十进制的数值为 4。

2.4.8　运算符优先级

前面介绍了 JavaScript 的各种运算符，那么在对一些比较复杂的表达式进行运算时，首先要明确表达式中所有运算符参与运算的先后顺序，我们把这种顺序称作运算符的优先级。接下来通过表 2-10 列出 JavaScript 中运算符的优先级，表中运算符的优先级由上至下递减，表右部的第一个接表左部的最后一个。

表 2-10　运算符优先级

<table>
<tr><th>结合方向</th><th>运算符</th><th>结合方向</th><th>运算符</th></tr>
<tr><td>无</td><td>()</td><td>左</td><td>==　!=　===　!==</td></tr>
<tr><td>左</td><td>.　[]　new（有参数，无结合性）</td><td>左</td><td>&</td></tr>
<tr><td>右</td><td>new（无参数）</td><td>左</td><td>^</td></tr>
<tr><td>无</td><td>++（后置）　--（后置）</td><td>左</td><td>|</td></tr>
<tr><td>右</td><td>!　~　-（负数）　+（正数）　++（前置）　--（前置）　typeof　void　delete</td><td>左</td><td>&&</td></tr>
<tr><td>右</td><td>**</td><td>左</td><td>||</td></tr>
<tr><td>左</td><td>*　/　%</td><td>右</td><td>?:</td></tr>
<tr><td>左</td><td>+　-</td><td>右</td><td>=　+=　=　*=　/=　%=　<<=　>>=　>>>=　&=　^=　|=</td></tr>
<tr><td>左</td><td><<　>>　>>></td><td>左</td><td>,</td></tr>
<tr><td>左</td><td><　<=　>　>=　in　instanceof</td><td></td><td></td></tr>
</table>

表 2-10 中，在同一单元格的运算符具有相同的优先级，左结合方向表示同级运算符的执行顺序为从左向右，右结合方向则表示执行顺序为从右向左。

除此之外，表达式中还有一个优先级最高的运算符——圆括号()，它可以提高圆括号内部运算符的优先级。且当表达式中有多个圆括号时，最内层圆括号中的表达式优先级最高。具体示例如下。

```
console.log(8 + 6 * 3);      // 输出结果：26
console.log((8 + 6) * 3);    // 输出结果：42
```

在上述示例中，表达式“8 + 6 * 3”按照运算符优先级的顺序，先执行乘法“*”，再执行加法“+”，因此结果为 26。而加了圆括号的表达式“(8 + 6) * 3”的执行顺序是先执行圆括号内的加法“+”运算，再执行乘法，因此输出结果为 42。

由此可见，为复杂的表达式适当的添加圆括号，可避免复杂的运算符优先级法则，让代码更为清楚，并且可以避免错误的发生。

2.4.9　【案例】计算圆的周长和面积

数学中根据圆的半径即可求出圆的周长和面积。下面将在程序中根据指定的半径实现圆的周长和面积的计算。具体步骤如下。

（1）编写 HTML 表单用于显示用户输入的半径，以及对应圆的周长和面积。

```
1 <div>
2   <p>圆的半径：<input id="r" type="text"></p>
3   <p>圆的周长：<input id="cir" type="text"></p>
4   <p>圆的面积：<input id="area" type="text"></p>
5 </div>
```

（2）编写 JavaScript 实现圆的周长和面积的计算。

```
1 <script>
2   var r = prompt('请输入圆的半径');
3   r = parseFloat(r) && Number(r);  // 获取输入的纯数字，其余情况皆转为 NaN
4   if (!isNaN(r)) { // 判断用户的输入是否是数值
5     var cir = 2 * Math.PI * r;
6     var area = Math.PI * r * r;
7     document.getElementById('r').value = r;
8     document.getElementById('cir').value = cir.toFixed(2);
9     document.getElementById('area').value = area.toFixed(2);
10  } else {
11    alert('请输入正确的数字');
12  }
13 </script>
```

上述代码中，“Math.PI”表示一个圆的周长与直径的比例，即π约为 3.14159。toFixed(2)方法表示保留 2 位小数。例如，将圆的半径设置 5，则执行结果如图 2-2 所示。

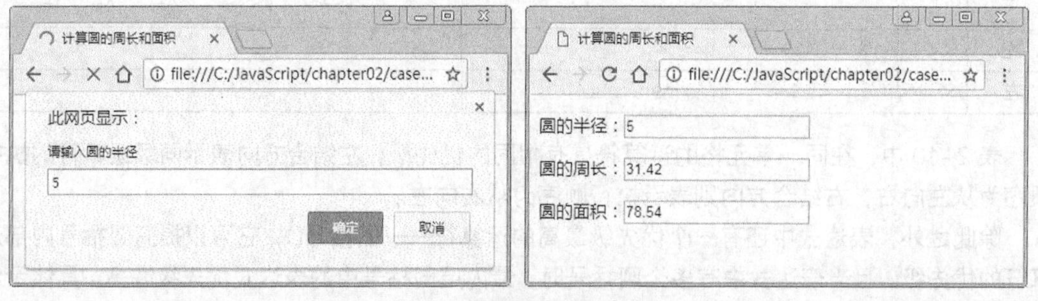

图2-2 计算圆的周长和面积

2.5 流程控制

现实中人们可根据自我逻辑来支配自身行为。同样，在程序中也需要相应的控制语句来控制程序的执行流程。JavaScript 中有三大流程控制语句，分别为顺序结构、选择结构和循环结构。前面编写过的自上而下执行代码的顺序就是顺序结构。接下来本节将针对选择结构和循环结构进行详细讲解。

2.5.1 选择结构

选择结构语句需要根据给出的条件进行判断来决定执行对应的代码。常用的选择结构语句有单分支（if）、双分支（if...else）和多分支（if...else if...else 和 switch）语句共 3 种。下面将分别对这几种选择结构语句讲解。

1. 单分支语句

if 条件判断语句也被称为单分支语句，当满足某种条件时，就进行某种处理。例如，只有年龄大于等于 18 周岁，才输出已成年，否则无输出。具体语法及示例如下。

```
if ( 判断条件 ) {
  代码段
}
```

```
if (age >= 18) {
  console.log('已成年');
}
```

在上述语法中，判断条件是一个布尔值，当该值为 true 时，执行“{}”中的代码段，否则不进行任何处理。其中，当代码段中只有一条语句时，“{}”可以省略。if 语句的执行流程如图 2-3 所示。

2. 双分支语句

if...else 语句也称为双分支语句，当满足某种条件时，就进行某种处理，否则进行另一种处理。例如，判断一个学生的年龄，大于等于 18 岁则是成年人，否则是未成年人。具体语法及示例如下。

```
if ( 判断条件 ) {
  代码段 1;
} else {
  代码段 2;
}
```

```
if (age >= 18) {
  console.log('已成年');
} else {
  console.log('未成年');
}
```

在上述语法中，当判断条件为 true 时，执行代码段 1；当判断条件为 false 时，执行代码段 2。if...else 语句的执行流程如图 2-4 所示。

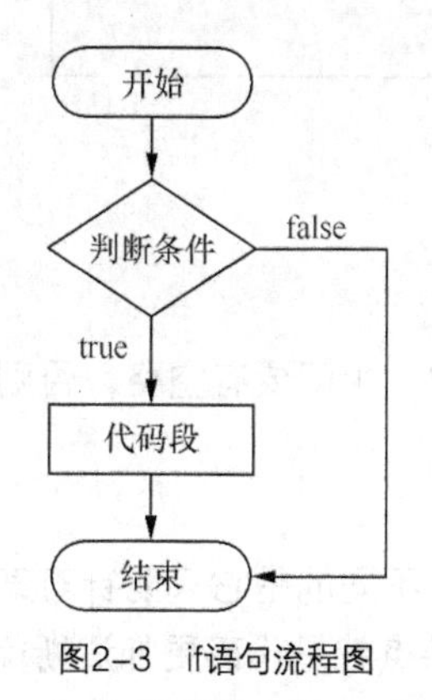

图2-3 if语句流程图

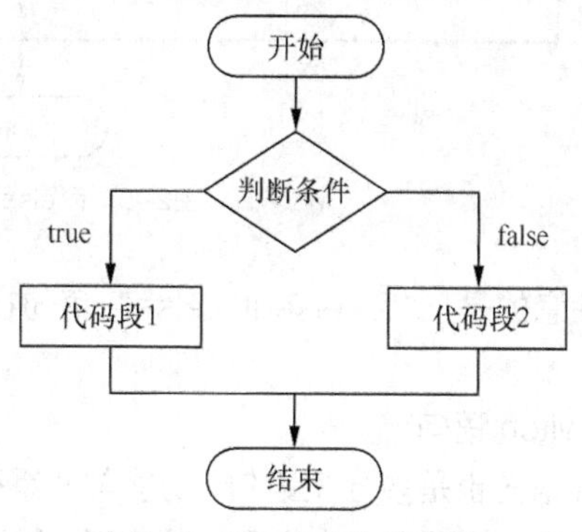

图2-4 if...else语句流程图

3. 多分支语句

（1）if...else if...else

if...else if...else 语句也称为多分支语句，可针对不同情况进行不同的处理。例如，对一个学生的考试成绩进行等级的划分，分数在 90 ~ 100 分为优秀，分数在 80 ~ 90 分为良好，分数在 70 ~ 80 分为中等，分数在 60 ~ 70 分为及格，分数小于 60 则为不及格。具体语法及示例如下。

```
if (条件 1)  {
  代码段 1;
} else if(条件 2)  {
  代码段 2;
}
......
```

```
if (score >= 90) {
  console.log('优秀');
} else if (score >= 80){
  console.log('良好');
} else if (score >= 70){
  console.log('中等');
```

```
  else if(条件n)  {
    代码段n;
  } else {
    代码段n+1;
  }
```

```
  } else if (score >= 60){
    console.log('及格');
  } else {
    console.log('不及格');
  }
```

上述语法中，当判断条件 1 为 true 时，则执行代码段 1；否则继续判断条件 2，若为 true，则执行代码段 2，依次类推；若所有条件都为 false，则执行代码段 n+1。if…else if…else 语句的执行流程如图 2-5 所示。

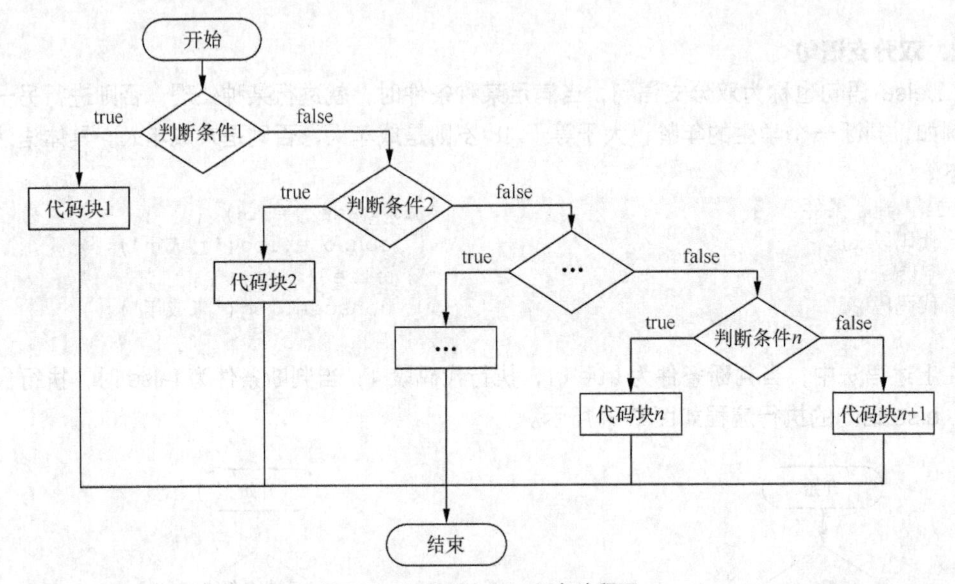

图2-5 if..else if…else语句流程图

需要注意的是，“if…else if…else”语句在使用时，“else if”中间要有空格，否则程序会报语法错误。

(2) switch 语句

switch 语句也是多分支语句，功能与 if 系列条件语句相同，不同的是它只能针对某个表达式的值做出判断，从而决定执行哪一段代码，该选择结构语句的特点就是代码更加清晰简洁、便于阅读。例如，根据学生成绩 score 进行评比（满分为 100 分），具体语法及示例如下。

```
switch (表达式) {
  case 值1: 代码段1; break;
  case 值2: 代码段2; break;
  ……
  default: 代码段n;
}
```

```
switch ( parseInt(score/10) ) {
  case 10:  // 90~100为优
  case 9:  console.log('优');  break;
  case 8:  console.log('良');  break;
  default: console.log('差');
}
```

在上述语法中，首先计算表达式的值，然后将获得的值与 case 中的值依次比较。若相等，则执行 case 后的对应代码段；最后，当遇到 break 语句时，跳出 switch 语句。其中，若没有匹配的值，则执行 default 中的代码段，它是可选值，开发应根据实际情况选择是否设置 default。switch 语句的执行流程如图 2-6 所示。

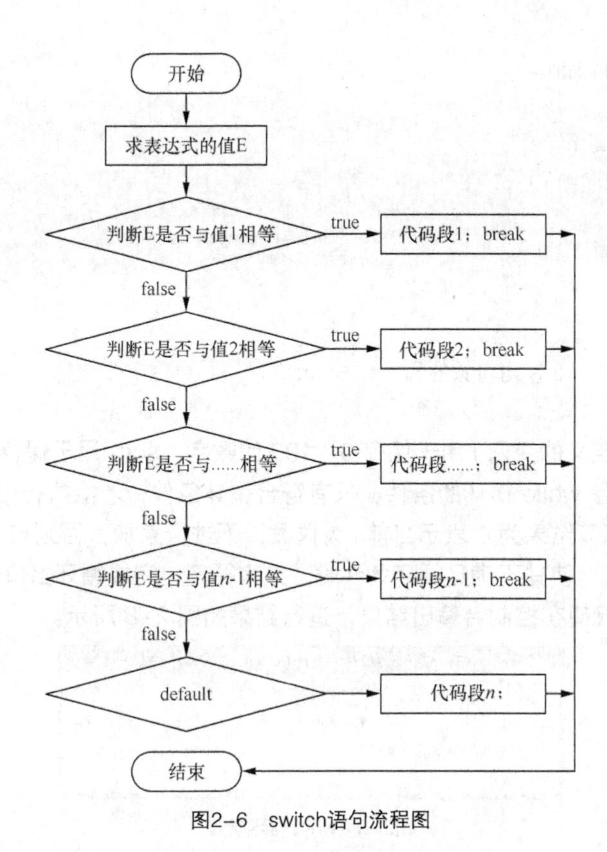

图2-6　switch语句流程图

2.5.2　循环结构

所谓循环语句就是可以实现一段代码的重复执行，如连续输出 1 ~ 100 的数字。JavaScript 提供的循环语句有 while、do…while 和 for 循环语句共 3 种。本小节将针对这 3 种循环语句详细讲解。

1. while 循环语句

while 循环语句是根据循环条件来判断是否重复执行一段代码的。具体语法及示例如下。

```
while ( 循环条件 ) {
  循环体
  ……
}
```

```
var num = 1;
while (num <= 100) {
  console.log(num);
  num++;
}
```

在上述语法中，“{}”中的语句称为循环体，当循环条件为 true 时，则执行循环体，当循环条件为 false 时，结束整个循环。为了直观地理解 while 的执行流程，下面通过图 2-7 进行演示。

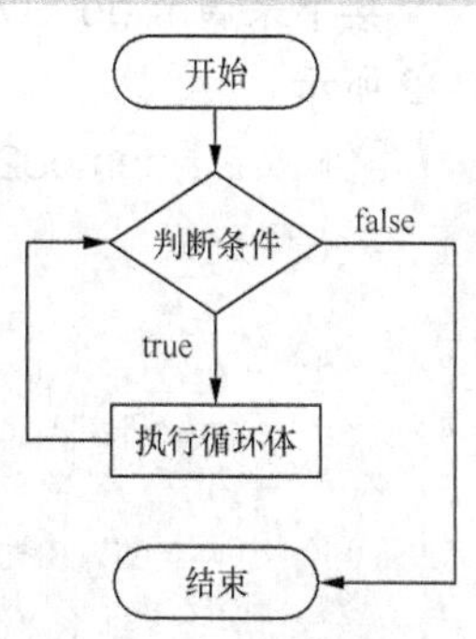

图2-7　while循环流程图

需要注意的是，若循环条件永远为 true 时，则会出现死循环，因此在开发中应根据实际需要，在循环体中设置循环出口，即循环结束的条件。

接下来以计算 100 以内奇数和为例，来演示 while 循环的使用，如例 2-1 所示。

【例 2-1】demo01.html

```
1  <script>
2    var i = sum = 0;
3    while (i <= 100) {
4      if (i % 2) {
5        sum += i;
6      }
7      i++;
8    }
9    console.log('100 以内奇数的和：' + sum);
10 </script>
```

上述第 2 行代码定义的变量 i 用于保存 0～100 的数字，sum 用于保存奇数的累加和。第 3 行的 i <= 100 用于设置 while 循环的条件，只有符合循环条件，才能执行{}内的循环体。其中，第 4 行中“i%2”的运算结果为 0 表示当前 i 为偶数，不进行累加，否则与 sum 进行累加。第 7 行用于改变 i 变量的值，使其不满足循环条件时，结束循环，完成循环出口的设置。

最后通过第 9 行代码在控制台输出结果，运行结果如图 2-8 所示。

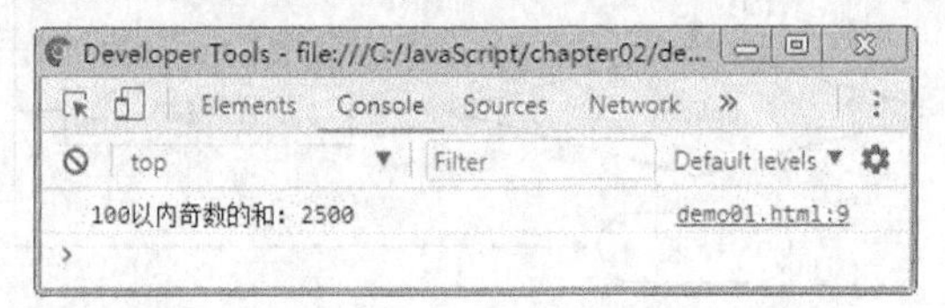

图2-8　while循环语句

2. do...while 循环语句

do...while 循环语句的功能与 while 循环语句类似，唯一的区别在于，while 是先判断条件后执行循环体，而 do...while 会无条件执行一次循环体后再判断条件。具体语法及示例如下。

```
do {
  循环体
  ……
} while (循环条件);
```

```
var num = 5;
do {
  console.log(num); // 输出结果为：5 和 4
  num--;
} while (num > 3);
```

在上述语法中，首先执行 do 后面“{}”中的循环体，然后，再判断 while 后面的循环条件，当循环条件为 true 时，继续执行循环体，否则，结束本次循环。do...while 循环语句的执行流程如图 2-9 所示。

接下来演示 do...while 循环语句，对比 while 语句和 do...while 语句在使用时的区别，如例 2-2 所示。

【例 2-2】demo02.html

```
1  <script>
2    var i = -2;          // 设置初始值
3    do {
4       console.log('i=' + i);
5       ++i;              // 改变 i 的值
6    } while (i >= 0);  // 循环条件
7  </script>
```

运行结果如图 2-10 所示。从图中可清晰地看出，初始值设置为-2，在不符合循环条件的情况下，依然无条件地执行了一次循环体中的语句。因此，读者在使用时要慎重选择 do...while 循环语句，以防程序出错。

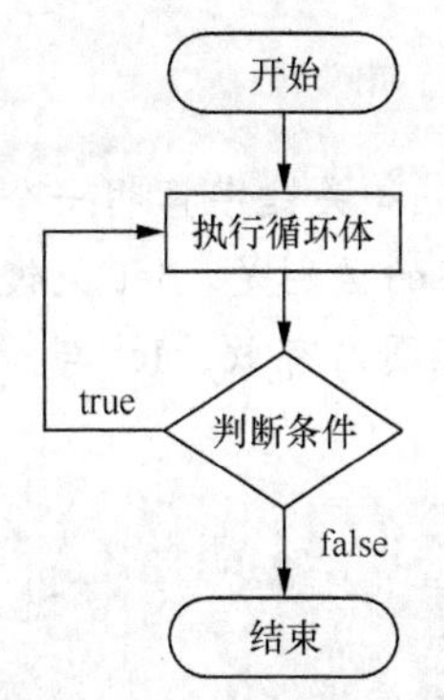

图2-9　do...while循环流程图

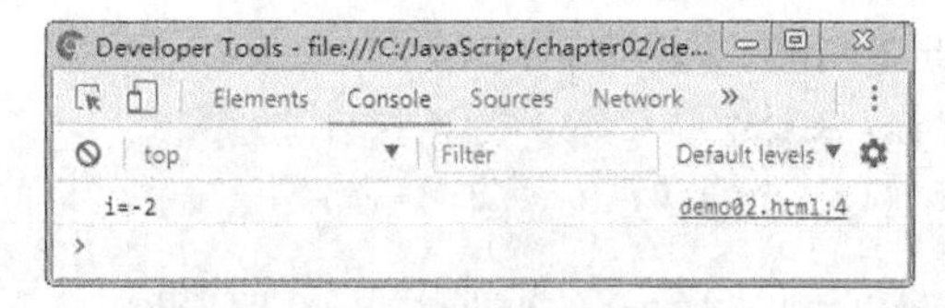

图2-10　do...while循环

3. for 循环语句

for 循环语句是最常用的循环语句，它适合循环次数已知的情况。下面分别使用 while 和 for 循环输出 5 个“*”，具体代码如下。

```
var i = 0;              // ①
while (i < 5) {         // ②
  console.log('*');  // ③
  ++i;                  // ④
}
```

```
// for ( ①; ②; ④ )
for (var i = 0; i < 5; ++i) {
  console.log('*'); // ③
}
```

通过上述示例可知，for 循环的使用和 while 循环类似。for 关键字后面小括号“()”中包括了三部分内容，分别为初始化表达式、循环条件和操作表达式，它们之间用“;”分隔，{}中的执行语句为循环体。for 循环的执行流程如图 2-11 所示。

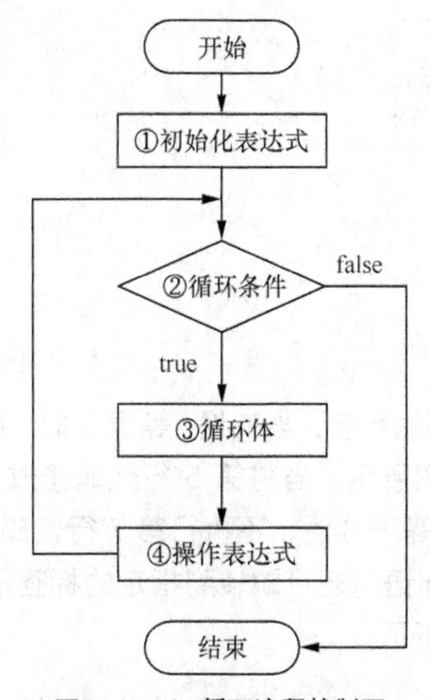

图2-11　for循环流程控制图

值得一提的是，for 循环语句小括号“()”内的每个表达式都可以为空，但是必须保留分号分割符。当每个表达式都为空时，表示该 for 循环语句的循环条件永远满足，会进入无限循环的状态，此时如果要结束无限循环，可在 for 语句循环体中用跳转语句进行控制。

多学一招：let 关键字

在 ES6 中，不仅可以利用 var 关键字定义变量，还可以通过 let 关键字声明一个块级作用域（可以理解为{}之间的代码）的本地变量。它与 var 关键字的区别是，let 关键字在块级作用域内不能重复定义同名的变量，且该变量仅在块级作用范围内有效。let 与 var 的使用对比如下所示。

```
// let 关键字
for (let i = 0; i < 3; ++i) {
}
// 输出结果：i is not defined
console.log(i);
```

```
// var 关键字
for (var i = 0; i < 3; ++i) {
}
// 输出结果为：3
console.log(i);
```

从上可知，通过 let 定义的变量相比 var 来说，有一个更加清晰的作用范围，方便了变量的维护与控制。

2.5.3 跳转语句

跳转语句用于实现程序执行过程中的流程跳转。常用的跳转语句有 break 和 continue 语句。break 语句可应用在 switch 和循环语句中，其作用是终止当前语句的执行，跳出 switch 选择结构或循环语句，执行后面的代码。而 continue 语句用于结束本次循环的执行，开始下一轮循环的执行操作。

下面通过一个案例来展示 break 语句和 continue 语句的区别，具体如例 2-3 所示。

【例 2-3】demo03.html

```
1  <script>
2    for (var i = 1; i <= 5; ++i) {
3      console.log('i=' + i);
4      if (i == 3) {
5        break;
6      }
7      console.log('ending');
8    }
9  </script>
```

上述代码用于循环 1～5 之间的数字，当变量 i 等于 3 时，终止执行 for 循环，继续执行其后的代码。运行结果如图 2-12 左图所示。当将第 5 行代码修改为 continue 时，表示结束本次循环继续执行 for 循环，因此，当 i 等于 3 时，不执行第 7 行代码，运行结果如图 2-12 右侧所示。

除此之外，break 和 continue 语句还可跳转到指定的标签语句处，实现嵌套语句的多层次跳转。其中，标签语句的语法如下所示。

```
label : statement
```

label 表示标签的名称，如 start、end 等任意合法的标识符，statement 表示具体执行的语句，如 if、while、变量的声明等。具体如例 2-4 所示。

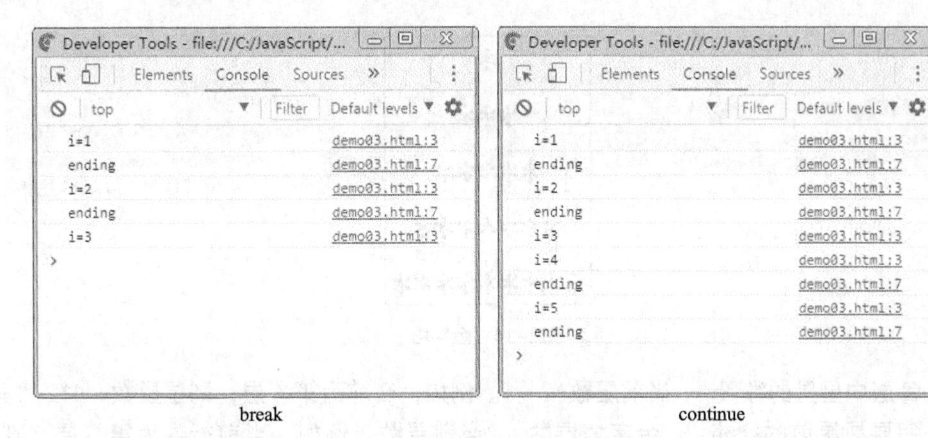

图2-12 跳转语句

【例 2-4】demo04.html

```
1  <script>
2   outerloop:
3   for (var i = 0; i < 10; ++i) {
4     for (var j = 0; j < 1; ++j) {
5       if (i == 3) {
6         break outerloop;
7       }
8       console.log('i=' + i + ' j=' + j);
9     }
10  }
11 </script>
```

上述第 2 行用于定义一个名称为 outerloop 的标签语句。第 3 ~ 10 行用于嵌套循环，当 i 等于 3 时，结束循环，跳转到指定的标签位置。效果如图 2-13 所示。

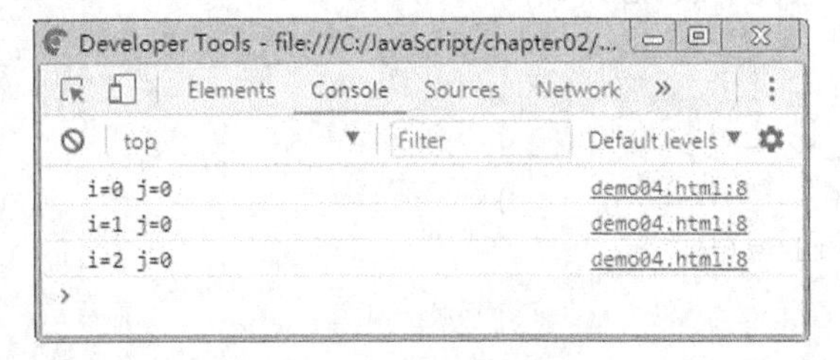

图2-13 标签语句

需要注意的是，标签语句必须在使用之前定义，否则会出现找不到标签的情况。

2.5.4 【案例】打印金字塔

金字塔是世界建筑的奇迹之一，其形状呈三角形。接下来将利用循环语句以及条件判断语句打印一个金字塔形状的图形，如图 2-14 所示。

从图 2-14 可以看出，该金字塔是由空格和星星“*”组成的三角形。假设最上面的一个星星作为金字塔的第一层，并且每层中星星的数量都为奇数，则可以得出以下两条规律。

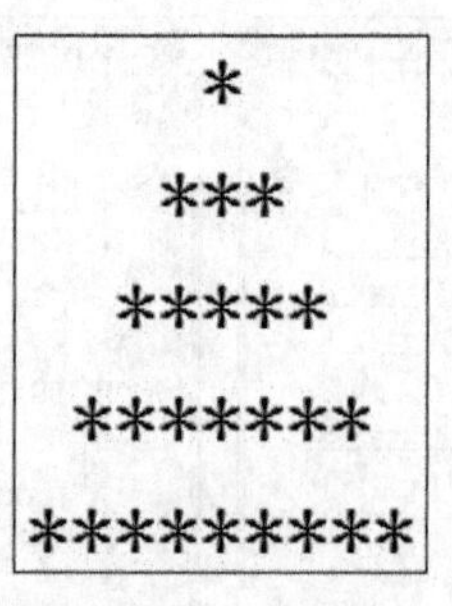

图2-14 金字塔

（1）每层中星星的数量 = 当前层数*2 -1。例如，当前为第 4 层，则星星数= 4*2-1=7。

（2）每层星星前的空格 = 金字塔层数 - 当前层数。例如，当前行数为第 3 层，则空格数=5-3=2。

下面根据用户指定的层数完成金字塔的打印。具体实现代码如下。

```
1  <script>
2    var level = prompt('请设置金字塔的层数');
3    // 获取输入的纯数字，其余情况皆转为 NaN
4    level = parseFloat(level) && Number(level);
5    // 判断用户输入的数据是否合法
6    if (isNaN(level)) {
7      alert('金字塔的层数必须是纯数字');
8    }
9    // 循环遍历金字塔的层数
10   for(var i = 1; i <= level; ++i){
11      // 输出星星前的空格
12     var blank = level - i;
13     for(var k=0; k< blank; ++k){
14       document.write(' ');
15     }
16     // 打印星星
17     var star = i*2 - 1;
18     for(var j =0; j < star; ++j){
19       document.write('*');
20     }
21      // 换行
22     document.write('<br>');
23   }
24 </script>
```

上述第 2～8 行用于接收并验证用户指定的金字塔层数是否合法，若不合法，则执行第 7 行代码给出提示信息；若合法则执行第 9～23 行按照规律循环金字塔。其中，第 12～15 行用于计算并循环输出每层中星星前的空格。第 17～20 行用于计算并打印每层中的星星，第 22 行用于换行。最后在浏览器中访问，即可得到图 2-14 所示的效果。

动手实践：九九乘法表

九九乘法表体现了数字之间乘法的规律，是学生在学习数学时必不可少的一项内容，如图 2-15 所示。那么如何使用 JavaScript 打印九九乘法表呢？

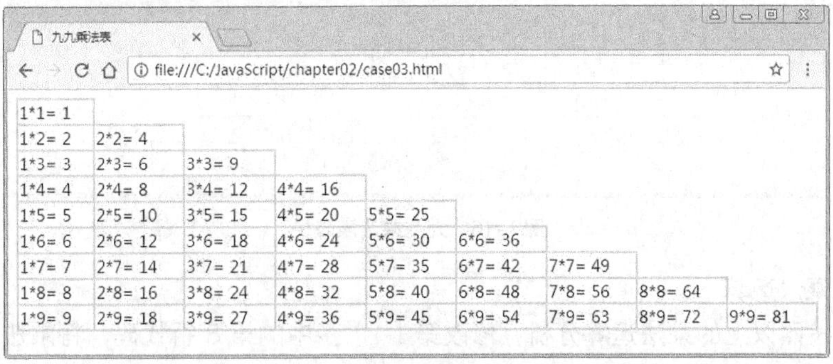
九九乘法表
file:///C:/JavaScript/chapter02/case03.html
1*1= 1
1*2= 2　2*2= 4
1*3= 3　2*3= 6　3*3= 9
1*4= 4　2*4= 8　3*4= 12　4*4= 16
1*5= 5　2*5= 10　3*5= 15　4*5= 20　5*5= 25
1*6= 6　2*6= 12　3*6= 18　4*6= 24　5*6= 30　6*6= 36
1*7= 7　2*7= 14　3*7= 21　4*7= 28　5*7= 35　6*7= 42　7*7= 49
1*8= 8　2*8= 16　3*8= 24　4*8= 32　5*8= 40　6*8= 48　7*8= 56　8*8= 64
1*9= 9　2*9= 18　3*9= 27　4*9= 36　5*9= 45　6*9= 54　7*9= 63　8*9= 72　9*9= 81

图2-15　九九乘法表

从图 2-15 可以看出，九九乘法表是由类似三角形（也可看作楼梯台阶式）的表格和乘法运算组成。假设最上面的一层作为该乘法表的第 1 层，则可以得到表格的分布规律如下所示。

（1）九九乘法表的表格是由 9 行，每行最多 9 列的单元格组成。

（2）乘法表的层数 = 表格的行数 = 每行中的列数。如乘法表的第 3 层，是表格的第 3 行，且共有 3 个单元格。

分析完九九乘法表的结构布局后，下面继续分析乘法运算的规律，具体如下所示。

（1）被乘数的取值范围在“1 ~ 每行中的列数”之间。如表格第 3 行中被乘数的值在 1 ~ 3 之间。

（2）乘数的值 = 表格的行数。如表格第 3 行中乘数的值就为 3。

接下来，将根据以上的分析完成九九乘法表的实现。具体步骤如下所示。

（1）实现九九乘法表的表格

```
1  <div id="table"></div>
2  <script>
3    var str = '<table>';
4    for (var i = 1; i < 10; ++i) {      // 遍历表中所有的行
5      str += '<tr>';
6      for (var j = 1; j <= i; ++j) {  // 遍历每行中的列
7        // 拼接单元格
8        str += '<td> </td>';
9      }
10     str += '</tr>';
11   }
12   str += '</table>';
13   // 将拼接后的字符串显示到页面中
14   document.getElementById('table').innerHTML = str;
15 </script>
```

上述第 4 ~ 11 行用于循环遍历九九乘法表中所有的行。其中，第 6 ~ 9 行按以上找到的列与行之间的规律，根据当前的行数 i 遍历每行中的列；第 8 行用于拼接每行中的单元格。编写完成后在浏览器中即可看到图 2-16 所示的效果。

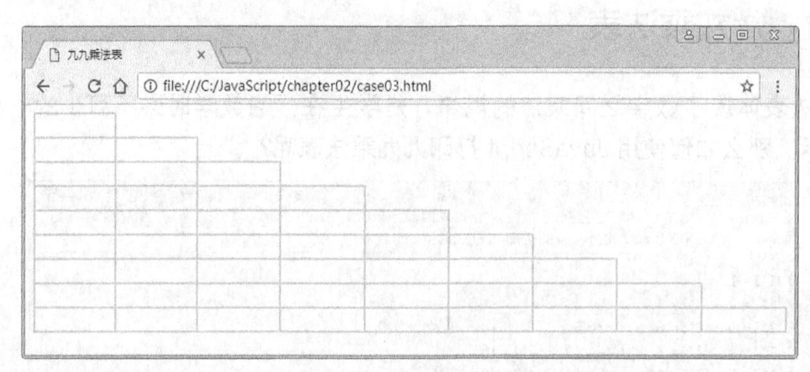

图2-16　九九乘法表表格

（2）实现乘法运算

接下来，按照以上的乘法运算分析，修改第（1）步中的第 8 行代码，将乘法运算显示到对应的单元格中，具体代码如下所示。

```
str += '<td>' + j + '*' + i + '= ' + (j * i) + '</td>';
```

在上述代码中，“=”左侧的内容用于拼接乘法表达式，右侧的内容用于显示乘法运算的结果。按照上述代码完成修改后，重新请求浏览器，即可看到图 2-15 所示的九九乘法表。

本章小结

本章首先介绍 JavaScript 中最基础的语法知识，包括标识符、变量的声明与赋值；然后讲解了数据类型、表达式以及运算符的使用。最后讲解了如何使用流程控制语句实现条件判断和代码的重复执行，使程序变得更加灵活。

课后练习

一、填空题

1. Boolean(undefined)方法的运行结果等于________。
2. 表达式(-5) % 3 的运行结果等于________。

二、判断题

1. JavaScript 中 age 与 Age 代表不同的变量。(　　)
2. $name 在 JavaScript 中是合法的变量名。(　　)
3. 运算符“.”可用于连接两个字符串。(　　)

三、选择题

1. 下列选项中，不能作为变量名开头的是（　　）。

   A. 字母　　B. 数字　　C. 下划线　　D. $

2. 下列选项中，与 0 相等（==）的是（　　）。

   A. null　　B. undefined　　C. NaN　　D. ''

3. 下列选项中，不属于比较运算符的是（ ）。

A. ==　　B. ===　　C. !==　　D. =

四、编程题

1. 请编写程序求出1～100的素数。

2. 有红、白、黑三种球若干个，其中红、白球共25个，白、黑球共31个，红、黑球共28个，求这三种球各有多少个？

3 Chapter

第3章 数组

JavaScript

学习目标

- 掌握数组的创建
- 掌握数组的访问与遍历
- 掌握数组的属性与方法

数组是 JavaScript 中最常用的数据类型之一，它属于对象类型中的内置对象。相比前面学习过的基本数据类型，一个数组类型的变量可以保存一批数据，并且数据可以是任意类型，如字符串、数字、数组或对象等。因此，利用数组可以很方便地对数据进行分类和批量处理。本章将围绕数组的使用进行详细讲解。

3.1 初识数组

在开发中，经常需要使用变量保存一批相关联的数据。例如，一个班级中所有学生的信息，包括姓名、学号、年龄、身高、性别等。若使用前面学习的方式，则需要定义很多个变量分别保存这些数据，这种明显的弊端会给开发和管理带来困难。此时可以使用数组类型的变量保存这样的数据，就可以很好地解决上述问题。

数组是存储一系列值的变量集合，它是由一个或多个数组元素组成的，各元素之间使用逗号“,”分隔。每个数组元素由“下标”和“值”构成。其中，“下标”也可称为“索引”，以数字表示，默认情况下从 0 开始依次递增，用于识别元素；“值”为元素的内容，可以是任意类型的数据，如数值型、字符型、数组、对象等。它们之间的关系如图 3-1 所示。

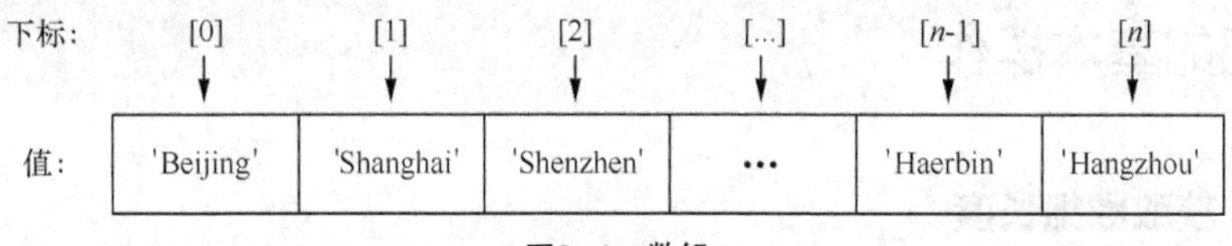

图3-1 数组

除此之外，数组还可以根据维数划分为一维数组、二维数组、三维数组等多维数组。所谓一维数组就是指数组的“值”是非数组类型的数据，如图 3-1 所示；二维数组是指数组元素的“值”是一个一维数组。也就是说，当一个数组的值又是一个数组时，就可以形成多维数组，它通常用于描述一些信息。例如，保存一个班级学生信息，每个数组元素都代表一个学生，而每个学生都使用一个一维数组分别表示其姓名、学号、年龄等信息，这样通过一个变量即可有规律地保存一个班级的所有学生信息，方便开发时进行处理。

3.2 创建数组

数组在 JavaScript 中有两种创建方式，一种是实例化 Array 对象的方式；另一种是直接使用“[]”的方式创建数组，下面将分别对以上两种实现方式进行详细讲解。

1. 使用 Array 对象创建数组

实例化 Array 对象的方式创建数组是通过 new 关键字实现的。其中关于对象的内容会在后面的章详细讲解，这里只需了解用法即可。具体如下所示。

```
// 元素值类型为字符型
var area = new Array('Beijing', 'Shanghai', 'Shenzhen');
// 元素值类型为数值型
var score = new Array(56, 68, 98, 44);
// 元素值类型为混合型
var mix = new Array(123, 'abc', null, true, undefined);
```

```
// 空数组
var arr1 = new Array();  // 或   var arr2 = new Array;
```

上述创建的数组，下标默认都是从 0 开始，依次递增加 1。例如，area 变量中数组元素的下标依次为 0、1、2。同时在必要时，还可利用上面提供的方式创建空数组，如 arr1 和 arr2。

2. 使用“[]”创建数组

使用“[]”创建数组的方式与 Array()对象的使用方式类似，只需将 new Array()替换为[]即可。具体示例如下所示。

```
var weather = ['wind', 'fine',];    // 相当于：new Array('wind', 'fine',)
var empty = [];                     // 相当于：new Array
// 控制台输出 mood：(5) ["sad", empty × 3, "happy"]
var mood = ['sad', , , ,'happy'];
```

从上可知，在创建数组时，最后一个元素后的逗号可以存在，也可以省略。同时，直接使用“[]”创建数组与实例化 Array()对象创建数组有一定的区别，前者可以创建含有空存储位置的数组，如上述创建的 mood 中含有 3 个空存储位置，而后者则不可以，此处是读者在创建数组时需要注意的地方。

3.3 数组的基本操作

3.3.1 获取数组长度

Array 对象提供的 length 属性可以获取数组的长度，其值为数组元素最大下标加 1，具体示例如下所示。

```
var arr1 = [78, 88, 98];
var arr2 = ['a', , , , 'b', 'c'];
console.log(arr1.length); // 输出结果为：3
console.log(arr2.length); // 输出结果为：6
```

在上述代码中，数组 arr1 中包含 3 个数组元素，因此其 length 属性的值为 3。而数组 arr2 中没有值的数组元素会占用空存储位置，因此，数组的下标依然会递增，length 属性值的为 6。

数组的 length 属性不仅可以用于获取数组长度，还可以修改数组长度，具体示例如下。

```
var arr1 = [];
arr1.length = 5;
console.log(arr1);      // 输出结果：(5) [empty × 5]
var arr2 = [1, 2, 3];
arr2.length = 4;
console.log(arr2);      // 输出结果：(4) [1, 2, 3, empty]
var arr3 = ['a', 'b'];
arr3.length = 2;
console.log(arr3);      // 输出结果：(2) ["a", "b"]
var arr4 = ['hehe', 'xixi', 'gugu', 'jiujiu'];
arr4.length = 3;
console.log(arr4);      // 输出结果：(3) ["hehe", "xixi", "gugu"]
```

从上述代码可以看出，修改数组的 length 属性值后，若 length 的值大于数组中原来的元素个数，则没有值的数组元素会占用空存储位置，如 arr1 和 arr2；若 length 的值等于数组中原来的元素个数，数组长度不变，如 arr3；若 length 的值小于数组中原来的元素个数，多余的数组元素将会被舍弃，如 arr4 舍弃了多余的第 4 个元素"jiujiu"。

除此之外，在利用 Array 对象方式创建数组时，也可以指定数组的长度。具体示例如下。

```
var arr = new Array(3);
console.log(arr);       // 输出结果：(3) [empty × 3]
```

值得一提的是，JavaScript 中不论何种方式设置数组长度后，并不影响继续为数组添加元素，同时数组的 length 属性值会发生相应的改变。

3.3.2 数组的访问与遍历

1. 访问数组元素

数组创建完成后，若想要查看数组中某个具体的元素，可以通过"数组名[下标]"的方式获取指定下标的值。接下来，通过一个例子来演示如何访问数组元素，如例 3-1 所示。

【例 3-1】demo01.html

```
1  <script>
2    var arr = ['hello', 'JavaScript', 22.48, true];
3    console.log(arr[0]);
4    console.log(arr[2]);
5    console.log(arr);
6  </script>
```

上述第 3～4 行代码，通过下标的方式在控制台输出数组 arr 中的第 1 个和第 3 个元素。第 5 行代码在控制台直接输出数组的名称，则可以看到数组中所有元素以及元素的个数，如图 3-2 所示。

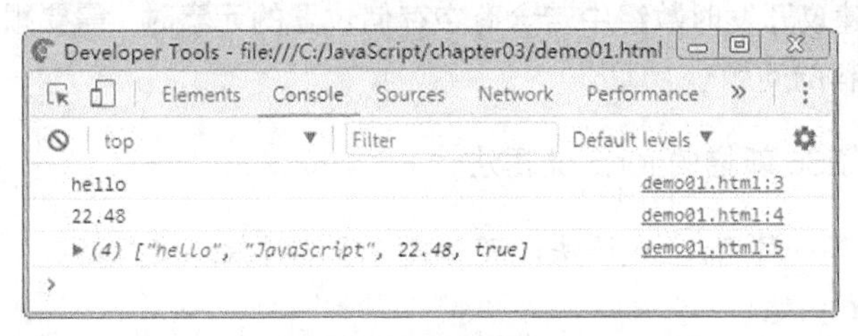

图3-2 访问数组

2. 遍历数组元素

在开发中，使用数组保存数据虽然很简单，但是若使用数组下标的方式访问数组中全部的元素，显然不能满足复杂的开发需求。

因此，JavaScript 提供了另外一种访问数组的方式——遍历数组。所谓遍历数组就是依次访问数组中所有元素的操作。通常情况下，利用下标遍历数组可以使用 for 或 for...in 语句，其中 for 的用法在第 2 章已经讲解过了，for...in 的语法如下。

```
for (variable in object) {...}
```

在上述语法中，for...in 中的 variable 指的是数组下标，object 表示数组的变量名称。除此之外，若 object 是一个对象，for...in 还可以用于对象的遍历。

在初步了解了遍历数组的语法之后，下面以生成网站导航栏为例演示如何遍历数组。如例 3-2 所示。

【例 3-2】demo02.html

```
1  <div  class="nav" id="navlist"></div>
2  <script>
3    var navlist = ['首页', '免费资源', '课程中心', 'IT 学院', '学员故事', '线上学院
     ', '技术社区'];
4    var str = '<ul>';
5    for (var i in navlist) {
6      str += '<li><a>' + navlist[i] + '</a></li>';
7    }
8    str += '</ul>';
9    document.getElementById('navlist').innerHTML = str;
10 </script>
```

上述第 1 行代码设置的 div 用于显示生成的导航栏。其中，导航栏的样式可参照本书源码。第 3 行代码，用于创建数组保存网站导航选项，然后通过第 5～7 行代码遍历并拼接数组元素。最后通过第 9 行代码将其显示到 id 为 navlist 的<div>中。同时为了增强用户体验，当鼠标滑过时，通过 CSS 样式改变当前<li>的颜色。效果如图 3-3 所示。

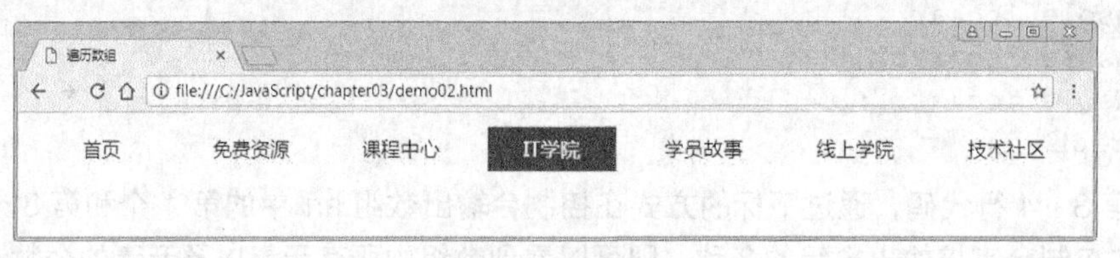

图3-3 遍历数组

值得一提的是，建议开发时数组中若含有空存储位置的元素时，需要根据具体的情况进行处理，防止出现不可预料的问题。

多学一招：ES6 新增的 for...of 语法

在 ES6 中，新增了一种 for...of 语法，可以更方便地对数组进行遍历。示例代码如下。

```
var arr = [1, 2, 3];
for (var value of arr) {
  console.log(value);
}
```

在上述代码中，变量 value 表示每次遍历时对应的数组元素的值，arr 表示待遍历的数组。代码执行后，可在控制台中依次输出 1、2 和 3。

3.3.3 元素的添加与修改

JavaScript 中“数组名[下标]”的方式不仅可以访问数组中的元素，还可以完成数组元素的添加与修改。下面介绍具体的使用方式。

1. 添加元素

数组创建后，可以根据实际需求，通过自定义数组元素下标的方式添加元素，具体示例如下。

```
// 为空数组添加元素
var height = [];
height[5] = 183;
height[0] = 175;
height[3] = 150;
console.log(height);    // 输出结果：(6) [175, empty × 2, 150, empty, 183]
// 为非空数组添加元素
var arr = ['Asa', 'Taylor'];
arr[2] = 'Tom';
arr[3] = 'Jack';
console.log(arr);       // 输出结果：(4) ["Asa", "Taylor", "Tom", "Jack"]
```

从上述代码可知，通过“数组名[下标] = 值”的方式添加数组元素时，允许下标不按照数字顺序连续添加，其中未设置具体值的元素，会以空存储位置的形式存在。值得一提的是，即使添加元素的下标的顺序不同，在遍历数组元素时，仍然会按照数组下标从小到大的顺序展示，如数组 height。

2. 修改元素

修改元素与添加元素的使用方式相同，不同的是修改元素是为已含有值的元素重新赋值。具体示例如下。

```
var arr = ['a', 'b', 'c', 'd'];
arr[2] = 123;
arr[3] = 456;
console.log(arr);       // 输出结果：(4) ["a", "b", 123, 456]
```

从上述代码可知，创建 arr 数组时第 3 个和第 4 个元素的值分别为 c 和 d，修改后的值分别为 123 和 456。

3.3.4 元素的删除

在创建数组后，有时也需要根据实际情况，删除数组中的某个元素值。例如，一个保存全班学生信息的多维数组，若这个班级中有一个学生转学了，那么在这个保存学生信息的数组中就需要删除此学生。此时，可以利用 delete 关键字删除该数组元素的值，具体示例如下。

```
var stu = ['Tom', 'Jimmy', 'Lucy'];
console.log(stu);  // 输出结果：(3) ["Tom", "Jimmy", "Lucy"]
delete stu[1];     // 删除数组中第 2 个元素
console.log(stu);  // 输出结果：(3) ["Tom", empty, "Lucy"]
```

从上述代码可知，delete 关键字只能删除数组中指定下标的元素值，删除后该元素依然会占用一个空存储位置。

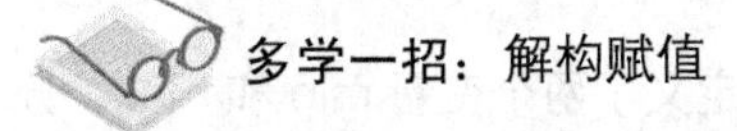
多学一招：解构赋值

除了前面学习过的变量声明与赋值方式，ES6 中还提供了另外一种方式——解构赋值。例如，若把数组[1, 2, 3]中的元素分别赋值给 a、b 和 c，传统的做法是单独声明变量和赋值。实现方式对比如下。

```
// 传统方式
var arr = [1, 2, 3];
```

```
// 解构赋值
[a, b, c] = [1, 2, 3];
```

```
var a = arr[0];
var b = arr[1];
var c = arr[2];
```

从上述代码可以看出，传统方式要完成以上的功能，需要 4 行代码，但若使用解构赋值，只需使用一行代码。解构赋值时，JavaScript 会将“=”右侧“[]”中的元素依次赋值给左侧“[]”中的变量。其中，当左侧变量的数量小于右侧的元素的个数时，则忽略多余的元素；当左侧的变量数量大于右侧的元素个数时，则多余的变量会被初始化为 undefined。

除此之外，解构赋值时右侧的内容还可以是一个变量名，或是通过解构赋值完成两个变量数值的交换。具体示例如下。

```
var arr = [1, 2, 3];
[a, b] = arr;
console.log(a + ' - ' + b);   // 输出结果：1 - 2
var n1 = 4, n2 = 8;
[n1, n2] = [n2, n1];
console.log(n1 + ' - ' + n2); // 输出结果：8 - 4
```

从上述代码可以看出，将 arr 数组名进行解构赋值后，变量 a 和 b 的值分别为 1 和 2。变量 n1 和 n2 在通过解构赋值后完成了数值的交换。

3.3.5 【案例】查找最大值与最小值

在开发中，若要获取保存在数组中的最大值和最小值，可以在遍历数组时，利用 if 对相邻元素进行判断，将最大值与最小值记录下来。具体示例如下。

```
1  <script>
2    var arr = [100, 7, 65, 54, 12, 6];    // 待查找数组
3    var min = max = arr[0];               // 假设第 1 个元素为最大值和最小值
4    for (var i = 1; i < arr.length; ++i) {
5      if (arr[i] > max) { // 当前元素比最大值 max 大，则修改最大值
6        max = arr[i];
7      }
8      if (arr[i] < min) { // 当前元素比最小值 min 小，则修改最小值
9        min = arr[i];
10     }
11   }
12   console.log('待查找数组：' + arr);
13   console.log('最小值：' + min);
14   console.log('最大值：' + max);
15 </script>
```

在上述代码中，第 2 行创建一个待查找的数组 arr，第 3 行定义了两个变量 min 和 max，分别用于保存最小值和最大值，并利用假设法将 arr 中的第 1 个元素当作它们的初始值。接下来通过第 4～11 行代码从 arr 数组的第 2 个元素开始遍历，并与 min 和 max 变量进行比较，只要有大于 max 或小于 min 的元素，就用该元素替换 max 或 min 变量的值。最后，在控制台输出查找结果，如图 3-4 所示。

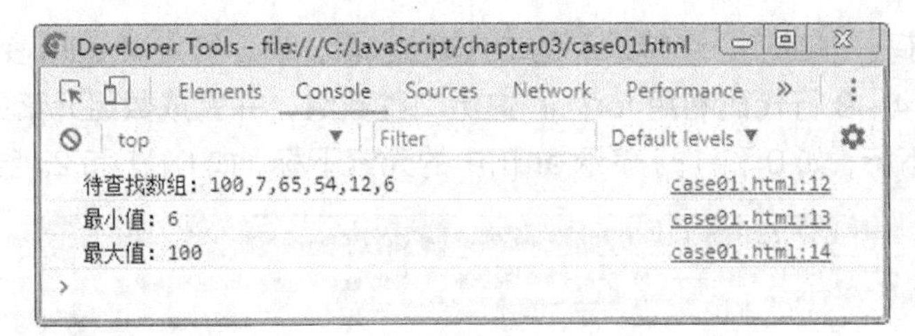

图3-4 查找最大值与最小值

3.4 常见二维数组操作

在项目开发中，经常需要对多维数组进行操作。其中，二维数组是最常见的多维数组。本节以二维数组为例讲解如何创建二维数组、如何添加二维数组元素以及如何遍历二维数组等常见的操作。

3.4.1 创建与遍历

前面我们已经学习了一维数组的各种创建方式，了解了一维数组如何创建后，二维数组的创建就非常简单了，只需将数组元素设置为数组即可。具体示例如下。

```
// 使用 Array 对象创建数组
var info = new Array(new Array('Tom', 13, 155), new Array('Lucy', 11, 152));
var arr = new Array(new Array, new Array);// 空二维数组
// 使用“[]”创建数组
var num = [[1, 3], [2, 4]];
var empty = [[], []];                          // 空二维数组
```

上述代码分别演示了如何利用 Array 对象和“[]”的方式创建二维数组。例如，info 的第一个元素（info[0]）是一个一维数组["Tom", 13, 155]，info[0]的第一个元素（info[0][0]）是字符型数据 Tom。

在创建完二维数组后，如何遍历二维数组中的元素，对其进行操作呢？从前面的学习我们知道，一维数组可以利用 for、for…in 或 for…of（ES6 提供）进行遍历。那么，二维数组只需在遍历数组后，再次遍历数组的元素即可获取到二维数组的元素值。

为了让大家更加清晰地了解二维数组的创建与遍历，接下来以二维数组求和为例进行演示，如例 3-3 所示。

【例 3-3】demo03.html

```
1  <script>
2    var arr = [[12, 59, 66], [100, 888]];// 待求和的二维数组
3    var sum = 0;
4    for (var i in arr) {        // 遍历数组 arr
5      for (var j in arr[i]) {  // 遍历数组 arr 的元素
6        sum += arr[i][j];      // 二维数组元素累计相加
7      }
8    }
9    console.log('待求和的二维数组: ' + arr);
10   console.log('二维数组 arr 求和等于: ' + sum);
11 </script>
```

上述第 2 行代码，创建了一个待求和的二维数组 arr，第 3 行定义 sum 变量保存二维数组各元素相加之和。第 4～8 行代码利用 for...in 遍历二维数组，并完成数组元素的累加。其中，i 表示 arr 数组元素的下标，如 0 和 1；j 表示 arr[i]中的元素下标，如 0、1 和 2。结果如图 3-5 所示。

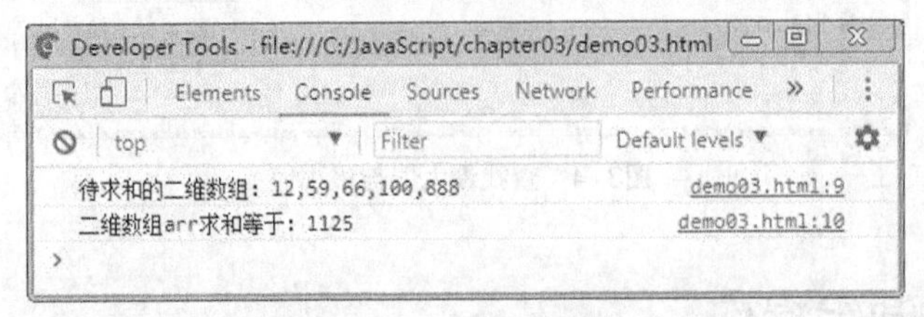

图3-5　二维数组求和

另外，在 Web 项目开发中，还经常通过多维空数组添加元素的方式来创建多维数组。下面以添加二维空数组元素为例进行演示。具体示例如下。

```
var arr = [];          // 创建一维空数组
for(var i = 0 ; i< 3; ++i){
  arr[i] = [];         // 将当前元素设置为数组
  arr[i][0] = i;       // 为二维数组元素赋值
}
```

在上述代码中，若要为二维数组元素（如 arr[i][0]）赋值，首先要保证添加的元素（如 arr[i]）已经被创建为数组，否则程序会报“Uncaught TypeError……”错误。

注意

在创建多维数组时，虽然 JavaScript 没有限制数组的维数，但是在实际应用中，为了便于代码阅读、调试和维护，推荐使用三维及以下的数组保存数据。

3.4.2 【案例】二维数组转置

二维数组的转置指的是将二维数组横向元素保存为纵向元素，效果如图 3-6 所示。

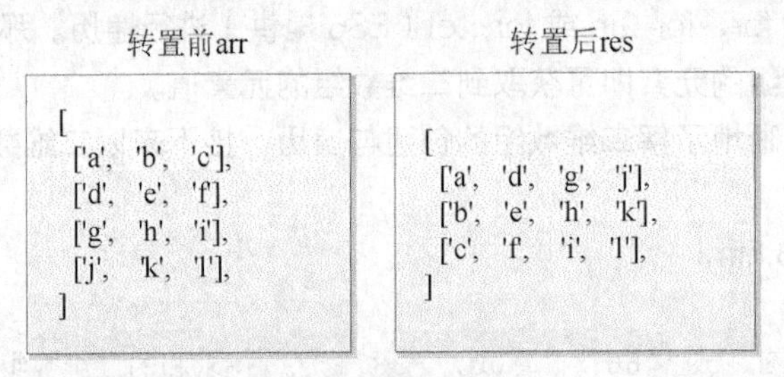

图3-6　二维数组转置

从图 3-6 可以看出，res[0][0] = arr[0][0]、res[0][1] = arr[1][0]、res[0][2] = arr[2][0]，res[0][3] = arr[3][0]，依次类推，可以得出的规律为：res[i][j] = arr[j][i]，且 res 数组长度 = arr 元素（如 arr[0]）的长度，res 元素（如 res[0]）的长度 = arr 数组的长度。

接下来，将按照找出的规律，实现二维数组的转置，具体示例如下。

```
1  <script>
2    var arr = [['a', 'b', 'c'], ['d', 'e', 'f'], ['g', 'h', 'i'], ['j', 'k',
```

```
    'l']];
3   var res = [];
4   for (var i = 0; i < arr[0].length; ++i) {  // 遍历 res 中的所有元素
5     res[i] = [];
6     for(var j = 0; j < arr.length; ++j){      // 遍历 res 元素中的所有元素
7       res[i][j] = arr[j][i];                  // 为二维数组赋值
8     }
9   }
10  console.group('转置前：');
11  console.log(arr);
12  console.groupEnd();
13  console.group('转置后：');
14  console.log(res);
15  console.groupEnd();
16 </script>
```

上述第 2 行代码，变量 arr 保存转置前的数组；第 3～9 行代码用于创建并遍历转置后的数组 res。其中，第 5 行用于完成 res 二维数组的创建，防止为二维数组添加元素时报错；第 7 行根据转置规律为转置后的数组 res 赋值。为查看转置前后的数组，通过第 10～15 行代码在控制台分组输出。效果如图 3-7 所示。

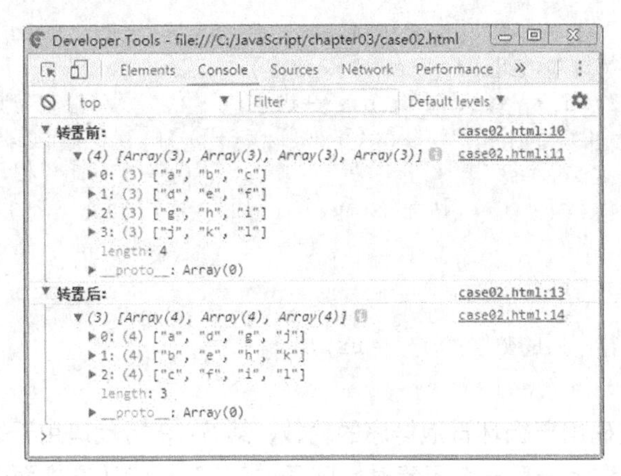

图3-7　二维数组转置

3.5 数组排序

开发中为了避免很多不必要的麻烦，在数组中进行定位时，经常需要将数组元素的值转为一个有序的排列。例如，使用二分查找法查找数据时，就必须是对一个有序排列的数组进行。本节将针对开发中常用的数组排序算法进行讲解。

3.5.1 冒泡排序

冒泡排序是计算机科学领域中较简单的排序算法。在冒泡排序的过程中，按照要求从小到大排序或从大到小排序，不断比较数组中相邻两个元素的值，较小或较大的元素前移。具体排序过程如图 3-8 所示。从图 3-8 中可以看出，冒泡排序比较的轮数是数组长度减 1，每轮比较的对数等于数组的长度减当前的轮数。

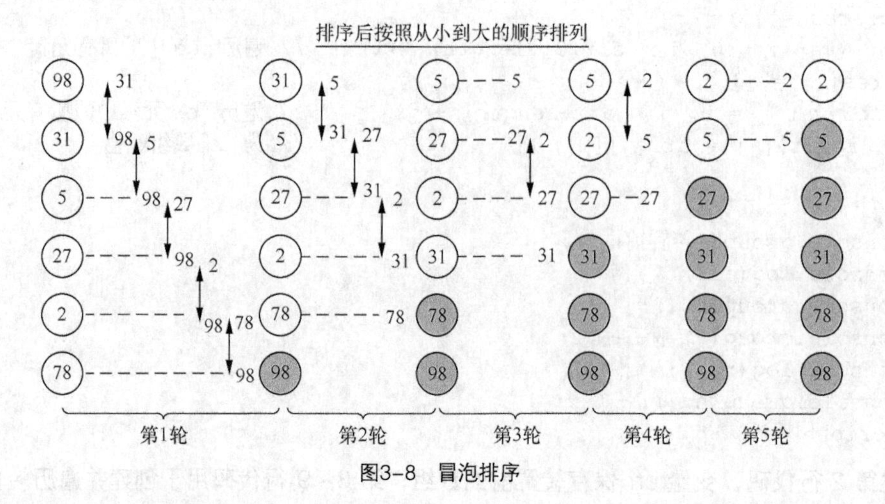

图3-8 冒泡排序

了解冒泡排序实现的原理后，下面使用 JavaScript 实现冒泡排序。具体如例 3-4 所示。

【例 3-4】demo04.html

```
1  <script>
2    var arr = [10, 2, 5, 27, 98, 31];
3    console.log('待排序数组：' + arr);
4    for (var i = 1; i < arr.length; ++i) {          // 控制需要比较的轮数
5      for (var j = 0; j < arr.length - i; ++j) {  // 控制参与比较的元素
6        if (arr[j] > arr[j + 1]) {                 // 比较相邻的两个元素
7          [arr[j], arr[j + 1]] = [arr[j + 1], arr[j]];
8        }
9      }
10   }
11   console.log('排序后的数组：' + arr);
12 </script>
```

上述第 4～10 行代码用于循环冒泡排序的轮数，第 5～9 行代码用于循环比较数组中两个相邻的元素，如果当前元素大于后一个元素时，则通过第 7 行代码交换两个元素的值。效果如图 3-9 所示。

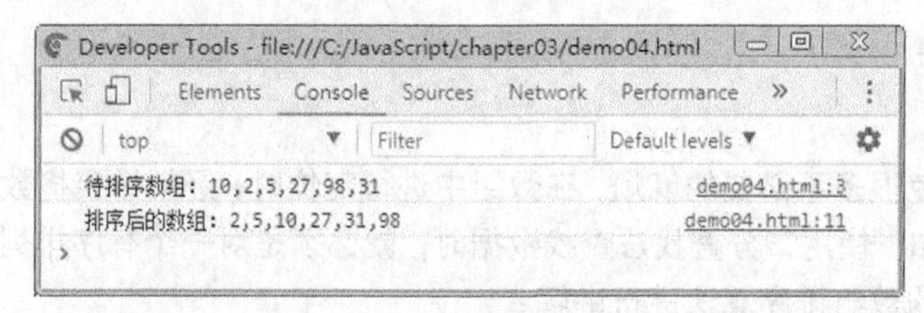

图3-9 冒泡排序

3.5.2 插入排序

插入排序是冒泡排序的优化，是一种直观的简单排序算法。它的实现原理是，通过构建有序数组元素的存储，对未排序的数组元素，在已排序的数组中从最后一个元素向第一个元素遍历，找到相应位置并插入。其中，待排序数组的第 1 个元素会被看作是一个有序的数组，从第 2 个至最后一个元素会被看作是一个无序数组。如按照从小到大的顺序完成插入排序，如图 3-10 所示。

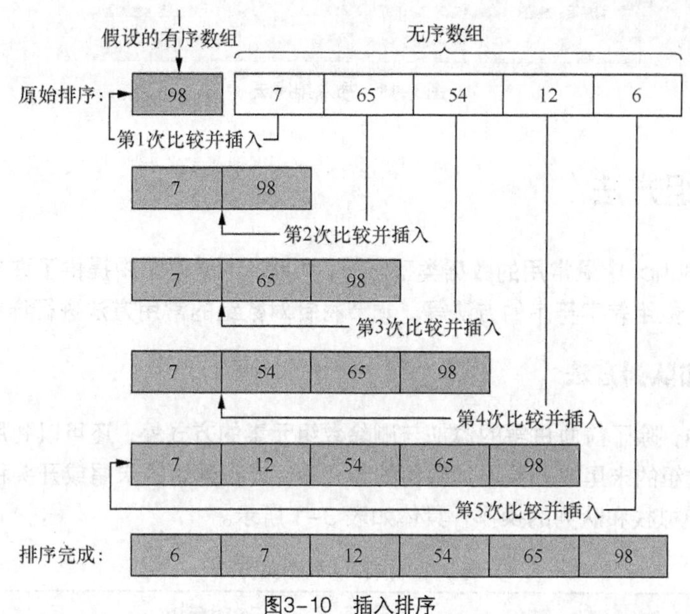

图3-10 插入排序

从图 3-10 中可以看出，插入排序比较的次数与无序数组的长度相等，每次无序数组元素与有序数组中的所有元素进行比较，比较后找到对应位置插入，最后即可得到一个有序数组。

了解插入排序实现的原理后，下面使用 JavaScript 实现插入排序。具体如例 3-5 所示。

【例 3-5】demo05.html

```
1  <script>
2    var arr = [89, 56, 100, 21, 87, 45, 1, 888]; // 待排序数组
3    console.log('待排序数组：' + arr);
4    // 按照从小到大的顺序排列
5    for (var i = 1; i < arr.length; ++i) {    // 遍历无序数组下标
6      for (var j = i; j > 0; --j) { // 遍历并比较一个无序数组元素与所有有序数组元素
7        if (arr[j - 1] > arr[j]) {
8          [arr[j - 1], arr[j]] = [arr[j], arr[j - 1]];
9        }
10     }
11   }
12   // 输出从小到大排序后的数组
13   console.log('排序后的数组：' + arr);
14 </script>
```

在上述代码中，我们假设待查找的数组 arr 的第 1 个元素是一个按从小到大排列的有序数组，arr 剩余的元素为无序数组。然后通过第 5 ~ 11 行代码完成插入排序。其中，第 7 ~ 9 行代码用于无序数组元素与有序数组中的元素进行比较，若无序元素 arr[j]小于有序数组中的元素，则进行插入。效果如图 3-11 所示。

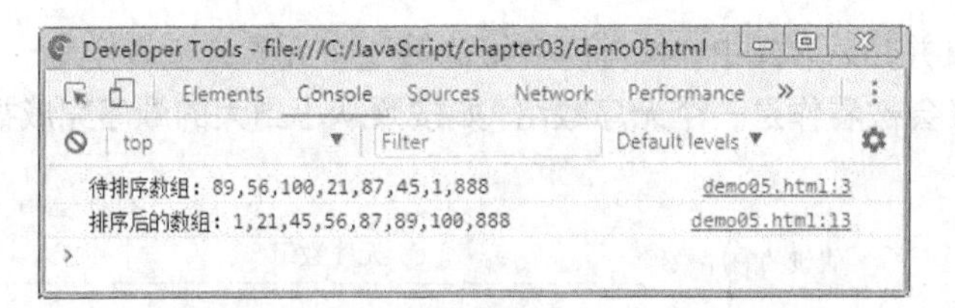

图3-11　插入排序法

3.6 常见数组方法

数组是 JavaScript 中最常用的数据类型之一，为此 Array 对象中提供了许多内置方法，如栈方法、检索方法、数组转字符串的方法等。本节将针对数组的常用方法进行详细讲解。

3.6.1 栈和队列方法

JavaScript 中，除了前面讲解的添加与删除数组元素的方式外，还可以利用 Array 对象提供的方法，实现在数组的末尾或开头添加数组的新元素，或在数组的末尾或开头移出数组元素。利用这些方法可以模拟栈和队列的操作。具体如表 3-1 所示。

表 3-1　栈和队列相关方法

方法名称	功能描述
push()	将一个或多个元素添加到数组的末尾，并返回数组的新长度
unshift()	将一个或多个元素添加到数组的开头，并返回数组的新长度
pop()	从数组的末尾移出并返回一个元素，若是空数组则返回 undefined
shift()	从数组的开头移出并返回一个元素，若是空数组则返回 undefined

表 3-1 中需要注意的是，push()和 unshift()方法的返回值是新数组的长度，而 pop()和 shift()方法返回的是移出的数组元素。

为了让读者更好地理解数组元素栈方法的使用，接下来通过例 3-6 进行演示。

【例 3-6】demo06.html

```
1  <script>
2    var arr = ['Rose', 'Lily'];
3    console.log('原数组：' + arr);
4    var last = arr.pop();
5    console.log('在末尾移出元素：' + last + ' - 移出后数组：' + arr);
6    var len = arr.push('Tulip', 'Jasmine');
7    console.log('在末尾添加元素后长度变为：' + len + ' - 添加后数组：' + arr);
8    var first = arr.shift();
9    console.log('在开头移出元素：' + first + ' - 移出后数组：' + arr);
10   len = arr.unshift('Balsam', 'sunflower');
11   console.log('在开头添加元素后长度变为：' + len + ' - 添加后数组：' + arr);
12 </script>
```

从上述代码可以看出，push()和 unshift()方法可以为指定数组在末尾或开头添加一个或多个元素，而 pop()和 shift()方法则只能移出并返回指定数组在末尾或开头的一个元素。输出结果如

图 3-12 所示。

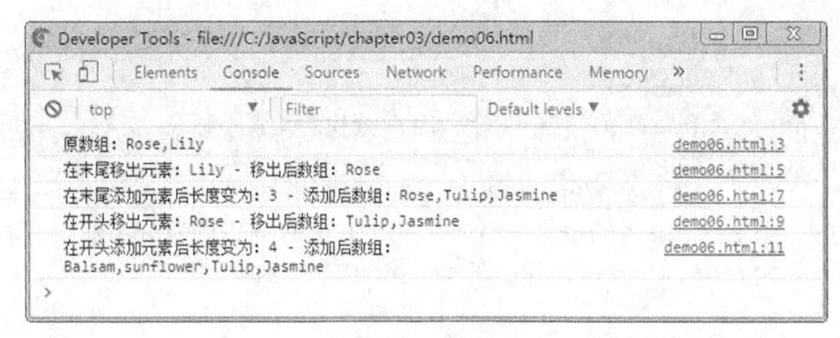

图3-12 栈方法

3.6.2 检索方法

在开发中，若要检测给定的值是否是数组，或是查找指定的元素在数组中的位置，则可以利用 Array 对象提供的检索方法，具体如表 3-2 所示。

表 3-2 检索方法

方法名称	功能描述
includes()	用于确定数组中是否含有某个元素，含有返回 true，否则返回 false
Array.isArray()	用于确定传递的值是否是一个 Array，是返回 true，不是返回 false
indexOf()	返回在数组中可以找到给定值的第 1 个索引，如果不存在，则返回-1
lastIndexOf()	返回指定元素在数组中的最后一个的索引，如果不存在则返回-1

表 3-2 中除了 Array.isArray()方法外，其余方法默认都是从指定数组索引的位置开始检索，并且检索方式与运算符“===”相同，即只有全等时才会返回比较成功的结果。为了初学者更好地理解这些方法的使用，下面通过代码和案例进行演示。

（1）includes()和 Array.isArray()方法

```
var data = ['peach', 'pear', 26, '26', 'grape'];
// 从数组下标为 3 的位置开始检索数字 26
console.log(data.includes(26, 3));      // 输出结果：false
// 从数组下标为 data.length - 3 的位置查找数字 26
console.log(data.includes(26, -3));     // 输出结果：true
// 判断变量 data 是否为数组
console.log(Array.isArray(data));       // 输出结果：true
```

在上述代码中，includes()方法在使用时，第 1 个参数表示待查找的值，第 2 个参数用于指定在数组中查找的下标，当其值大于数组长度时，数组不会被检索，直接返回 false；若将下标设置为小于 0 的数时，则检索的下标位置等于数组长度加上指定的负数，若结果仍是小于 0 的数，则检索整个数组。

（2）indexOf()方法

indexOf()用于在数组中从指定下标位置，检索到的第一个给定值，存在则返回对应的元素下标，否则返回-1。下面以判断一个元素是否在指定数组中，若不在则更新数组为例进行讲解，如例 3-7 所示。

【例 3-7】demo07.html

```
1  <script>
2    var arr = ['potato', 'tomato', 'chillies', 'green-pepper'];
3    var search= 'cucumber';
4    if (arr.indexOf(search) === -1) {// 查找的元素不存在
5      arr.push(search);
6      console.log('更新后的数组为: ' + arr);
7    } else if (arr.indexOf(search) > -1) {// 防止返回的下标为 0，if 判断为 false
8      console.log(search + '元素已在 arr 数组中。');
9    }
10 </script>
```

上述第 2 行代码用于创建待检索的数组 arr，第 3 行利用 search 变量保存需要检索的值，第 4~9 行代码用于检索 arr 数组中是否含有 search 元素，若没有则执行第 5~6 行代码，在 arr 数组末尾添加该元素，效果如图 3-13 左图所示；若有则执行第 8 行代码，在控制台输出对应的提示信息，如将 search 的值设置为 tomato 时，效果如图 3-13 右图所示。

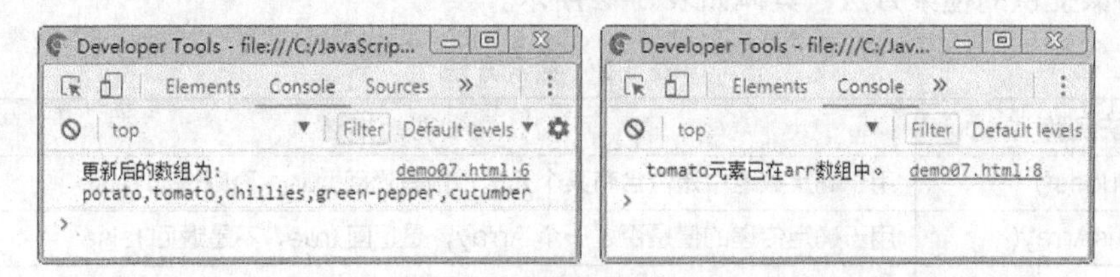

图3-13 indexOf()方法示例

值得一提的是，indexOf()方法的第 2 个参数用于指定开始查找的下标，当其值大于或等于数组长度时，程序不会在数组中查找，直接返回-1；当其值为负数时，查找的下标位置等于数组长度加上指定的负数，若结果仍是小于 0 的数，则检索整个数组。

（3）lastIndexOf()方法

Array 对象提供的 lastIndexOf()方法，用于在数组中从指定下标位置检索到的最后一个给定值的下标。与 indexOf()检索方式不同的是，lastIndexOf()方法默认逆向检索，即从数组的末尾向数组的开头检索。接下来以找出指定元素出现的所有位置为例进行讲解，如例 3-8 所示。

【例 3-8】demo08.html

```
1  <script>
2    var res = [];
3    var arr = ['a', 'b', 'a', 'c', 'a', 'd'];     // 待检索的数组
4    var search = 'a';                              // 要查找的数组元素
5    var i = arr.lastIndexOf(search);
6    while (i !== -1) {
7      res.push(i);
8      i = (i > 0 ? arr.lastIndexOf(search, i - 1) : -1);
9    }
10   console.log('元素 ' + search + ' 在数组中的所有位置为: ' + res);
11 </script>
```

上述第 2 行初始化的 res 变量，用于保存指定元素出现的所有下标。第 5 行用于获取 arr 数组中 search 变量最后一次出现的位置，第 6~9 行通过循环获取 search 变量出现的所有

位置。其中，第 7 行用于从 res 数组的末尾添加找到的元素下标，第 8 行通过判断当前的下标是否大于 0，确定 arr 中是否还有元素，若结果为 true，则下标值 i 减 1，继续从指定位置向前检索变量 search 的值最后一次出现的下标，直到检索完数组，将 i 设置为-1 结束循环。输出结果如图 3-14 所示。

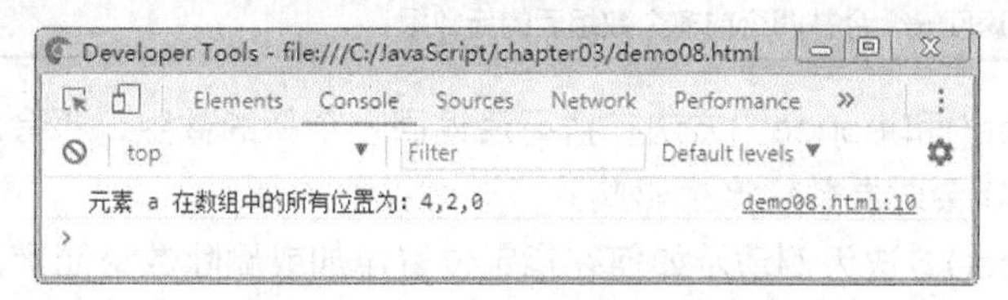

图3-14 lastIndexOf()方法的示例

值得一提的是，lastIndexOf()方法的第 2 个参数用于指定查找的下标，且由于其采用逆向的方式检索，因此当其值大于或等于数组长度时，则整个数组都会被查找。当其值为负数时，则索引位置等于数组长度加上给定的负数，若其值仍为负数，则直接返回-1。

3.6.3 数组转字符串

在项目开发中，若需要将数组转换为字符串，则可以利用 JavaScript 提供的 join()和 toString()方法实现。具体如表 3-3 所示。

表 3-3 数组转字符串

方法名称	功能描述
join()	将数组的所有元素连接到一个字符串中
toString()	返回一个字符串，表示指定的数组及其元素

为了让大家更加清楚地了解数组转字符串的使用，下面通过示例的方式演示。

```
console.log(['a', 'b', 'c'].join());          // 输出结果：a,b,c
console.log([[4, 5], [1, 2]].join('-'));     // 输出结果：4,5-1,2
console.log(['a', 'b', 'c'].toString());     // 输出结果：a,b,c
console.log([[4, 5], [1, 2]].toString());    // 输出结果：4,5,1,2
```

从上述代码可知，join()和 toString()方法可将多维数组转为字符串，默认情况下使用逗号连接。不同的是，join()方法可以指定连接数组元素的符号。另外，当数组元素为 undefined、null 或空数组时，对应的元素会被转换为空字符串。

3.6.4 其他方法

除了前面讲解的几种常用方法外，JavaScript 还提供了很多其他常用的数组方法。例如，合并数组、数组浅拷贝、颠倒数组元素的顺序等。具体如表 3-4 所示。

表 3-4 其他方法

方法名称	功能描述
sort()	对数组的元素进行排序，并返回数组
fill()	用一个固定值填充数组中指定下标范围内的全部元素
reverse()	颠倒数组中元素的位置

续表

方法名称	功能描述
splice()	对一个数组在指定下标范围内删除或添加元素
slice()	从一个数组的指定下标范围内拷贝数组元素到一个新数组中
concat()	返回一个合并两个或多个数组后的新数组

表 3-4 中的 slice()和 concat()方法在执行后返回一个新的数组，不会对原数组产生影响，剩余的方法在执行后皆会对原数组产生影响。

接下来，以 splice()方法为例演示如何在指定位置添加或删除数组元素，如例 3-9 所示。

【例 3-9】demo09.html

```
1  <script>
2    var arr = ['sky', 'wind', 'snow', 'sun'];
3    // 从数组下标 2 的位置开始，删除 2 个元素
4    arr.splice(2, 2);
5    console.log(arr);
6    // 从数组下标 1 的位置开始，删除 1 个元素后，再添加 snow 元素
7    arr.splice(1, 1, 'snow');
8    console.log(arr);
9    // 指定下标 4 大于数组的长度，则直接在数组末尾添加 hail 和 sun 元素
10   arr.splice(4, 0, 'hail', 'sun');
11   console.log(arr);
12   // 从数组下标 3 的位置开始，添加数组、null、undefined 和空数组
13   arr.splice(3, 0, ['lala', 'yaya'], null, undefined, []);
14   console.log(arr);
15 </script>
```

在上述代码中，splice()方法的第 1 个参数用于指定添加或删除的下标位置；第 2 个参数用于从指定下标位置开始，删除数组元素的个数，将其设置为 0，则表示该方法只添加元素。剩余的参数表示要添加的数组元素，若省略则表示删除元素。效果如图 3-15 所示。

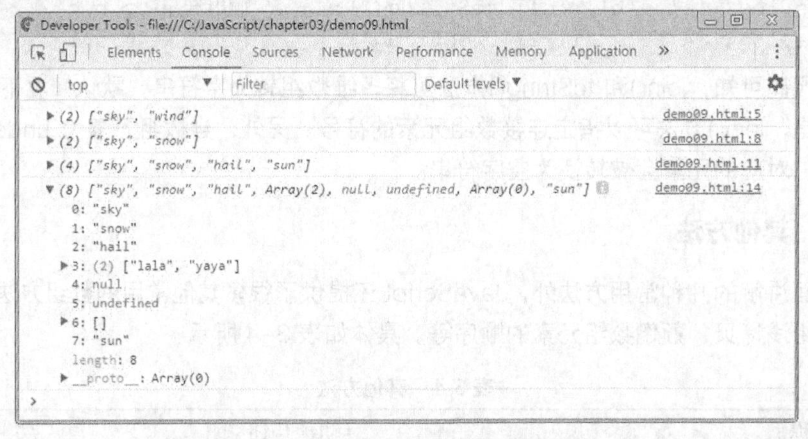

图3-15　splice()方法添加或删除数组元素

值得一提的是，splice()方法的第 1 个参数的值等于或大于数组长度时，从数组末尾开始操作；当该值为负数时，则下标位置等于数组长度加上指定的负数，若其值仍为负数，则从数组的

开头开始操作。

3.6.5 【案例】猴子选大王

“猴子选大王”是一个趣味游戏，要求一群猴子排成一圈，按“1，2，……，n”依次编号。然后从第 1 只开始数，数到第 m 只，把它踢出圈，其后的猴子再从 1 开始数，数到第 m 只，再把它踢出去……如此不停地进行下去，直到最后只剩下一只猴子为止，那只猴子就是我们要找的大王。

接下来，根据用户指定的猴子总数（n）和踢出的第几（m）只猴子，实现猴子选大王。具体示例如下。

```
1  <script>
2    var total = prompt('请输入猴子的总数');
3    var kick = prompt('踢出第几只猴子');
4    var monkey = [];
5    for (var i = 1; i <= total; ++i) { // 创建猴子数组
6      monkey.push(i);
7    }
8    i = 0;                            // 记录每次参与游戏（报数）的猴子位置
9    while (monkey.length > 1) {       // 在猴子数量大于 1 时进行循环
10     ++i;                            // 猴子报数
11     head = monkey.shift();          // 从 monkey 数组的开头，取出猴子
12     if (i % kick != 0) { // 判断是否踢出猴子，不踢出则把该猴子添加到 monkey 数组尾部
13       monkey.push(head);            // 继续参加游戏的猴子
14     }
15   }
16   console.log('猴王编号：' + monkey[0]);
17 </script>
```

上述第 2～3 行通过 prompt()函数实现用户自定义猴子总数和踢出第几只猴子。第 4～7 行通过 push()方法将猴子编号保存为 monkey 数组的元素。第 9～15 行实现猴子选大王的游戏。其中，第 11 行通过 shift()方法让 mokey 数组中的第 1 个元素出栈，第 12～14 行根据参与游戏的猴子位置与 kick 的关系，判断是否踢出该猴子，若不踢出，则将该数组元素从数组末尾入栈。

值得一提的是，入栈后的数组元素位置（i）的值，会在上一轮参加游戏的最后一只猴子位置（i）值的基础上继续递增。最后 monkey 数组中保存的唯一元素就是要找的大王。

通过浏览器访问，根据提示输入猴子的总数和需要踢出的猴子，如图 3-16 所示。

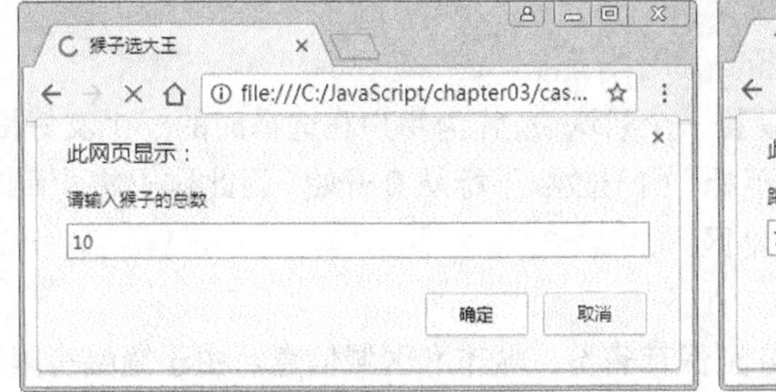

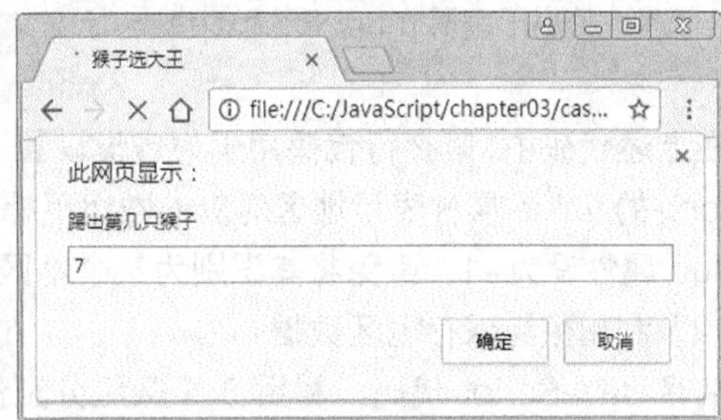

图3-16 猴子选大王

单击“确定”按钮后，即可在控制台看到猴子最后选出的大王编号，如图 3-17 所示。

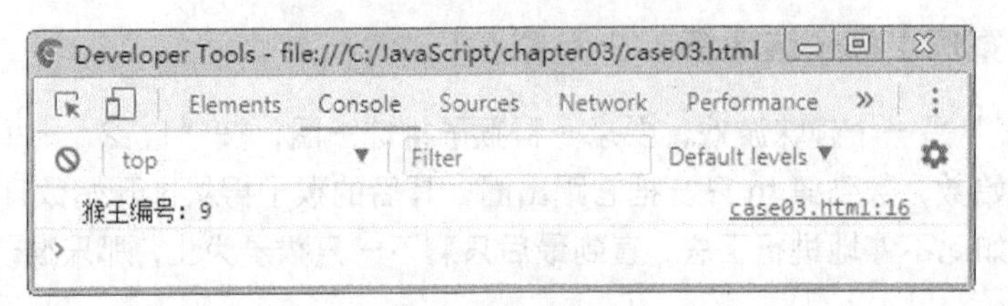

图3-17　猴子选大王

在实际项目开发中，对于用户输入的数据（如 total 和 kick）需要进行判断和验证，保证参与运算的数据是我们期待的数据类型（如数值型），可参考第 2 章的案例。这里不再进行介绍。

动手实践：省份城市的三级联动

在 Web 开发中，地区联动是很常见的功能。例如，购物、外卖等需要选择填写的送货地址。其中，省份城市的三级联动则是最基础的功能。接下来，请利用数组保存相关的省份、城市和区域的信息。具体实现步骤如下。

1. 动态生成下拉菜单

在网站中，通常使用 3 个下拉菜单分别表示省份、城市和区域。由于全国的地区数据非常多，为了使代码更好维护，我们可以通过数组来保存数据，然后利用编程实现自动生成下拉菜单中的选项。

（1）编写 HTML 页面

在 HTML 页面中准备 3 个下拉菜单，具体代码如下。

```
1  <select id="province">
2    <option value="-1">请选择</option>
3  </select>
4  <select id="city"></select>
5  <select id="country"></select>
6  <script>
7    // 此处用于编写 JavaScript 代码
8  </script>
```

在上述代码中，第 2 行代码用于为省份设置一个默认值，作为用户在选择时的一个友好提示。<option>的 value 属性表示地区对应的数组下标，由于数组下标从 0 开始，因此这里将“请选择”的 value 属性设为-1，避免将其识别为某个地区。

（2）利用数组保存地区数据

编写 JavaScript 代码，利用 3 个数组分别保存省份、城市和区域信息。由于篇幅有限，这里仅添加几条测试数据，具体代码如下。

```
1  // 省份数组
2  var provinceArr = ['上海', '江苏', '河北'];
3  // 城市数组
4  var cityArr = [
5    ['上海市'],
6    ['苏州市', '南京市', '扬州市'],
7    ['石家庄', '秦皇岛', '张家口']
8  ];
9  // 区域数组
10 var countryArr = [
11   [
12     ['黄浦区', '静安区', '长宁区', '浦东区']
13   ], [
14     ['虎丘区', '吴中区', '相城区', '姑苏区', '吴江区'],
15     ['玄武区', '秦淮区', '建邺区', '鼓楼区', '浦口区'],
16     ['邗江区', '广陵区', '江都区']
17   ], [
18     ['长安区', '桥西区', '新华区', '井陉矿区'],
19     ['海港区', '山海关区', '北戴河区', '抚宁区'],
20     ['桥东区', '桥西区', '宣化区', '下花园区']
21   ]
22 ];
```

上述第 2 行代码通过一维数组 provinceArr 保存省、自治区和直辖市，第 4～8 行利用二维数组 cityArr 保存对应省、自治区和直辖市下的所有城市，存储时要保证 cityArr[index]中 index 值与对应 provinceArr 中元素的下标索引相同。例如，“江苏”的下标为 1，则 cityArr[1]中保存的就是“江苏”的所有城市。

同理，利用三维数组保存每个城市下的区域，存储时要保证 countryArr[index][cindex]中 cindex 值要与对应的 cityArr 元素下标相同，如，“扬州市”的下标为 2，则 countryArr[1][2]中保存就是“江苏省扬州市”的所有区域。

（3）自动创建省份下拉菜单

```
1  function createOption(obj, data) {
2    for (var i in data) {
3      var op = new Option(data[i], i);          // 创建下拉菜单中的 option
4      obj.options.add(op);                      // 将选项添加到下拉菜单中
5    }
6  }
7  var province = document.getElementById('province');    // 获取省份元素对象
8  createOption(province, provinceArr);
```

上述第 1～6 行代码封装的 createOption()函数用于创建指定下拉菜单的选项。参数 obj 表示下拉菜单的元素对象，参数 data 表示一维数组保存的下拉菜单选项。其中，第 3 行代码用于实例化 Option 对象创建<select>标签下的<option>选项，Option 的第 1 个参数用于设置显示的文本，第 2 个参数用于设置 value 值；第 4 行代码通过 options 对象的 add()方法将创建的<option>

选项添加到指定的下拉菜单 obj 中。

通过浏览器访问，单击“请选择”即可查看到自动生成的省份下拉列表，如图 3-18 所示。

2. 实现下拉菜单三级联动

常见的省份城市的三级联动，指的是用户选择完省份后，其后下拉列表中自动获取该省份的所有城市，依次类推，在选择完城市后，其后的下拉列表中自动获取该城市中的所有区域。

（1）选择省份后，自动生成对应的城市下拉菜单

```
1  var city = document.getElementById('city');      // 获取城市下拉菜单的元素对象
2  province.onchange = function() {               // 为省份下拉列表添加事件
3    city.options.length = 0;                      // 清空 city 下的所有原有 option
4    createOption(city, cityArr[province.value]);
5  };
```

上述第 1 行代码用于获取城市下拉菜单的元素对象，第 2～5 行代码用于为省份下拉菜单设置 onchange 事件，该事件将在下拉菜单的选中项发生改变时触发。当用户选择完成省份后，就会执行第 3～4 行代码，自动生成对应的城市下拉菜单。其中，城市下拉菜单选项是根据 province.value 获取选中省份下标，从 cityArr 数组中获取的数据。

通过浏览器访问，单击“江苏”即可查看到自动生成的江苏省的城市下拉列表，如图 3-19 所示。

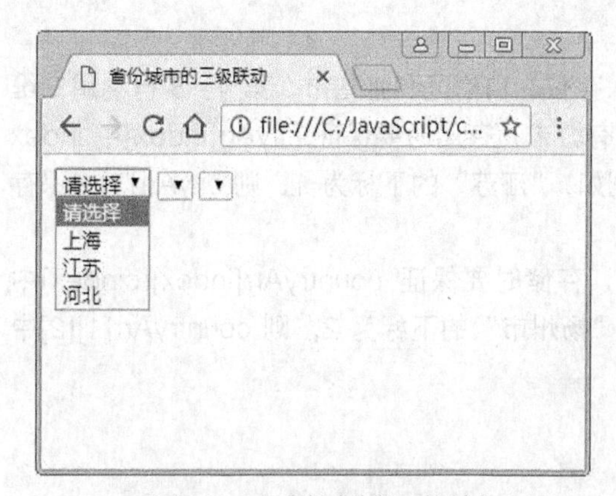

图3-18　自动创建省份下拉列表

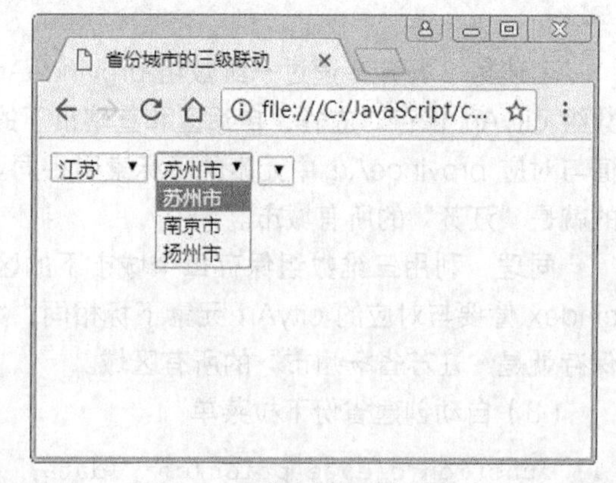

图3-19　获取城市下拉列表

（2）选择城市后，自动生成对应区域下拉菜单

```
1  var country = document.getElementById('country'); // 获取区域下拉菜单的元素对象
2  city.onchange = function() {                      // 为城市下拉列表添加事件
3    country.options.length = 0;                     // 清空 country 下的原有 option
4    createOption(country, countryArr[province.value][city.value]);
5  };
```

上述第 1 行代码用于获取区域下拉菜单的元素对象，第 2～5 行代码用于为城市下拉菜单设置 onchange 事件。当用户选择完成城市后，就会执行第 3～4 行代码，自动生成对应的区域下拉菜单。其中，区域下拉菜单选项是根据 province.value 获取选中省份下标和 city.value 获取的

选中城市下标，从 countryArr 数组中获取的数据。

通过浏览器访问，单击“江苏”和“南京市”即可查看到自动生成的江苏南京的区域下拉菜单，如图 3-20 所示。

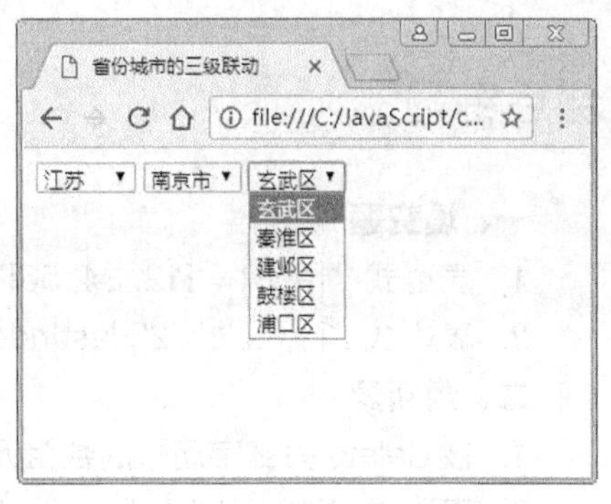

图3-20 获取区域下拉列表

（3）修改省份时，更新区域下拉菜单

虽然通过以上步骤已经实现了省份城市的三级联动，但是还存在一些问题，即再次修改省份时，区域的下拉菜单仍然是前一个省份城市的。如将图 3-20 中的城市修改为上海，如图 3-21 左侧所示。

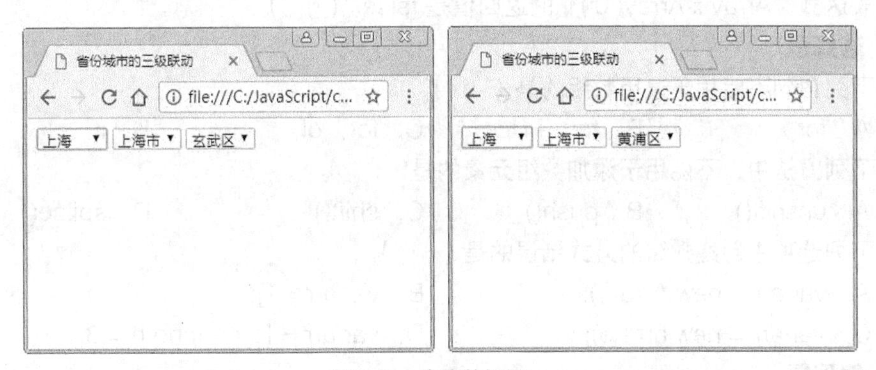

图3-21 存在的问题

接下来，编写代码修改省份 province 的 onchange 事件，具体代码如下。

```
1  province.onchange = function() {
2    city.options.length = 0;
3    createOption(city, cityArr[province.value]);
4    // 以下是新增代码
5    if (province.value >= 0) {
6      city.onchange();                    // 自动添加 城市对应区域 下拉菜单
7    } else {
8      country.options.length = 0;        // 清空 country 下的原有 option
9    }
10 };
```

上述代码用于当用户更改省份后，执行第 5 ~ 9 行代码判断用户选择的是省份还是默认值“请选择”，若选择了省份，则执行第 6 行自动添加省份城市对应的区域下拉菜单；若选择了默认值“请选择”选项，则清空区域下拉菜单。修改完成后，再次将图 3-20 中的城市修改为上海，效果如图 3-21 右侧所示。

本章小结

本章首先介绍了数组的概念和分类，接着讲解了数组的创建、访问、遍历等基础操作。然后通过案例巩固加强对数组的认识。最后讲解数组中的常用方法，并将实际开发中的功能以案例的形式呈现，深化对数组的理解和运用。

课后练习

一、填空题

1. 表达式“[a, b] = [12, 34, 56]”执行后，变量 b 的值为________。
2. 表达式“[1, 2, '1', '2'].lastIndexOf('1', 1)”的返回值是________。

二、判断题

1. 被 delete 关键字删除的数组元素值，该元素依然占用一个空的存储位置。(   )
2. 表达式“['haha', 'xixi'].splice(4, 2)”的返回值是['haha', 'xixi']。(   )
3. 表达式“Array.isArray('0')”的返回值是 false。(   )

三、选择题

1. 下列语句不能用于遍历数组的是 (   )。
   A. for　　B. for…in　　C. for…of　　D. if
2. 下列方法中，不能用于添加数组元素的是 (   )。
   A. unshift()　　B. push()　　C. shift()　　D. splice()
3. 下列选项中创建数组的方式错误的是 (   )。
   A. var arr = new Array();　　B. var arr = [];
   C. var arr = new array();　　D. var arr = []; arr.length = 3;

四、编程题

1. 移出数组 arr([1,2,3,4,2,5,6,2,7,2])中与 2 相等的元素，并生成一个新数组，不改变原数组。

2. 利用 indexOf()函数统计数组 arr(['a','b','d','d','c','d','d'])中元素 d 出现的次数，并同时返回其对应的所有下标。

4 Chapter

第 4 章 函数

学习目标

- 掌握函数的使用方法
- 掌握变量的作用域
- 掌握匿名函数与闭包函数

函数是 JavaScript 中最常用的功能之一，它可以避免相同功能代码的重复编写，将程序中的代码模块化，提高程序的可读性，减少开发者的工作量，便于后期的维护。

例如，在计算班级学生的平均分时，每计算一个学生的平均分，都要编写一段功能相同的代码，这样会导致代码量大大增加。为此，JavaScript 提供了函数，通过函数可以将计算平均分的代码进行封装，在使用时直接调用即可，无需重复编写。本章将针对函数的内容进行详细讲解。

4.1 函数的定义与调用

4.1.1 初识函数

函数用于封装一段完成特定功能的代码。相当于将一条或多条语句组成的代码块包裹起来，用户在使用时只需关心参数和返回值，就能完成特定的功能，而不用了解具体的实现。

下面通过一段代码演示函数的使用。

```
console.log(parseFloat('7.26e-2'));        // 返回解析后的浮点数：0.0726
console.log(isNaN(' '));                   // 判断是否是 NaN：false
console.log(parseInt('15.99'));            // 返回解析后的整数值：15
```

在上述代码中，parseFloat()、isNaN()和 parseInt()都是 JavaScript 提供的内置函数。其中，parseFloat()用于返回解析字符串后的浮点数；isNaN()判断给定参数是否为 NaN，判断结果为是，返回 true，否则返回 false；parseInt()用于返回解析字符串后的整数值。从上可知，函数的使用可以方便程序的开发和维护。

除了使用内置函数外，JavaScript 中还可以根据具体情况自定义函数，提高代码的复用性，降低程序维护的难度。具体语法结构如下。

```
function 函数名([参数 1, 参数 2, ……]) {
  // 函数体……
}
```

从上述语法可以看出，函数的定义是由 function、函数名、参数和函数体 4 部分组成的。其中，function 是定义函数的关键字；函数名可由大小写字母、数字、下划线（_）和$符号组成，但是函数名不能以数字开头，且不能是 JavaScript 中的关键字；参数是外界传递给函数的值，它是可选的，多个参数之间使用“,”分隔；函数体是专门用于实现特定功能的主体，由一条或多条语句组成。

若在调用函数后想要得到处理结果，在函数体中可以使用 return 关键字返回。另外，函数的名称最好不要使用 JavaScript 中的保留字，避免在将来被用作关键字导致出错。

在初步了解自定义函数的语法之后，下面具体来看一下自定义函数的使用，如例 4-1 所示。

【例 4-1】demo01.html

（1）编写 HTML 页面

```
<button id="btn">点击</button>
<div id="demo" style="display: none">这是一个惊喜！</div>
```

在上述代码中，定义一个 id 为 btn 的按钮和一个默认情况下隐藏的<div>元素。其中，<div>元素的 id 值为 demo。

（2）添加单击事件

为按钮添加事件，将隐藏的<div>元素设为可见。

```
1  <script>
2    function $(id) {    // 根据 id 获取元素对象
3      return document.getElementById(id);
4    }
5    function show() {   // 显示 id 为 demo 的元素
6      $('demo').style.display = 'block';
7    }
8    $('btn').onclick = show;
9  </script>
```

在上述代码中，第2～4行封装的$()函数用于根据id获取元素对象，第5～7行封装的show()函数用于将id为demo的元素设置为可见。第8行代码用于为按钮添加单击事件，当单击事件触发时调用show()函数处理。

按以上步骤完成操作后，通过浏览器访问测试，运行结果如图4-1左侧所示。单击网页中的按钮，效果如图4-1右侧所示。

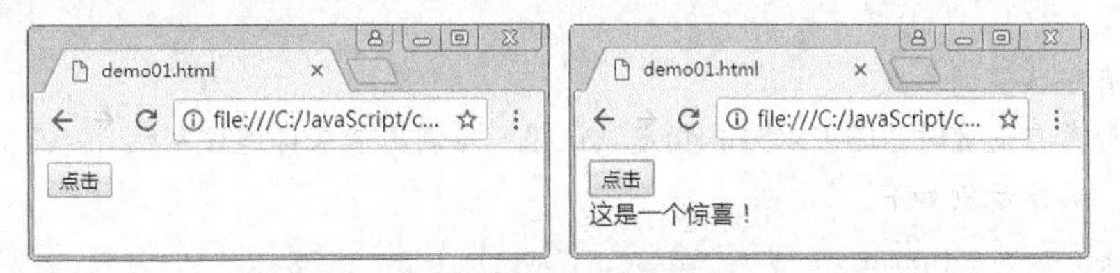

图4-1　自定义函数

4.1.2　参数设置

函数在定义时根据参数的不同，可分为两种类型，一种是无参函数，一种是有参函数。在定义有参函数时，设置的参数称为形参，函数调用时传递的参数称为实参。所谓形参指的就是形式参数，具有特定的含义；实参指的是实际参数，也就是具体的值。接下来将分别介绍几种常用的函数参数设置。

（1）无参函数

无参函数适用于不需要提供任何数据，即可完成指定功能的情况。具体示例如下。

```
function greet() {
  console.log('Hello everybody!');
}
```

需要注意的是，在自定义函数时，即使函数的功能实现不需要设置参数，小括号“()”也不能够省略。

（2）有参函数

在项目开发中，若函数体内的操作需要用户传递的数据，此时函数定义时需要设置形参，用于接收用户调用函数时传递的实参。具体示例如下。

```
function maxNum(a, b) {
  a = parseInt(a);
  b = parseInt(b);
```

```
  return a >= b ? a : b;
}
```

上述定义的 maxNum()函数用于比较形参 a 和 b 的大小，首先在该函数体中对参数 a 和 b 进行处理，确保参与比较运算的数据都是数值型，接着利用 return 关键字返回比较的结果。

（3）获取函数调用时传递的所有实参

在开发时若不能确定函数的形参个数，此时定义函数时可以不设置形参，在函数体中直接通过 arguments 对象获取函数调用时传递的实参，实参的总数可通过 length 属性获取，具体的实参值可通过数组遍历的方式进行操作，具体示例如下。

```
function transferParam() {
  console.log(arguments.length);    // 获取用户实际传递的参数数量
  console.log(arguments);           // 在控制台输出用户调用函数时传递的参数
}
```

多学一招：含有默认值的参数与剩余参数

对于函数参数的设置，在 ES6 中提供了更灵活的使用方式，如设置形参的默认值等。具体使用如下。

（1）含有默认值的参数

函数的形参在设置时，还可以为其指定默认值。当调用者未传递该参数时，函数将使用默认值进行操作，具体示例如下。

```
function greet(name, say = 'Hi, I\'m ') {
  console.log(say + name);
}
```

从上述代码可以看出，函数在调用时若仅传递了一个参数，则 greet()函数的第 2 个参数 say 将使用默认值“Hi, I'm”完成打招呼的功能。

（2）剩余参数

在函数定义时，除了可以指定具体数量的形参外，还可以利用“...变量名”的方式动态地接收用户传递的不确定数量的实参，具体示例如下。

```
function transferParam(num1, ...theNums) {
  theNums.unshift(num1);          // 在剩余参数数组的头部添加第 1 个参数
  console.log(theNums);           // 在控制台输出用户调用函数时传递的参数
}
```

在上述代码中，num1 变量用于保存用户调用 transferParam()函数时传递的第 1 个参数，theNums 变量则以数组的形式保存了用户传递的剩余参数。

若定义 transferParam()函数时，所有参数的数量都不确定，则可以将上述示例修改成以下形式。

```
function transferParam(...theNums) {
  console.log(theNums);           // 在控制台输出用户调用函数时传递的参数
}
```

4.1.3 函数的调用

当函数定义完成后，要想在程序中发挥函数的作用，必须得调用这个函数。函数的调用非常简单，只需引用函数名，并传入相应的参数即可。函数调用的语法格式如下。

```
函数名称([参数1, 参数2, ……])
```

在上述语法格式中，“[参数1，参数2，……]”是可选的，用于表示实参列表，其值可以是零个、一个或多个。

为了使初学者能够更好地理解函数调用，下面通过一个求和的案例进行讲解，具体如例4-2所示。

【例4-2】demo02.html

```
1  <script>
2    function getSum() {                 // 定义函数
3      var sum = 0;                      // 保存参数和
4      for (i in arguments) {            // 遍历参数，并累加
5        sum += arguments[i];
6      }
7      return sum;                       // 返回函数处理结果
8    }
9    console.log(getSum(10, 20, 30));  // 函数调用
10 </script>
```

在上述代码中，第2~8行代码用于定义函数getSum()，第4~6行用于遍历参数，第5行用于累加参数，第7行代码利用return关键字返回运算结果sum。第9行用于在控制台输出调用函数getSum()的结果。效果如图4-2所示。

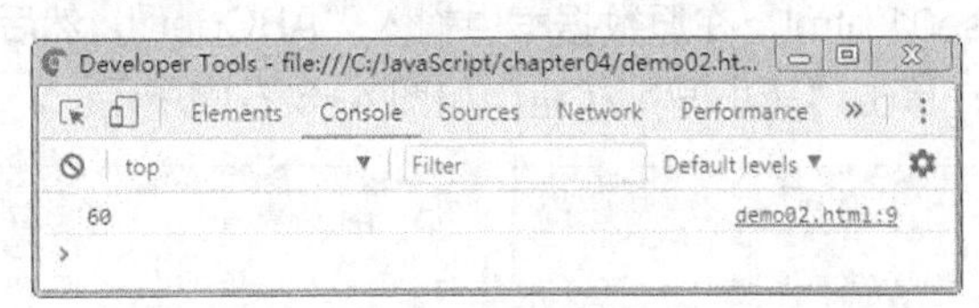

图4-2 函数调用

值得一提的是，函数声明与调用的编写顺序不分前后，如例4-2中先声明函数再调用，也可以将例4-2中第9行代码放在第2行代码前，即先调用后声明。

4.1.4 【案例】字符串大小写转换

在学习了函数的定义、参数的设置以及函数的调用后，下面利用函数处理用户的单击事件，根据用户传递参数的不同，完成字符串大小写的转换。具体步骤如下。

（1）编写HTML页面

编写HTML页面，提供一个文本框，用于输入需要大小写转换的字符串；然后提供两个操作按钮，分别为“转大写”和“转小写”；最后再提供一个文本框显示转换后的内容。具体代码如下。

```
1  <h2>大小写转换</h2>
2  原数据：<input id="old" type="text">
3  操  作：
4      <input type="button" value="转大写" onclick="deal('upper')">
5      <input type="button" value="转小写" onclick="deal('lower')">
6  新数据：<input id="new" type="text">
```

在上述代码中，当单击“转大写”按钮时，调用 JavaScript 的自定义函数 deal()并传递实参 upper，表示转大写。同理，当单击“转小写”按钮时，也调用 deal()函数并传递实参 lower，表示转小写。

（2）编写 deal()函数，实现大小写转换

```
1  <script>
2    function deal(opt) {
3      var str = document.getElementById('old').value;
4      switch (opt) {
5        case 'upper':
6          str = str.toUpperCase();
7          break;
8        case 'lower':
9          str =str.toLowerCase();
10         break;
11     }
12     document.getElementById('new').value = str;
13   }
14 </script>
```

在上述代码中，deal()函数的形参 opt 表示具体的操作（转大写或转小写），第 3 行代码用于获取待转换的字符串 str，第 4～11 行用于判断具体的操作。其中，第 6 行用 toUpperCase()方法将 str 转换成大写；第 9 行用 toLowerCase()方法将 str 转换成小写，第 12 行将转换后的字符串 str 写入到新数据框中。

通过浏览器访问 case01.html，在原数据框中输入“ABCdef”，然后单击“转大写”按钮，效果如图 4-3 左侧所示；单击“转小写”按钮，如图 4-3 右侧所示。

图4-3 大小写转换

4.2 变量的作用域

通过前面的学习，我们知道变量需要先声明后使用，但这并不意味着，声明变量后就可以在任意位置使用该变量。例如，在自定义函数中声明一个 age 变量，在函数外进行访问输出，具体示例如下。

```
function info() {
  var age = 18;
}
console.log(age);  // 输出结果：Uncaught ReferenceError: age is not defined
```

从上述代码可以看出，变量需要在它的作用范围内才可以被使用，这个作用范围称为变量的作用域。JavaScript 根据作用域使用范围的不同，可以将其划分为全局作用域、函数作用域和块级作用域（ES6 提供的）。上述示例声明的 age 变量就只能在 info()函数体内才可以使用。

接下来，针对 JavaScript 中不同作用域内声明的变量进行介绍。

① 全局变量：不在任何函数内声明的变量（显示定义）或在函数内省略 var 声明的变量（隐式定义）都称为全局变量，它在同一个页面文件中的所有脚本内都可以使用。

② 局部变量：在函数体内利用 var 关键字定义的变量称为局部变量，它仅在该函数体内有效。

③ 块级变量：ES6 提供的 let 关键字声明的变量称为块级变量，仅在“{}”中间有效，如 if、for 或 while 语句等。

为了便于初学者更好地理解变量的作用域，下面通过一个案例进行演示，具体如例 4-3 所示。

【例 4-3】demo03.html

```
1  <script>
2    var a = 'one';                        // 全局变量
3    function test() {
4      var a = 'two';                      // 局部变量
5      console.log(a);
6    }
7    test();
8    for (let a = 0; a < 3; ++a) {         // 块级变量（ES6 新增）
9      console.log(a);
10   }
11   console.log(a);
12 </script>
```

在浏览器中访问 demo3.html，运行结果如图 4-4 所示。从图中可以看出，调用函数 test()的输出结果为“two”，这是因为当局部变量与全局变量重名时，局部变量的优先级高于全局变量。第 8～10 行代码利用 let 关键字定义了一个块级变量 a，只在当前 for 循环内有效，因此可在控制台看到输出的结果为 0、1 和 2。而第 11 行代码输出的变量 a，既无权访问块级作用域中的值，又无权访问函数作用域内的值，从而只能输出第 2 行声明的全局作用域变量，结果为“one”。

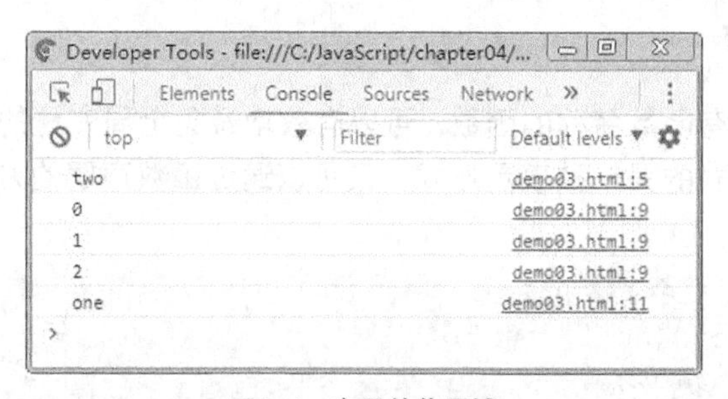

图4-4　变量的作用域

多学一招：垃圾回收机制

在 JavaScript 中，局部变量只有在函数的执行过程中存在，而在这个过程中会为局部变量在（栈或堆）内存上分配相应的空间，以存储它们的值，然后在函数中使用这些变量，直到函数结束。而一旦函数执行结束，局部变量就没有存在必要了，此时 JavaScript 就会通过垃圾回收机制自动释放它们所占用的内存空间。

但是在开发中若要保留局部变量的值，可以通过以下两种方式实现。具体示例如下。

```
// 第 1 种方式：利用 return 返回
function test(num) {
  num = num + 1;
  return num;
}
var num = test(24);
console.log(num);//输出结果：25
```

```
// 第 2 种方式：利用全局变量保存
var memory;
function test(num) {
  memory = num + 1;
}
test(24);
console.log(memory); // 输出结果：25
```

在上述代码中，局部变量 num 虽然仅在 test()函数内有效，但是在函数体内通过 return 关键返回 num 或利用全局变量保存 num 的值，依然可以在函数执行完成后获取局部变量的值。

4.3 匿名函数

4.3.1 函数表达式

在讲解匿名函数前，首先要了解一下什么是函数表达式。所谓函数表达式指的是将声明的函数赋值给一个变量，通过变量完成函数的调用和参数的传递，它也是 JavaScript 中另一种实现自定义函数的方式。具体示例如下。

```
var fn = function sum(num1, num2) {         // 定义函数表达式，求和
  return num1 + num2;
};
fn();                                       // 调用函数
```

从上述代码可以看出，函数表达式与函数声明的定义方式几乎相同，不同的是函数表达式的定义必须在调用前，且函数调用时采用的是“变量名()”的方式，不能通过函数名称（如 sum）进行调用。而函数声明的方式则不限制定义与调用的顺序。

4.3.2 匿名函数

匿名函数指的是没有函数名称的函数，可以有效地避免全局变量的污染以及函数名的冲突问题。它既是函数表达式的另一种表示形式，又可以通过函数声明的方式实现调用。具体示例如下。

```
// 方式 1：函数表达式中省略函数名
var fn = function (num1, num2) {
  return  num1 + num2;
};
fn(1, 2);
// 方式 2：自调用方式
(function (num1, num2) {
  return  num1 + num2;
})(2, 3);
// 方式 3：处理事件
```

```
document.body.onclick = function () {
  alert('Hi, everybody!');
};
```

在上述示例中，方式 1 利用函数表达式的方式定义匿名函数，需要使用变量访问。方式 2 利用小括号“()”直接包裹匿名函数，将匿名函数看作函数对象，相当于获取了含有名称的函数引用位置，其后的小括号“()”表示给匿名函数传递参数并立即执行，完成函数的自调用。而方式 3 则利用匿名函数处理指定的事件。开发中具体采用哪种方式完成匿名函数的定义与调用，需要根据实际情况选择。

多学一招：箭头函数

ES6 中引入了一种新的语法编写匿名函数，我们称之为箭头函数。其中，一个箭头函数表达式的语法比一个函数表达式更短。下面介绍几种常见的语法格式，具体语法如下。

```
// 用法 1：标准语法
(p1, p2, …, pN) => { statements }
// 用法 2：返回值
(p1, p2, …, pN) => { return expression; } 或 (p1, p2, …, pN) => expression
// 用法 3：含有一个参数
(singleParam) => { statements; } 或 singleParam => { statements; }
// 用法 4：无参箭头函数
() => { statements; }  或  _ => { statements; }
```

在上述语法中，箭头“=>”前小括号内是传递的参数，箭头“=>”后花括号“{}”中的是函数体，当函数体中只有一条语句时，可以省略花括号“{}”，且函数体中只有一条返回值语句时，可以同时省略花括号“{}”和 return 关键字；当参数列表中只有一个参数时，可以省略小括号；当箭头函数没有参数时，箭头“=>”前必须含有小括号“()”或下划线“_”。

下面通过一个简单的案例演示箭头函数的使用，具体示例如下。

```
// 设置 1 个参数
var fn1 = x => x + 2;
console.log(fn1(4));                // 输出结果：6
// 设置 2 个参数
var fn2 = (x, y) => x + y;
console.log(fn2(1, 2) );            // 输出结果：3
```

从上述代码可以看出，箭头函数这种更短的表达式在开发中会使代码更加清晰，更便于阅读。值得一提的是，箭头函数中箭头“=>”不是操作符或者运算符，但是箭头函数相比普通的函数受操作符的优先级影响。

4.3.3 回调函数

项目开发中，若想要函数体中某部分功能由调用者决定，此时可以使用回调函数。所谓回调函数指的是一个函数 A 作为参数传递给一个函数 B，然后在 B 的函数体内调用函数 A。此时，我们称函数 A 为回调函数。其中，匿名函数常用作函数的参数传递，实现回调函数。

接下来为了让读者更加清晰地了解什么是回调函数，以算术运算为例进行演示。具体如例 4-4 所示。

【例 4-4】demo04.html

```
1  <script>
2    function cal(num1, num2, fn) {
3      return fn(num1, num2);
4    }
5    console.log(cal(45, 55, function (a, b) {
6      return a + b;
7    }));
8    console.log(cal(10, 20, function (a, b) {
9      return a * b;
10   }));
11 </script>
```

上述第 2～4 行代码定义的 cal()函数，用于返回 fn 回调函数的调用结果。第 5～7 行代码用于调用 cal()函数，并指定该回调函数用于返回其两个参数相加的结果，因此可在控制台查看到结果为 100，如图 4-5 所示。同理，第 8～10 行代码在调用 cal()函数时，将回调函数指定为返回其两个参数相乘的结果，因此可在控制台查看到结果为 200，如图 4-5 所示。

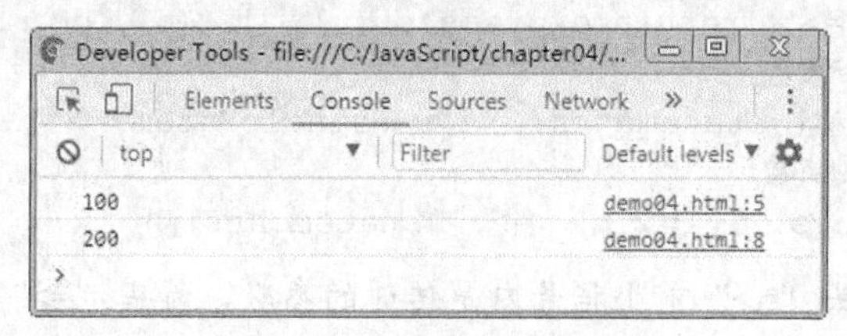

图4-5　匿名函数

从以上的案例可以看出，在函数（如 cal()函数）中设置了回调函数后，可以根据调用时传递不同的参数（如相加的函数、相乘的函数等），在函数体中特定的位置实现不同的功能，相当于在函数体内根据用户的需求完成了不同功能的定制。

除此之外，在 JavaScript 中还为数组提供了很多利用回调函数实现具体功能的方法，如表 4-1 所示。

表 4-1　使用回调函数的方法

方法名称	功能描述
find()	返回数组中满足回调函数的第一个元素的值，否则返回 undefined
every()	测试数组的所有元素是否都通过了回调函数的测试
some()	测试数组中的某些元素是否通过由回调函数实现的测试
forEach()	对数组的每个元素执行一次提供的函数
map()	创建一个新数组，其结果是该数组中的每个元素都调用一次提供的回调函数后返回的结果
reduce()	对累加器和数组中的每个元素（从左到右）应用一个函数，将其减少为单个值
reduceRight()	接收一个函数作为累加器（accumulator）和数组的每个值（从右到左）将其减少为单个值

为了让大家更加清楚地了解以上所有方法的使用，下面以 map()方法为例进行演示。

```
var arr = ['a', 'b', 'c'];
arr.map(function(value, index) {
```

```
  console.log(value, index);
});
```

在上述代码中，map()方法中回调函数的参数分别表示当前数组的元素和对应元素的下标，用于对 arr 数组中的每个元素都按顺序调用一次回调函数，回调函数每次执行后的返回值（包括 undefined）会组合起来形成一个新数组。因此，上述代码执行后，可在控制台查看到，第 1 次输出“a 0”，第 2 次输出“b 1”，第 3 次输出“c 2”。

值得一提的是，利用 arr.map()可以轻松实现二维数组的转置。具体代码如下。

```
var arr = [[1, 2, 3], [4, 5, 6], [7, 8, 9]];   // 待转置的数组
var reverse = arr[1].map(function (col, i) {   // 利用 i 获取转置后数组元素的下标
  return arr.map(function (row) {              // 返回转置后新组合而成的数组元素
    return row[i];                        // 返回转置前数组元素的指定索引的元素
  });
});
```

在上述代码中，arr[1]调用 map()时，i 表示一维数组[4,5,6]中元素对应的下标 0、1 和 2，arr 调用 map()方法时，row 依次表示[1,2,3]、[4,5,6]和[7,8,9]。因此当 i 等于 0 时，arr 调用 map()方法的返回值是[1,4,7]，依次类推，当 arr[1]中所有元素都执行一次回调函数后，即可得到转置后的二维数组为[[1,4,7], [2,5,8], [3,6,9]]。

另外，以上示例中的 arr[1]还可以使用 arr[0]或 arr[2]代替，只要能获取到转置后数组元素的下标即可。

4.4 嵌套与递归

4.4.1 函数嵌套与作用域链

嵌套函数指的是在一个函数内部存在另一个函数的声明。对于嵌套函数来言，内层函数只能在外层函数作用域内执行，在内层函数执行的过程中，若需要引入某个变量，首先会在当前作用域中寻找，若未找到，则继续向上一层级的作用域中寻找，直到全局作用域，我们称这种链式的查询关系为作用域链。

为了让初学者了解函数嵌套与作用域链的执行流程，接下来通过例 4-5 进行演示。

【例 4-5】demo05.html

```
1  <script>
2    var i = 26;
3    function fn1() {       // 声明的第 1 个函数
4      var i = 24;
5      function fn2() {     // 声明的第 2 个函数
6        function fn3() {   // 声明的第 3 个函数
7          console.log(i);
8        }
9        fn3();
10     }
11     fn2();
12   }
```

```
13   fn1();
14 </script>
```

在上述代码中，函数 fn1()内嵌套了函数 fn2()，fn2()函数内嵌套了函数 fn3()，并在 fn3()函数中输出变量 i。但是 fn3()和 fn2()函数中都没有变量 i 的声明，因此程序会继续向上层寻找，在 fn1()函数中找到了变量 i 的声明，最后在控制台的输出结果为 24。效果如图 4-6 所示。

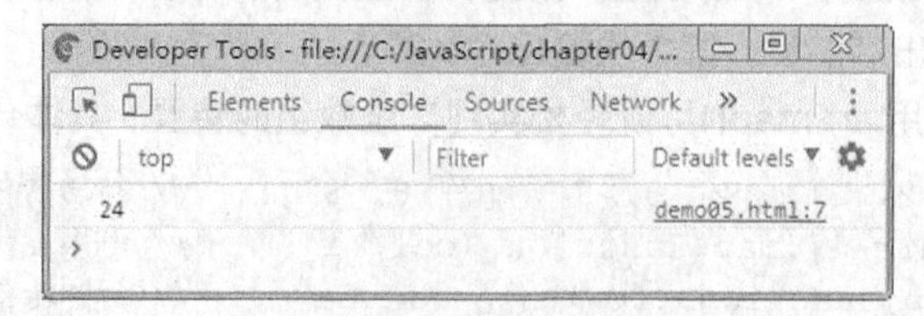

图4-6　函数嵌套与作用域链

4.4.2　递归调用

递归调用是函数嵌套调用中一种特殊的调用。它指的是一个函数在其函数体内调用自身的过程，这种函数称为递归函数。需要注意的是，递归函数只有在特定的情况下使用，如计算阶乘。

为了大家更好地理解递归调用，下面根据用户的输入计算指定数据的阶乘，具体如例 4-6 所示。

【例 4-6】demo06.html

```
1  <script>
2    function factorial(n) {          // 定义递归函数
3        if (n == 1) {
4          return 1;                  // 递归出口
5        }
6        return n * factorial(n - 1);
7    }
8    var n = prompt('求 n 的阶乘\n n 是大于等于 1 的正整数，如 2 表示求 2!。');
9    n = parseInt(n);
10   if (isNaN(n)) {
11     console.log('输入的 n 值不合法');
12   } else {
13     console.log(n + '的阶乘为：' + factorial(n));
14   }
15 </script>
```

上述代码中定义了一个递归函数 factorial()，用于实现 n 的阶乘计算。当 n 不等于 1 时，递归调用当前变量 n 乘以 factorial(n - 1)，直到 n 等于 1 时，返回 1。其中，第 8 行用于接收用户传递的值，第 9 ~ 14 行用于对用户传递的数据进行处理，当符合要求时调用 factorial()函数，否则在控制台给出提示信息。

为了便于大家对递归调用的理解，接下来请看图 4-7 所示的递归调用执行过程。

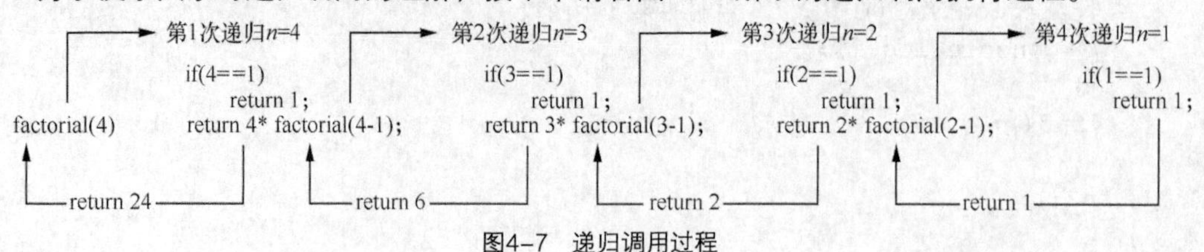

图4-7　递归调用过程

图 4-7 描述了 factorial()函数的递归调用全部过程。其中，factorial()函数被调用了 4 次，并且每次调用时，n 的值都会递减。当 n 的值为 1 时，所有递归调用的函数都会以相反的顺序相继结束，所有的返回值相乘，最终得到的结果为 24。

需要注意的是，递归调用虽然在遍历维数不固定的多维数组时非常合适，但它占用的内存和资源比较多，同时难以实现和维护，因此在开发中要慎重使用函数的递归调用。

4.4.3 【案例】求斐波那契数列第 N 项的值

斐波那契数列又称黄金分割数列，指的是这样一个数列“1, 1, 2, 3, 5, 8, 13, 21……”，从中可以找出的规律是“这个数列从第 3 项开始，每一项都等于前两项之和”。

下面通过递归来获取斐波那契数列中任意一项的值，具体代码如下。

```
1  <script>
2    function recursion(n) {
3      if (n < 0) {
4        return '输入的数字不能小于0';
5      } else if (n == 0) {
6        return 0;
7      } else if (n == 1) {
8        return 1;
9      } else if (n > 1) {
10       return recursion(n - 1) + recursion(n - 2);
11     }
12   }
13   console.log(recursion(10));
14 </script>
```

在上述代码中，函数 recursion()的参数 n 指的是求斐波那契数列中第几项的值。其中，当 n 小于 0 时直接返回错误提示信息，当 n 等于 0 时，返回 0；当 n 等于 1 时，返回 1；当 n 大于 1 时，返回其前两项的和。

通过浏览器测试程序，控制台中输出斐波那契数列中第 10 项的值，如图 4-8 所示。

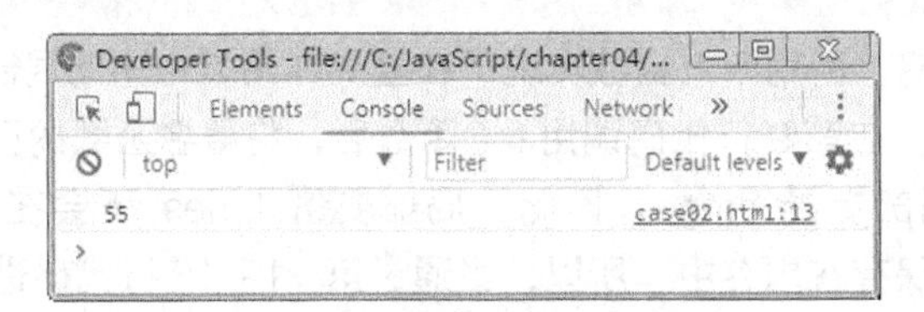

图4-8 斐波那契数列第N项的值

4.5 闭包函数

4.5.1 什么是闭包函数

在 JavaScript 中，内嵌函数可以访问定义在外层函数中的所有变量和函数，并包括其外层函数能访问的所有变量和函数。但是在函数外部则不能访问函数的内部变量和嵌套函数。此时就可以使用“闭包”来实现。

所谓“闭包”指的就是有权访问另一函数作用域内变量（局部变量）的函数。它最主要的用途是以下两点。

① 可以在函数外部读取函数内部的变量。

② 可以让变量的值始终保持在内存中。

需要注意的是，由于闭包会使得函数中的变量一直被保存在内存中，内存消耗很大，所以闭包的滥用可能会降低程序的处理速度，造成内存消耗等问题。

4.5.2 闭包函数的实现

闭包的常见创建方式就是在一个函数内部创建另一个函数，通过另一个函数访问这个函数的局部变量。为了让大家更加清楚闭包函数的实现，下面通过一个案例进行讲解。具体如例 4-7 所示。

【例 4-7】demo07.html

```
1  <script>
2    function fn() {
3      var times = 0;
4      var c = function () {
5        return ++times;
6      };
7      return c;
8    }
9    var count = fn();  // 保存 fn()返回的函数，此时 count 就是一个闭包
10   // 访问测试
11   console.log(count());
12   console.log(count());
13   console.log(count());
14   console.log(count());
15   console.log(count());
16 </script>
```

上述第 4～6 行代码，利用闭包函数实现了在全局作用域中访问局部变量 times，并让变量的值始终存储在内存中。在第 9 行代码调用 fn()函数后，将匿名函数的引用返回给 count 变量，且匿名函数中使用了局部变量 times。因此，局部变量 times 不会在 fn()函数执行完成后被 JavaScript 回收，依然保存在内存中。所以，当通过第 11～15 行代码进行测试时，就可以在控制台看到图 4-9 所示的输出结果。

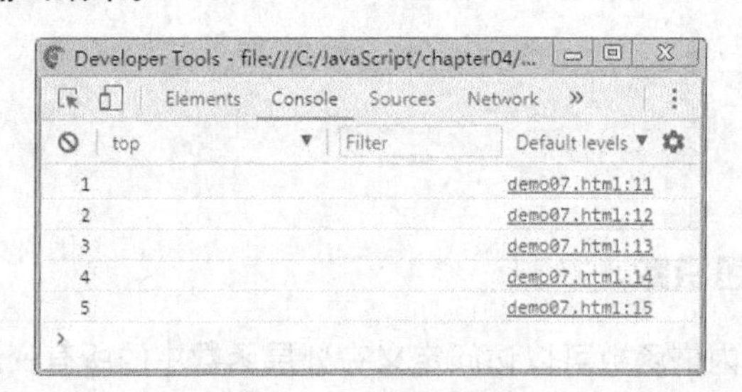

图4-9 闭包函数的实现

动手实践：网页计算器

网页计算器在 Web 开发中是很常见的功能。下面利用 JavaScript 中的函数，完成整数加、减、乘、除的运算，实现一个简易版的计算器。具体步骤如下。

（1）编写 HTML 页面

```
1  <p>整数 1：<input id="num1" type="text"></p>
2  <p>整数 2：<input id="num2" type="text"></p>
3  <p>
4    <input type="button" value="相加" onclick="calc(add)">
5    <input type="button" value="相减" onclick="calc(sub)">
6    <input type="button" value="相乘" onclick="calc(mul)">
7    <input type="button" value="相除" onclick="calc(div)">
8  </p>
9  <p> 结果： <input id="result" type="text" readonly></p>
```

上述第 1~2 行代码设置的文本框用于输入需要运算的操作数，第 3~8 行用于指定计算方式。例如，单击“相加”按钮，则触发 calc()函数，传递 add 参数，实现加法运算，并将结果显示到第 9 行设置的只读文本框中。

（2）编写 calc()函数，用于获取并处理用户输入的数据，完成指定操作的函数调用。

```
1  <script>
2    function calc(func) {
3      var result = document.getElementById('result');
4      var num1 = parseInt(document.getElementById('num1').value);
5      var num2 = parseInt(document.getElementById('num2').value);
6      if (isNaN(num1) || isNaN(num2)) {
7        alert('请输入数字');
8        return false;
9      }
10     result.value = func(num1, num2);
11   }
12 </script>
```

上述第 3 行代码，用于返回 id 为 result 的元素对象。第 4~9 行代码获取并转换用户输入的数据，保证参与运算的都是整数，当转换后的数据为 NaN 时给出提示信息，并停止脚本继续运行。第 10 行代码用于调用指定的函数（如 add、sub 等），并将结果显示到指定的区域中。

（3）继续编写函数，实现加、减、乘、除运算。

```
1  function add(num1, num2) {// 加法
2    return num1 + num2;
3  }
4  function sub(num1, num2) {// 减法
5    return num1 - num2;
6  }
7  function mul(num1, num2) {// 乘法
8    return num1 * num2;
9  }
```

```
10 function div(num1, num2) {// 除法
11   if (num2 === 0) {
12     alert('除数不能为 0');
13     return '';
14   }
15   return num1 / num2;
16 }
```

在上述代码中，在进行除法运算前，首先要判断除数是否为 0，若不为 0 则进行运算，若为 0 则在弹出的警告框中给出提示信息，然后返回空字符串。

接下来在浏览器中访问，并进行测试运算，具体如图 4-10 所示。

图4-10　网页计算器

本章小结

本章首先介绍了什么是函数、函数的定义、调用和返回值的设置，然后讲解了变量的作用域，接着针对匿名函数、嵌套、递归和闭包的应用进行讲解。通过本章的学习，希望读者能够熟练掌握函数的使用。

课后练习

一、填空题

1. 函数“((a, b) => a * b)(6, 2);”的返回值是________。
2. JavaScript 中函数的作用域分为全局作用域、________和块级作用域。
3. 表达式“[12, 15, 8].find(function(ele){return ele >=10})”的返回值是________。

二、判断题

1. 函数 showTime()与 showtime()表示的是同一个函数。(　　)
2. 函数内定义的变量都是局部变量。(　　)
3. 匿名函数可避免全局作用域的污染。(　　)

三、选择题

1. 阅读以下代码，执行 fn1(4,5)的返回值是（　　）。

```
function fn1(x, y){
  return (++x) + (y++);
}
```

A. 9　　B. 10　　C. 11　　D. 12

2. 下列选项中，函数名称命名错误的是（　　）。

A. getMin　　B. show　　C. const　　D. it_info

3. 下列选项中，可以用于获取用户传递的实际参数值的是（　　）。

A. arguments.length　　B. theNums
C. params　　D. arguments

四、编程题

编写函数实现单击 change 按钮，为 div 元素添加红色双线的边框。

5 Chapter

第5章 对象

JavaScript

学习目标

- 理解面向对象思想，能够说出面向对象与面向过程的区别
- 掌握 JavaScript 常用内置对象的使用方法
- 掌握自定义对象的定义和基本操作，理解构造函数的概念
- 掌握封装、继承、多态的设计思想，理解原型链机制
- 熟悉错误的处理，掌握如何在浏览器中调试 JavaScript 程序

面向对象是软件开发领域中非常重要的一种编程思想，通过面向对象可以使程序的灵活性、健壮性、可重用性、可扩展性、可维护性得到提升，尤其在大型项目设计中可以发挥巨大的作用。面向对象思想是计算机编程技术发展到一定阶段后的产物，已经日趋成熟，并被广泛应用到数据库系统、交互式界面、应用平台、分布式系统、网络管理结构、人工智能等其他领域。本章将围绕 JavaScript 开发中的面向对象设计思想，以及对象相关的一些原理和应用进行详细讲解。

5.1 面向对象概述

5.1.1 面向过程与面向对象

在学习面向对象之前，首先要了解面向过程与面向对象的区别。以完成一件事情来说，面向过程思想注重的是具体的步骤，只有按照步骤一步一步执行，才能够完成这件事情。而面向对象思想注重的是一个个对象，这些对象各司其职，我们只要发号施令，即可指挥这些对象帮我们完成任务。下面以完成开发网站的任务为例演示面向过程和面向对象思想的区别，具体如图 5-1 所示。

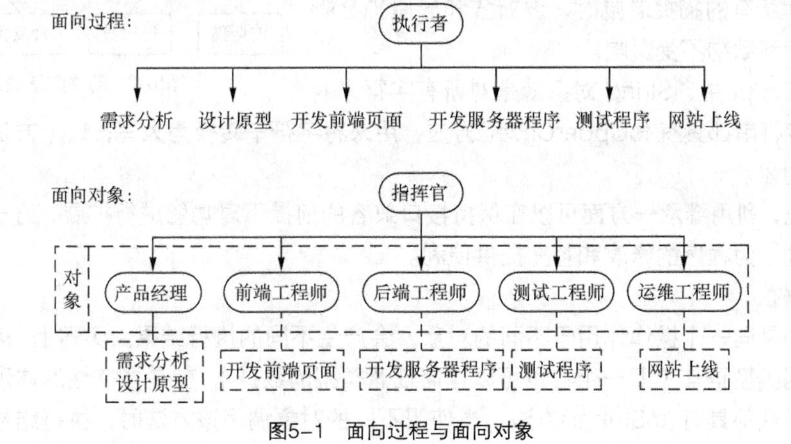

图5-1 面向过程与面向对象

从图 5-1 中可以看出，对于面向过程思想，我们扮演的是执行者，凡事都要靠自己完成；而对于面向对象思想，我们扮演的是指挥官，只要找到相应的对象，让它们帮我们做具体的事情即可。

在面向过程思想中，我们编写的代码都是一些变量和函数，随着程序功能的不断增加，变量和函数就会越来越多，此时容易遇到命名冲突的问题，由于各种功能的代码交织在一起，导致代码结构混乱，变得难以理解、维护和复用。而利用面向对象思想，我们可以将同一类事物的操作代码封装成对象，将用到的变量和函数作为对象的属性和方法，然后通过对象去调用，这样可以使代码结构清晰、层次分明。因此，在团队开发中，面向对象思想编程可以帮助团队更好地分工协助，提高开发效率。

5.1.2 面向对象的特征

面向对象的特征主要可以概括为封装性、继承性和多态性，下面进行简要介绍。

1. 封装性

封装指的是隐藏内部的实现细节，只对外开放操作接口。接口就是对象的方法，无论对象的内部多么复杂，用户只需知道这些接口怎么使用即可。例如，计算机是非常高精密的电子设备，其实现原理也非常复杂，而用户在使用时并不需要知道这些细节，只要操作键盘和鼠标就可以了。

封装的优势在于，无论一个对象内部的代码经过了多少次修改，只要不改变接口，就不会影响到使用这个对象时编写的代码。正如计算机上的 USB 接口，只要接口兼容，用户可以随意更换鼠标。

2. 继承性

继承是指一个对象继承另一个对象的成员，从而在不改变另一个对象的前提下进行扩展。例如，猫和狗都属于动物，程序中便可以描述猫和狗继承自动物。同理，波斯猫和巴厘猫都继承自猫科，沙皮狗和斑点狗都继承自犬科。它们之间的继承关系如图 5-2 所示。

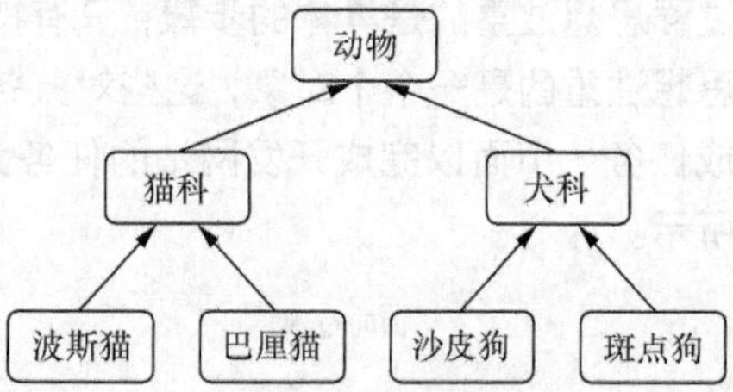

图5-2　动物继承关系图

在图 5-2 中，从波斯猫到猫科，再到动物，是一个逐渐抽象的过程。通过抽象可以使对象的层次结构清晰。例如，当指挥所有的猫捉老鼠时，波斯猫和巴厘猫会听从命令，而犬科动物不受影响。

在 JavaScript 中，String 对象就是对所有字符串的抽象，所有字符串都具有 toUpperCase()方法，用来将字符串转换为大写，这个方法其实就是继承自 String 对象。

由此可见，利用继承一方面可以在保持接口兼容的前提下对功能进行扩展，另一方面增强了代码的复用性，为程序的修改和补充提供便利。

3. 多态性

多态指的是同一个操作作用于不同的对象，会产生不同的执行结果。实际上 JavaScript 被设计成一种弱类型语言（即一个变量可以存储任意类型的数据），就是多态性的体现。例如，数字、数组、函数都具有 toString()方法，当使用不同的对象调用该方法时，执行结果不同，示例代码如下。

```
var obj = 123;
console.log(obj.toString());    // 输出结果：123
obj = [1, 2, 3];
console.log(obj.toString());    // 输出结果：1,2,3
obj = function() {};
console.log(obj.toString());    // 输出结果：function () {}
```

在面向对象中，多态性的实现往往离不开继承，这是因为当多个对象继承了同一个对象后，就获得了相同的方法，然后根据每个对象的需求来改变同名方法的执行结果。

虽然面向对象提供了封装、继承、多态这些设计思想，但并不表示只要满足这些特征就可以设计出优秀的程序，开发人员还需要考虑如何合理地运用这些特征。例如，在封装时，如何给外部调用者提供完整且最小的接口，使外部调用者可以顺利得到想要的功能，不需要研究其内部的细节；在进行继承和多态设计时，对于继承了同一个对象的多种不同的子对象，如何设计一套相同的方法进行操作。

面向对象编程思想，初学者仅靠文字介绍是不能完全理解的，必须通过大量的实践思考，才能真正领悟。希望大家带着面向对象的思想学习后续的课程，来不断加深对面向对象的理解。

5.2 自定义对象

通过前面的学习可知，面向对象编程就是通过对象来完成具体的任务。但是，如果对象一开始并不存在，这就需要手动创建一个对象，将过程代码封装到对象中。本节将针对 JavaScript 中的自定义对象语法进行详细讲解。

5.2.1 对象的定义

在 JavaScript 中，对象的定义是通过“{ }”语法实现的，对象的成员以键值对的形式存放在{}中，多个成员之间使用逗号分隔。具体示例如下。

```
var o1 = {};                                          // 定义空对象
var o2 = {name: 'Jim'};                               // 定义含有 name 属性的对象
var o3 = {name: 'Jim', age: 19, gender: '男'};        // 定义含有 3 个属性的对象
```

当对象的成员比较多时，为了让代码阅读更加流畅，可以对代码格式进行缩进与换行。具体示例如下。

```
var o4 = {
  name: 'Jim',                  // 成员属性 o4.name
  age: 19,                      // 成员属性 o4.age
  gender: '男',                 // 成员属性 o4.gender
  sayHello: function() {        // 成员方法 o4.sayHello()
    console.log('你好');
  }
};
```

值得一提的是，以上介绍的“{ }”语法又称为对象的字面量语法，所谓字面量是指在源代码中直接书写的一个表示数据和类型的量，如 123（数值型）、'123'（字符型）、[123]（数组）都是字面量。

多学一招：JSON 数据格式

JavaScript 中的“{ }”语法简洁、灵活、书写方便，由此发展出了 JSON（JavaScript Object Notation，JavaScript 对象符号），用于数据存储和交互。JSON 实际上是一个字符串，需要使用双引号包裹对象的成员名和字符串型的值，下面是一段 JSON 代码的示例。

```
{"name":"Tom","age":24,"work":true,"arr":[1,2]}
```

上述代码可作为 JavaScript 对象的字面量语法使用，示例代码如下。

```
var obj = {"name":"Tom","age":24,"work":true,"arr":[1,2]};
```

另外，JSON 不仅可以用来保存对象，还可以保存数字、字符串、数组等其他类型的数据。

5.2.2 访问对象成员

在创建对象后，通过“.”可以访问对象的成员。JavaScript 中的对象具有动态特征，如果一个对象没有成员，用户可以手动赋值属性或方法来添加成员。具体示例如下。

```
var o5 = {};                              // 创建一个空对象
o5.name = 'Jack';                         // 为对象增加属性
o5.introduce = function () {              // 为对象增加方法
  alert('My name is ' + this.name);      // 在方法中使用 this 代表当前对象
};
alert(o5.name);          // 访问 name 属性，输出结果：Jack
o5.introduce();          // 调用 introduce()方法，输出结果：My name is Jack
```

以上代码通过指定成员名称的方式来访问对象的成员。如果对象的成员名不确定时，还可以使用“[ ]”语法来实现可变成员名。也就是说，通过一个变量保存成员的名称，具体示例如下。

```
var o6 = {};             // 创建一个空对象
var key = 'id';          // 通过变量保存要操作的属性名
o6[key] = 123;           // 相当于“o6['id'] = 123”或“o6.id = 123”
```

另外，由于 JavaScript 允许在代码执行时动态的给对象增加成员，因此可以实现将用户输入的内容添加到对象的成员中，下面通过例 5-1 进行演示。

【例 5-1】demo01.html

```
1  <body>
2    <input id="k" type="text" value="name">
3    <input id="v" type="text" value="Jack">
4    <input id="btn" type="button" value="test">
5    <script>
6      var k = document.getElementById('k');
7      var v = document.getElementById('v');
8      var btn = document.getElementById('btn');
9      var o = {};
10     btn.onclick = function () {
11       o[k.value] = v.value;
12       console.log(o);    // 输出结果：Object {name: "Jack"}
13     };
14   </script>
15 </body>
```

通过浏览器访问测试，当单击网页中的按钮后，就会为对象 o 添加一个属性，该属性的名称是第 1 个文本框的值“name”，属性的值是第 2 个文本框的值“Jack”。

5.2.3 对象成员遍历

使用 for...in 语法不仅可以遍历数组元素，还可以遍历对象的成员，具体示例如下。

```
var obj = {name: 'Tom', age: 16};
for (var k in obj) {
  console.log(k + '-' + obj[k]);
}
```

上述代码执行后，控制台中依次输出了 name-Tom、age-16。由此可见，for...in 中的变量 k 保存了每个对象成员的名称，通过 obj[k]即可访问成员的值。另外，如果对象中包含方法，则可以通过“obj[k]()”进行调用。

多学一招：判断对象成员是否存在

当需要判断一个对象中的某个成员是否存在时，可以使用 in 运算符，具体示例如下。

```
var obj = {name: 'Tom', age: 16};
console.log('name' in obj);     // 输出结果：true
console.log('gender' in obj);   // 输出结果：false
```

从上述代码可以看出，当对象的成员存在时返回 true，不存在时返回 false。

5.2.4 深拷贝与浅拷贝

拷贝（copy）是指将一个目标数据复制一份，形成两个个体。在前面的开发中，若将一个基本数据类型（数值、字符型）的变量赋值给另一个变量，就可以得到两个值相同的变量，改变其中一个变量的值，不会影响另一个变量的值。但是，如果操作的目标是引用数据类型（如数组、对象），则会出现两个变量指向同一个对象的情况，如果改变其中一个对象的成员，另一个对象也会发生改变。具体示例如下。

```
var p1 = {name: 'Jim', age: 19};
var p2 = p1;
p2.name = 'Tom';
console.log(p1);                // 输出结果：Object {name: "Tom", age: 19}
console.log(p2);                // 输出结果：Object {name: "Tom", age: 19}
console.log(p1 === p2);         // 输出结果：true
```

从运行结果可以看出，在将变量 p1 赋值给 p2 后，更改 p2 的成员，p1 的成员也会发生改变。这种情况在 JavaScript 中称之为浅拷贝（shallow copy）。例如，将上述代码中的对象“{name: 'Jim', age: 19}”想象成一个文件夹，该文件夹中保存了 name 和 age 两个文件，而变量 p1 是链接到这个文件夹的快捷方式。在执行“var p2 = p1;”操作时，是将快捷方式复制了一份，此时两个快捷方式指向了同一个文件夹，而不是对文件夹进行复制操作。

在实际开发中，浅拷贝可以节省内存开销。因为一个对象可以保存大量的数据，其占用的内存会比基本数据类型高。如果没有浅拷贝机制，在将对象作为函数参数传递时，函数内部的实参就会创建对象的副本，多占用一份内存空间，尤其是进行函数嵌套调用或递归操作时，占用空间会越来越多。

与浅拷贝相对的是深拷贝（deep copy），即真正创建一个对象的副本。若要实现深拷贝的效果，可以编写代码复制对象里的成员到另一个对象，具体如例 5-2 所示。

【例 5-2】demo02.html

```
1  <script>
2    function deepCopy(obj) {
3      var o = {};
4      for (var k in obj) {
5        o[k] = (typeof obj[k] === 'object') ? deepCopy(obj[k]) : obj[k];
6      }
```

```
7      return o;
8    }
9  </script>
```

在上述代码中，第 3 行创建了一个新对象 o 用来保存成员，第 4 ~ 6 行遍历了 obj 对象的每一个成员，在遍历时，通过“o[k] = obj[k]”实现成员的复制。由于传入的对象 obj 的成员有可能还是一个对象，第 5 行代码通过 typeof 进行了判断，如果 typeof 检测的类型为 object（数组、对象的类型都是 object），则递归调用 deepCopy()函数，进行完整的复制。

接下来编写代码对 deepCopy()函数进行测试，具体示例如下。

```
var p1 = {name: 'Jim', subject: {name: ['HTML', 'CSS']} };
var p2 = deepCopy(p1);
p2.subject.name[0] = 'JavaScript';
console.log(p1.subject.name[0]);    // 输出结果：HTML
console.log(p2.subject.name[0]);    // 输出结果：JavaScript
console.log(p1 === p2);             // 输出结果：false
```

从上述代码可以看出，p1 和 p2 是两个不同的对象，在修改 p2 的成员后不影响 p1 的成员。

5.3 构造函数

构造函数是 JavaScript 创建对象的另外一种方式。相对于字面量“{}”的方式，构造函数可以创建出一些具有相同特征的对象。例如，通过水果构造函数创建苹果、香蕉、橘子对象。其特点在于这些对象都基于同一个模板创建，同时每个对象又有自己的特征。本节将对 JavaScript 中的构造函数进行详细讲解。

5.3.1 为什么使用构造函数

前面讲解了如何通过字面量的方式创建对象，这种方式虽然简单灵活，但是存在一些缺点。例如，当需要创建一组具有相同特征的对象时，无法通过代码指定这些对象应该具有哪些相同的成员。

在以 Java 为代表的面向对象编程语言中，引入了类（class）的概念，用来以模板的方式构造对象。也就是说，通过类来定义一个模板，在模板中决定对象具有哪些属性和方法，然后根据模板来创建对象。其中，通过类创建对象的过程称为实例化，创建出来的对象称为该类的实例。

JavaScript 在设计之初并没有 class 关键字，但可以通过函数来实现相同的目的。我们可以将创建对象的过程封装成函数，通过调用函数来创建对象，具体示例如下。

```
function factory(name, age) {
  var o = {};                // 创建一个空对象
  o.name = name;             // 添加 name 属性
  o.age = age;               // 添加 age 属性
  return o;                  // 将对象返回
}
var o1 = factory('Jack', 18);
var o2 = factory('Alice', 19);
console.log(o1);  // 输出结果： Object {name: "Jack", age: 18}
console.log(o2);  // 输出结果： Object {name: "Alice", age: 19}
```

在上述示例中，我们将专门用于创建对象的 factory()函数称为工厂函数。通过工厂函数，虽然可以创建对象，但是其内部是通过字面量“{ }”的方式创建对象的，还是无法区分对象的类型。

此时，可以采用 JavaScript 提供的另外一种创建对象的方式——通过构造函数创建对象。

5.3.2 JavaScript 内置的构造函数

在学习如何自定义构造函数之前，先来看一下 JavaScript 内置的构造函数如何使用。JavaScript 提供了 Object、String、Number 等构造函数，通过“new 构造函数名()”即可创建对象。人们习惯将使用 new 关键字创建对象的过程称为实例化，实例化后得到的对象称为构造函数的实例。具体示例如下。

```
// 通过构造函数创建对象
var obj = new Object();          // 创建 Object 对象
var str = new String('123');     // 创建 String 对象
// 查看对象是由哪个构造函数创建的
console.log(obj.constructor);    // 输出结果：function Object() { [native code] }
console.log(str.constructor);    // 输出结果：function String() { [native code] }
```

在上述示例中，obj 和 str 对象的 constructor 属性指向了该对象的构造函数，通过 console.log()输出时，[native code]表示该函数的代码是内置的，因此，此函数为 JavaScript 的内置构造函数。

另外，通过字面量“{}”创建的对象是 Object 对象的实例，具体示例如下。

```
console.log({}.constructor);     // 输出结果：function Object() { [native code] }
```

5.3.3 自定义构造函数

除了直接使用内置构造函数，用户也可以自己编写构造函数，在定义时应注意以下事项。

（1）构造函数的命名推荐采用帕斯卡命名规则，即所有的单词首字母大写。

（2）在构造函数内部，使用 this 来表示刚刚创建的对象。

下面通过代码演示如何定义一个构造函数 Person，并创建 p1、p2 两个对象。

```
function Person(name, age) {
  this.name = name;                  // 添加 name 属性
  this.age = age;                    // 添加 age 属性
  this.sayHello = function () {      // 添加 sayHello()方法
    console.log('Hello, my name is ' + this.name);
  };
}
var p1 = new Person('Jack', 18);
var p2 = new Person('Alice', 19);
console.log(p1);                   // 输出结果：Person {name: "Jack", age: 18}
console.log(p2);                   // 输出结果：Person {name: "Alice", age: 19}
p1.sayHello();                     // 输出结果：Hello, my name is Jack
console.log(p1.constructor);       // 输出结果：function Person(name, age) ……
```

从上述代码可以看出，在构造函数中通过 this 可以为对象添加成员。在添加方法时，方法体中的 this 表示该对象本身，例如，当 p1 对象调用 sayHello()方法时，方法体中的 this.name 表示 p1.name。

在学习 JavaScript 时，初学者经常会对一些相近的名词感到困惑，如函数、方法、构造函数、构造方法、构造器等。实际上，它们都可以统称为函数，只不过在不同使用场景下的称呼不同。根据习惯，对象中定义的函数称为对象的方法，如 obj.sayHello()可以称为 obj 对象的 sayHello()方法。而对于构造函数，也有一部分人习惯将其称为构造方法或构造器，我们只需明白这些称呼所指的是同一个事物即可。

多学一招：ES6 新增的 class 关键字

在各种面向对象编程语言中，class 关键字的使用较为普遍，而 JavaScript 为了简化难度并没有这样设计。不过，随着 Web 前端技术的发展，一部分原本从事后端开发的人员转向了前端。为了让 JavaScript 更接近一些后端语言（如 Java、PHP 等）的语法从而使开发人员更快地适应，ES6 增加了 class 关键字，用来定义一个类。在类中可以定义 constructor 构造方法。具体示例如下。

```
// 定义类
class Person {
  constructor (name, age, gender) {  // 构造方法
    this.name = name;                // 添加 name 属性
    this.age = age;                  // 添加 age 属性
    this.gender = gender;            // 添加 gender 属性
  }
  introduce() {                      // 定义 introduce()方法
    console.log('我是' + this.name + '，今年' + this.age + '岁。');
  }
}
// 实例化时会自动调用 constructor()构造方法
var p = new Person('Jim', 19, '男');
p.introduce();  // 输出结果：我是 Jim，今年 19 岁。
```

需要注意的是，class 语法本质上是语法糖，只是方便用户使用而设计的，不使用该语法同样可以达到相同的效果，如前面学过的构造函数。为了避免用户的浏览器不支持此语法，不推荐使用此方式。

5.3.4 私有成员

在构造函数中，使用 var 关键字定义的变量称为私有成员，在实例对象后无法通过“对象.成员”的方式进行访问，但是私有成员可以在对象的成员方法中访问。具体示例如下。

```
function Person() {
  var name = 'Jim';
  this.getName = function () {
    return name;
  };
}
var p = new Person();   // 创建实例对象 p
```

```
console.log(p.name);    // 访问私有成员，输出结果：undefined
p.getName();            // 访问对外开放的成员，输出结果：Jim
```

从上述代码可知，私有成员 name 体现了面向对象的封装性，即隐藏程序内部的细节，仅对外开放接口 getName()，防止内部的成员被外界随意访问。

多学一招：构造函数中的 return 关键字

由于构造函数也是函数，因此构造函数中也可以使用 return 关键字，但是在使用时与普通函数有一定的区别。若使用 return 返回一个数组或对象等引用类型数据，则构造函数会直接返回该数据，而不会返回原来创建的对象；如果返回的是基本类型数据，则返回的数据无效，依然会返回原来创建的对象。具体示例如下。

```
// 返回基本类型数据
function Person() {
  obj = this;
  return 123;
}
var obj, p = new Person();
console.log(p === obj);   // true
```

```
// 返回引用类型数据
function Person() {
  obj = this;
  return {};
}
var obj, p = new Person();
console.log(p === obj);   // false
```

上述代码通过函数外部的变量 obj 保存了构造函数中新创建的对象引用，然后通过对比 obj 和构造函数实际返回的对象是否相同， 来比较 return 在构造函数中使用时的两种返回值情况。

5.3.5 函数中的 this 指向

在 JavaScript 中，函数有多种调用的环境，如直接通过函数名调用、作为对象的方法调用、作为构造函数调用等。根据函数不同的调用方式，函数中的 this 指向会发生改变。下面将针对 this 的指向问题进行分析，并讲解如何手动更改 this 的指向。

1. 分析 this 指向

在 JavaScript 中，函数内的 this 指向通常与以下 3 种情况有关。

① 使用 new 关键字将函数作为构造函数调用时，构造函数内部的 this 指向新创建的对象。

② 直接通过函数名调用函数时，this 指向的是全局对象（在浏览器中表示 window 对象）。

③ 如果将函数作为对象的方法调用，this 将会指向该对象。

在上述 3 种情况中，第 1 种情况前面已经讲过，下面演示第 2、3 种情况，具体示例如下。

```
function foo() {
  return this;
}
var o = {name: 'Jim', func: foo};
console.log(foo() === window); // 输出结果：true
console.log(o.func() === o);   // 输出结果：true
```

从上述代码可以看出，对于同一个函数 foo()，当直接调用时，this 指向 window 对象，而作为 o 对象的方法调用时，this 指向的是 o 对象。

2. 更改 this 指向

除了遵循默认的 this 指向规则，函数的调用者还可以利用 JavaScript 提供的两种方式手动控制 this 的指向。一种是通过 apply()方法，另一种是通过 call()方法。具体示例如下。

```
function method() {
  console.log(this.name);
}
method.apply({name: '张三'});        // 输出结果：张三
method.call({name: '李四'});         // 输出结果：李四
```

通过上述示例可以看出，apply()和 call()方法都可以更改函数内的 this 指向，它们的第 1 个参数表示将this 指向哪个对象，因此method()函数中通过 this.name 即可访问到传入对象的name 属性。

apply()和 call()方法的区别在于第 2 个参数，apply()的第 2 个参数表示调用函数时传入的参数，通过数组的形式传递；而 call()则使用第 2～N 个参数来表示调用函数时传入的参数。具体示例如下。

```
function method(a, b) {
  console.log(a + b);
}
method.apply({}, ['1', '2']);  // 数组方式传参，输出结果：12
method.call({}, '3', '4');     // 参数方式传参，输出结果：34
```

多学一招：ES5 新增的 bind()方法

bind()方法的含义是绑定，用于在调用函数前指定 this 的含义，实现提前绑定的效果。在绑定时，还可以提前传入调用函数时的参数。下面通过具体代码进行演示。

```
function method(a, b) {
  console.log(this.name + a + b);
}
var name = '张三';
var test = method.bind({name: '李四'}, '3', '4');
method('1', '2');   // 输出结果：张三 12
test();             // 输出结果：李四 34
```

通过上述代码可以看出，当直接调用 method()函数时，this 指向的是全局对象，因此调用 method()时 this.name 相当于 window.name，输出结果为“张三”。而通过 bind()绑定后，其返回值 test 用来代替 method()函数，在调用 test()时 this 指向绑定时传入的对象，因此 this.name 输出结果为“李四”。

5.4 内置对象

为了方便程序开发，JavaScript 提供了很多常用的内置对象，包括与字符串相关的 String 对象、与数值相关的 Number 对象、与数学相关的 Math 对象、与日期相关的 Date 对象，以及与数组相关的 Array 对象等。在前面的章中已经讲解了关于 Array 对象的使用，接下来将对其他几个对象进行详细讲解。

5.4.1 String 对象

通过前面的学习可知，利用一对单引号或双引号创建的字符型数据，可以像对象一样使用，这是因为这些对象实际上是构造函数 String 的实例，即 String 对象。

String 对象提供了一些用于对字符串进行处理的属性和方法，具体如表 5-1 所示。

表 5-1　String 对象的常用属性和方法

成员	作用
length	获取字符串的长度
charAt(index)	获取 index 位置的字符，位置从 0 开始计算
indexOf(searchValue)	获取 searchValue 在字符串中首次出现的位置
lastIndexOf(searchValue)	获取 searchValue 在字符串中最后出现的位置
substring(start[, end])	截取从 start 位置到 end 位置之间的一个子字符串
substr(start[, length])	截取从 start 位置开始到 length 长度的子字符串
toLowerCase()	获取字符串的小写形式
toUpperCase()	获取字符串的大写形式
split([separator[, limit])	使用 separator 分隔符将字符串分隔成数组，limit 用于限制数量
replace(str1, str2)	使用 str2 替换字符串中的 str1，返回替换结果

需要注意的是，在使用表 5-1 中的方法对字符串进行操作时，处理结果是通过方法的返回值直接返回的，并不会改变 String 对象本身保存的字符串内容。在这些方法的参数中，位置是一个索引值，从 0 开始计算，第一个字符的索引值是 0，最后一个字符的索引值是字符串的长度减 1。

为了让读者更好地理解 String 对象的使用，下面通过具体代码进行演示。

```
var str = 'HelloWorld';
str.length;             // 获取字符串长度，返回结果：10
str.charAt(5);          // 获取索引位置为 5 的字符，返回结果：W
str.indexOf('o');       // 获取“o”在字符串中首次出现的位置，返回结果：4
str.lastIndexOf('o');   // 获取“o”在字符串中最后出现的位置，返回结果：6
str.substring(5);       // 截取从位置 5 开始到最后的内容，返回结果：World
str.substring(5, 7);    // 截取从位置 5 开始到位置 7 范围内的内容，返回结果：Wo
str.substr(5);          // 截取从位置 5 开始到最后的内容，返回结果：World
str.substr(5, 2);       // 截取从位置 5 开始的后面 2 个字符，返回结果：Wo
str.toLowerCase();      // 将字符串转换为小写，返回结果：helloworld
str.toUpperCase();      // 将字符串转换为大写，返回结果：HELLOWORLD
str.split('l');         // 使用“l”切割字符串，返回结果：["He", "", "oWor", "d"]
str.split('l', 3);      // 限制最多切割 3 次，返回结果：["He", "", "oWor"]
str.replace('World', 'JavaScript'); // 替换字符串，返回结果："HelloJavaScript"
```

在实际开发中，许多功能的实现都离不开 String 对象提供的属性和方法。例如，在开发用户注册和登录功能时，要求用户名长度在 3～10 范围内，不允许出现敏感词 admin，实现代码如下。

```
var name = 'Administrator';
if (name.length < 3 || name.length > 10) {
  alert('用户名长度必须在 3~10 之间。');
}
if (name.toLowerCase().indexOf('admin') !== -1) {
```

```
  alert('用户名中不能包含敏感词：admin。');
}
```

上述代码通过判断 length 属性来验证用户名长度；通过将用户名转换为小写后查找里面是否包含敏感词 admin。实现时 name 先转换为小写后再进行查找，可以使用户名无论使用哪种大小写组合，都能检查出来。indexOf()方法在查找失败时会返回-1，因此判断该方法的返回值即可知道用户名中是否包含敏感词。

5.4.2 Number 对象

Number 对象用于处理整数、浮点数等数值，常用的属性和方法如表 5-2 所示。

表 5-2 Number 对象的常用属性和方法

成员	作用
MAX_VALUE	在 JavaScript 中所能表示的最大数值（静态成员）
MIN_VALUE	在 JavaScript 中所能表示的最小正值（静态成员）
toFixed(digits)	使用定点表示法来格式化一个数值

下面通过具体代码演示 Number 对象的使用。

```
var num = 12345.6789;
num.toFixed();          // 四舍五入，不包括小数部分，返回结果：12346
num.toFixed(1);         // 四舍五入，保留 1 位小数，返回结果：12345.7
num.toFixed(6);         // 用 0 填充不足的小数位，返回结果：12345.678900
Number.MAX_VALUE;       // 获取最大值，返回结果：1.7976931348623157e+308
Number.MIN_VALUE;       // 获取最小正值，返回结果：5e-324
```

在上述示例中，MAX_VALUE 和 MIN_VALUE 是直接通过构造函数 Number 进行访问的，而不是使用 Number 的实例对象进行访问，这是因为这两个属性是 Number 的静态成员。关于静态成员的概念和定义方式具体后面的小节中详解。

5.4.3 Math 对象

Math 对象用于对数值进行数学运算，与其他对象不同的是，该对象不是一个构造函数，不需要实例化就能使用。其常用属性和方法如表 5-3 所示。

表 5-3 Math 对象的常用属性和方法

成员	作用
PI	获取圆周率，结果为 3.141592653589793
abs(x)	获取 x 的绝对值，可传入普通数值或是用字符串表示的数值
max([value1[,value2, ...]])	获取所有参数中的最大值
min([value1[,value2, ...]])	获取所有参数中的最小值
pow(base, exponent)	获取基数（base）的指数（exponent）次幂，即 $base^{exponent}$
sqrt(x)	获取 x 的平方根
ceil(x)	获取大于或等于 x 的最小整数，即向上取整
floor(x)	获取小于或等于 x 的最大整数，即向下取整

续表

成员	作用
round(x)	获取 x 的四舍五入后的整数值
random()	获取大于或等于 0.0 且小于 1.0 的随机值

下面通过具体代码演示 Math 对象的使用。

```
var num = 10.88;
Math.ceil(num);           // 向上取整，返回结果：11
Math.round(num);          // 四舍五入，返回结果：11
Math.random();            // 获取随机数，返回结果：0.3938305016297685（每次结果不同）
Math.abs(-25);            // 获取绝对值，返回结果：25
Math.abs('-25');          // 获取绝对值，返回结果：25
Math.max(5, 7, 9, 8);     // 获取最大值，返回结果：9
Math.min(6, 2, 5, 3);     // 获取最小值，返回结果：2
```

利用 Math.random()还可以获取指定范围内的随机数，公式为 Math.random() * (n – m) + m，表示生成大于或等于 m 且小于 n 的随机值，示例代码如下。

```
Math.random() * (3 - 1) + 1;        //  1 ≤ 返回结果 < 3
Math.random() * (20 - 10) + 10;     // 10 ≤ 返回结果 < 20
Math.random() * (99 - 88) + 88;     // 88 ≤ 返回结果 < 99
```

上述代码的返回结果是浮点数，当需要获取整数结果时，可以搭配 Math.floor()来实现。下面通过代码演示如何获取 1~3 范围内的随机整数，返回结果可能是 1、2 或 3。

```
function randomNum(min, max) {
  return Math.floor(Math.random() * (max - min + 1) + min);
}
console.log(randomNum(1, 3));   // 最小值 1，最大值 3
```

5.4.4 Date 对象

Date 对象用于处理日期和时间，其常用的方法如表 5-4 所示。

表 5-4 Date 对象的常用方法

方法	作用
getFullYear()	获取表示年份的 4 位数字，如 2020
setFullYear(value)	设置年份
getMonth()	获取月份，范围 0~11（0 表示一月，1 表示二月，依次类推）
setMonth(value)	设置月份
getDate()	获取月份中的某一天，范围 1~31
setDate(value)	设置月份中的某一天
getDay()	获取星期，范围 0~6（0 表示星期日，1 表示星期一，依次类推）
getHours()	获取小时数，返回 0~23
setHours(value)	设置小时数
getMinutes()	获取分钟数，范围 0~59

续表

方法	作用
setMinutes(value)	设置分钟数
getSeconds()	获取秒数，范围 0～59
setSeconds(value)	设置秒数
getMilliseconds()	获取毫秒数，范围 0～999
setMilliseconds(value)	设置毫秒数
getTime()	获取从 1970-01-01 00:00:00 距离 Date 对象所代表时间的毫秒数
setTime(value)	通过从 1970-01-01 00:00:00 计时的毫秒数来设置时间

下面通过具体代码演示 Date 对象的使用。

```
var date = new Date();    // 基于当前时间创建 Date 对象
date.toString();// 示例结果：Fri Oct 06 2017 11:53:04 GMT+0800 (中国标准时间)
date.getFullYear();       // 示例结果：2017
date.getMonth();          // 示例结果：9
date.getDate();           // 示例结果：6
```

在上述代码中，toString()方法用来方便地查看对象保存的时间信息。

在使用 Date 对象时，还可以在创建的时候传入参数来指定一个日期，具体示例如下。

```
// 方式 1：分别传入年、月、日、时、分、秒（月的范围是 0～11，即真实月份-1）
var date1 = new Date(2017, 9, 1, 11, 53, 4);
date1.toString();   // 返回结果：Sun Oct 01 2017 11:53:04 GMT+0800 (中国标准时间)
// 方式 2：通过字符串传入日期和时间
var date2 = new Date('2017-10-01 11:53:04');
date2.toString();   // 返回结果：Sun Oct 01 2017 11:53:04 GMT+0800 (中国标准时间)
```

在使用方式 1 时，最少需要指定年、月两个参数，后面的参数在省略时会自动使用默认值；使用方式 2 时，最少需要指定年份。另外，当传入的数值大于合理范围时，会自动转换成相邻数值（如方式 1 将月份设为-1 表示去年 12 月，月份为 12 表示明年 1 月）。下面通过具体代码进行演示。

```
new Date('2017');        // Sun Jan 01 2017 08:00:00 GMT+0800 (中国标准时间)
new Date(2017, 9);       // Sun Oct 01 2017 00:00:00 GMT+0800 (中国标准时间)
new Date(2017, -1);      // Thu Dec 01 2016 00:00:00 GMT+0800 (中国标准时间)
new Date(2017, 12);      // Mon Jan 01 2018 00:00:00 GMT+0800 (中国标准时间)
new Date(2017, 0, 0);    // Sat Dec 31 2016 00:00:00 GMT+0800 (中国标准时间)
```

5.4.5 【案例】制作年历

年历是一种记载全年日期信息的表格，用于方便人们查阅日期，对旅行规划、行程安排和工作计划等有着重要的作用。下面将通过编程实现根据指定年份生成年历，具体步骤如下。

（1）弹出一个输入框，提示用户输入年份。

```
1  <script>
2    var year = parseInt(prompt('输入年份：', '2018'));
3    document.write(calendar(year));  // 调用函数生成指定年份的年历
4  </script>
```

（2）编写 calendar()函数，根据指定的年份生成年历。

```
1  function calendar(y) {
2    var html = '';
3    return html;
4  }
```

上述代码中，参数 y 表示指定的年份，如 2006、2018；变量 html 用于保存字符串拼接的年历 HTML 生成结果。具体拼接方法将在后面的步骤中实现。

（3）在第（2）步第 2 行代码的下面编写如下代码，拼接全年 12 个月份的表格。

```
1  for (var m = 1; m <= 12, ++m) {
2    html += '<table>';
3    html += '<tr><th colspan="7">' + y + ' 年 ' + m + ' 月</th></tr>';
4    html += '<tr><td>日</td><td>一</td><td>二</td><td>三</td><td>四</td>';
5    html += '<td>五</td><td>六</td></tr>';
6    html += '</table>';
7  }
```

运行结果如图 5-3 所示，图中的 CSS 样式可以参考本书配套源代码。

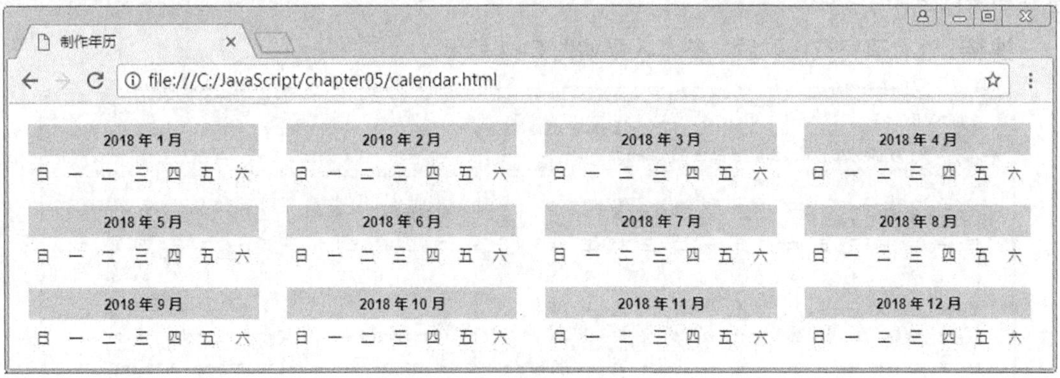

图5-3 拼接每个月份的表格

（4）为了将日期输出到对应的星期位置，在第（2）步第 2 行代码的上面编写如下代码，实现获取指定年份 1 月 1 日的星期值，保存到变量 w 中。

```
var w = new Date(y, 0).getDay();
```

（5）在第（3）步第 5 行代码的下面编写如下代码，获取每个月共有多少天。

```
1  // 获取每个月份共有多少天
2  var max = new Date(y, m, 0).getDate();
3  // 从该月份的第 1 天遍历到最后 1 天
4  for (var d = 1; d <= max; ++d) {
5    // 控制星期值在 0～6 范围内变动
6    w = (w + 1 > 6) ? 0 : w + 1;
7  }
```

按照上述步骤修改后，目前代码中共有两个 for 循环，外层循环用于遍历月份，内层循环用于遍历每一天。在循环体中可以通过变量 w 获取当前的星期值。

（6）将每一天的数字拼接到表格中。在拼接前，需要考虑给定月份的第 1 天是否为星期日，如果不是，则需要填充空白单元格。并且，在拼接到周六时，需要考虑是否为月底，如果不是月底则需要换到下一行。接下来将第(5)步第 3~7 行代码修改成如下代码，实现每月日期的拼接。

```
1  html += '<tr>';                   // 开始<tr>标签
2  for (var d = 1; d <= max; ++d) {
3    if (w && d == 1) {              // 如果该月的第 1 天不是星期日，则填充空白
4      html += '<td colspan="' + w + '"> </td>';
5    }
6    html += '<td>' + d + '</td>';
7    if (w == 6 && d != max) {       // 如果星期六不是该月的最后一天，则换行
8      html += '</tr><tr>';
9    } else if (d == max) {          // 该月的最后一天，闭合<tr>标签
10     html += '</tr>';
11   }
12   w = (w + 1 > 6) ? 0 : w + 1;
13 }
```

上述第 3~5 行代码利用合并单元格的方式填充空白，将当期的星期数作为需要合并的列数；第 6 行代码用于拼接当期日期；第 7~11 行代码用于判断是否需要换行或完成每月最后一个星期的完整拼接。

按照上述代码完成修改后，参考效果如图 5-4 所示。

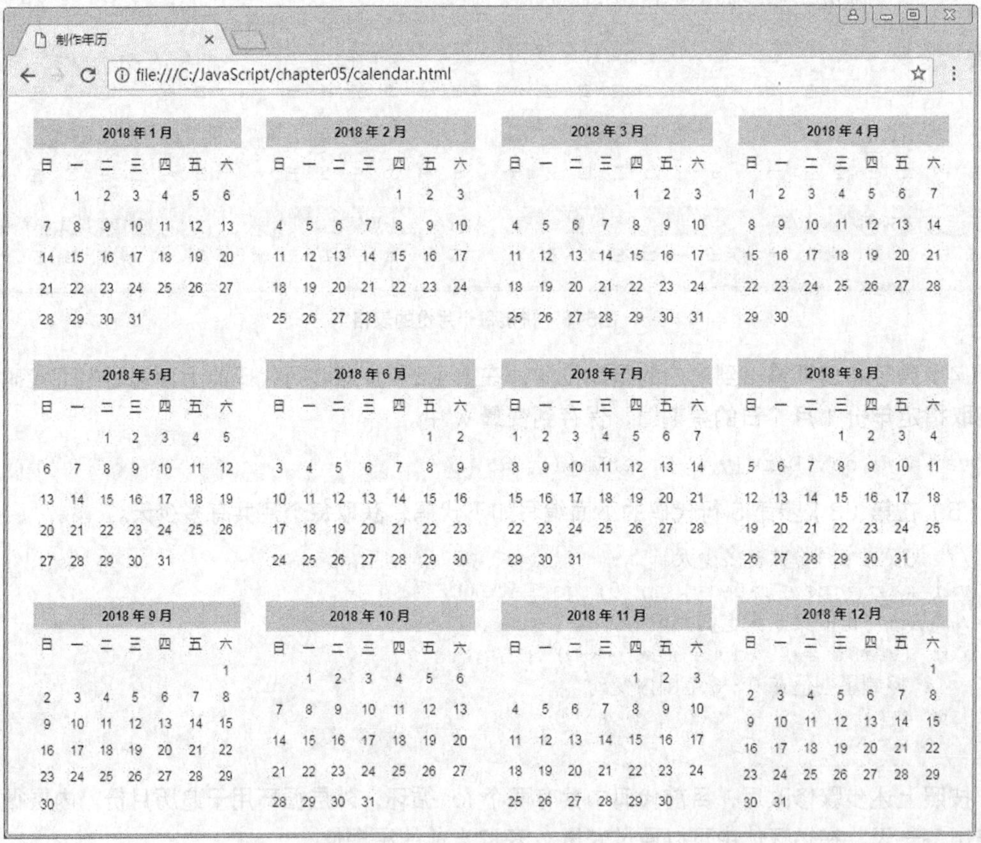

图5-4 年历制作完成效果

5.5 错误处理与代码调试

错误处理和代码调试是 JavaScript 开发中的常用技术。掌握错误处理机制可以帮助我们更好地解决程序中发生的错误；掌握代码调试技术可以跟踪程序的运行流程，监听变量的值在运行过程中的改变等。接下来将针对错误处理与代码调试进行详细讲解。

5.5.1 错误处理

在编写 JavaScript 程序时，经常会遇到各种各样的错误，如调用了不存在的方法、引用了不存在的变量等。下面通过一个案例来演示错误发生的情况，具体如例 5-3 所示。

【例 5-3】demo03.html

```
1  <script>
2    var o = {};
3    o.func();                    // 这行代码会出错，因为调用了不存在的方法
4    console.log('test');         // 前面的代码出错时，这行代码不会执行
5  </script>
```

通过浏览器访问 demo03.html，页面中没有任何内容，但是在控制台中会看到图 5-5 所示的效果。

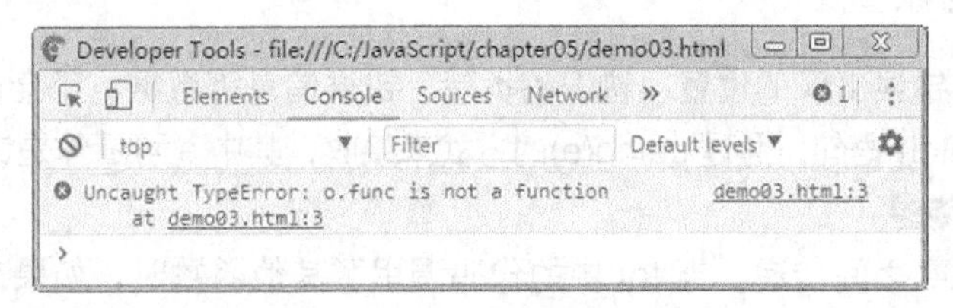

图5-5 查看错误信息

从图 5-5 所示的错误信息可以看出，当前发生了一个未捕获的 TypeError 类型的错误，错误信息是“o.func 不是一个函数”，发生错误的代码位于 demo03.html 的第 3 行。

当发生错误时，JavaScript 引擎会抛出一个错误对象，利用 try...catch 语句可以对错误对象进行捕获，捕获后可以查看错误信息。下面通过一个案例来学习如何捕获错误对象，如例 5-4 所示。

【例 5-4】demo04.html

```
1  <script>
2    var o = {};
3    try {                     // 在 try 中编写可能出现错误的代码
4      o.func();
5      console.log('a');       // 如果前面的代码出错，这行代码不会执行
6    } catch(e) {              // 在 catch 中捕获错误，e 表示错误对象
7      console.log(e);
8    }
9    console.log('b');         // 如果错误已经被处理，这行代码会执行
10 </script>
```

通过浏览器访问 demo04.html，会发现原来的错误提示消失了，取而代之的是第 7 行代码在

控制台中输出了错误信息，如图 5-6 所示。

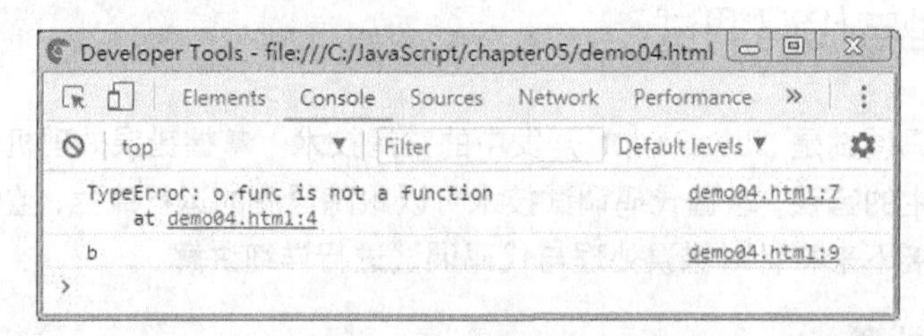

图5-6 捕获错误对象

通过例 5-4 可以看出，当 try 中的代码发生错误时，利用 catch 可以进行错误处理。需要注意的是，如果 try 中有多行代码，只要其中一行出现错误，后面的代码都不会执行；如果错误已经被处理，则 catch 后面的代码会继续执行。由此可见，编写在 try 中的代码量应尽可能少，从而避免错误发生时造成的影响。

在以 Java 为代表的编程语言中，引入了异常（Exception）的概念，利用 try...catch 进行异常处理。JavaScript 错误处理的设计思想与之类似，因此也可以将 JavaScript 中的 try...catch 称为异常处理。

5.5.2 错误对象

在发生错误时，错误出现的位置、错误的类型、错误信息等数据，都会被封装起来，以一个对象的形式传递给 catch 语句，通过 catch(e)的方式来接收，其中 e 可看作是错误对象的一个实例。

1. 错误对象的传递

错误对象会在函数之间传递。当 try 中的代码调用了其他函数时，如果在其他函数中出现了错误，且没有使用 try...catch 处理时，程序就会停下来，将错误传递到调用当前函数的上一层函数，如果上一层函数仍然没有处理，则继续向上传递。具体示例如下。

```
function foo1() {
  foo2();
  console.log('foo1');
}
function foo2() {
  var o = {};
  o.func();   // 发生错误
}
```

上述代码中，foo1()函数调用了 foo2()函数，而 foo2()函数的代码存在错误。此时如果使用如下代码调用 foo1()函数，则 foo2()中的错误对象会传递给 foo1()，foo1()继续传递给外层的 catch。

```
try {
  foo1();
} catch(e) {
  console.log('test');
}
```

上述代码执行后，控制台的输出结果中只有 test，没有 foo1，说明 foo1()函数后面的代码没有执行。

2. 手动抛出错误对象

除了在 JavaScript 程序出现错误时自动抛出错误对象，用户也可以使用 throw 关键字手动抛出错误对象，具体示例如下。

```
try {
  var e1 = new Error('错误信息');     // 创建错误对象
  throw e1;      // 抛出错误对象，也可以与上一行合并为：throw new Error('错误信息');
} catch (e) {
  console.log(e.message);    // 输出结果：错误信息
  console.log(e1 === e);     // 判断 e1 和 e 是否为同一个对象，输出结果：true
}
```

在上述代码中，Error 对象是错误对象的构造函数，通过它可以创建一个自定义的错误对象，其参数表示错误信息。在通过 catch 捕获后，通过“e.message”可以获取错误信息。

5.5.3 错误类型

在 JavaScript 中，共有 7 种标准错误类型，每个类型都对应一个构造函数。当发生错误时，JavaScript 会根据不同的错误类型抛出不同的错误对象，具体如表 5-5 所示。

表 5-5 错误类型

类型	说明
Error	表示普通错误，其余 6 种类型的错误对象都继承自该对象
EvalError	调用 eval()函数错误，已经弃用，为了向后兼容，低版本还可以使用
RangeError	数值超出有效范围，如“new Array(−1)”
ReferenceError	引用了一个不存在的变量，如“var a = 1; a + b;”（变量 b 未定义）
SyntaxError	解析过程语法错误，如“{ ; }”“if()”“var a = new;”
TypeError	变量或参数不是预期类型，如调用了不存在的函数或方法
URIError	解析 URI 编码出错，调用 encodeURI()、escape()等 URI 处理函数时出现

在通过 try...catch 来处理错误时，无法处理语法错误（SyntaxError）。如果程序存在语法错误，则整个代码都无法执行。例如，下面的代码就存在语法错误。

```
try {
  var o = { ; };     // 语法错误
} catch(e){
  console.log(e.message);
}
```

在浏览器中执行，会出现“Uncaught SyntaxError: Unexpected token ;”的错误提示，即分号“;”造成了语法错误。如果在该行代码的前面还有其他代码，也不会执行。

5.5.4 代码调试

在学习 JavaScript 的过程中，开发者工具是帮助我们调试代码的利器，通过它可以查阅各种内置对象的成员，跟踪代码的流程。下面将针对 Chrome 浏览器的开发者工具的常用功能进行详细讲解。

1. 在控制台中执行 JavaScript 代码

打开控制台后，会看到一个闪烁的光标，此时可以输入代码，按回车键执行。图 5-7 演示了直接在控制台中输入代码执行的效果。

在图 5-7 中，代码前面的“>”图标表示该行代码是用户输入的，下一行的“<”图标表示控制台的输出结果，用于显示用户输入的表达式的值。

在控制台中还可以输入一个对象，然后查看对象的成员，如图 5-8 所示。

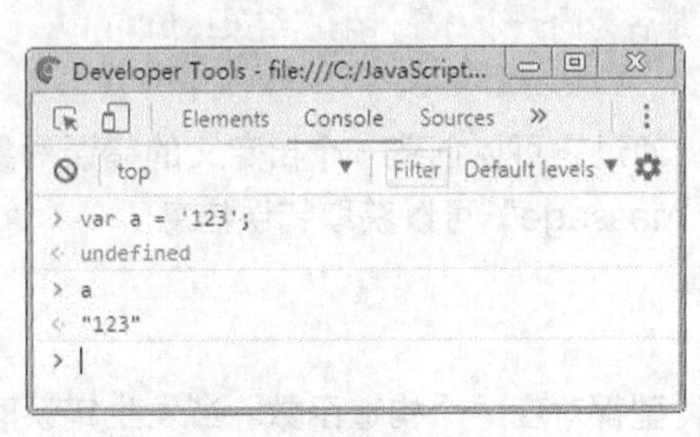

图5-7 控制台执行代码效果

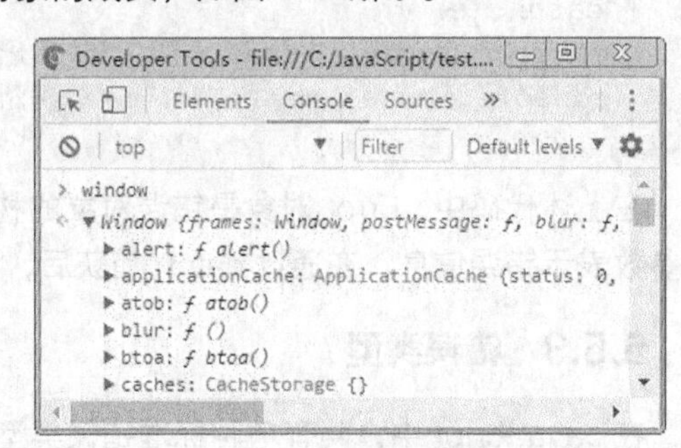

图5-8 查看对象的成员

2. 单步调试

在开发者工具的 Sources 面板中可以设置断点，对代码进行单步调试，如图 5-9 所示。该面板有左、中、右 3 个栏目，左栏是文件目录结构，中栏可以查看网页源代码，右栏是 JavaScript 的调试区。

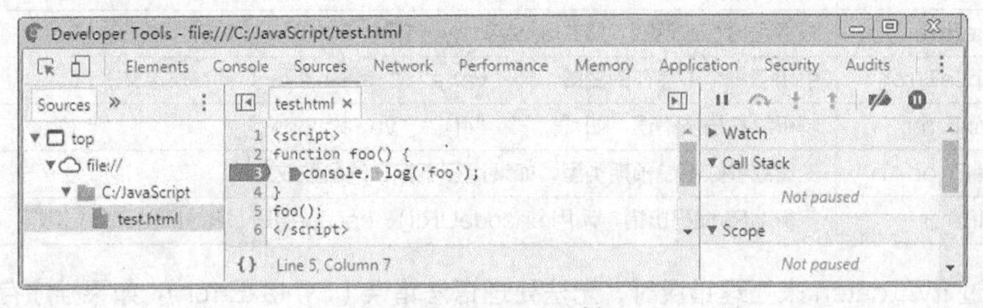

图5-9 Sources面板

在图 5-9 的中栏显示的网页源代码中，使用鼠标单击行号可以设置断点，单击左键表示在当前行号设置断点，单击右键会弹出一个菜单，用于详细控制断点。设置断点后，按 F5 刷新，JavaScript 会执行到该位置并暂停。此时可以通过右栏中的各种工具进行调试，具体说明如表 5-6 所示。

表 5-6 调试按钮

按钮	说明
⏸	暂停或继续执行脚本
	执行下一步。遇到函数时，不进入函数直接执行下一步
↓	执行下一步。遇到函数时，进入函数执行

续表

按钮	说明
	跳出当前函数
	停用或启用断点
	是否暂停错误捕获

3. 调试工具

在 Sources 面板的右栏中除了调试按钮，还有一些调试工具，具体功能如表 5-7 所示。

表 5-7　调试工具

名称	说明
Watch	可以对加入监听列表的变量进行监听
Call Stack	函数调用堆栈，可以在代码暂停时查看执行路径
Scope	查看当前断点所在函数执行的作用域内容
Breakpoints	查看断点列表
XHR Breakpoints	请求断点列表，可以对满足过滤条件的请求进行断点拦截
DOM Breakpoints	DOM 断点列表，设置 DOM 断点后满足条件时触发断点
Global Listeners	全局监听列表，显示绑定在 window 对象上的事件监听
Event Listener Breakpoints	可断点的事件监听列表，可以在触发事件时进入断点

接下来以 Watch 为例进行演示。编写一段 for 循环代码，然后在 Watch 中单击“+”按钮添加一个监听的变量 i，然后单步执行，观察变量 i 的值的变化，其效果如图 5-10 所示。

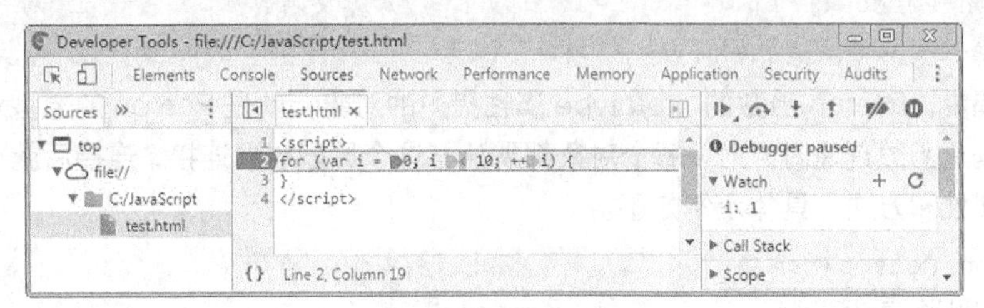

图5-10　Watch查看器

在图 5-10 中，中栏是一段 for 循环代码，实现了变量 i 从 0 加到 10，当 i 为 10 时跳出循环。右栏监听了变量 i，通过“执行下一步”按钮，即可看到 i 的值从 0 到 10 变化的过程。

5.6 原型与继承

原型与继承是 JavaScript 语言的难点，掌握了这部分内容，才能够更好地理解 JavaScript 中的各种对象之间的关系，从语言特性上实现面向对象编程。本节将对原型与继承进行详细讲解。

5.6.1 原型

1. 为什么使用原型

通过前面的学习可知，JavaScript 中存在大量的对象，用户也可以自己创建一些对象。但若没有一种机制让这些对象联系起来，则难以实现面向对象编程中的许多特征。为此，JavaScript 提供了原型的机制，作为 JavaScript 面向对象编程的一个重要体现。

利用原型可以提高代码的复用性。假设有 p1、p2 两个对象，都是由构造函数 Person 创建的。如果我们在 Person 中定义一个 introduce()方法，则 p1、p2 两个对象都有了 introduce()方法。但是，这种方式存在一个缺点，就是每个基于 Person 创建的对象都会重复地保存这些完全相同的方法，带来不必要的浪费。下面的代码演示了这种情况。

```
function Person(name) {
  this.name = name;
  this.introduce = function() {};
}
var p1 = new Person('Jim');
var p2 = new Person('Alice');
console.log(p1.introduce == p2.introduce);   // 输出结果：false
```

从上述代码可以看出，虽然 p1 和 p2 都有 introduce()方法，但它们本质上不是同一个方法。为了解决这个问题，JavaScript 为函数提供了一个原型对象，通过原型对象来共享成员。

利用原型对象可以保存一些公共的属性和方法。当访问某个对象中的一个不存在的属性或方法时，会自动调用原型中的属性和方法。也就是说，基于原型创建的对象会自动拥有原型的属性和方法。

2. 原型对象的使用方法

在 JavaScript 中，每定义一个函数，就随之有一个对象存在，函数通过 prototype 属性指向该对象。这个对象称之为原型对象，简称原型，具体示例如下。

```
function Person() {}                          // 定义函数
console.log(typeof Person.prototype);  // 输出结果：object
```

上述代码中，Person 函数的 prototype 属性指向的对象，就是 Person 的原型对象。

在利用构造函数创建对象时，每个对象都默认与这个原型对象连接，连接后就可以访问到原型对象中的属性和方法，具体示例如下。

```
function Person(name) {
  this.name = name;
}
Person.prototype.introduce = function() {};
var p1 = new Person('Jim');
var p2 = new Person('Alice');
console.log(p1.introduce);                       // 输出结果：function () {}
console.log(p1.introduce === p2.introduce);      // 输出结果：true
```

通过示例可以看出，构造函数 Person 原本没有 introduce()方法，但是在为 Person 的原型对象添加了该方法后，基于 Person 函数创建的 p1、p2 对象都具有了相同的 introduce()方法。

5.6.2 继承

在现实生活中，继承一般指的是子女继承父辈的财产。而在 JavaScript 中，继承是在已有对象的基础上进行扩展，增加一些新的功能，得到一个新的对象。接下来，将针对 JavaScript 继承的 4 种实现方式进行详细讲解。

1. 利用原型对象实现继承

原型对象是 JavaScript 实现继承的传统方式。如果一个对象中本来没有某个属性或方法，但是可以从另一个对象中获得，就实现了继承，具体示例如下。

```
function Person(name) {
  this.name = name;
}
Person.prototype.sayHello = function () {
  console.log('你好，我是' + this.name);
}
var p1 = new Person('Jim');
var p2 = new Person('Tom');
p1.sayHello();      // 输出结果：你好，我是 Jim
p2.sayHello();      // 输出结果：你好，我是 Tom
```

在上述代码中，对象 p1、p2 原本没有 sayHello()成员，但是在为构造函数 Person 的原型对象添加了 sayHello()成员后，p1、p2 也就拥有了 sayHello()成员。因此，上述代码可以理解为 p1、p2 对象继承了原型对象中的成员。

2. 替换原型对象实现继承

JavaScript 实现继承的方式很灵活，我们可以将构造函数的原型对象替换成另一个对象 A，基于该构造函数创建的对象就会继承新的原型对象，具体示例如下。

```
function Person() {}                // 构造函数 Person 原本有一个原型对象 prototype
Person.prototype = {                // 将构造函数的 prototype 属性指向一个新的对象
  sayHello: function () {           // 在新的对象中定义一个 sayHello() 方法用于测试
    console.log('你好，我是新对象');
  }
}
var p = new Person();
p.sayHello();                       // 输出结果：你好，我是新对象
```

需要注意的是，在基于构造函数创建对象时，代码应写在替换原型对象之后，否则创建的对象仍然会继承原来的原型对象，具体示例如下。

```
function Person() {}
Person.prototype.sayHello = function() {
  console.log('原来的对象');
}
var p1 = new Person();
Person.prototype = {
  sayHello: function(){
    console.log('替换后的对象');
  }
}
var p2 = new Person();
p1.sayHello();      // 输出结果：原来的对象
p2.sayHello();      // 输出结果：替换后的对象
```

从上述代码可以看出，替换原型对象之前创建的对象 p1，其 sayHello()方法继承原来的原型对象。由此可见，在通过替换原型对象的方式实现继承时，应注意代码编写的顺序。

3. 利用 Object.create()实现继承

Object 对象的 create()方法是 ES5 中新增的一种继承实现方式，其使用方法如下。

```
var obj = {
  sayHello: function(){
    console.log('我是一个带有 sayHello 方法的对象');
  }
};
var newObj = Object.create(obj);
newObj.sayHello();           // 输出结果：我是一个带有 sayHello 方法的对象
newObj.__proto__ === obj;   // 返回结果：true
```

上述代码实现了将 obj 对象作为 newObj 对象的原型，因此 newObj 对象继承了 obj 对象的 sayHello()方法。

4. 混入继承

混入就是将一个对象的成员加入到另一个对象中，实现对象功能的扩展。实现混入继承最简单的方法就是将一个对象的成员赋值给另一个对象，具体示例如下。

```
var o1 = {};
var o2 = {name: 'Jim'};
o1.name = o2.name;          // o1 继承 o2 的 name 属性
console.log(o1.name);       // 输出结果：Jim
```

当对象的成员比较多时，如果为每个成员都进行赋值操作，会非常麻烦，因此可以编写一个函数专门实现对象成员的赋值，函数通常命名为 mix（混合）或 extend（扩展），具体示例如下。

```
// 编写 extend 函数
function extend(o1, o2) {
  for (var k in o2) {
    o1[k] = o2[k];
  }
}
```

```
// 测试 extend 函数
var o1 = {name: 'Jim'};
var o2 = {age: 16, gender: 'male'};
extend(o1, o2);       // 将 o2 的成员添加给 o1
console.log(o1.name);   // 输出结果：Jim
console.log(o1.age);    // 输出结果：16
```

混入式继承和原型继承还可以组合在一起使用，实现以对象的方式传递参数，或以对象的方式扩展原型对象的成员，具体示例如下。

```
1  function Person(options) {
2    // 调用前面编写的 extend()，将传入的 options 对象的成员添加到实例对象中
3    extend(this, options);
4  }
5  Person.fn = Person.prototype;   // 将 prototype 属性简化为 fn 方便代码书写
6  Person.fn.extend = function(obj) {
7    extend(this, obj);            // 此处的 this 相当于 Person.prototype
8  };
9  Person.fn.extend({
10   sayHello: function() {
11     console.log('你好，我是' + (this.name || '无名'));
12   }
13 });
14 var p1 = new Person();
15 var p2 = new Person({name: '张三', age:16});
```

```
16 p1.sayHello();    // 输出结果：你好，我是无名
17 p2.sayHello();    // 输出结果：你好，我是张三
```

在上述代码中，第 15 行在通过 Person 构造函数创建对象时传入了对象形式的参数，这种传递参数的方式相比传递多个参数更加灵活。例如，当一个函数有 10 个参数时，如果想省略前面的参数，只传入最后一个参数时，由于前面的参数不能省略，这就会导致代码编写非常麻烦。而如果以对象的形式传递参数，对象成员的个数、顺序都是灵活的，只要确保成员名称与函数要求的名称一致即可。

第 9 ~ 13 行代码演示了以对象的方式扩展原型对象的成员，当需要为原型对象一次添加多个成员时，使用这种方式会非常方便，不需要每次都书写 Person.prototype，只需要将这些成员保存到一个对象中，然后调用 extend()方法来继承即可。

5.6.3 静态成员

静态成员指由构造函数所使用的成员，与之相对的是由构造函数创建的对象所使用的实例成员。下面通过代码演示静态成员与实例成员的区别。

```
function Person(name) {
  this.name = name;
  this.sayHello = function() {
    console.log(this.name);
  };
}
// 为 Person 对象添加静态成员
Person.age = 123;
Person.sayGood = function() {
  console.log(this.age);
};
// 构造函数使用的成员是静态成员
console.log(Person.age);      // 使用静态属性 age，输出结果：123
Person.sayGood();             // 使用静态方法 sayGood()，输出结果：123
// 由构造函数创建的对象使用的成员是实例成员
var p = new Person('Tom');
console.log(p.name);          // 使用实例属性 name，输出结果：Tom
p.sayHello();                 // 使用实例方法 sayHello()，输出结果：Tom
```

从上述代码可以看出，实例成员需要先创建对象才能使用，而静态成员无需创建对象，直接通过构造函数即可使用。

在实际开发中，对于不需要创建对象即可访问的成员，推荐将其保存为静态成员。例如，构造函数的 prototype 属性就是一个静态成员，可以在所有实例对象中共享数据。

5.6.4 属性搜索原则

当对象访问某一个属性的时候，首先会在当前对象中搜索是否包含该成员，如果包含则使用，如果不包含，就会自动在其原型对象中查找是否有这个成员，这就是属性搜索原则。

在搜索属性时，如果当前对象没有，原型对象中也没有，就会寻找原型对象的原型对象，一直找下去。如果直到最后都没有找到，就会返回 undefined。下面的代码演示了属性的搜索顺序。

```
function Person() {
  this.name = '张三';
}
Person.prototype.name = '李四';
var p = new Person();
console.log(p.name);              // 输出结果：张三
delete p.name;                    // 删除对象 p 的 name 属性
console.log(p.name);              // 输出结果：李四
delete Person.prototype.name;     // 删除原型对象的 name 属性
console.log(p.name);              // 输出结果：undefined
```

需要注意的是，属性搜索原则只对属性的访问操作有效，对于属性的添加或修改操作，都是在当前对象中进行的。具体示例如下。

```
function Person() {}
Person.prototype.name = '李四';
var p = new Person();
p.name = '张三';
console.log(p.name);                    // 输出结果：张三
console.log(Person.prototype.name);     // 输出结果：李四
```

从上述代码可以看出，为对象 p 的 name 属性赋值“张三”后，原型对象中同名的 name 属性的值没有发生改变。

5.6.5 原型链

在 JavaScript 中，对象有原型对象，原型对象也有原型对象，这就形成了一个链式结构，简称原型链。通过学习这部分内容，就能理解 JavaScript 复杂的对象继承机制。下面将针对原型链进行分析和讲解。

1. 对象的构造函数

在原型对象中，存在一个 constructor 属性，指向该对象的构造函数，具体示例如下。

```
function Person() {}
Person.prototype.constructor === Person;    // 返回结果：true
```

基于 Person 构造函数创建的实例对象，原本没有 constructor 属性，但因为连接到了 Person 函数的原型对象，就可以访问到 constructor 属性，示例代码如下。

```
function Person() {}
new Person().constructor === Person;        // 返回结果：true
```

因此，通过对象的 constructor 属性，即可查询该对象的构造函数。

2. 对象的原型对象

由于对象可以通过 constructor 属性访问构造函数，构造函数可以通过 prototype 属性访问原型对象，因此使用“对象.constructor.prototype”的方式即可访问对象的原型对象，具体示例如下。

```
function Person() {}
new Person().constructor.prototype === Person.prototype;    // 返回结果：true
```

3. 函数的构造函数

由于函数本质上就是对象，所以函数也有构造函数。在 JavaScript 中，自定义函数以及

String、Number、Object 等内置构造函数的构造函数都是 Function 函数，而 Function 函数的构造函数是 Function 自身。通过 toString()方法可以查看函数的信息，具体示例如下。

```
function Person() {}
Person.constructor.toString();      // 返回结果：function Function() { [native
                                       code] }
Person.constructor === Function;    // 返回结果：true
String.constructor === Function;    // 返回结果：true
Number.constructor === Function;    // 返回结果：true
Object.constructor === Function;    // 返回结果：true
Function.constructor === Function;  // 返回结果：true
```

通过示例可以看出，JavaScript 中的每个函数都是构造函数 Function 的实例，构造函数 Function 本身也是由自己创建出来的。

值得一提的是，用户还可以通过实例化 Function 构造函数的方式来创建函数。该构造函数的参数数量是不固定的，最后一个参数表示用字符串保存的新创建函数的函数体，前面的参数（数量不固定）表示新创建函数的参数名称，具体示例如下。

```
// new Function('参数1', '参数2', …… '参数N', '函数体');
var func = new Function('a', 'b', 'return a + b;');
console.log(func(100, 200));        // 输出结果：300
```

上述代码将新创建的函数保存为 func 变量，然后调用 func(100, 200)计算了 100+200 的结果。以上创建函数的方式相当于执行了如下代码。

```
var func = function(a, b) {
  return a + b;
};
```

4. 原型对象的原型对象

通过前面的学习可知，访问对象的原型对象可以使用"对象.constructor.prototype"。由于构造函数的 prototype 属性指向原型对象，原型对象的 constructor 属性又指回了构造函数，这就构成了一个循环。因此，通过这种方式无法访问到原型对象的原型对象。

为了解决这个问题，一些浏览器为对象增加了一个新的属性__proto__，用于在开发人员工具中方便地查看对象的原型。由于该属性不是 JavaScript 原有的属性，因此前后加了两个下划线来区分。目前，一些新版的浏览器都支持了__proto__属性，如火狐、Chrome 等。下面通过代码演示该属性的使用。

```
function Person() {}
new Person().__proto__ === Person.prototype;    // 返回结果：true
```

接下来通过__proto__访问到原型对象的原型对象，效果如图 5-11 所示。

在图 5-11 中访问到的对象，实际上是构造函数 Object 的原型对象，具体示例如下。

```
Person.prototype.__proto__ === Object.prototype;    // 返回结果：true
```

如果继续访问 Object.prototype 的原型对象，则结果为 null。另一方面，构造函数 Object 的原型对象是构造函数 Function 的原型对象，具体示例如下。

```
Object.prototype.__proto__;                     // 返回结果：null
Object.__proto__ === Function.prototype;        // 返回结果：true
```

5. 原型链的结构

通过前面的分析，关于原型链的结构可以总结为以下 4 点。

① 自定义函数，以及 Object、String、Number 等内置函数，都是由 Function 函数创建的，Function 函数是由 Function 函数自身创建的。

② 每个构造函数都有一个原型对象，构造函数通过 prototype 属性指向原型对象，原型对象通过 constructor 属性指向构造函数。

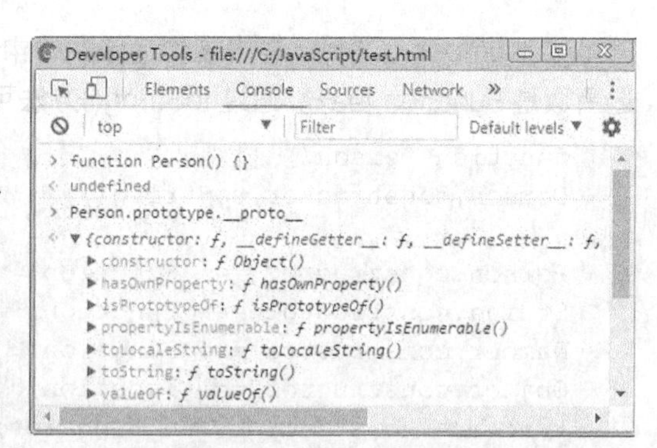

图5-11 查看原型对象

③ 由构造函数创建的实例对象，继承自构造函数的原型对象。通过实例对象的__proto__属性可以直接访问原型对象。

④ 构造函数的原型对象，继承自 Object 的原型对象，而 Object 的原型对象的__proto__属性为 null。

为了更直观地展现原型链的结构，接下来通过图示进行演示，具体如图 5-12 所示。

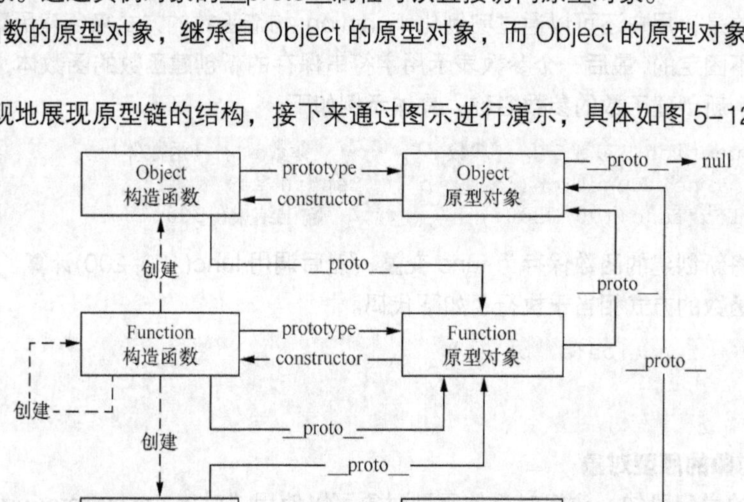

图5-12 原型链结构

在进行原型操作时，“对象.constructor.prototype”访问到的是该对象当前继承的原型对象的构造函数的原型对象，并不一定是实际构造函数的原型对象，示例代码如下。

```
function Person() {}
function Func() {}
Person.prototype = new Func();
var p1 = new Person();
p1.constructor === Func;                    // 返回结果：true
p1.constructor.prototype === Func.prototype;   // 返回结果：true
p1.__proto__ === Person.prototype;           // 返回结果：true
```

通过比较可以看出，在更改了构造函数 Person 的 prototype 属性后，新创建的对象 p1 继承的原型对象是构造函数 Func 的实例对象，因此通过 p1.constructor 访问到的是构造函数 Func，而不是 p1 的实际构造函数 Person。在这种情况下，使用 p1.__proto__ 访问到的才是实际构造函数 Person 的原型对象。

多学一招：instanceof 运算符

在 JavaScript 中，instanceof 运算符用来检测一个对象的原型链中是否含有某个构造函数的 prototype 属性所表示的对象，如果存在返回 true，否则返回 false。具体示例如下。

```
function Person() {}
var p1 = new Person();
console.log(p1 instanceof Person); // 输出结果：true
```

如果在创建对象后更改了 Person 构造函数的 prototype 属性为其他对象，那么在使用 instanceof 检测时，之前已经创建的对象就不在构造函数 Person 的原型链中了，具体示例如下。

```
function Person() {}
function Func() {}
var p1 = new Person();
Person.prototype = new Func();
var p2 = new Person();
console.log(p1 instanceof Person); // 输出结果：false
console.log(p2 instanceof Person); // 输出结果：true
```

上述代码在通过 instanceof 检测时，构造函数 Person 的原型对象已经改为 Func 的实例对象，而 p1 的原型对象是 Person 更改 prototype 属性前的原型对象，因此判断结果为 false。

此时如果希望当前的 Person.prototype 在 p1 的原型链上，则可以将 p1 的原型对象的原型对象设为构造函数 Person 的原型对象，具体示例如下。

```
p1.__proto__.__proto__ = Person.prototype;
console.log(p1 instanceof Person); // 输出结果：true
```

上述操作在原型链中的变化如图 5-13 所示。

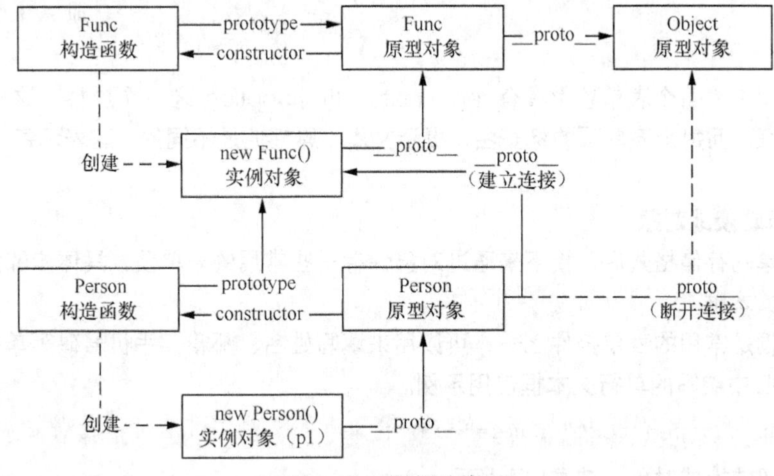

图5-13 原型链示意图

动手实践：表单生成器

在项目的实际开发中，经常需要设计各种各样的表单。直接编写 HTML 表单虽然简单，但修改、维护相对麻烦。例如，开发一个在线考试系统或问卷调查系统，一般是在网站后台提供录入题目的功能，然后在网站前台显示出来，通过表单提供用户作答。一个系统中可能会保存海量的试题，如果每一道题都通过 HTML 进行编辑，工作量会非常大，而且容易出错。因此，本节将通过开发一个表单生成器，来实现程序自动生成 HTML 表单。

1. 定义表单存储格式

若要实现自动生成表单，首先需要定义一种数据格式来描述表单的组成部分，从而将一个实际存在的表单抽象成一段程序能够识别和处理的数据。例如，下面是通过 HTML 创建的示例表单。

```
<form method="post">
  姓名：<input type="text" name="user">
  性别：<input type="radio" name="gender" value="m"> 男
        <input type="radio" name="gender" value="w"> 女
  自我介绍：<textarea name="introduce"></textarea>
  <input type="submit" value="提交">
</form>
```

从上述代码可以看出，表单提供了姓名、性别和自我介绍 3 个可填项和一个提交按钮。对于表单生成器来说，文本框、单选框等控件的基本代码都是固定的，但在表单中它所表示的含义是用户赋予的。例如，一个文本框既可以用来输入姓名，又可以用来输入联系方式。

因此，我们可以利用面向对象的思维方式，将这些表单项看成一个个对象，这些对象既有相同的基本特征，又有各自不同的地方。下面通过代码演示如何利用对象来描述这些表单项。

```
// 利用数组保存表单中所有的项
var elements = [
  {},   // 表单项 1（如姓名）
  {},   // 表单项 2（如性别）
  {},   // 表单项 3（如自我介绍）
  ……
];
```

```
// 每个表单项的结构模板
{
  tag: '',        // 标签名
  text: '',       // 提示文本
  attr: {},       // 标签属性
  option: {}      // 选项
}
```

在上述代码中，每个表单项都具有 tag、text、attr 和 option 这 4 个属性，这表示它们具有相同的基本特征。而每个表单项的标签名、提示文本、属性值是不同的，这表示每个对象都有不同之处。

2. 将表单转换成对象

在了解表单的存储格式后，接下来通过对象保存一些常用的表单项，具体步骤如下。

（1）单行文本框

单行文本框是常用的表单控件之一，可以用来填写姓名、邮箱、手机号码等单行文本内容。下面是在 HTML 中编写的单行文本框使用示例。

```
姓名：<input type="text" name="user">
```

将上述代码转换成对象，结果如下所示。

```
{
  tag: 'input',                            // 标签名
  text: '姓名：',                           // 提示文本
  attr: {type: 'text', name: 'user'},      // 标签属性
  option: null                             // 选项（无）
}
```

（2）单选框

单选框一般需要多个组合使用，用户只能从多个选项中选择其中一项。对于一组单选框来说，它们应该具有相同的name属性值和不同的value值。下面是在HTML中编写的使用示例。

```
性别：<input type="radio" name="gender" value="m"> 男
      <input type="radio" name="gender" value="w"> 女
```

将上述代码转换成对象，结果如下所示。

```
{
  tag: 'input',
  text: '性别：',
  attr: {type: 'radio', name: 'gender'},
  option: {m: '男', w: '女'}      // m、w为单选框的value属性值，男、女为提示文本
}
```

（3）复选框

复选框可以提交多个值，下面是在HTML中编写的示例。

```
爱好：<input type="checkbox" name="hobby[]" value="swimming"> 游泳
      <input type="checkbox" name="hobby[]" value="reading"> 读书
      <input type="checkbox" name="hobby[]" value="running"> 跑步
```

将上述代码转换成对象，结果如下所示。

```
{
  tag: 'input',
  text: '爱好：',
  attr: {type: 'checkbox', name: 'hobby[]'},
  option: {swimming: '游泳', reading: '读书', running: '跑步'}
}
```

（4）下拉列表

下拉列表经常用于在填写个人信息时选择省份、城市等，下面是在HTML中编写的示例。

```
住址：
<select name="area">
  <option>--请选择--</option>
  <option value="bj">北京</option>
  <option value="sh">上海</option>
  <option value="sz">深圳</option>
</select>
```

将上述代码转换成对象，结果如下所示。

```
{
  tag: 'select',
  text:'住址：',
```

```
  attr: {name: 'area'},
  option: {'': '--请选择--', bj: '北京', sh: '上海', sz: '深圳'}
}
```

（5）文本域

文本域可用于输入多行文本，适合自我介绍、发表评论等可能需要输入大量信息的场合使用。下面是在 HTML 中编写的文本域使用示例。

```
自我介绍：
<textarea name="introduce" rows="5" cols="50">
  <!-- 文本内容 -->
</textarea>
```

将上述代码转换成对象，结果如下所示。

```
{
  tag: 'textarea',
  text: '自我介绍：',
  attr: {name: 'introduce', rows: '5', cols:'50'},
  option: null
}
```

（6）提交按钮

提交按钮用于提交表单，单击后浏览器会将用户填写的表单内容提交给服务器处理。下面是在 HTML 中编写的提交按钮示例。

```
<input type="submit" value="提交">
```

将上述代码转换成对象，结果如下所示。

```
{
  tag: 'input',
  text: '',
  attr: {type: 'submit', value: '提交'},
  option: null
}
```

3. 封装表单生成器

考虑到表单生成器是一个独立的功能，我们可以将它封装成一个构造函数，从而使代码更好地复用。接下来创建一个 FormBuilder.js 文件，并在文件中编写如下代码。

```
1  (function(window) {
2    var FormBuilder = function(data) {
3      this.data = data;
4    };
5    window.FormBuilder = FormBuilder;
6  })(window);
```

上述代码最外层是一个自调用的匿名函数，在调用时传入的 window 对象用于控制 FormBuilder 库的作用范围，通过第 5 行代码将 FormBuilder 作为传入对象的属性。由于 window 对象是全局的，因此当上述代码执行后，就可以直接使用 FormBuilder。另一方面，在匿名函数中定义的变量、函数，都不会污染全局作用域，体现了面向对象的封装性。

接下来创建 form.html，用于调用 FormBuilder 生成表单。具体代码如下。

```
1  <form id="form"></form>
2  <script src="./FormBuilder.js"></script>
3  <script>
4    var elements = [
5      …… // 表单项对象
6    ];
7    var html = new FormBuilder(elements).create();
8    document.getElementById('form').innerHTML = html;
9  </script>
```

在上述代码中，第 4 行定义的 elements 数组用于保存表单项，大家可以按照前面介绍的格式，将需要生成的表单项对象放入到数组中。第 7 行通过 new FormBuilder()实例化了表单生成器对象，将 elements 数组通过参数传入，然后调用了 create()方法，该方法用于返回 HTML 生成结果，将在后面的步骤中实现。第 8 行将生成的 HTML 结果放入到了<form>表单中。

4. 实现表单的自动生成

（1）编写 create()方法

打开 FormBuilder.js，为构造函数 FormBuilder 的原型对象添加 create()方法，具体代码如下。

```
1  FormBuilder.prototype.create = function() {
2    var html = '';
3    for (var k in this.data) {
4      var item = {tag: '', text: '', attr: {}, option: null};
5      for (var n in this.data[k]) {
6        item[n] = this.data[k][n];
7      }
8      html += builder.toHTML(item);
9    }
10   return '<table>' + html + '</table>';
11 };
```

在上述代码中，this.data 表示传入的 elements 数组，第 3～9 行遍历了这个数组，每次只处理一个表单项。第 4～7 行代码将传入的对象合并到 item 对象中，通过这种方式可以提高容错性，即当传入对象中缺少某个成员时，自动补齐。第 8 行代码调用了 builder 对象的 toHTML()方法，该方法接收 item 对象，用于将该对象转换成 HTML 表单。

（2）编写 builder 对象

为了避免在 create()方法中编写的代码过多，我们将生成表单项的功能再进行细分，保存到 builder 对象中。builder 是封装在匿名函数内部的对象，专门用于对每一种表单项进行生成。接下来设计 builder 对象的成员，将功能划分到具体的方法中实现，具体代码如下。

```
1  var builder = {
2    toHTML: function(obj) {},                // 返回生成的 HTML 结果
3    attr: function(attr) {},                 // 用于生成属性部分
4    item: {                                  // 用于根据标签名称生成表单项
5      input: function(attr, option) {},      // 用于生成<input>项
6      select: function(attr, option) {},     // 用于生成<select>项
7      textarea: function(attr) {}            // 用于生成<textarea>项
8    }
9  };
```

在将功能划分之后，编写 toHTML()方法，实现根据表单项的 tag 属性调用相应方法执行操作。由于属性部分是公共代码，因此通过 attr()方法进行生成，具体代码如下。

```
1  toHTML: function(obj) {
2    var html = this.item[obj.tag](this.attr(obj.attr), obj.option);
3    return '<tr><th>' + obj.text + '</th><td>' + html + '</td></tr>';
4  },
```

在上述代码中，“this.item[obj.tag]()”用于根据 obj.tag 的值来调用 item 对象中的方法。例如，当 obj.tag 的值为 input 时，就表示调用 builder.item.input()方法。

item 对象是 builder 对象的一个属性，该对象内包含了 input()、select()和 textarea() 3 个方法，分别用于生成<input>、<select>和<textarea>表单项。

接下来编写 attr()方法，实现将“{type: 'text', name: 'user'}”形式的对象转换成“type="text" name="user"”形式的 HTML 字符串，具体代码如下。

```
1  attr: function(attr) {
2    var html = '';
3    for(var k in attr) {
4      html += k + '="' + attr[k] + '" ';
5    }
6    return html;
7  },
```

（3）编写 item 对象

首先编写 item 对象中的 input()方法，该方法接收 attr 和 option 两个参数，attr 表示属性字符串，option 用于当 input 为单选框或复选框时，保存每一项的 value 属性和文本。若 input 为单行文本框，则 option 的值为 null。该方法执行完成后，返回生成的 HTML 字符串。具体代码如下。

```
1  input: function(attr, option) {
2    var html = '';
3    if (option === null) {
4      html += '<input ' + attr + '>';
5    } else {
6      for (var k in option) {
7        html += '<label><input ' + attr + 'value="' + k + '"' + '>';
8        html += option[k] + '</label>';
9      }
10   }
11   return html;
12 }
```

上述代码中，第 3 行通过判断 option 是否为 null，来区分单个控件和组合控件。第 7～8 行代码在生成组合控件时，使用 label 标签包裹了 input 标签，这样可以扩大选择范围，当单击提示文本时，相应的表单控件就会被选中。

继续编写 item 对象中的 select()方法，具体代码如下。

```
1  select: function(attr, option) {
2    var html = '';
3    for (var k in option) {
```

```
4      html += '<option value="' + k + '">' + option[k] + '</option>';
5    }
6    return '<select ' + attr +'>' + html + '</select>';
7  },
```

最后编写 item 对象中的 textarea()方法，具体代码如下。

```
1  textarea: function(attr) {
2    return '<textarea ' + attr + '></textarea>';
3  }
```

5. 测试程序

完成了 FormBuilder.js 和 form.html 文件的编写后，通过浏览器测试程序。表单生成器自动生成的效果如图 5-14 所示。图中的 CSS 样式可以参考本书的配套源代码。

图5-14 表单生成器运行结果

本章小结

本章首先讲解了面向对象的基本概念，然后讲解了如何自定义对象、如何使用内置对象、如何进行错误处理与代码调试、如何理解 JavaScript 中的原型与继承。最后通过年历和表单生成器两个案例，将所讲的知识运用起来，体会面向对象编程的优势。

课后练习

一、填空题

1. 若 var a = {}; 则 console.log(a == {}); 的输出结果为________。
2. 查询一个对象的构造函数使用________属性。

二、判断题

1. Number.MIN_VALUE 表示最小的负数。(　　)
2. 对象中未赋值的属性的值为 undefined。(　　)

3. obj.name 和 obj['name']访问到的是同一个属性。(　　)

三、选择题

1. 调用函数时，不指明对象直接调用，则 this 指向（　　）对象。

   A. document　　B. window　　C. Function　　D. Object

2. 通过 [].constructor 访问到的构造函数是（　　）。

   A. Function　　B. Object　　C. Array　　D. undefined

3. Math 对象的原型对象是（　　）。

   A. Math.prototype　　B. Function.prototype

   C. Object　　D. Object.prototype

四、编程题

1. 利用 String 对象的属性和方法实现过滤字符串前后空格。
2. 编写代码模拟 Object.create()的功能。

6 Chapter

第6章 BOM

JavaScript

学习目标

- 了解 BOM 的组成结构
- 掌握定时器的操作
- 熟悉 location 与 history 对象

JavaScript 是由 ECMAScript、BOM 和 DOM 组成的。其中 ECMAScript 就是前面学习的 JavaScript 基本语法、数组、函数和对象。BOM（Brower Object Model）指的是浏览器对象模型，DOM（Document Object Model）指的是文档对象模型。那么接下来将在本章首先针对 BOM 的使用进行详细讲解。

6.1 什么是 BOM 对象

在实际开发中，JavaScript 经常需要操作浏览器窗口及窗口上的控件，实现用户和页面的动态交互。为此，浏览器提供了一系列内置对象，统称为浏览器对象；各内置对象之间按照某种层次组织起来的模型统称为 BOM 浏览器对象模型，如图 6-1 所示。

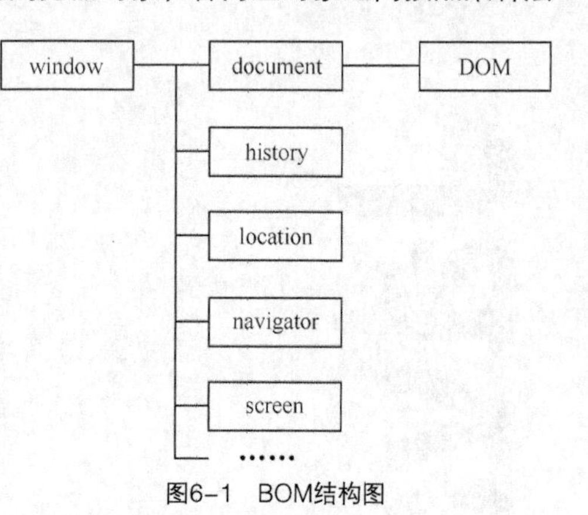

图6-1　BOM结构图

从图 6-1 中可以看出，window 对象是 BOM 的顶层（核心）对象，其他的对象都是以属性的方式添加到 window 对象下，也可以称为 window 的子对象。例如，document 对象（DOM）是 window 对象下面的一个属性，但是它同时也是一个对象。换句话说，document 相对于 window 对象来说，是一个属性，而 document 相对于 write()方法来说，是一个对象。

BOM 为了访问和操作浏览器各组件，每个 window 子对象中都提供了一系列的属性和方法。下面将对 window 子对象的功能进行介绍，具体内容如下。

（1）document（文档对象）：也称为 DOM 对象，是 HTML 页面当前窗体的内容，同时它也是 JavaScript 重要组成部分之一，将会在下一章中详细讲解，这里不再赘述。

（2）history（历史对象）：主要用于记录浏览器的访问历史记录，也就是浏览网页的前进与后退功能。

（3）location（地址栏对象）：用于获取当前浏览器中 URL 地址栏内的相关数据。

（4）navigator（浏览器对象）：用于获取浏览器的相关数据，如浏览器的名称、版本等，也称为浏览器的嗅探器。

（5）screen（屏幕对象）：可获取与屏幕相关的数据，如屏幕的分辨率、坐标信息等。

值得一提的是，BOM 没有一个明确的规范，所以浏览器提供商会按照各自的想法随意去扩展 BOM。而各浏览器间共有的对象就成为了事实上的标准。不过在利用 BOM 实现具体功能时要根据实际的开发情况考虑浏览器之间的兼容问题，否则会出现不可预料的情况。

6.2 window 对象

6.2.1 全局作用域

由于 window 对象是 BOM 中所有对象的核心，同时也是 BOM 中所有对象的父对象。所以定义在全局作用域中的变量、函数以及 JavaScript 中的内置函数都可以被 window 对象调用。具体示例如下。

```
var area = 'Beijing';
function getArea(){
  return this.area;
}
console.log(area);                    // 访问变量，输出结果：Beijing
console.log(window.area);             // 访问 window 对象的属性，输出结果：Beijing
console.log(getArea());               // 调用自定义函数，输出结果：Beijing
console.log(window.getArea());        // 调用 window 对象的方法，输出结果：Beijing
console.log(window.Number(area));     // 调用内置函数，将变量 area 转换为数值型，输
                                         出结果：NaN
```

从上述代码可以看出，定义在全局作用域中的 getArea()函数，函数体内的 this 关键字指向 window 对象。同时，对于 window 对象的属性和方法在调用时可以省略 window，直接访问其属性和方法即可。

值得一提的是，在 JavaScript 中直接使用一个未声明的变量会报语法错误，但是使用“window.变量名”的方式则不会报错，而是获得一个 undefined 结果。除此之外，delete 关键字仅能删除 window 对象自身的属性，对于定义在全局作用域下的变量不起作用。

6.2.2 弹出对话框和窗口

window 对象中除了前面提过的 alert()和 prompt()方法外，还提供了很多弹出对话框和窗口的方法，以及相关的操作属性，具体如表 6-1 所示。

表 6-1 弹出对话框和窗口相关的属性与方法

分类	名称	说明
属性	closed	返回一个布尔值，该值声明了窗口是否已经关闭
	name	设置或返回存放窗口名称的一个字符串
	opener	返回对创建该窗口的 window 对象的引用
	parent	返回当前窗口的父窗口
	self	对当前窗口的引用，等价于 window 属性
	top	返回最顶层的父窗口
方法	alert()	显示带有一段消息和一个确认按钮的警告框
	confirm()	显示带有一段消息以及确认按钮和取消按钮的对话框
	prompt()	显示可提示用户输入的对话框
	open()	打开一个新的浏览器窗口或查找一个已命名的窗口
	close()	关闭浏览器窗口
	focus()	把键盘焦点给予一个窗口
	print()	打印当前窗口的内容
	scrollBy()	按照指定的像素值来滚动内容
	scrollTo()	把内容滚动到指定的坐标

表 6-1 中所有的属性和方法在常见的浏览器（如 IE、Chrome 等）中全部支持。为了让读

者更好地理解这些方法和属性的使用，下面将分别以 prompt()、confirm()和 open()方法的使用为例详细讲解。

（1）输入对话框

window 对象提供的 prompt()方法用于生成用户输入的对话框，具体示例如下。

```
var str1 = prompt('请输入测试的选项');
var str2 = prompt('请输入测试的选项', '用户名和密码');
```

在上述代码中，prompt()方法的参数都是可选参数，返回值是用户输入的字符串。其中该方法的第 1 个参数用于设置用户输入的提示信息，第 2 个参数用于设置输入框中的默认信息。运行结果如图 6-2 所示。

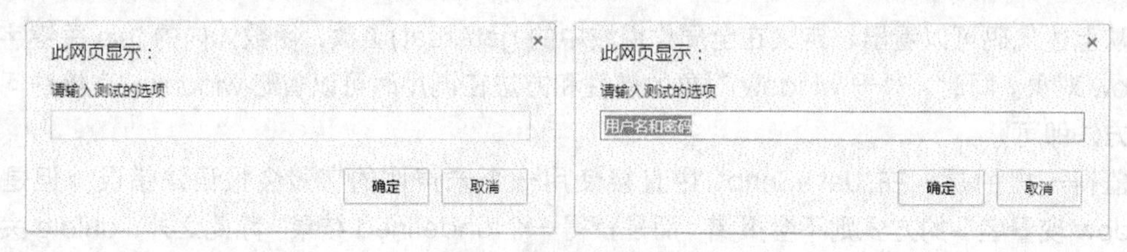

图6-2 输入对话框设置

（2）确认对话框

在 Web 开发中，用户在提交申请的页面或删除某些数据时。通常情况下会弹出一个确认对话框，该对话框中包含提示消息以及“确认”和“取消”按钮，此功能就是通过 confirm()方法实现的。具体示例如下。

```
<input type="button" value="删除" onclick="del()">
<script>
  function del() {
    if (confirm('确定要删除吗？')) {
      // 你按下了“确定”按钮!
    } else {
      // 你按下了“取消”按钮!
    }
  }
</script>
```

当用户单击“删除”按钮时，程序将该操作提交给 del()函数进行处理，用于在执行删除操作前，确认用户是否执行此操作。在 del()函数中，通过 if 判断 confirm()的返回结果，当用户单击“确定”按钮返回 true，否则返回 false。效果如图 6-3 所示。

图6-3 确认对话框

（3）打开与关闭窗口

open()方法用于打开一个新的浏览器窗口，或查找一个已命名的窗口，具体语法如下。

```
open(URL, name, specs, replace)
```

在上述语法中，参数 URL 表示打开指定页面的 URL 地址，如果没有指定，则打开一个新的空白窗口；参数 name 指定 target 属性或窗口的名称，可选值如表 6-2 所示；specs 参数用于设置浏览器窗口的特征（如大小、位置、滚动条等），多个特征之间使用逗号分隔，可选项如表

6-3 所示；replace 参数值设置为 true，表示替换浏览历史中的当前条目，设置 false（默认值），表示在浏览历史中创建新的条目。

表 6-2　name 可选值

可选值	含义
_blank	URL 加载到一个新的窗口，也是默认值
_parent	URL 加载到父框架
_self	URL 替换当前页面
_top	URL 替换任何可加载的框架集
name	窗口名称

表 6-3　specs 可选参数

可选参数	值	说明
height	Number	窗口的高度，最小值为 100
left	Number	该窗口的左侧位置
location	yes|no|1|0	是否显示地址字段，默认值是 yes
menubar	yes|no|1|0	是否显示菜单栏，默认值是 yes
resizable	yes|no|1|0	是否可调整窗口大小，默认值是 yes
scrollbars	yes|no|1|0	是否显示滚动条，默认值是 yes
status	yes|no|1|0	是否要添加一个状态栏，默认值是 yes
titlebar	yes|no|1|0	是否显示标题栏.被忽略，除非调用 HTML 应用程序或一个值得信赖的对话框，默认值是 yes
toolbar	yes|no|1|0	是否显示浏览器工具栏，默认值是 yes
width	Number	窗口的宽度，最小值为 100

值得一提的是，与 open()方法功能相反的是 close()方法，用于关闭浏览器窗口，调用该方法的对象就是需要关闭的窗口对象。

接下来，为了让读者更加清楚地了解窗口打开与关闭的操作，通过例 6-1 进行演示。

【例 6-1】demo01.html

（1）编写 HTML

```
1  <p><input type="button" value="打开窗口" onclick="openWin()"></p>
2  <p><input type="button" value="关闭窗口" onclick="closeWin()"></p>
3  <p><input type="button" value="检测窗口是否关闭" onclick="checkWin()"></p>
4  <p id="msg"></p>
```

上述第 1 行设置的按钮，用于打开一个新的窗口，第 2 行用于关闭打开的窗口，第 3 行用于检测窗口是否创建或关闭。其中，第 4 行中 id 为 msg 的<p>元素，用于显示窗口是否关闭的提示信息。

（2）窗口操作

```
1  <script>
2    var myWindow;
3    function openWin() {
```

```
4     myWindow = window.open('', 'newWin', 'width=400,height=200,left=200');
5     myWindow.document.write('<p>窗口名称为: ' + myWindow.name + '</p>');
6     myWindow.document.write('<p>当前窗口的父窗口地址: ' + window.parent.location +
'</p>');
7   }
8   function closeWin() {
9     myWindow.close();
10  }
11  function checkWin() {
12    if (myWindow) {
13      var str = myWindow.closed ? '窗口已关闭! ' : '窗口未关闭! ';
14    } else {
15      var str = '窗口没有被打开!';
16    }
17    document.getElementById('msg').innerHTML = str;
18  }
19 </script>
```

当用户单击“打开窗口”按钮时，就会调用 openWin()函数进行处理，并在屏幕左侧 200 像素处创建一个宽 400 像素、高 200 像素，名称为 newWin 的新窗口；然后在新窗口中写入该窗口的名称和其父窗口的 URL 地址。效果如图 6-4 左侧所示。

当用户单击“关闭窗口”按钮时，程序调用 closeWin()函数关闭窗口。用户可单击“检测窗口是否关闭”按钮完成对窗口操作的检测，并将检测结果写到按钮下面。效果如图 6-4 右侧所示。

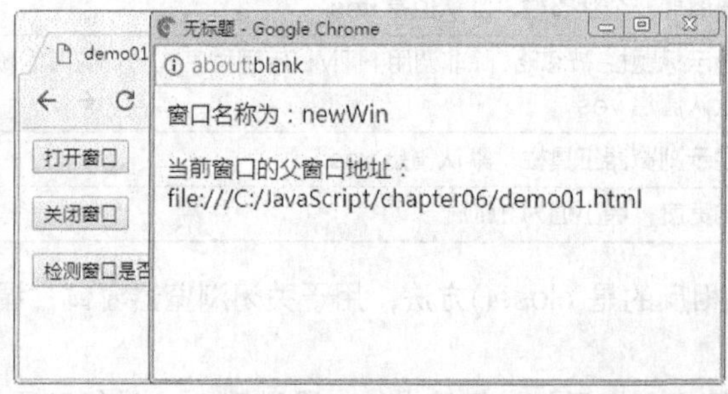

打开新窗口　　检测窗口是否关闭

图6-4　打开和关闭窗口

6.2.3 窗口位置和大小

BOM 中用来获取或更改 window 窗口位置、窗口高度与宽度、文档区域高度与宽度的相关属性和方法有很多，具体如表 6-4 所示。

表 6-4　窗口位置和大小

分类	名称	说明
属性	screenLeft	返回相对于屏幕窗口的 x 坐标（Firefox 不支持）
	screenTop	返回相对于屏幕窗口的 y 坐标（Firefox 不支持）
	screenX	返回相对于屏幕窗口的 x 坐标（IE8 不支持）
	screenY	返回相对于屏幕窗口的 y 坐标（IE8 不支持）

续表

分类	名称	结果
属性	innerHeight	返回窗口的文档显示区的高度（IE8 不支持）
	innerWidth	返回窗口的文档显示区的宽度（IE8 不支持）
	outerHeight	返回窗口的外部高度，包含工具条与滚动条（IE8 不支持）
	outerWidth	返回窗口的外部宽度，包含工具条与滚动条（IE8 不支持）
方法	moveBy()	将窗口移动到相对的位置
	moveTo()	将窗口移动到指定的位置
	resizeBy()	将窗口大小调整到相对的宽度和高度
	resizeTo()	将窗口大小调整到指定的宽度和高度

在表 6-4 中，目前只有 window.open()方法打开的窗口和选项卡（Tab），FireFox 和 Chrome 浏览器才支持窗口位置和大小的调整。下面为了读者更好地理解这些属性和方法的使用，通过例 6-2 进行演示。

【例 6-2】demo02.html

（1）编写 HTML 页面

```
1  <input type="button" value="打开窗口" onclick="openWin()">
2  <input type="button" value="调整窗口位置和大小" onclick="changeWin()">
```

（2）获取并调整窗口位置和大小

```
1  <script>
2    var myWindow;
3    function openWin() {
4      myWindow = window.open('', 'newWin', 'width=250,height=300');
5      getPosSize();                    // 获取窗口信息
6    }
7    function changeWin() {
8      myWindow.moveBy(250, 250);  // 将 newWin 窗口下移 250 像素，右移 250 像素
9      myWindow.focus();               // 获取移动后 newWin 窗口的焦点
10     myWindow.resizeTo(500, 350);// 修改 newWin 窗口的宽度为 500，高度为 350
11     getPosSize();                    // 获取窗口信息
12   }
13   function getPosSize() {
14     // 获取相对于屏幕窗口的坐标
15     var x = myWindow.screenLeft, y = myWindow.screenTop;
16     // 获取窗口和文档的高度和宽度
17     var inH = myWindow.innerHeight, inW = myWindow.innerWidth;
18     var outH = myWindow.outerHeight, outW = myWindow.outerWidth;
19     myWindow.document.write('<p>相对屏幕窗口的坐标：(' + x + ',' + y + ')</p>');
20     myWindow.document.write('<p>文档的高度和宽度：' + inH + ',' + inW + '</p>');
21     myWindow.document.write('<p>窗口的高度和宽度：' + outH + ',' + outW +
'</p><hr>');
22   }
23 </script>
```

在上述代码中，当单击“打开窗口”按钮后，会调用 openWin()函数新建一个窗口，然后通

过 getPosSize()函数在新窗口中显示相关的信息，包括窗口坐标、文档的高度和宽度、窗口的高度和宽度，效果如图 6-5 左侧所示。接下来单击“调整窗口位置和大小”按钮，就会调用 changeWin()函数移动窗口的位置，并改变窗口的大小，然后通过 getPosSize()函数获取改变后的窗口信息，效果如图 6-5 右侧所示。

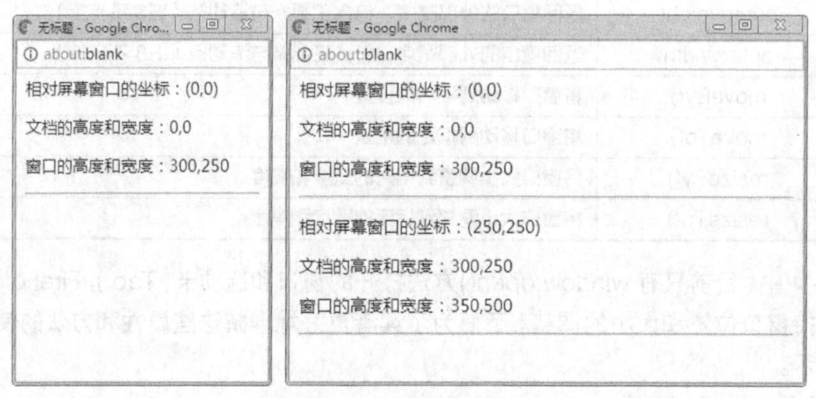

图6-5　窗口位置和大小

6.2.4　框架操作

window 对象提供的 frames 属性可通过集合的方式，获取 HTML 页面中所有的框架，length 属性可以获取当前窗口中 frames 的数量。例如，HTML 中有如下的框架。

```
<body>
  <iframe name="frame01"></iframe>
  <iframe name="frame02"></iframe>
  <iframe name="frame03"></iframe>
</body>
```

在 JavaScript 中可使用以下 3 种方式获取窗口对应给定对象<frame>或<iframe>的内容，例如，重新设置框架中显示的内容。具体代码如下。

```
// 方式 1：
window.frames['frame01'].document.write('frame01 text.');
// 方式 2：
window.frames.frame02.document.write('frame02 text.');
// 方式 3：
window.frames[2].document.write('frame03 text.');
```

从上述代码可以看出，在获取具体的窗口时，既可以通过 name 值，采用数组或访问对象属性的方式获取；又可以利用下标的方式访问，默认从 0 开始。除此之外，还可以利用 parent 获取当前 window 对象所在的父窗口，具体访问方式如下。

```
window.parent;                // 如果在框架中，获取父级窗口，否则返回自身引用
window.parent.frames;         // 获取同级别的框架
```

6.2.5　定时器

JavaScript 中可通过 window 对象提供的方法实现在指定时间后执行特定操作，也可以让程

序代码每隔一段时间执行一次，实现间歇操作。具体方法如表 6-5 所示。

表 6-5 定时方法

方法	说明
setTimeout()	在指定的毫秒数后调用函数或执行一段代码
setInterval()	按照指定的周期（以毫秒计）来调用函数或执行一段代码
clearTimeout()	取消由 setTimeout()方法设置的定时器
clearInterval()	取消由 setInterval()设置的定时器

表 6-5 中 setTimeout()和 setInterval()方法虽然都可以在一个固定时间段内执行 JavaScript 程序代码。不同的是前者只执行一次代码，而后者会在指定的时间后，自动重复执行代码。具体示例如下。

```
setTimeout(echoStr, 3000);
function echoStr() {
  console.log('JavaScript');
}
```

在上述代码中，setTimeout()方法的第 1 个参数表示完成第 2 个参数设置的等待时间后，需要执行的代码，也可以是一个函数（如 echoStr()），第 2 个参数的时间单位是毫秒。

因此，上述代码会在 3 秒后，在控制台输出一个字符串“JavaScript”。效果如图 6-6 左侧所示。若将 setTimeout 修改为 setInterval，则程序会每隔 3 秒在控制台输出一次字符串。效果如图 6-6 右侧所示。

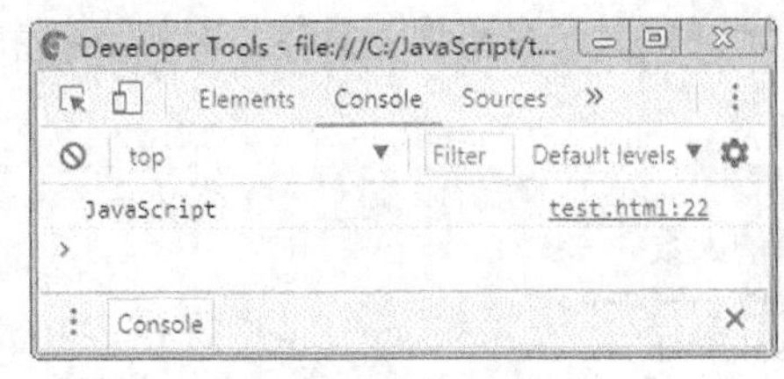

setTimeout()运行效果

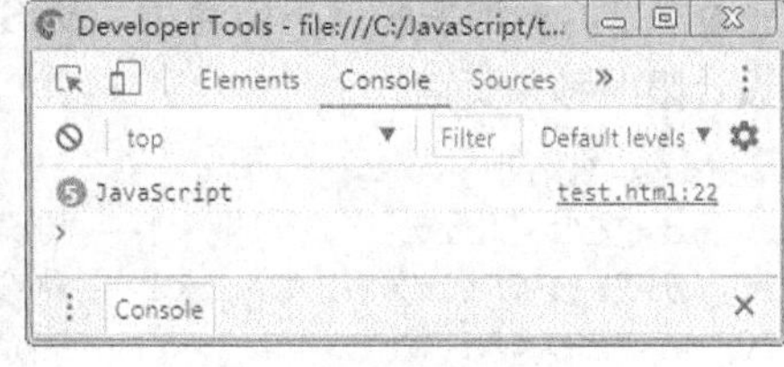

setInterval ()运行效果

图6-6 setTimeout与setInterval

从图 6-6 中可以看出，setTimeout()方法在执行一次后即停止了操作；而 setInterval()方法一旦开始执行，在不加干涉的情况下，间歇调用将会一直执行到页面关闭为止。

若想要在定时器启动后，取消该操作，可以将 setTimeout()的返回值（定时器 ID）传递给 clearTimeout()方法；或将 setInterval()的返回值传递给 clearInterval()方法。

下面以实现计数器的效果为例演示定时方法的实际应用。具体如例 6-3 所示。

【例 6-3】demo03.html

（1）编写 HTML 表单

```
1  <input type="button" value="开始计数" onclick="startCount()">
2  <input type="text" id="num">
3  <input type="button" value="停止计数" onclick="stopCount()">
```

（2）开始或停止计数

```
1  <script>
2    var timer = null, c = 0;
```

```
3    function timedCount() {          // 在文本框中显示数据
4      document.getElementById('num').value = c;
5      ++c;                           // 显示数据加 1
6    }
7    function startCount() {          // 开始间歇调用
8      timer = setInterval(timedCount, 1000);
9    }
10   function stopCount() {           // 清除间歇调用
11     clearInterval(timer);
12   }
13 </script>
```

上述第 2 行定义的变量 timer，用于保存 setInterval()方法的返回值 ID，在删除定时器时使用。变量 c 用于初始化计数的值，用于显示到指定的文本框中。当用户单击“开始计数”按钮时，调用 startCount()函数，开始每隔 1 秒钟调用一次 timedCount()函数，并且变量 c 是全局变量，因此其值会被累加，实现计数效果，如图 6-7 所示。当用户单击“停止计数”时，则清除定时器，中断计数。

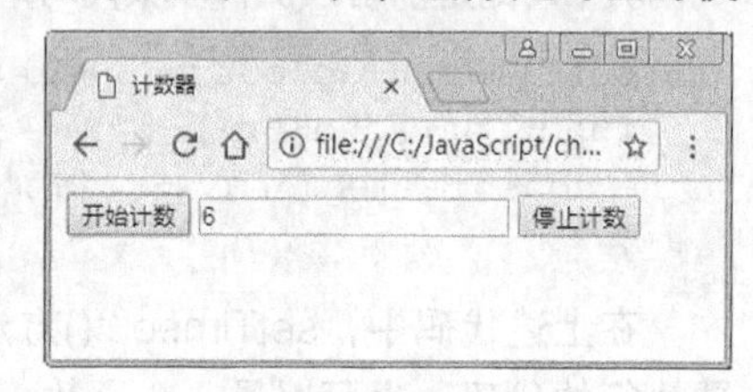

图6-7　计数器

6.2.6　【案例】限时秒杀

电子商务网站中，商家为了促销经常会策划一些活动，增加消费者购买商品的紧张感。其中，限时秒杀是最常见的一种手段。下面通过 JavaScript 定时器来实现，具体步骤如下。

（1）设计限时秒杀页面

```
1  <div class="box">
2    <div id="d"></div>          <!-- 剩余的天数 -->
3    <div id="h"></div>          <!-- 剩余的小时 -->
4    <div id="m"></div>          <!-- 剩余的分钟 -->
5    <div id="s"></div>          <!-- 剩余的秒数 -->
6  </div>
```

完成上述的 HTML 页面设置后，为限时秒杀设置 CSS 样式，可参考本书提供的源代码。参考效果如图 6-8 所示。

图6-8　限时秒杀效果图

（2）实现限时秒杀

通过 JavaScript 实现指定时间内的限时秒杀，并将其显示到特定的方框中。

```
1  // 设置秒杀结束时间
2  var endTime = new Date('2017-11-10 18:51:00'), endSeconds = endTime.getTime();
3  // 定义变量保存剩余的时间
4  var d = h = m = s = 0;
5  // 设置定时器，实现限时秒杀效果
6  var id = setInterval(seckill, 1000);
7  function seckill() {
8    var nowTime = new Date();  // 获取当前时间
9    // 获取时间差，单位为秒
10   var remaining = parseInt((endSeconds - nowTime.getTime()) / 1000);
11   if (remaining > 0) {  // 判断秒杀是否过期
12     // 计算剩余天数（除以 60*60*24 取整，获取剩余的天数）
13     d = parseInt(remaining / 86400);
14     // 计算剩余小时（除以 60*60 转换为小时，与 24 取模，获取剩余的小时）
15     h = parseInt((remaining / 3600) % 24);
16     // 计算剩余分钟（除以 60 转为分钟，与 60 取模，获取剩余的分钟）
17     m = parseInt((remaining / 60) % 60);
18     // 计算剩余秒（与 60 取模，获取剩余的秒数）
19     s = parseInt(remaining % 60);
20     // 统一利用两位数表示剩余的天、小时、分钟、秒
21     d = d < 10 ? '0' + d : d;
22     h = h < 10 ? '0' + h : h;
23     m = m < 10 ? '0' + m : m;
24     s = s < 10 ? '0' + s : s;
25   } else {
26     clearInterval(id);  // 秒杀过期，取消定时器
27     d = h = m = s = '00';
28   }
29   // 将剩余的天、小时、分钟和秒显示到指定的网页中
30   document.getElementById('d').innerHTML = d + '天';
31   document.getElementById('h').innerHTML = h + '时';
32   document.getElementById('m').innerHTML = m + '分';
33   document.getElementById('s').innerHTML = s + '秒';
34 }
```

上述第 2 行创建的秒杀结束时间，需要用户手动输入。然后通过 Date 对象提供的 getTime() 方法分别获取秒杀结束时间与当前时间的毫秒数，并将其相减转换成秒杀剩余的秒数；接着判断秒杀时间是否过期，若未过期，计算剩余的天数、小时、分钟和秒数；若已过期则停止秒杀的倒计时。最后，以两位数字的格式将获取的时间显示到对应的位置。

接着，将第 2 行秒杀结束时间 endTime 变量设置为一个大于当前的时间，保存并刷新页面，就能够得到图 6-9 所示的效果。

图6-9　限时秒杀

6.3 location 对象

6.3.1　更改 URL

BOM 中 location 对象提供的方法，可以更改当前用户在浏览器中访问的 URL，实现新文档的载入、重载以及替换等功能。接下来将对如何在 JavaScript 实现 URL 的更改进行详细讲解。

1. 认识 URL

在 Internet 上访问的每一个网页文件，都有一个访问标记符，用于唯一标识它的访问位置，以便浏览器可以访问到，这个访问标记符称为 URL（Uniform Resource Locator，统一资源定位符）。

在 URL 中，包含了网络协议、服务器的主机名、端口号、资源名称字符串、参数以及锚点，具体示例如下。

```
http://www.example.com:80/web/index.html?a=3&b=4#res
```

在上面的 URL 中，“http”表示传输数据所使用的协议，“www.example.com”表示要请求的服务器主机名，“80”表示要请求的端口号，“/web/index.html”表示要请求的资源，“a=3&b=4”表示用户传递的参数，“#res”表示页面内部的锚点。由于 80 是 Web 服务器的默认端口号，因此通常省略“:80”。

2. 更改 URL

location 对象提供的用于改变 URL 地址的方法，所有主流的浏览器都支持，具体如表 6-6 所示。在表中 reload()方法的唯一参数，是一个布尔类型值，将其设置为 true 时，它会绕过缓存，从服务器上重新下载该文档，类似于浏览器中的刷新页面按钮。

表 6-6　location 对象的方法

方法	说明
assign()	载入一个新的文档
reload()	重新载入当前文档
replace()	用新的文档替换当前文档

为了让读者更好地理解这几个方法的使用，下面通过例 6-4 来演示 URL 的更改。

【例 6-4】demo04.html

（1）编写 HTML 表单

```
1  <input type="button" value="载入新文档" onclick="newPage()">
2  <input type="button" value="刷新页面" onclick="freshPage()">
3  <p id="time"></p>
```

（2）实现文档的载入与重载

```
1  <script>
2    // 获取并显示当前页面载入的时间
3    var ds = new Date(), d = ds.getDate();
4    var t = ds.toLocaleTimeString();
5    document.getElementById('time').innerHTML = t;
6    // 载入新文档
7    function newPage() {
8      window.location.assign('http://www.example.com')
9    }
10   // 刷新文档
11   function freshPage() {
12     location.reload(true);
13   }
14 </script>
```

上述第 3～5 行代码用于获取当前脚本请求时间，并将其写入到<p>标签中显示。当用户单击“载入新文档”按钮时，执行第 7～9 行代码，访问 URL 为“www.example.com”的网站。单击“刷新页面”按钮，执行第 11～13 行代码，即可通过显示时间查看到当前文档是否已重新载入。效果如图 6-10 所示。

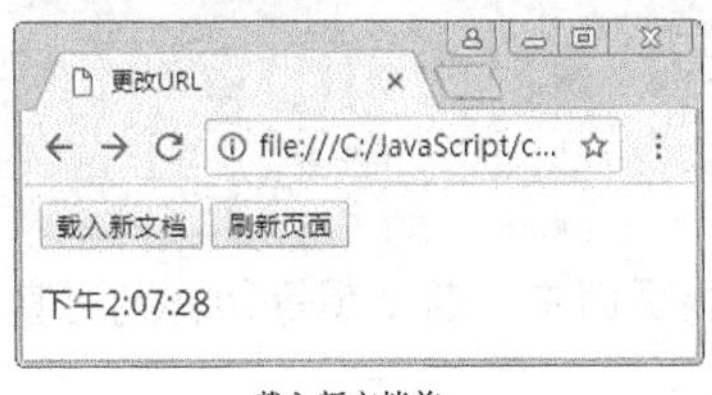

载入新文档前

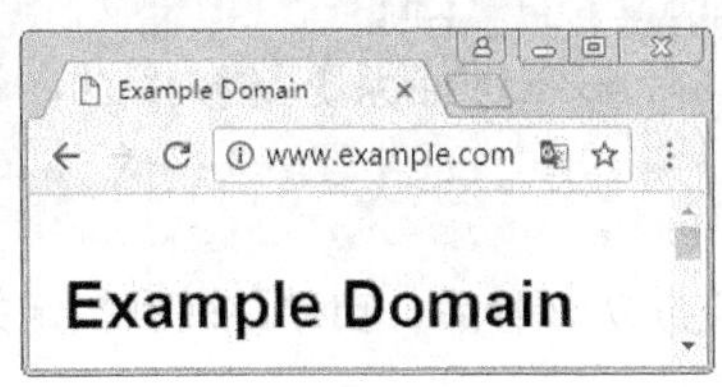

载入新文档后

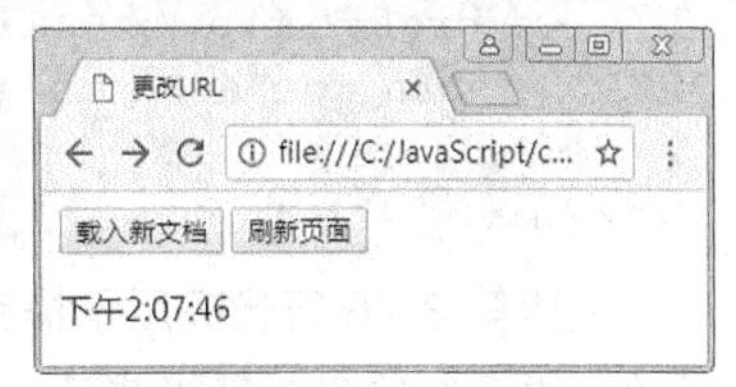

刷新页面后

图6-10　更改URL

6.3.2　获取 URL 参数

Web 开发中，经常通过 URL 地址传递的参数执行指定的操作，如商品的搜索、排序等。此时，可以利用 location 对象提供的 search 属性返回 URL 地址中的参数。具体示例如下。

```
// 假设用户在地址栏中访问：http://localhost/search.html?goods=books&price=40
location.search; // 在控制台即可获取的参数为："?goods=books&price=40"
```

除此之外，location 对象还提供了其他属性，用于获取或设置对应的 URL 地址的组成部分，如服务器主机名、端口号、URL 协议以及完整的 URL 地址等。具体如表 6-7 所示。

表 6-7 location 对象的属性

属性	说明
hash	返回一个 URL 的锚部分
host	返回一个 URL 的主机名和端口
hostname	返回 URL 的主机名
href	返回完整的 URL
pathname	返回 URL 的路径名
port	返回一个 URL 服务器使用的端口号
protocol	返回一个 URL 协议

在表 6-7 中，通过“location.属性名”的方式，即可获取当前用户访问 URL 的指定部分。另外，通过“location.属性名 = 值”的方式可以改变当前加载的页面。具体示例如下。

```
// 使用方式一：获取 URL 地址："file:///C:/JavaScript/test.html?name=Tom&age=12"
location.href;
// 使用方式二：设置 URL 地址
location.href = "http://www.example.com";
```

6.3.3 【案例】定时跳转

在 Web 开发中，经常利用定时跳转的效果，为用户提供一个短时的信息提示。例如，用户付款成功后，页面停留 5 秒显示提示信息，然后跳转到其他页面。接下来，通过定时器和 location 对象完成定时跳转功能。具体步骤如下。

（1）编写 HTML 页面

```
1  <div>
2    <h2>提交成功</h2>
3    <a href="http://www.example.com">
4      <span id="seconds">3</span>秒后系统会自动跳转，也可单击此链接跳转
5    </a>
6  </div>
```

上述第 3～5 行代码用于提交成功 3 秒后，自动跳转到指定的页面中。若不想等待，则可直接单击第 3 行给出的链接跳转。

（2）实现定时跳转

```
1  <script>
2    function timing(secs, url) {
3      var seconds = document.getElementById('seconds');
4      seconds.innerHTML = --secs;
5      if (secs > 0) {
6        setTimeout('timing(' + secs + ',\'' + url + '\') ', 1000);
7      } else {
8        location.href = url;
9      }
10   };
11   timing(3, 'http://www.example.com');
12 </script>
```

在上述代码中，timing()函数的参数 secs 和 url，分别表示指定跳转的时间（秒）和地址。第 3～4 行用于将初始的秒数减 1 后写入到指定的位置，第 5～9 行用于判断时间 secs 是否大于 0，若为 true 则继续计数，否则直接跳转到指定的页面中。在第 11 行调用 timing()函数后，效果如图 6-11 所示。

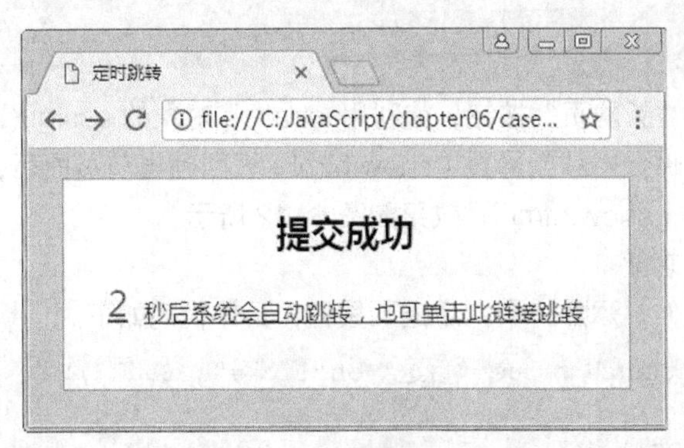

图6-11 定时跳转

6.4 history 对象

6.4.1 历史记录跳转

BOM 中提供的 history 对象，可以对用户在浏览器中访问过的 URL 历史记录进行操作。出于安全方面的考虑，history 对象不能直接获取用户浏览过的 URL，但可以控制浏览器实现“后退”和“前进”的功能。具体相关的属性和方法如表 6-8 所示。

表 6-8 history 对象的属性和方法

分类	名称	说明
属性	length	返回历史列表中的网址数
方法	back()	加载 history 列表中的前一个 URL
	forward()	加载 history 列表中的下一个 URL
	go()	加载 history 列表中的某个具体页面

在表 6-8 中，go()方法可根据参数的不同设置，完成历史记录的任意跳转。当参数值是一个负整数时，表示“后退”指定的页数；当参数值是一个正整数时，表示“前进”指定的页数。

接下来，为了让大家更好地理解历史记录跳转的使用，通过例 6-5 进行演示。

【例 6-5】demo05.html

（1）实现“前进”功能

编写 demo05.html 文件，添加两个按钮，一个用于载入新的文档，一个用于“前进”。具体代码如下。

```
1  <input type="button" value="前进" onclick="goForward()">
2  <input type="button" value="新网页" onclick="newPage()">
3  <script>
```

```
4    function newPage(){      // 打开一个新的文档
5      window.location.assign('show.html');
6    }
7    function goForward(){   // 前进
8      history.go(1);
9    }
10 </script>
```

上述代码中，单击“新网页”按钮，就利用 location 对象的 assign()方法打开当前网页所在目录下的 show.html 文件。当从新网页（show.html）返回到当前页面后，再单击“前进”按钮，即可再次访问到新网页（show.html），效果如图 6-12 所示。

（2）实现“后退”功能

编写 show.html 文件，添加一个“后退”按钮，具体代码如下。

```
1  <input type="button" value="后退" onclick="goBack()">
2  <script>
3    function goBack() {
4      history.go(-1);
5    }
6  </script>
```

上述代码中的“后退”按钮，用于进入到新网页（show.html）中时，返回到 demo05.html 页面，效果如图 6-13 所示。

图6-12　新网页与前进

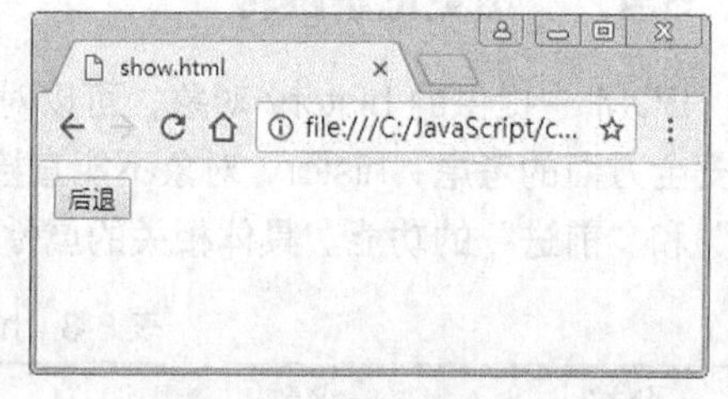

图6-13　后退页面

值得一提的是，当 go()方法的参数为 1 或-1 时，与 forward()和 back()方法的作用相同。

6.4.2　无刷新更改 URL 地址

HTML5 为 history 对象引入了 history.pushState()和 history.replaceState()方法，用来在浏览历史中添加和修改记录，实现无刷新更改 URL 地址，具体语法如下。

```
pushState(state, title[, url])          // 添加历史记录
replaceState(state, title[, url])       // 修改历史记录
```

在上述语法中，参数 state 表示一个与指定网址相关的状态对象，popstate 事件触发时，该对象会传入回调函数。如果不需要这个对象，此处可以填 null 或空字符串。参数 title 表示新页面的标题，但是所有浏览器目前都忽略这个值，因此这里可以填 null 或空字符串。参数 url 表示新的网址，并且必须与当前页面处在同一个域中。方法执行后，浏览器的地址栏将显示最后添加或修改的网址。

接下来，通过一个示例演示 HTML5 为 history 对象提供的两个方法的使用，具体代码如下。

```
history.pushState(null, null, "?a=check");
history.pushState(null, null, "?a=login");
history.replaceState(null, null, "?p=1");
```

在上述代码中，pushState()方法向浏览器中新添加两条历史记录，参数分别为“?a=check”和“?a=login”，所以，此时的 URL 为“file:///C:/JavaScript/test.html?a=login”。又因为程序接着执行 replaceState()方法，将参数为“?a=login”的地址修改为“?p=1”。因此，上述示例中直接请求 test.html 文件后，地址栏中显示的地址为“file:///C:/JavaScript/test.html?p=1”。效果如图 6-14 所示。单击“后退”效果如图 6-15 所示。再单击“后退”效果如图 6-16 所示。

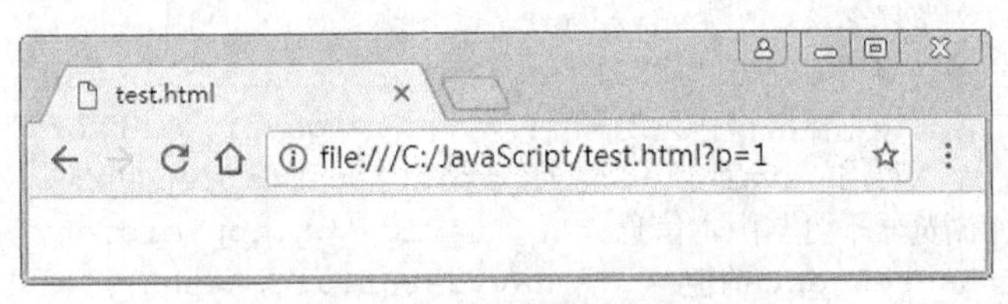

图6-14　第一次请求test.html

图6-15　第一次后退

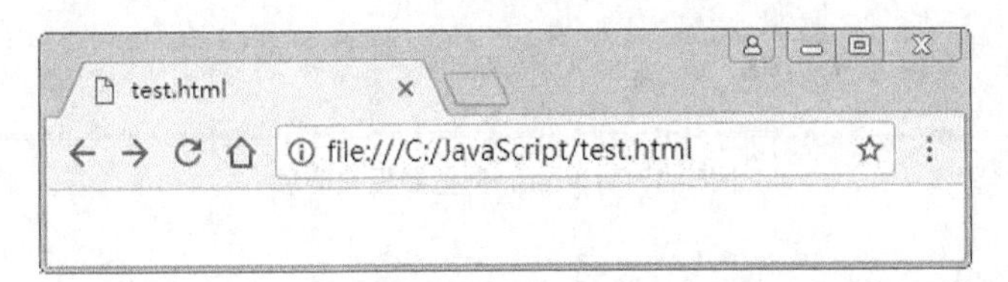

图6-16　第二次后退

从上述操作的结果可得出，pushState()方法会改变浏览器的历史列表中记录的数量，而 replaceState()方法仅用于修改历史记录，历史记录列表的数量不变，与 location.replace()方法的功能类似。

6.5 navigator 对象

navigator 对象提供了有关浏览器的信息，但是每个浏览器中的 navigator 对象中都有一套自己的属性。下面列举主流浏览器中存在的属性和方法，如表 6-9 所示。

表 6-9　navigator 对象的属性和方法

分类	名称	说明
属性	appCodeName	返回浏览器的内部名称
	appName	返回浏览器的名称
	appVersion	返回浏览器的平台和版本信息
	cookieEnabled	返回指明浏览器中是否启用 cookie 的布尔值

续表

分类	名称	说明
属性	platform	返回运行浏览器的操作系统平台
	userAgent	返回由客户端发送服务器的 User-Agent 头部的值
方法	javaEnabled()	指定是否在浏览器中启用 Java

接下来，通过一段代码演示 Chrome 浏览器中相关属性和方法的执行，具体示例如下。

```
console.log('浏览器内部名称：' + navigator.appCodeName);
console.log('浏览器名称：' + navigator.appName);
console.log('是否启用 cookie：' + navigator.cookieEnabled);
console.log('运行浏览器的操作系统平台：' + navigator.platform);
console.log('是否启用 Java：' + navigator.javaEnabled());
console.log('浏览器平台与版本信息：' + navigator.appVersion);
console.log('User-Agent 的值：' + navigator.userAgent);
```

通过浏览器测试，在控制台中即可查看到对应的输出信息，如图 6-17 所示。

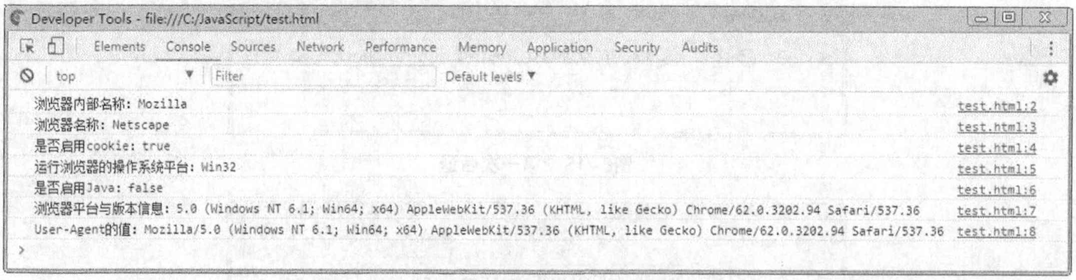

图6-17 Chrome浏览器相关信息

6.6 screen 对象

screen 对象用于返回当前渲染窗口中与屏幕相关的属性信息，如屏幕的宽度和高度等。需要注意的是，每个浏览器中的 screen 对象都包含不同的属性，表 6-10 中展示了主流浏览器中支持的 screen 属性。

表 6-10 screen 对象的属性

属性	说明
height	返回整个屏幕的高
width	返回整个屏幕的宽
availHeight	返回浏览器窗口在屏幕上可占用的垂直空间
availWidth	返回浏览器窗口在屏幕上可占用的水平空间
colorDepth	返回屏幕的颜色深度
pixelDepth	返回屏幕的位深度/色彩深度

开发中 JavaScript 程序可利用表 6-10 中提供的信息优化它们的输出，以达到用户的显示要

求。例如，一个程序可以根据显示器的尺寸选择使用大图像还是使用小图像。下面通过代码演示 screen 对象的使用。

```
console.log(screen.height);          // 示例结果：900
console.log(screen.availHeight);     // 示例结果：870
console.log(screen.colorDepth);      // 示例结果：24
console.log(screen.pixelDepth);      // 示例结果：24
```

动手实践：红绿灯倒计时

现实生活中，为保证行人和车辆安全有序地通行，交叉路口都会设置交通信号灯。横向三色交通信号灯的亮灯顺序一般为“绿→黄→红→绿”依次循环。其中，亮灯时长需根据路口的实际情况等因素来考虑设置。例如，将某一个十字路口的交通信号灯每分钟红灯亮设置为 30 秒，绿灯亮设置为 35 秒，黄灯亮设置为 5 秒，具体步骤如下。

（1）编写 HTML 页面

```
1  <div class="box">
2    <div id="red"></div>                    <!-- 红灯 -->
3    <div id="yellow"></div>                 <!-- 黄灯 -->
4    <div id="green"></div>                  <!-- 绿灯 -->
5    <div id="count" class="count"></div> <!-- 倒计时 -->
6  </div>
```

上述代码用于设置信号灯的页面布局，其中第 5 行代码用于显示信号灯距离下次切换的剩余时间。完成页面布局后，还需要利用 CSS 设置页面的样式，将信号灯设置为横向显示，并准备亮灯时的背景色，class 值分别为 green（绿灯）、yellow（黄灯）和 red（红灯），未亮灯的 class 设置为 gray。具体的 CSS 样式可参考本书源码。

（2）创建红绿灯对象

编写 JavaScript 代码，创建红、黄、绿灯对象，保存相关的数据，具体代码如下。

```
1  var lamp = {
2    red: {     // 红灯相关数据
3      obj: document.getElementById('red'),
4      timeout: 30,
5      style: ['red', 'gray', 'gray'],
6      next: 'green'
7    },
8    yellow: { // 黄灯相关数据
9      obj: document.getElementById('yellow'),
10     timeout: 5,
11     style: ['gray', 'yellow', 'gray'],
12     next: 'red'
13   },
14   green: {  // 绿灯相关数据
15     obj: document.getElementById('green'),
16     timeout: 35,
17     style: ['gray', 'gray', 'green'],
```

```
18     next: 'yellow'
19   },
20   changeStyle(style) {// 设置信号背景色样式
21     this.red.obj.className = style[0];
22     this.yellow.obj.className = style[1];
23     this.green.obj.className = style[2];
24   }
25 };
```

在上述代码中，属性 obj 存储信号灯的元素对象；timeout 属性存储对应信号灯剩余亮灯时间；style 属性存储某信号灯亮时，红绿灯元素背景色的 class 名称，数组元素保存的信号灯顺序为红黄绿；next 属性存储下一次亮灯的信号灯。changeStyle()方法根据亮灯的 style 属性设置信号灯的背景色。

（3）创建倒计时对象

继续编写 JavaScript 代码，创建倒计时的元素对象，实现倒计时的时间设置，具体代码如下。

```
1  var count = {
2    obj: document.getElementById('count'),// 倒计时的元素对象
3    change: function(num) {
4      this.obj.innerHTML = (num < 10) ? ('0' + num) : num;
5    }
6  };
```

在上述代码中，change()方法的参数 num 表示信号灯的倒计时时间，并以两位数字的格式将 num 显示到对应的位置。

（4）初始化页面

接下来根据 lamp 和 count 对象获取并设置绿灯亮时的页面初始化效果，具体代码如下。

```
1  var now = lamp.green;                // 获取绿灯亮的相关数据
2  var timeout = now.timeout;           // 获取绿灯亮灯的剩余时间
3  lamp.changeStyle(now.style);         // 设置绿灯亮时，红绿灯背景色样式
4  count.change(timeout);               // 设置绿灯亮灯的剩余时间
```

按照以上代码完成设置后，请求浏览器，效果如图 6-18 所示。

（5）实现红绿灯倒计时

利用 setInterval()函数完成信号灯倒计时的动态改变效果，具体代码如下。

```
1  setInterval(function() {
2    if (--timeout <= 0) {              // 切换信号灯
3      now = lamp[now.next];            // 获取下一个亮灯的信号灯的相关数据
4      timeout = now.timeout;           // 获取信号灯的剩余时间
5      lamp.changeStyle(now.style);     // 设置信号灯背景色样式
6    }
7    count.change(timeout);             // 设置信号灯亮灯的剩余时间
8  }, 1000);
```

上述代码利用 setInterval()函数，在初始化页面后每隔 1 秒钟间歇调用一次匿名函数。若当前亮灯的剩余时间减 1 小于等于 0 后，切换信号灯，重新获取信号灯的样式及亮灯的剩余时间。

完成上述操作后，重新请求浏览器，红绿灯倒计时效果如图 6-19、图 6-20 和图 6-21 所示。

图6-18　信号灯初始化页面

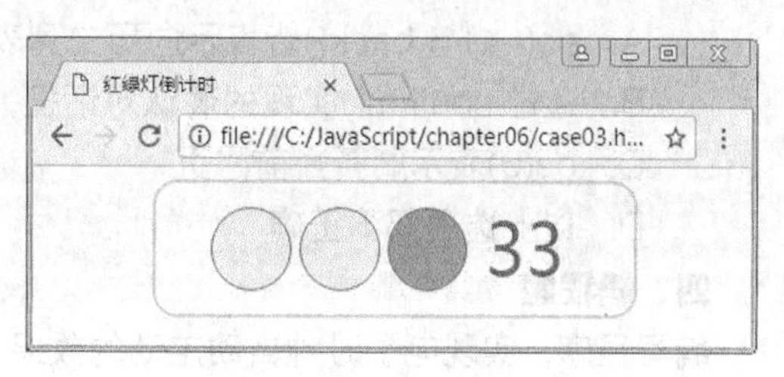

图6-19　绿灯亮

图6-20　黄灯亮

图6-21　红灯亮

本章小结

本章首先介绍了 BOM 是 JavaScript 组成的一部分，讲解了 BOM 的构成，以及其各属性的作用。然后分别讲解了 window 对象、location 对象、history 对象和 screen 对象的常用的属性和方法，最后通过案例重点讲解了定时器的应用。

课后练习

一、填空题

1. 在 BOM 中，所有对象的父对象是________。
2. ________方法用于在指定的毫秒数后调用函数。
3. history 对象的________可获取历史列表中的 URL 数量。

二、判断题

1. 全局变量可以通过 window 对象进行访问。(　　)
2. 修改 location 对象的 href 属性可设置 URL 地址。(　　)
3. history 对象调用 pushState()方法会改变历史列表中 URL 的数量。(　　)
4. screen 对象的 outerHeight 属性用于返回屏幕的高度。(　　)

三、选择题

1. 下列选项中，描述正确的是（　　）。
   A. resizeBy()方法用于移动窗口
   B. pushState()方法可以实现跨域无刷新更改 URL
   C. window 对象调用一个未声明的变量会报语法错误
   D. 以上选项都不正确

2. 下面关于 BOM 对象描述错误的是（　　）。
   A. go(-1)与 back()皆表示向历史列表后退一步
   B. 通过 confirm()实现的确认对话框，单击确认时返回 true
   C. go(0)表示刷新当前网页
   D. 以上选项都不正确

四、编程题

编写程序，实现电子时钟自动走动的效果，并提供一个按钮控制电子时钟是否停止走动。

7 Chapter

第 7 章 DOM

JavaScript

学习目标

- 了解什么是 DOM
- 掌握元素与样式的操作
- 掌握 DOM 节点的操作

DOM（Document Object Model，文档对象模型）可以用于完成 HTML 和 XML 文档的操作。其中，在 JavaScript 中利用 DOM 操作 HTML 元素和 CSS 样式则是最常用的功能之一，例如，改变盒子的大小、标签栏的切换、购物车等。本章将针对如何在 JavaScript 中进行 DOM 操作进行详细讲解。

7.1 DOM 对象简介

7.1.1 什么是 DOM

DOM（Document Object Model，文档对象模型）是一套规范文档内容的通用型标准。DOM 最初结合了 Netscape 公司及微软公司开发的 DHTML（动态 HTML）思想，于 1998 年 10 月正式成为 W3C 的推荐标准，也称为第 1 级 DOM（DOM Level 1，或 DOM1），为 XML 和 HTML 文档中的元素、节点、属性等提供了必备的属性和方法。

随着技术的发展，于 2000 年 11 月发布了第 2 级 DOM（DOM Level 2，或 DOM2），它在 DOM1 的基础上增加了样式表对象模型；DOM3 指的就是在 DOM2 基础上增加了内容模型、文档验证以及键盘鼠标事件等功能。直到目前为止，DOM 几乎被所有浏览器所支持。

因此，DOM 对 JavaScript 来说，是一种可以操作 HTML 文档的重要手段。利用 DOM 可完成对 HTML 文档内所有元素的获取、访问、标签属性和样式的设置等操作。

7.1.2 DOM HTML 节点树

DOM HTML 指的是 DOM 中为操作 HTML 文档提供的属性和方法，其中，文档（document）表示 HTML 文件，文档中的标签称为元素（element），同时也将文档中的所有内容称为节点（node）。因此，一个 HTML 文件可以看作是所有元素组成的一个节点树，各元素节点之间有级别的划分。具体示例如下。

```
<!DOCTYPE html>
<html>
  <head>
    <meta charset="UTF-8">
    <title>测试</title>
  </head>
  <body>
    <a href="#">链接</a>
    <p>段落...</p>
  </body>
</html>
```

在上述代码中，DOM 根据 HTML 中各节点的不同作用，可将其分别划分为标签节点、文本节点和属性节点。其中，标签节点也被称为元素节点，HTML 文档中的注释则单独叫作注释节点。节点树效果如图 7-1 所示。

图 7-1 展示了 DOM HTML 节点树中各节点之间的关系，下面以<head>、<body>与<html>节点为例进行介绍，具体如下。

（1）根节点：<html>标签是整个文档的根节点，有且仅由一个。

（2）子节点：指的是某一个节点的下级节点，例如，<head>和<body>节点是<html>节点的子节点。

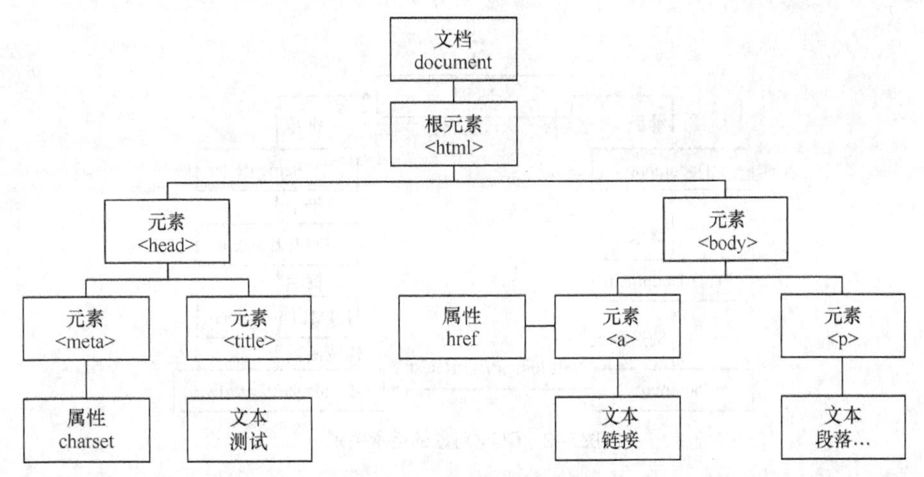

图7-1 DOM HTML节点树

（3）父节点：指的是某一个节点的上级节点，例如，<html>元素则是<head>和<body>的父节点。

（4）兄弟节点：两个节点同属于一个父节点，例如，<head>和<body>互为兄弟节点。

7.1.3 DOM 对象的继承关系

通过前面的学习可以知道，在JavaScript中要对网页中的元素进行操作，可以利用document对象的getElementById()方法实现，但是此方法的返回值类型是什么？下面通过代码进行查看。

```
<div id="test"></div>
<script>
  var test = document.getElementById('test');
  console.log(test);                  // 输出结果：<div id="test"></div>
  console.log(test.__proto__);   // 输出结果：HTMLDivElement { …… }
</script>
```

在上述代码中，test表示要操作的元素，test对象是HTMLDivElement构造函数的实例。接着通过控制台查看对象的原型，可以得出DOM对象之间的继承关系，如图7-2所示。

从图7-2可以看出，通过document.getElementById()方法返回的对象，可以统称为Element对象（元素对象），document对象和Element对象均继承Node对象（节点对象）。由此可见，document和Element是两种不同类型的节点对象，它们不仅能够使用Node对象的一系列属性和方法完成节点操作，也可以使用特有的属性和方法完成不同类型节点的操作。

接下来通过代码演示document和Element对象的区别，具体如下。

```
<div id="test"></div>
<script>
  var test = document.getElementById('test');
  console.log(test.nodeName);          // 通过节点方式获取节点名，输出结果：DIV
  console.log(test.tagName);           // 通过元素方式获取标签名，输出结果：DIV
  console.log(document.nodeName);   // document属于节点，输出结果：#document
```

```
  console.log(document.tagName);    // document 不属于元素，输出结果：undefined
</script>
```

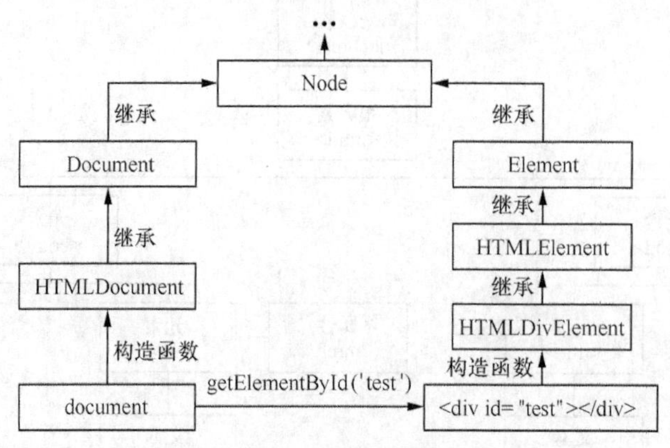

图7-2　DOM对象的继承关系

在上述代码中，nodeName 是 Node 对象共有的属性，tagName 是 Element 对象共有的属性。由于 Element 对象继承 Node 对象，因此也拥有 nodeName 属性，而 document 对象没有继承 Element 对象，因此没有 tagName 属性。

另外，除了 document 和 Element 对象，还有其他几种类型的节点对象也继承 Node 对象，如文本（Text）、注释（Comment）等。常见的节点类型具体如表 7-1 所示。

表 7-1　常见节点类型

Node.属性名	值	相应的对象	说明
ELEMENT_NODE	1	Element	元素节点
ATTRIBUTE_NODE	2	Attr	属性节点
TEXT_NODE	3	Text	文本节点
COMMENT_NODE	8	Comment	注释节点
DOCUMENT_NODE	9	Document	文档节点

从表 7-1 可以看出，元素、属性、文本、注释以及文档都是可操作的节点类型。下面以上述示例中的<div>元素为例，查看元素节点与文档节点的类型，具体代码如下。

```
var test = document.getElementById('test');
test.nodeType === Node.ELEMENT_NODE;              // 比较结果：true
document.nodeType === Node.DOCUMENT_NODE;         // 比较结果：true
```

从上述代码可以看出，document.getElementById()返回的对象，其节点类型为 ELEMENT_NODE，而 document 对象自身的节点类型为 DOCUMENT_NODE。

7.2 HTML 元素操作

7.2.1 获取操作的元素

在利用 DOM 操作 HTML 元素时，既可以利用 document 对象提供的方法和属性获取操作的元素，又可以利用 Element 对象提供的方法获取。下面将分别介绍获取操作元素的方式。

1. 利用 document 对象的方法

document 对象提供了一些用于查找元素的方法，利用这些方法可以根据元素的 id、name 和 class 属性以及标签名称的方式获取操作的元素。具体如表 7-2 所示。

表 7-2 document 对象的方法

方法	说明
document.getElementById()	返回对拥有指定 id 的第一个对象的引用
document.getElementsByName()	返回带有指定名称的对象集合
document.getElementsByTagName()	返回带有指定标签名的对象集合
document.getElementsByClassName()	返回带有指定类名的对象集合（不支持 IE6~8）

在表 7-2 中，除了 document.getElementById()方法返回的是拥有指定 id 的元素外，其他方法返回的都是符合要求的一个集合。具体如例 7-1 所示。

【例 7-1】demo01.html

```
1  <body>
2    <div id="box">box</div>
3    <div class="bar">bar</div>
4    <div name="main">main</div>
5    <script>
6      console.log(document.getElementById('box'));      // 获取 id 为 box 的元素
7      // 获取所有 class 为 bar 的元素
       console.log(document.getElementsByClassName('bar'));
8      // 获取所有标签为 div 的元素
       console.log(document.getElementsByTagName('div'));
9      // 获取所有 name 为 main 的元素
       console.log(document.getElementsByName('main'));
10   </script>
11 </body>
```

在上述第 2～4 行代码，分别定义了一个 id 为 box 的 div，一个 class 名为 bar 的 div，一个 name 为 main 的 div。最后在控制台分别输出获取的元素，效果如图 7-3 所示。

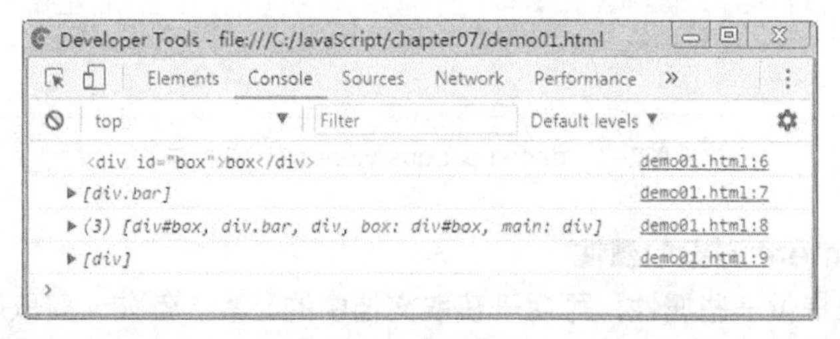

图7-3 获取元素

从图 7-3 可以看出，除 document 对象的 getElementById()方法返回的是一个元素对象“<div id="box">box</div>”外，其余 3 个方法方法返回的都是对象集合，若要获取其中一个对象，可以通过下标的方式获取，默认从 0 开始。具体示例如下。

```
var box = document.getElementById('box');              // 根据 id 获取元素对象
var divs = document.getElementsByTagName('div');   // 根据标签名获取对象集合
console.log(divs[0] === box);   // 输出结果：true
```

在上述代码中，利用对象集合中的第 1 个对象与通过 id 方式获取的对象进行比较，可以得到结果为 true，表明它们获取的是同一个元素。

多学一招：HTML5 新增的 document 对象方法

HTML5 中为更方便获取操作的元素，为 document 对象新增了两个方法，分别为 querySelector() 和 querySelectorAll()。querySelector()方法用于返回文档中匹配到指定的元素或 CSS 选择器的第 1 个对象的引用。querySelectorAll()方法用于返回文档中匹配到指定的元素或 CSS 选择器的对象集合。

由于这两个方法的使用方式相同，下面以 document.querySelector()方法为例，演示如何获取例 7-1 中的 div 元素，具体代码如下。

```
console.log(document.querySelector('div'));     // 获取匹配到的第 1 个 div
console.log(document.querySelector('#box'));    // 获取 id 为 box 的第 1 个 div
console.log(document.querySelector('.bar'));    // 获取class为bar的第1个div
console.log(document.querySelector('div[name]'));
// 获取含有 name 属性的第 1 个 div
console.log(document.querySelector('div.bar'));
// 获取文档中 class 为 bar 的第 1 个 div
console.log(document.querySelector('div#box'));
// 获取文档中 id 为 box 的第 1 个 div
```

从上述代码可以看出，在利用 document.querySelector()方法获取操作的元素时，直接书写标签名或 CSS 选择器名称即可，如第 1 行代码。但在获取指定类名前要加上点“.”，指定 id 前要加上“#”。最后的输出结果如图 7-4 所示。

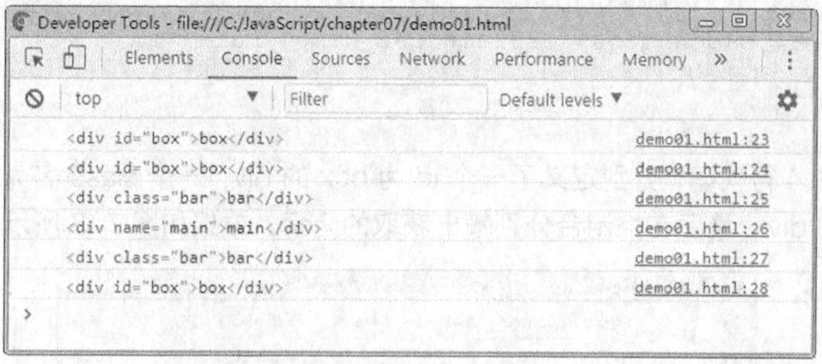

图7-4　document.querySelector()的用法

2. 利用 document 对象的属性

document 对象提供一些属性，可用于获取文档中的元素。例如，获取所有表单标签、图片标签等。常用的属性如表 7-3 所示。

在表 7-3 中，document 对象的 body 与 documentElement 属性在使用时有一些区别，前者用于返回 body 元素，后者用于返回 HTML 文档的根节点 html 元素。例如，使用这两个属性在控制台中，分别对例 7-1 中的 HTML 文件输出测试，效果如图 7-5 所示。

表 7-3 document 对象的属性

属性	说明
document.body	返回文档的 body 元素
document.documentElement	返回文档的 html 元素
document.forms	返回对文档中所有 Form 对象引用
document.images	返回对文档中所有 Image 对象引用

图7-5 document对象属性获取操作的元素

值得一提的是，通过 document 对象的方法与 document 对象的属性获取的操作元素表示的都是同一对象。具体示例如下。

```
var body = document.getElementsByTagName('body')[0];// 获取 body 元素
var html = document.getElementsByTagName('html')[0];// 获取 html 元素
console.log(document.body === body);              // 比较返回结果，输出结果：true
console.log(document.documentElement === html);// 比较返回结果，输出结果：true
```

3. 利用 Element 对象的方法

在 DOM 操作中，元素对象也提供了获取某个元素内指定元素的方法，常用的两个方法分别为 getElementsByClassName()和 getElementsByTagName()。它们的使用方式与 document 对象中同名方法相同，具体示例如下。

```
<ul id="ul">
  <li>PHP</li><li>JavaScript</li>
  <ul><li>jQuery</li><ul>
</ul>
<script>
  var lis = document.getElementById('ul').getElementsByTagName('li');
  console.log(lis);// 输出结果：(3) [li, li, li]
</script>
```

在上述代码中，首先通过 document 的 getElementById()方法获取 id 为 ul 的元素对象，然后利用此对象再调用 getElementsByTagName()方法获取该元素内标签名为<li>的对象集合。

除此之外，元素对象还提供了 children 属性用来获取指定元素的子元素。例如，获取上述示例中 ul 的子元素，具体代码如下。

```
var lis = document.getElementById('ul').children;
console.log(lis);                          // 输出结果：(3) [li, li, ul]
```

从上述代码可知，元素对象的 children 属性返回的也是对象集合，若要获取其中一个对象，也需通过下标的方式获取，默认从 0 开始。

另外，document 对象中也有 children 属性，它的第一个子元素通常是 html 元素。

多学一招：HTMLCollection 对象

通过 document 对象或 Element 对象调用 getElementsByClassName()方法、getElementsByTagName()方法、children 属性等返回的对象集合，实际上是一个 HTMLCollection 对象；document 对象调用 getElementsByName()方法在 Chrome 和 FireFox 浏览器中返回的是 NodeList 对象，IE11 返回的是 HTMLCollection 对象。

HTMLCollection 与 NodeList 的区别在于，前者用于元素操作，后者用于节点操作。并且对于 getElementsByClassName()方法、getElementsByTagName()方法和 children 属性返回的集合中可以将 id 和 name 自动转换为一个属性。具体示例如下。

```
<li id="test" name="test">test</li>
<script>
  var lis1 = document.getElementsByTagName('li'); // 获取标签名为 li 的对象集合
  var test = document.getElementById('test');  // 获取 id 为 test 的 li 元素对象
  lis1.test === test;        // 比较结果：true
  var lis2 = document.getElementsByName('test'); // 获取 name 为 test 的对象集合
  lis1.test === lis2[0];     // 比较结果：true
</script>
```

7.2.2 元素内容

JavaScript 中，若要对获取的元素内容进行操作，则可以利用 DOM 提供的属性和方法实现。其中常用的如表 7-4 所示。

表 7-4 元素内容

分类	名称	说明
属性	innerHTML	设置或返回元素开始和结束标签之间的 HTML
	innerText	设置或返回元素中去除所有标签的内容
	textContent	设置或者返回指定节点的文本内容
方法	document.write()	向文档写入指定的内容
	document.writeln()	向文档写入指定的内容后并换行

在表 7-4 中，属性属于 Element 对象，方法属于 document 对象。属性在使用时有一定的区别，innerHTML 在使用时会保持编写的格式以及标签样式，而 innerText 则是去掉所有格式以及标签的纯文本内容，textContent 属性在去掉标签后会保留文本格式。

接下来为了让读者更好地理解，分别利用 innerHTML、innerText 和 textContent 在控制台输出一段 HTML 文本，具体如例 7-2 所示。

【例 7-2】demo02.html

```
1  <body>
2    <div id="box">
3      The first paragraph...
```

```
4      <p>
5        The second  paragraph...
6        <a href="http://www.example.com">third</a>
7      </p>
8    </div>
9  </body>
```

按照上述代码设计好 HTML 文档后，接下来直接在控制台中通过不同的方式获取 div 中的内容。对比效果如图 7-6 所示。

图7-6 元素内容

从图 7-6 中的输出结果可直接看出，innerHTML、innerText 和 textContent 属性在获取元素内容时的区别。值得一提的是，元素内容的修改，只需要通过赋值运算符为指定元素的内容属性赋值即可。

需要注意的是，innerText 属性在使用时可能会出现浏览器兼容的问题。因此，推荐在开发时尽可能地使用 innerHTML 获取或设置元素的文本内容。同时，innerHTML 属性和 document.write()方法在设置内容时有一定的区别，前者作用于指定的元素，后者则是重构整个 HTML 文档页面。因此，读者在开发中要根据实际的需要选择合适的实现方式。

7.2.3 【案例】改变盒子大小

Web 开发中，根据用户的不同操作修改显示的内容以及 CSS 样式等是很常见的功能。下面通过一个改变盒子大小的案例进行演示，具体实现步骤如下。

（1）编写 HTML 页面

```
1  <style>
2    .box{width:50px; height:50px; background: #eee; margin:0 auto;}
3  </style>
4  <body>
5    <div class="box" id="box"></div>
6  </body>
```

上述代码定义了一个 class 名为 box 的<div>元素，并利用 CSS 将其设置成一个宽高为 50 像素的盒子。

（2）实现盒子大小的改变

当用户第 1 次单击盒子时，盒子变大；第 2 次单击盒子时，盒子变小，依次类推。从单击的次数可以得到一个规律，单击的次数为奇数时，盒子都变大，单击次数为偶数时，盒子都变小。接下来根据规律编写代码，实现控制盒子大小的变化。

```
1  <script>
2    var box = document.getElementById('box');
3    var i = 0;                        // 保存用户单击盒子的次数
4    box.onclick = function () {   // 处理盒子的单击事件
5      ++i;
6      if (i % 2) {  // 单击次数为奇数，变大
7        this.style.width = '200px';
8        this.style.height = '200px';
9        this.innerHTML = '大';
10     } else {     // 单击次数为偶数，变小
11       this.style.width = '50px';
12       this.style.height = '50px';
13       this.innerHTML = '小';
14     }
15   };
16 </script>
```

上述代码第 2 行用于获取操作的盒子，第 3 行用于记录用户单击的次数，第 4～15 行用于为盒子添加单击事件。其中，第 5 行用于记录用户单击次数，第 6～14 行根据用户的单击次数控制盒子大小的改变，效果如图 7-7 所示。

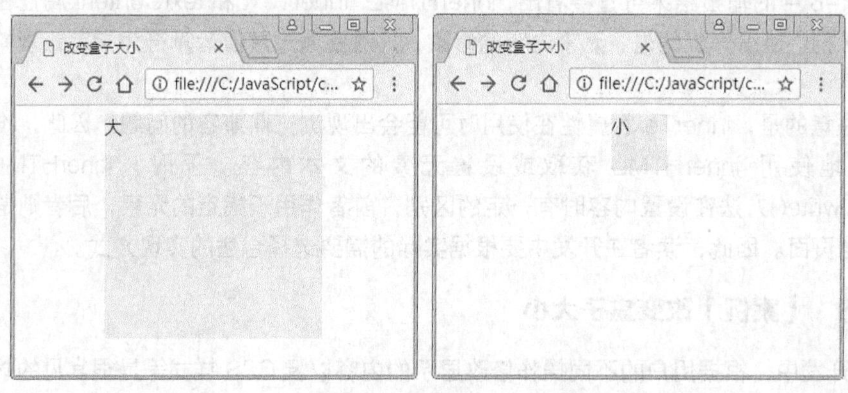

图7-7　改变盒子大小

7.2.4　元素属性

在 DOM 中，为了方便 JavaScript 获取、修改和遍历指定 HTML 元素的相关属性，提供了操作的属性和方法，具体如表 7-5 所示。

在表 7-5 中，利用 attributes 属性可以获取一个 HTML 元素的所有属性，以及所有属性的个数 length。下面以一个案例讲解如何操作元素的属性，具体如例 7-3 所示。

表 7-5 元素属性

分类	名称	说明
属性	attributes	返回一个元素的属性集合
方法	setAttribute(name, value)	设置或者改变指定属性的值
	getAttribute(name)	返回指定元素的属性值
	removeAttribute(name)	从元素中删除指定的属性

【例 7-3】demo03.html

（1）编写 HTML 页面与 CSS 样式

```
1  <style>
2    .gray{background: #CCC;}
3    #thick{font-weight: bolder;}
4  </style>
5  <body>
6    <div>test word.</div>
7  </body>
```

上述代码设置了一个含有文本的<div>元素。其中，第 1～4 行代码是为 JavaScript 操作元素属性准备的 CSS 样式。

（2）操作元素属性

利用 DOM 操作<div>元素，完成属性的添加、获取、删除与遍历的操作。具体代码如下。

```
1  <script>
2    // 获取 div 元素
3    var ele = document.getElementsByTagName('div')[0];
4    // ① 输出当前 ele 的属性个数
5    console.log('未操作前属性个数：' + ele.attributes.length);
6    // ② 为 ele 添加属性，并查看属性个数
7    ele.setAttribute('align', 'center');
8    ele.setAttribute('title', '测试文字');
9    ele.setAttribute('class', 'gray');
10   ele.setAttribute('id', 'thick');
11   ele.setAttribute('style', 'font-size:24px;border:1px solid green;');
12   console.log('添加属性后的属性个数：' + ele.attributes.length);
13   // ③ 获取 ele 的 style 属性值
14   console.log('获取 style 属性值：' + ele.getAttribute('style'));
15   // ④ 删除 ele 的 style 属性，并查看剩余属性情况
16   ele.removeAttribute('style');
17   console.log('查看所有属性：');
18   for (var i = 0; i < ele.attributes.length; ++i) {
19     console.log(ele.attributes[i]);
20   }
21 </script>
```

上述第 3 和第 5 行代码通过标签名获取<div>元素对象 ele，以及当前 ele 的属性个数。然后第 7～12 行代码用于向 ele 中分别添加了 align、title、class、id 和 style 这 5 个属性，并查看

ele 中属性个数的变化。接着第 14 行代码查看 ele 中 style 属性的具体值，最后第 16 行删除 style 属性，并通过第 18～20 行代码遍历 ele 中的所有属性，效果如图 7-8 所示。

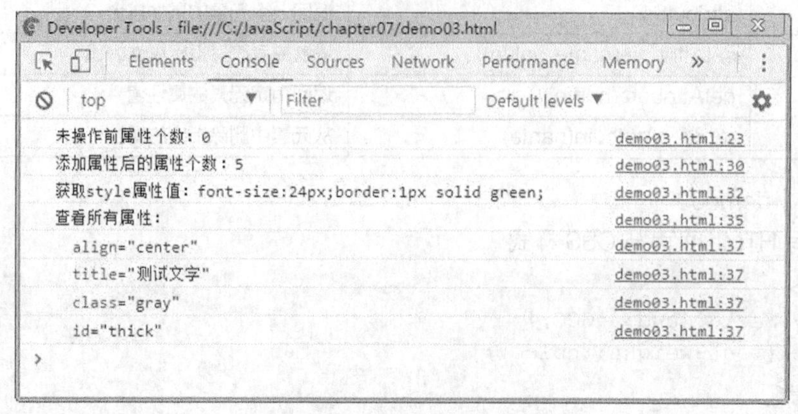

图7-8　元素属性操作

从图 7-8 中可以看出，控制台显示了元素对象 ele 添加属性前后属性个数的变化，单独获取的 style 属性值，以及删除 style 属性后剩余属性的详细情况。

7.2.5　元素样式

除了前面讲解的元素属性外，对于元素对象的样式，还可以直接通过“style.属性名称”的方式操作。在操作样式名称时，需要去掉 CSS 样式名里的中横线“-”，并将第二个英文首字母大写。例如，设置背景颜色的 background-color，在 style 属性操作中，需要修改为“backgroundColor”。

为了便于读者学习使用，表 7-6 列出了常用的 style 属性中 CSS 样式名称的书写及说明。

表 7-6　常见的 style 属性操作的样式名

名称	说明
background	设置或返回元素的背景属性
backgroundColor	设置或返回元素的背景色
display	设置或返回元素的显示类型
height	设置或返回元素的高度
left	设置或返回定位元素的左部位置
listStyleType	设置或返回列表项标记的类型
overflow	设置或返回如何处理呈现在元素框外面的内容
textAlign	设置或返回文本的水平对齐方式
textDecoration	设置或返回文本的修饰
textIndent	设置或返回文本第一行的缩进
transform	向元素应用 2D 或 3D 转换

接下来，通过代码演示如何对元素的样式进行添加，具体示例如下。

```
1  <div id="box"></div>
2  <script>
3    var ele = document.getElementById('box'); // 获取元素对象
4    ele.style.width = '100px';
5    ele.style.height = '100px';
6    ele.style.backgroundColor = 'red';
7    ele.style.transform = 'rotate(7deg)';
8  </script>
```

上述第 4～7 行代码用于为获取的 ele 元素对象添加样式，其效果相当于在 CSS 中添加以下样式。

```
div{width: 100px; height: 100px; background-color: red;
    transform: rotate (7deg);}
```

需要注意的是，CSS 中的 float 样式与 JavaScript 的保留字冲突，在解决方案上不同的浏览器存在分歧。例如，IE9～11、Chrome、FireFox 可以使用“float”和“cssFloat”，Safari 浏览器使用“float”，IE6～8 则使用“styleFloat”。

由于一个元素的类选择器可以有多个，因此开发时若要对指定元素的类选择器列表进行操作，可以利用元素对象的 className 属性获取，获取的结果是字符型，然后再根据实际情况对字符串进行处理。除此之外，HTML5 新增的 classList（只读）也可以操作元素的类选择器列表。

例如，div 元素的 class 值为“box header title”，则可以利用“div 元素对象.classList”的方式获取类选择器列表，但若想要删除列表中的一个值，如 title，则需要 classList 的相关操作方法和属性。具体如表 7-7 所示。

表 7-7 classList 的属性和方法

分类	名称	说明
属性	length	可以获取元素类名的个数
方法	add()	可以给元素添加类名，一次只能添加一个
	remove()	可以将元素的类名删除，一次只能删除一个
	toggle()	切换元素的样式，若元素之前没有指定名称的样式则添加，如果有则移除
	item()	根据接收的数字索引参数，获取元素的类名
	contains	判断元素是否包含指定名称的样式，若包含则返回 true，否则返回 false

接下来通过一个案例演示 classList 的属性和方法的使用，具体如例 7-4 所示。

【例 7-4】demo04.html

（1）编写 HTML，并准备样式

```
1  <style>
2    .bg{background: #ccc;}
3    .strong{font-size: 24px; color:red;}
4    .smooth{height: 30px; width:120px; border-radius: 10px;}
5  </style>
6  <ul>
7    <li>PHP</li>
8    <li class="bg">JavaScript</li>
```

```
9    <li>C++</li>
10   <li>Java</li>
11 </ul>
```

上述第 1～5 行代码用于定义不同类选择器的 CSS 样式，第 6～11 行代码用于在 HTML 中设置一组无序列表，并将第 2 个 li 元素的 class 设置为 bg，效果如图 7-9 所示。

（2）修改第 2 个 li 元素的类名

```
1  <script>
2    // 获取第 2 个 li 元素
3    var ele = document.getElementsByTagName('li')[1];
4    // 若 li 元素中没有 strong 类，则添加
5    if (!ele.classList.contains('strong')) {
6      ele.classList.add('strong');
7    }
8    // 若 li 元素中没有 smooth 类，则添加；若有删除
9    ele.classList.toggle('smooth');
10   console.log('添加与切换样式后：');
11   console.log(ele);
12 </script>
```

上述第 3 行用于获取 ul 中第 2 个 li 元素对象 ele，第 5～7 行通过 contains()方法判断 ele 中是否含有名为 strong 的类选择器，没有则通过 add()方法添加。第 9 行代码通过 toggle()方法切换 ele 中指定的类选择器，当 ele 中含有 smooth 类选择器时，则将其移出；否则执行添加操作。第 10～11 行在控制台输出添加与切换样式后元素类选择器列表的变化，效果如图 7-10 所示。

图7-9　默认显示样式

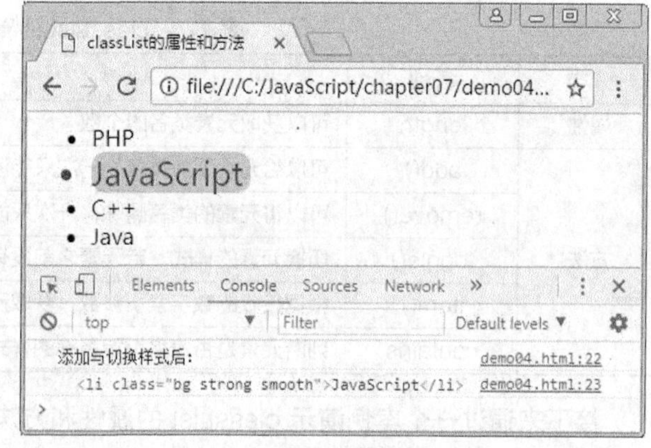

图7-10　添加与切换样式

（3）删除样式

若要去除指定元素中的类选择器，则可以利用 remove()方法。例如，修改第 10～11 行代码，去除 ele 中名为 bg 的类选择器，代码如下。

```
ele.classList.remove('bg');
console.log('删除后：');
console.log(ele);
```

完成修改后，效果如图 7-11 所示。

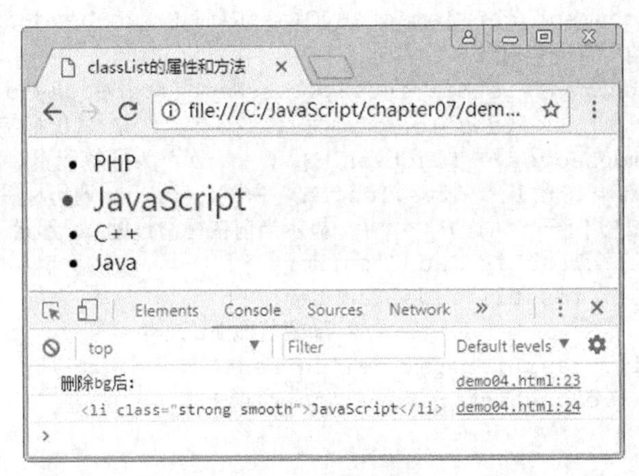

图7-11 删除样式

需要注意的是，remove()方法仅用于删除 class 列表中类选择器的值，如 strong 和 smooth，不会删除元素对象的 class 属性，如<li class>JavaScript</li>。

7.2.6 【案例】标签栏切换效果

标签栏在网站中的使用非常普遍，它的优势在于可以在有限的空间内展示多块的内容，用户可以通过标签在多个内容块之间进行切换，具体实现步骤如下。

（1）编写 HTML 页面

```
1  <div class="tab-box">
2    <div class="tab-head">
3      <div class="tab-head-div current">标签一</div>
4      <div class="tab-head-div">标签二</div>
5      <div class="tab-head-div">标签三</div>
6      <div class="tab-head-div">标签四</div>
7    </div>
8    <div class="tab-body">
9      <div class="tab-body-div current"> 1 </div>
10     <div class="tab-body-div"> 2 </div>
11     <div class="tab-body-div"> 3 </div>
12     <div class="tab-body-div"> 4 </div>
13   </div>
14 </div>
```

在上述代码中，class 为 tab-box 的元素用于实现标签栏的外边框，第 2~7 行和第 8~13 行代码，分别实现标签栏的标签部分和内容部分。其中，第 1 个标签添加了 current 样式，用于实现当前标签的选中效果。同样的，将该标签下对应的内容块 div 也添加了 current 样式，实现当前标签下的内容显示，隐藏其他标签下的内容。具体的 CSS 样式请参考本书源码。效果如图 7-12 所示。

（2）实现标签栏切换

```
1  <script>
2    // 获取标签栏的所有标签部分的元素对象
```

```
3    var tabs = document.getElementsByClassName('tab-head-div');
4    // 获取标签栏的所有内容对象
5    var divs = document.getElementsByClassName('tab-body-div');
6    for (var i = 0; i < tabs.length; ++i) {       // 遍历标签部分的元素对象
7      tabs[i].onmouseover = function () {      // 为标签元素对象添加鼠标滑过事件
8        for (var i = 0; i < divs.length; ++i) {   // 遍历标签栏的内容元素对象
9          if (tabs[i] == this) {   // 显示当前鼠标滑过的 li 元素
10           divs[i].classList.add('current');
11           tabs[i].classList.add('current');
12         }else{                     // 隐藏其他 li 元素
13           divs[i].classList.remove('current');
14           tabs[i].classList.remove('current');
15         }
16       }
17     };
18   }
19 </script>
```

上述第 3 行和第 5 行用于获取标签栏中的所有标签部分元素对象和内容部分元素对象，第 6～18 行用于遍历获取到的标签部分的元素对象。其中，第 7～17 行用于给每个标签部分的元素添加鼠标滑过事件，当事件发生时执行第 9～15 行代码，显示当前鼠标滑过的标签及其对应的内容，隐藏其他标签的显示。

在浏览器中访问该文件，鼠标滑过“标签三”，效果如图 7-13 所示。

图7-12　标签栏默认效果

图7-13　标签栏切换效果

7.3 DOM 节点操作

7.3.1 获取节点

由于 HTML 文档可以看作是一个节点树，因此，可以利用操作节点的方式操作 HTML 中的元素。其中常用的获取节点的属性如表 7-8 所示。

表 7-8　获取节点

属性	说明
firstChild	访问当前节点的首个子节点
lastChild	访问当前节点的最后一个子节点

续表

属性	说明
nodeName	访问当前节点名称
nodeValue	访问当前节点的值
nextSibling	返回同一树层级中指定节点之后紧跟的节点
previousSibling	返回同一树层级中指定节点的前一个节点
parentNode	访问当前元素节点的父节点
childNodes	访问当前元素节点的所有子节点的集合

在表7-8中，childNodes属性与前面学习过的children属性虽然都可以获取某元素的子元素，但是两者之间有一定的区别。前者用于节点操作，返回值是NodeList对象的集合，后者用于元素操作，返回的是HTMLCollection对象的集合。因此，childNodes属性在获取子元素时还会包括文本节点等其他类型的节点。

需要注意的是，childNodes属性在IE6~8不会获取文本节点，在IE9及以上版本和主流浏览器中则可以获取文本节点。

此外，由于document对象继承自Node节点对象，因此document对象也可以进行以上的节点操作，具体示例如下。

```
// 访问 document 节点的第 1 个子节点
document.firstChild;                    // 访问结果：<!DOCTYPE html>
// 访问 document 节点的第 2 个子节点
document.firstChild.nextSibling;    // 访问结果：<html>……</html>
```

接下来，通过一个简单的案例演示节点的查看获取，具体如例7-5所示。

【例7-5】demo05.html

```
1  <ul id="ul">
2    <li>JS</li>
3    <li>BOM</li>
4    <li>DOM</li>
5    <!--注释-->
6  </ul>
7  <script>
8    var ul = document.getElementById('ul');   // 根据 id 获取 ul 的元素对象
9    console.log(ul.childNodes);                 // 查看 ul 下的所有节点
10 </script>
```

在浏览器中访问该文件，可以在控制台查看到ul的所有子节点的集合，单个节点可通过下标方式获取，默认从0开始。效果如图7-14所示。

从图7-14可以看出，下标为0、2、4、6和8的节点都是文本节点，即<ul>元素中每个标签前后的空白和换行符，下标为1、3和5的节点为元素节点，对应<ul>元素中的3个<li>元素，下标为7的节点是注释节点，表示“<!--注释-->”。

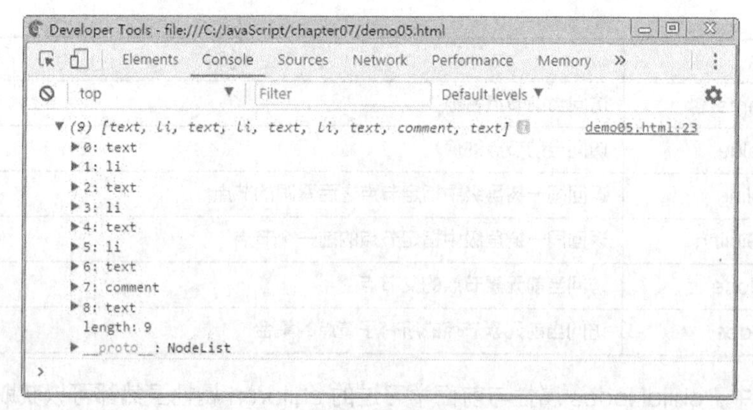

图7-14　查看节点

7.3.2　节点追加

在获取元素的节点后，还可以利用 DOM 提供的方法实现节点的添加，如创建一个 li 元素节点，为 li 元素节点创建一个文本节点等。常用的方法如表 7-9 所示。

表 7-9　节点追加

方法名	说明
document.createElement()	创建元素节点
document.createTextNode()	创建文本节点
document.createAttribute()	创建属性节点
appendChild()	在指定元素的子节点列表的末尾添加一个节点
insertBefore()	为当前节点增加一个子节点（插入到指定子节点之前）
getAttributeNode()	返回指定名称的属性节点
setAttributeNode()	设置或者改变指定名称的属性节点

需要注意的是，表 7-9 中 create 系列的方法是由 document 对象提供的，与 Node 对象无关。

下面为了让读者更好地理解和掌握节点追加的使用，以创建一个<h2>元素节点、并为其添加文本和属性为例进行讲解，具体如例 7-6 所示。

【例 7-6】demo06.html

```
1  <script>
2    var h2 = document.createElement('h2');                  // 创建 h2 元素节点
3    var text = document.createTextNode('Hello JavaScript');  // 创建文本节点
4    var attr = document.createAttribute('align');            // 创建属性节点
5    attr.value = 'center';              // 为属性节点赋值
6    h2.setAttributeNode(attr);          // 为 h2 元素添加属性节点
7    h2.appendChild(text);               // 为 h2 元素添加文本节点
8    document.body.appendChild(h2);      // 将 h2 节点追加为 body 元素的子节点
9  </script>
```

从上述代码可知，appendChild()方法可将创建的文本节点追加到指定的元素节点中。属性节点创建完成后，必须设置 value 属性值，并将其添加到指定的元素节点后才完成一个元素的属性节点的创建。最后在所有操作完成后，将新创建的元素节点添加到 HTML 文档的指定位置处。效果如图 7-15 所示。

图7-15 节点追加

7.3.3 节点删除

开发中若需要删除某个 HTML 元素节点或属性节点，则可以利用 removeChild()和 removeAttributeNode()方法实现，它们的返回值是被移出的元素节点或属性节点。

接下来，以移出无序列表中第 3 个 li 元素节点和属性为例进行讲解，具体如例 7-7 所示。

【例 7-7】demo07.html

（1）编写 HTML 页面

```
1  <ul>
2    <li>PHP</li><li>JavaScript</li><li class="strong">UI</li>
3  </ul>
```

（2）删除第 3 个 li 及其属性

```
1  <script>
2    var child = document.getElementsByTagName('li')[2];  // 获取第 3 个 li 元素
3    var attr = child.getAttributeNode('class');         // 获取元素的 class 属性值
4    console.log(child.removeAttributeNode(attr));       // 删除元素的 class 属性值
5    console.log(child.parentNode.removeChild(child));      // 删除元素
6  </script>
```

上述第 2 行代码用于获取待删除的元素对象，第 3 行获取 child 元素对象待删除的 class 属性值，第 4 行根据属性值删除 class 属性节点，并在控制台输出删除的内容。第 5 行通过“子节点.parentNode”的方式获取其父节点，然后再调用 removeChild()方法删除指定的元素（如这里的 child），最后在控制台输出删除的元素。效果如图 7-16 所示。

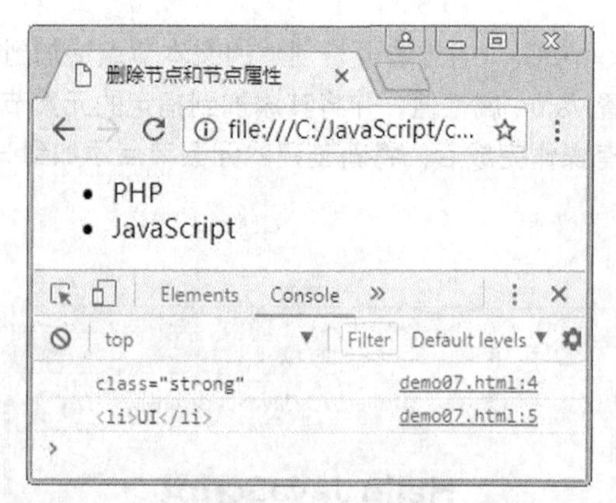

图7-16　节点删除

7.3.4 【案例】列表的增删和移动

实际的项目开发中，经常需要对列表进行操作。例如，增加列表项、上下移动调整列表项显示的顺序以及删除列表项等。接下来利用 DOM 操作节点的方式实现列表的增删和移动。具体步骤如下。

1. 准备工作

编写 HTML 代码，设计列表的结构与显示样式，具体代码如下。

```
1  <form>
2    <div class="list">
3      <ul class="list-ul">
4        <li class="list-option">
5          <input class="list-input" type="text" name="list[]">
6          <span class="list-btn">
7            <span class="list-up">[上移]</span>
8            <span class="list-down">[下移]</span>
9            <span class="list-del">[删除]</span>
10         </span>
11       </li>
12     </ul>
13   </div>
14 </form>
```

在上述代码中，第 5 行用于显示列表项的名称，第 6 ~ 10 行代码用于显示列表项的操作，包括上移、下移和删除。

接着在以上的 HTML 代码后添加以下代码，利用 JavaScript 封装一个列表生成器 SmartList。

```
1  <script src="SmartList.js"></script>
2  <script>
3    SmartList('list', ['PHP', 'JavaScript']);
4  </script>
```

上述第 1 行代码用于引入一个 JavaScript 文件，在该文件中用于完成相关功能的实现。第 3 行代码调用 SmartList 函数，第 1 个参数表示 HTML 中列表的 class 前缀，用来针对网页中指定前缀的 class 元素进行操作。第 2 个参数表示页面打开时，自动添加到列表中项目对应的<input>

列表项的 value 属性值。

接下来，编写 SmartList.js 文件，实现列表生成器 SmartList。具体代码如下。

```
1  (function(window) {
2    var SmartList = function(prefix, defList) {
3    };
4    window['SmartList'] = SmartList;
5  })(window);
```

要想对列表中相应的元素（如 list-input、list-up、list-down、list-del）进行操作，首先需要获取操作元素的对象，由于获取元素对象的代码比较麻烦，下面封装 Find 构造函数，在上一步的第 3 行代码下面添加如下代码，完成元素对象的获取。

```
1  function Find(obj) {
2    this.obj = obj;
3  }
4  Find.prototype.prefix = '';
5  Find.prototype.className = function(className) {
6    return this.obj.getElementsByClassName(this.prefix + '-' + className)[0];
7  };
```

在上述代码中，Find 构造函数的参数表示从哪个元素对象中进行查找，原型中的 prefix 属性表示 class 前缀，className()方法用于根据 class 查找元素。

接下来在 SmartList 函数中编写以下代码，实现设置 class 前缀并创建 find 对象。

```
1  Find.prototype.prefix = prefix;
2  var find = new Find(document.getElementsByClassName(prefix)[0]);
```

在上述代码中，第 2 行用来获取对象，由于 SmartList()调用时传入的 prefix 为 list，因此这里获取到了 class 为 list 的对象。

创建 find 对象后，就可以利用 className()方法查询子元素，具体代码如下。

```
var ul = find.className('ul');                // 获取 list-ul 对象
var option = find.className('option');        // 获取 list-option 对象
```

从上述代码代码可以看出，通过 find 对象可以很方便地对子元素进行查找。

2. 自动生成列表

将 HTML 中 class 为 list-option 的<li>元素作为列表项的模板，网页中列表项的添加都基于这个模板进行操作。在获取到这个模板后，需要将其从网页中删除，让其根据调用 SmartList 对象传递的第 2 个参数来为列表项中的<input>的 value 进行赋值，并为“上移”“下移”“删除”添加事件。

编写 List 构造函数，用来创建列表对象，具体代码如下。

```
1  function List(tmp) {
2    this.tmp = tmp;
3    this.obj = tmp.parentNode;
4    this.obj.removeChild(tmp);
5  }
```

在上述代码中，List 构造函数的参数 tmp 表示操作的<li>元素模板，第 3 行代码用于保存模板的父节点对象，第 4 行代码用于从<ul>中移除<li>模板。

下面在 SmartList 函数中创建 List 对象，实现默认列表项的添加。具体代码如下

```
1  var list = new List(find.className('option'));
2  for (var i in defList) {
3    list.add(defList[i]);
4  }
```

在上述代码中，第 1 行代码通过 find 对象查找 class 为 list-option 的<li>模板，然后创建了 list 对象。创建之后，通过第 2～4 行代码，基于 defList 数组中的每个元素来添加列表项。

接下来为 List 对象添加 add()方法，实现列表项的添加，具体代码如下。

```
1  List.prototype.add = function(value) {
2    var tmp = this.tmp.cloneNode(true);
3    // ① 将 value 添加到 list-input 的 value 属性中
4    var find = new Find(tmp);
5    find.className('input').value = value;
6    // ② 为 list-up（上移）添加单击事件
7    // ③ 为 list-down（下移）添加单击事件
8    // ④ 为 list-del（删除）添加单击事件
9    // ⑤ 将创建的列表项添加到列表末尾
10   this.obj.appendChild(tmp);
11 };
```

上述第 2 行代码用于克隆一个元素节点，第 4～5 行代码用于添加列表项的名称，第 6～8 行代码用于为列表项的操作添加单击事件，第 10 行代码用于将创建好的列表项添加到列表的末尾。在代码注释中，第②、③、④步，将在后面的步骤中实现。

通过浏览器访问测试，查看生成结果，如图 7-17 所示。

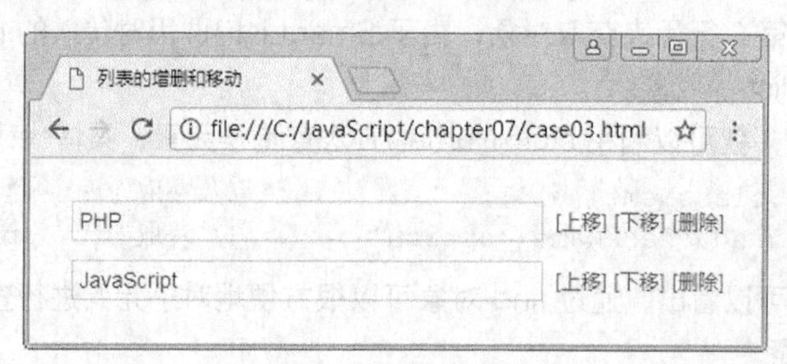

图7-17　默认列表项

3. 实现列表的移动和删除

列表中的移动和删除功能是通过列表项后的操作按钮实现的。在实现移动功能时首先要获取当前列表项的前一个列表项或后一个列表项，需要注意的是，通过属性 previousSibling 和 nextSibling 获取的前后节点，有可能存在文本节点，因此需要多次查询，直到返回 null 表示已经没有。

接下来扩展 Find 对象，提供 prev()和 next()方法用于查找移动列表项的前后元素，具体代码如下。

```
1  Find.prototype.prev = function() {
2    var node = this.obj.previousSibling;  // 获取当前元素对象的前一个节点
3    while(node) {
4      if (node.nodeType === Node.ELEMENT_NODE) {
```

```
5       break;
6     }
7     node = node.previousSibling;
8   }
9   return node;
10 };
11 Find.prototype.next = function() {
12   var node = this.obj.nextSibling;      // 获取当前元素对象的后一个节点
13   while(node) {
14     if (node.nodeType === Node.ELEMENT_NODE) {
15       break;
16     }
17     node = node.nextSibling;
18   }
19   return node;
20 };
```

在上述代码中，若获取当前对象的前一个节点或后一个节点是 null，则返回 node；否则通过循环判断 node 的节点类型，确定获取的 node 是否是元素节点，若是则停止循环并返回。

接下来在 List 对象的 add()方法中，为上移、下移、删除按钮添加单击事件，具体代码如下。

```
1  var obj = this.obj; // 获取 ul 元素对象
2  find.className('up').onclick = function() {     // 添加上移单击事件
3    var prev = find.prev();               // 获取前一个节点
4    if (prev) {
5      obj.insertBefore(tmp, prev);      // 在 prev 前插入 tmp
6    } else {
7      alert('已经是第 1 个');
8    }
9  };
10 find.className('down').onclick = function() {  // 添加下移单击事件
11   var next = find.next();               // 获取后一个节点
12   if (next) {
13     obj.insertBefore(next, tmp);      // 在 tmp 前插入 next
14   } else {
15     alert('已经是最后 1 个');
16   }
17 };
18 find.className('del').onclick = function() {   // 添加删除单击事件
19   if (confirm('您确定要删除？')) {
20     obj.removeChild(tmp);
21   }
22 };
```

上述代码中，当移动的列表项是第一个或是最后一个时，给出提示信息。否则通过 insertBefore()方法在当前节点（如 obj）的某个子节点之前再插入一个子节点。当用户确定删除某个列表项时，通过 removeChild()方法完成列表项的删除操作。

4. 实现列表的添加

要想实现列表的添加，需要在 HTML 页面中添加以下代码，完成相关结构的设置。

```
1  <div class="list-bottom">
2    <span class="list-add-show">添加项目</span>
3    <div class="list-add-area list-hide">
4      添加到列表：
5      <input class="list-add-input" type="text" name="list[]">
6      <input class="list-add-add" type="button" value="添加">
7      <input class="list-add-cancel" type="button" value="取消">
8    </div>
9  </div>
```

在上述代码中，class 名为 list-add-area 的元素默认情况下是通过 list-hide 隐藏的，当用户单击“添加项目”时会显示该元素，单击“取消”会隐藏该元素。

下面继续在 SmartList 函数中编写代码，为列表添加功能设置事件，具体代码如下。

```
1  var add = {
2    'show': find.className('add-show'),       // 获取“添加项目”元素对象
3    'area': find.className('add-area'),       // 获取添加区域块的元素对象
4    'input': find.className('add-input'),     // 获取添加的文本框元素对象
5    'add': find.className('add-add'),         // 获取添加按钮的元素对象
6    'cancel': find.className('add-cancel')    // 获取取消按钮的元素对象
7  };
8  add.show.onclick = function() {      // 控制添加区域的显示隐藏
9    add.area.classList.remove(prefix + '-hide');
10 };
11 add.add.onclick = function() {       // 添加到列表
12   list.add(add.input.value);
13 };
14 add.cancel.onclick = function() {  // 取消添加
15   add.area.classList.add(prefix + '-hide');
16 };
```

上述第 1 ~ 7 行代码用于获取添加项目的相关操作对象，第 8 ~ 10 行代码用于为“添加项目”设置单击事件，显示添加区域。第 11 ~ 13 行代码用于为“添加”按钮设置单击事件，完成列表项的添加；第 14 ~ 16 行代码用于为“取消”按钮设置单击事件，隐藏添加区域。

通过浏览器访问测试，在输入框中填写“C++”，查看运行结果，如图 7-18 所示。

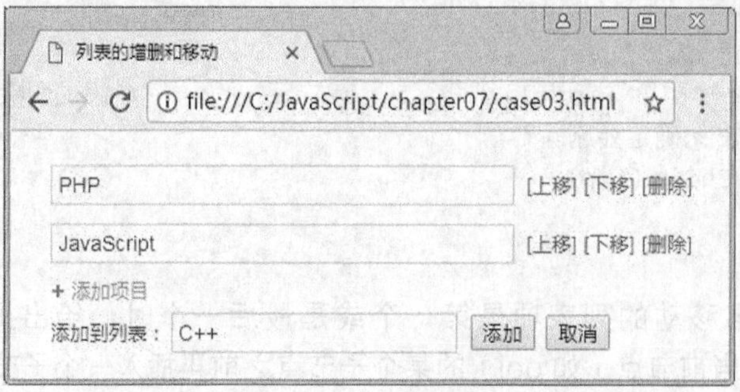

图7-18　添加列表项

单击“添加”按钮，列表的展示效果如图 7-19 所示。

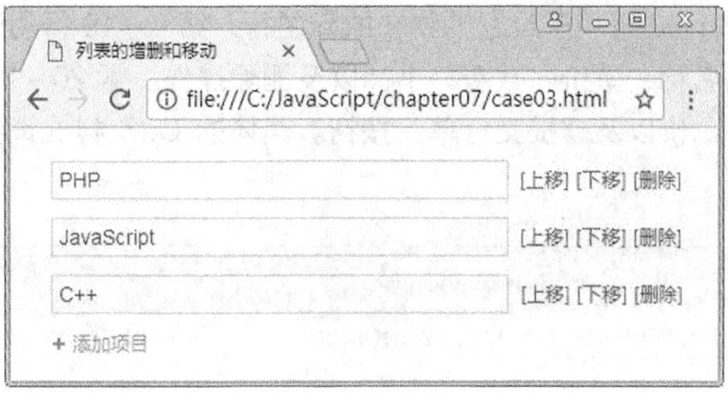

图7-19 添加成功后

动手实践：购物车

购物车是网络购物的一个重要组成部分。购物车用以保存用户选购的商品，为了提升用户体验，该页面通常会采用一些 JavaScript 效果实现一些功能，例如，商品数量的添加与减少、商品勾选、从购物车删除等。具体实现步骤如下。

1. 准备工作

编写 HTML 代码，设计购物车的结构与显示样式，具体代码如下。

```
1  <div class="cart">
2    <div class="cart-title">我的购物车</div>
3    <table class="cart-table">
4      <tr>
5        <th><span class="cart-all">全选</span></th><th>商品</th>
6        <th>单价</th><th>数量</th><th>小计</th><th>操作</th>
7      </tr>
8      <tr class="cart-item">
9        <td><input class="cart-check" type="checkbox" checked></td>
10       <td><span class="cart-name">Loading...</span></td>
11       <td><span class="cart-price">0</span></td>
12       <td>
13         <span class="cart-reduce" >-</span>
14         <span class="cart-num">0</span>
15         <span class="cart-add">+</span>
16       </td>
17       <td><span class="cart-subtotal">0</span></td>
18       <td><span class="cart-del">删除</span></td>
19     </tr>
20     <tr class="cart-bottom">
21       <td colspan="6">
22         <span>已选择 <span class="cart-total-num">0</span> 件商品</span>
23         <span>总计：<span class="cart-total-price">0</span></span>
24         <span>提交订单</span>
25       </td>
26     </tr>
27   </table>
28 </div>
```

在上述代码中，第 4～7 行用于设置购物车的标题行，第 8～19 行用于设置放入购物车的商品，包括复选框、商品名称、单价、数量、小计以及删除操作。第 20～26 行用于统计购物车中需要付款的商品数量、总价以及“提交订单”按钮。具体的 CSS 样式请参考教材源码，效果如图 7-20 所示

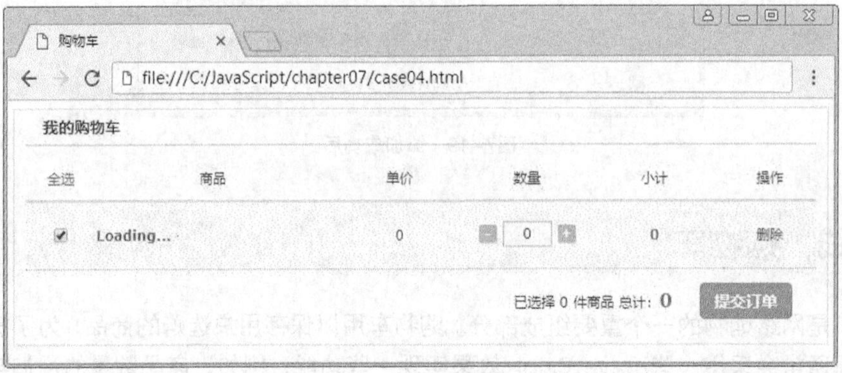

图7-20　购物车模板

接着在以上的 HTML 代码后添加以下代码，利用 JavaScript 封装一个购物车 ShopCart。

```
1  <script src="ShopCart.js"></script>
2  <script>
3    ShopCart('cart', [
4      {name: 'JavaScript 实战', price: 45.8, num: 1},
5      {name: 'PHP 基础案例教程', price: 49.8, num: 2},
6      {name: 'HTML+CSS 网页制作', price: 45.2, num: 5},
7      {name: 'Java 基础入门', price: 45, num: 8}
8    ]);
9  </script>
```

上述第 1 行代码用于引入一个 JavaScript 文件，在该文件中用于完成相关功能的实现。第 3 行代码调用 ShopCart 函数，第 1 个参数表示 HTML 中购物车的 class 前缀，用来针对网页中指定前缀的 class 元素进行操作。第 2 个参数表示页面打开时，自动添加到购物车表格中的商品信息。

接下来，编写 ShopCart.js 文件，实现购物车 ShopCart 以及 Find 对象，具体代码如下。

```
1  (function(window) {
2    var ShopCart = function(prefix, defCart) {
3      Find.prototype.prefix = prefix;
4    };
5    function Find(obj) {
6      this.obj = obj;
7    }
8    Find.prototype.prefix = '';
9    Find.prototype.className = function(className) {
10     return this.obj.getElementsByClassName(this.prefix + '-' +
             className)[0];
11   };
```

```
12   window['ShopCart'] = ShopCart;
13 })(window);
```

在上述代码中，第 2 ~ 4 行代码用于创建 ShopCart 构造函数，第 5 ~ 11 行代码的 Find 构造函数参数表示从哪个元素对象中进行查找，原型中的 prefix 属性表示 class 前缀，className()方法用于根据 class 查找对应的元素。

2. 添加购物车商品

将 HTML 中 class 为 cart-item 的<tr>元素作为商品的模板，网页中购物车中商品的添加都基于这个模板进行操作。在获取到这个模板后，需要将其从网页中删除，让其根据调用 ShopCart 对象传递的第 2 个参数来为商品设置名称、数量和单价。

编写 Cart 构造函数，用来创建购物车，具体代码如下。

```
1  function Cart(obj) {
2    this.items = [];                              // 保存所有商品
3    var find = new Find(obj);                     // 获取 class 为 cart 的 div 元素对象
4    this.all = find.className('all');             // 获取全选元素对象
5    this.bottom = find.className('bottom');       // 获取购物车的统计部分元素对象
6    this.num = find.className('total-num');       // 获取商品总数
7    this.price = find.className('total-price');// 商品总价
8    this.tmp = find.className('item');            // 获取商品的模板
9    this.tmp.parentNode.removeChild(this.tmp); // 移出模板
10   var cart = this;
11   this.all.onclick = function() {               // 为全选添加单击事件
12     cart.checkAll();
13   };
14 }
```

在上述代码中，第 2 行代码用于保存购物车中所有商品的信息，用于完成购物车的统计、全选以及商品删除的操作。第 3 ~ 10 行代码用于获取操作元素对象，第 11 ~ 13 行用于为全选添加单击事件，实现全选功能，其中 checkAll()方法将在后面的步骤中实现。

接下来，完成购物车中商品的添加，在 ShopCart 函数中添加以下代码。

```
1  var cart = new Cart(document.getElementsByClassName(prefix)[0]);
2  for (var i in defCart) {
3    cart.add(defCart[i]);
4  }
5  cart.updateTotal();
```

在上述代码中，第 1 行代码通过 Cart 对象查找 class 为 cart-item 的<tr>模板，然后创建了 cart 对象。创建之后，通过第 2 ~ 4 行代码，基于 defCart 数组中的每个元素来添加商品。其中，add()方法用来添加一项商品，updateTotal()方法用于更新购物车统计（购买的总数量和总价格）。

下面为 Cart 对象添加 add()方法，实现商品的添加，具体代码如下。

```
1  Cart.prototype.add = function(data) {
2    var tmp = this.tmp.cloneNode(true);
3    // ① 创建购物车中的一件商品对象
4    var item = new Item(tmp, data);
5    // ② 添加事件（在后面的步骤中实现）
6    // ③ 更新小计，然后将商品对象保存到 items 中，并插入到 item-bottom 节点之前
```

```
7     item.updateSubtotal();
8     this.items.push(item);
9     this.bottom.before(tmp);
10  };
```

上述第 2 行代码用于克隆一个元素节点，第 4 行用于创建购物车中的一件商品对象，第 7～9 行用于更新每件商品的小计，将商品对象保存到 items 中，并插入到对应的位置。在代码注释中，第②步，将在后面的步骤中实现。

下面编写 Item 构造函数，用来创建购物车中的一件商品及商品的小计，具体代码如下。

```
1   function Item(tmp, data) {
2     var find = new Find(tmp);                     // 获取 class 为 cart 的 div 元素对象
3     this.check = find.className('check');         // 获取商品前的复选框对象
4     this.name = find.className('name');           // 获取商品名称对象
5     this.price = find.className('price');         // 获取商品单价对象
6     this.num = find.className('num');             // 获取商品数量对象
7     this.add = find.className('add');             // 获取增加商品数量对象
8     this.reduce = find.className('reduce');       // 获取减少商品数量对象
9     this.subtotal = find.className('subtotal');// 获取商品小计对象
10    this.del = find.className('del');             // 获取删除商品对象
11    this.data = data;
12    this.name.textContent = data.name;
13    this.price.textContent = data.price.toFixed(2);
14    this.num.textContent = data.num;
15  }
16  Item.prototype.updateSubtotal = function() {
17    this.subtotal.textContent = (this.data.num * this.data.price).toFixed(2);
18  };
```

在上述代码中 Item 构造函数的第 1 个参数表示 HTML 中 class 的前缀，第 2 个参数以对象形式存储的单件商品的信息，包括商品名称（name）、单价（price）和数量（num）。第 11～14 行代码用于设置商品的相关参数。第 16～18 行的 updateSubtotal()方法用于实现单件商品的小计。

3. 修改商品

继续编写 Cart 对象的 add()方法，在注释位置完成商品的选择、商品数量的修改以及删除操作，具体代码如下。

```
1   var cart = this;
2   item.check.onclick = function () {        // 为商品的复选框添加单击事件
3     cart.updateTotal();
4   };
5   item.add.onclick = function() {           // 增加商品数量
6     item.num.textContent = ++item.data.num;
7     item.updateSubtotal()
8     cart.updateTotal();
9   };
10  item.reduce.onclick = function() {        // 减少商品数量
11    if (item.data.num > 1) {
12      item.num.textContent = --item.data.num;
13      item.updateSubtotal();
14      cart.updateTotal();
```

```
15   } else {
16     alert('至少选择 1 件，如果不需要，请直接删除');
17   }
18 };
19 item.del.onclick = function() {          // 删除商品
20   if (confirm('您确定要删除此商品吗？')) {
21     tmp.parentNode.removeChild(tmp);     // 移出 HTML 页面中的商品
22     cart.del(item);                      // 删除 items 中保存的对应商品
23     cart.updateTotal();
24   }
25 };
```

在上述代码中，第 2～4 行代码用于修改每件商品前复选框的选中情况时，重新统计购物车中的商品数量及总价；第 5～7 行代码用于增加或减少商品数量时，重新计算商品的小计和购物车的统计，并在商品数量为 1 时，不减少商品数量，给出提示信息；第 19～25 行代码用于删除商品并重新计算购物车的统计。

4. 实现总计、全选与删除

新增 Cart 对象的 updateTotal()、checkAll()和 del()方法，完成购物车的统计、全选以及商品删除功能，具体代码如下。

```
1  Cart.prototype.updateTotal = function() {  // 更新购物车统计
2    var num = 0, price = 0;
3    for (var i in this.items) {
4      var item = this.items[i];
5      if (item.check.checked) {
6        num += item.data.num;
7        price += item.data.num * item.data.price;
8      }
9    }
10   this.num.textContent = num;
11   this.price.textContent = price.toFixed(2);
12 };
13 Cart.prototype.checkAll = function() {   // 全选功能
14   for (var i in this.items) {
15     this.items[i].check.checked = true;
16   }
17   this.updateTotal();
18 };
19 Cart.prototype.del = function(item) {    // 删除商品
20   for (var i in this.items) {
21     if (this.items[i] === item) {
22       delete this.items[i];
23     }
24   }
25 };
```

在上述代码中，items 属性保存购物车中的所有商品信息（名称、单价以及数量），然后通过遍历 items 的方式实现购物车中商品统计的计算、全选以及商品删除的功能。

通过浏览器访问测试，效果如图 7-21 所示。

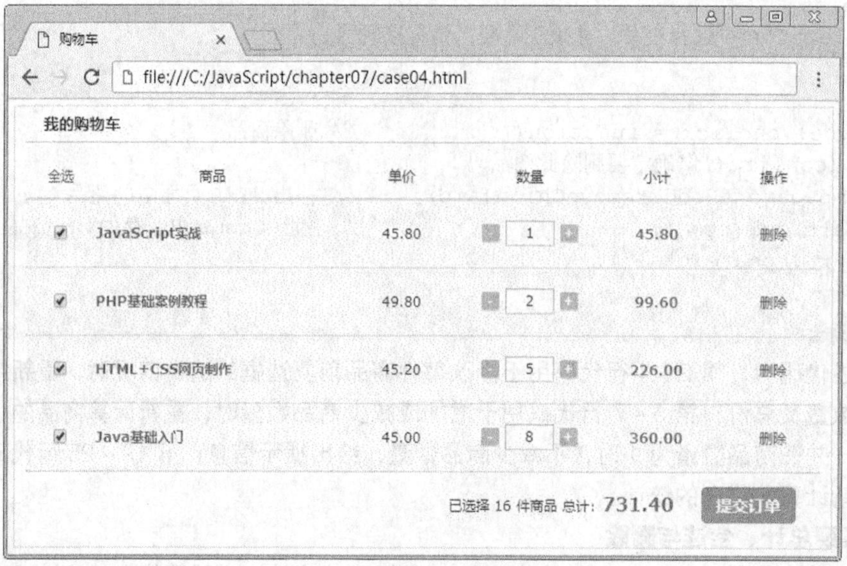

图7-21　购物车完成效果

本章小结

本章主要讲解了如何利用 DOM 的方式在 JavaScript 中操作 HTML 元素和 CSS 样式，以及根据开发需求能够通过节点的方式添加、移动或删除指定的元素。最后将 Web 开发中常见的功能以案例的形式实现，如标签栏的切换、列表的增删和移动以及购物车功能。通过本章的学习，希望大家能够熟练地运用 DOM 完成 Web 开发中常见功能的开发。

课后练习

一、填空题

1. DOM 中________方法可用于创建一个元素节点。
2. HTML DOM 中的根节点是________。

二、判断题

1. document.querySelector('div').classList 可以获取文档中所有 div 的 class 值。(　　)
2. 删除节点的 removeChild()方法返回的是一个布尔类型值。(　　)
3. HTML 文档每个换行都是一个文本节点。(　　)
4. document 对象的 getElementsByClassName()方法和 getElementsByName()方法返回的都是元素对象集合 HTMLCollection。(　　)

三、选择题

1. 下面可用于获取文档中全部 div 元素的是（　　）。

　A. document.querySelector('div')　　B. document.querySelectorAll('div')
　C. document.getElementsByName('div')　　D. 以上选项都可以

2. 下列选项中，可以作为 DOM 的 style 属性操作的样式名的是（　　）。

A. Background　　B. display

C. background-color　　D. LEFT

3. 下列选项中，可用于实现动态改变指定 div 中内容的是（　　）。

A. console.log()　　B. document.write()

C. innerHTML　　D. 以上选项都可以

四、编程题

请利用 HTML DOM 实现全选、全不选、反选功能。

8 Chapter

第 8 章 事件

JavaScript

学习目标

- 掌握事件的绑定方式
- 熟悉事件对象的使用
- 掌握常用事件的实现

事件被看作是 JavaScript 与网页之间交互的桥梁，当事件发生时，可以通过 JavaScript 代码执行相关的操作。例如，用户可以通过鼠标拖曳登录框，改变登录框的显示位置；或者在阅读文章时，选中文本后自动弹出分享、复制选项。本章将对 JavaScript 中的事件进行详细讲解。

8.1 事件处理

8.1.1 事件概述

事件可被理解为是 JavaScript 侦测到的行为，这些行为指的就是页面的加载、鼠标单击页面、鼠标滑过某个区域等具体的动作，它对实现网页的交互效果起着重要的作用。在深入学习事件时，需要对一些非常基本又相当重要的概念有一定的了解。

1. 事件处理程序

事件处理程序指的就是 JavaScript 为响应用户行为所执行的程序代码。例如，用户单击 button 按钮时，这个行为就会被 JavaScript 中的 click 事件侦测到；然后让其自动执行，为 click 事件编写的程序代码，如在控制台输出“按钮被单击了”。

2. 事件驱动式

事件驱动式是指，在 Web 页面中 JavaScript 的事件，侦测到的用户行为（如鼠标单击、鼠标移入等），并执行相应的事件处理程序的过程。

3. 事件流

事件发生时，会在发生事件的元素节点与 DOM 树根节点之间按照特定的顺序进行传播，这个事件传播的过程就是事件流。网景（Netscape）和微软（Microsoft）IE 浏览器对于事件流的传播顺序，提供了两种不同的解决方案，具体如下。

（1）事件捕获方式（网景），它指的是事件流传播的顺序应该是从 DOM 树的根节点到发生事件的元素节点，如图 8-1 所示。

（2）事件冒泡方式（微软），它指的是事件流传播的顺序应该是从发生事件的元素节点到 DOM 树的根节点，如图 8-2 所示。

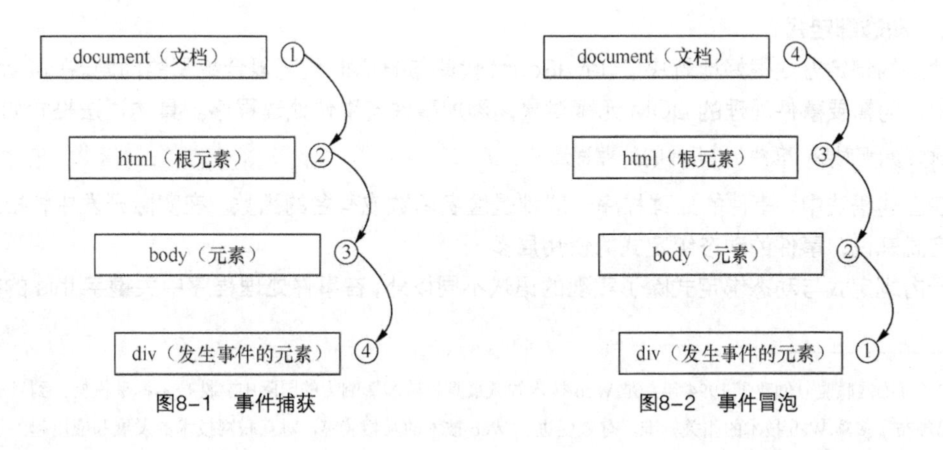

图8-1 事件捕获　　图8-2 事件冒泡

W3C[1]对网景和微软提出的方案进行了中和处理，规定了事件发生后，首先实现事件捕获，但不会对事件进行处理；然后进行到目标阶段，执行当前元素对象的事件处理程序，但它会被看成是冒泡阶段的一部分；最后实现事件的冒泡，逐级对事件进行处理，如图 8-3 所示。

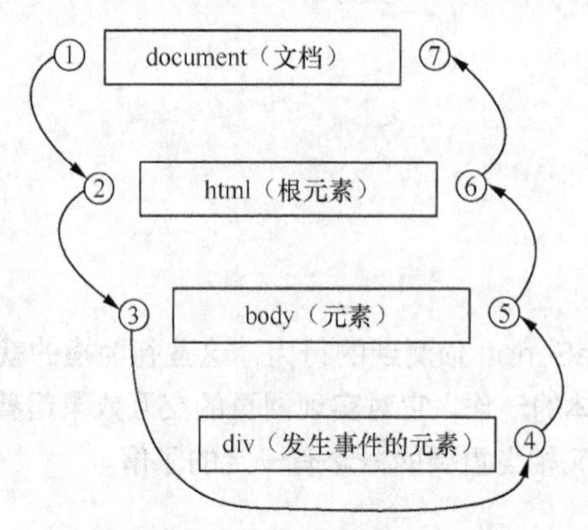

图8-3　W3C规定的事件流方式

8.1.2　事件的绑定方式

事件绑定指的是为某个元素对象的事件绑定事件处理程序。在 JavaScript 中提供了 3 种事件的绑定方式，分别为行内绑定式、动态绑定式和事件监听的方式。下面将针对以上 3 种事件绑定方式的语法以及各自的区别进行详细讲解。

1. 行内绑定式

事件的行内绑定式是通过 HTML 标签的属性设置实现的，具体语法格式如下。

```
<标签名　事件="事件的处理程序">
```

在上述语法中，标签名可以是任意的 HTML 标签，如<div>标签、<button>标签等；事件是由 on 和事件名称组成的一个 HTML 属性，如单击事件对应的属性名为 onclick；事件的处理程序指的是 JavaScript 代码，如匿名函数等。

需要注意的是，由于开发中提倡 JavaScript 代码与 HTML 代码相分离。因此，不建议使用行内式绑定事件。

2. 动态绑定式

动态的绑定方式很好地解决了 JavaScript 代码与 HTML 代码混合编写的问题。在 JavaScript 代码中，为需要事件处理的 DOM 元素对象，添加事件与事件处理程序。具体语法格式如下。

```
DOM 元素对象.事件 = 事件的处理程序;
```

在上述语法中，事件的处理程序一般都是匿名函数或有名的函数。在实际开发中，相对于行内绑定式来说，事件的动态绑定式的使用居多。

行内绑定式与动态绑定式除了实现的语法不同以外，在事件处理程序中关键字 this 的指向也

---

[1] W3C（万维网联盟）创建于 1994 年，是 Web 技术领域最具权威和影响力的国际中立性技术标准机构。到目前为止，W3C 已颁布了多项 Web 技术的相关标准，有效促进了 Web 技术的互相兼容，对互联网技术的发展和应用起到了基础性和根本性的支撑作用。

不同。前者的事件处理程序中 this 关键字，用于指向 window 对象；后者的事件处理程序中 this 关键字，用于指向当前正在操作的 DOM 元素对象。

除此之外，行内绑定式和动态绑定式是最原始的事件模型（也称 DOM0 级事件模型）提供的事件绑定方式，在该模型中没有事件流的概念，也就是说事件不能够传播。因此，同一个 DOM 对象的同一个事件只能有一个事件处理程序。

3. 事件监听

为了给同一个 DOM 对象的同一个事件添加多个事件处理程序，DOM2 级事件模型中引入了事件流的概念，可以让 DOM 对象通过事件监听的方式实现事件的绑定。由于不同浏览器采用的事件流实现方式不同，事件监听的实现存在兼容性问题。通常根据浏览器的内核可以划分为两大类，一类是早期版本的 IE 浏览器（如 IE6～8），一类遵循 W3C 标准的浏览器（以下简称标准浏览器）。

接下来，将根据不同类型的浏览器，分别介绍事件监听的实现方式。

（1）早期版本的 IE 浏览器

在早期版本的 IE 浏览器中，事件监听的语法格式如下。

```
DOM 对象.attachEvent(type, callback);
```

在上述语法中，参数 type 指的是为 DOM 对象绑定的事件类型，它是由 on 与事件名称组成的，如 onclick。参数 callback 表示事件的处理程序。

（2）标准浏览器

标准浏览器包括 IE8 版本以上的 IE 浏览器（如 IE9～11），新版的 Firefox、Chrome 等浏览器。具体语法格式如下。

```
DOM 对象.addEventListener(type, callback, [capture]);
```

在上述语法中，参数 type 指的是 DOM 对象绑定的事件类型，它是由事件名称设置的，如 click。参数 callback 表示事件的处理程序。参数 capture 默认值为 false，表示在冒泡阶段完成事件处理，将其设置为 true 时，表示在捕获阶段完成事件处理。

以上介绍的两种类型的浏览器，在实现事件监听时除了语法不同外，事件处理程序的触发顺序也不相同。为了让读者更好地理解它们之间的区别，以下面的具体示例进行演示。

```
<!-- 早期版本 IE 浏览器 -->
<div id="t">test</div>
<script>
var obj = document.getElementById('t');
// 添加第 1 个事件处理程序
obj.attachEvent('onclick',function(){
  console.log('one');
});
// 添加第 2 个事件处理程序
obj.attachEvent('onclick',function(){
  console.log('two');
});
</script>
```

```
<!-- 标准浏览器 -->
<div id="t">test</div>
<script>
var obj = document.getElementById('t');
// 添加第 1 个事件处理程序
obj.addEventListener('click',function(){
  console.log('one');
});
// 添加第 2 个事件处理程序
obj.addEventListener('click',function(){
  console.log('two');
});
</script>
```

上述代码用于为<div>标签的单击事件添加两个处理程序，第 1 个处理程序在控制台输出

one，第 2 个处理程序在控制台输出 two。接下来，在 test.html 文件中保存早期版本 IE 浏览器的相关事件监听代码，在 IE11 的开发人员工具中，通过 IE8 兼容模式来测试，效果如图 8-4 左侧所示。同理，在 Chrome 浏览器中访问，效果如图 8-4 右侧所示。

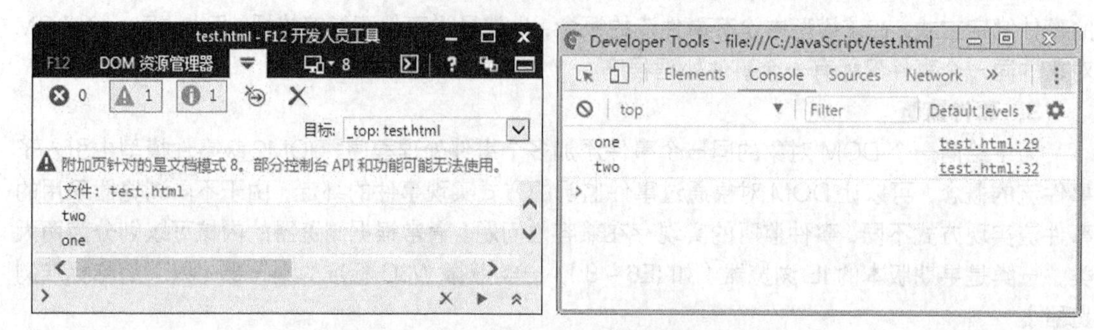

图8-4　对比IE8与Chrome事件监听的触发输出

从图 8-4 可以看出，同一个对象的相同事件，早期版本 IE 浏览器的事件处理程序按照添加的顺序倒序执行，因此输出结果依次为 two 和 one；而标准浏览器的事件处理程序按照添加顺序正序执行，因此输出的结果依次为 one 和 two。

值得一提的是，在保证事件监听的处理程序是一个有名的函数时，开发中可根据实际需求移出 DOM 对象的事件监听。同样，事件监听的移出也需考虑兼容性问题，具体语法格式如下。

```
DOM 对象.detachEvent(type, callback);              // 早期版本 IE 浏览器
DOM 对象.removeEventListener(type, callback);    // 标准浏览器
```

在上述语法中，参数 type 值的设置要与添加事件监听的事件类型相同，参数 callback 表示事件处理程序的名称，即函数名。

8.2 事件对象

在 JavaScript 中，当发生事件时，都会产生一个事件对象 event，这个对象中包含着所有与事件相关的信息，包括发生事件的 DOM 元素、事件的类型以及其他与特定事件相关的信息。例如，因鼠标移动发生事件时，事件对象中会包括鼠标位置（横、纵坐标）等相关的信息；因操作键盘发生事件时，事件对象中会包括按下键的键值等相关信息。接下来本节将针对事件对象进行详细讲解。

8.2.1 获取事件对象

虽然所有浏览器都支持事件对象 event，但是不同的浏览器获取事件对象的方式不同。在标准浏览器中会将一个 event 对象直接传入到事件处理程序中，而早期版本的 IE 浏览器（IE6～8）中，仅能通过 window.event 才能获取事件对象。

接下来，以获取 button 按钮单击事件的事件对象为例进行演示，示例代码如下。

```
1  <button id="btn">获取 event 对象</button>
2  <script>
3    var btn = document.getElementById('btn');
4    btn.onclick = function(e) {
```

```
5     var event = e || window.event;     // 获取事件对象的兼容处理
6     console.log(event);
7   };
8 </script>
```

上述第 3 行代码，根据 id 属性值获取 button 按钮的元素对象。第 4～7 行代码，通过动态绑定式为按钮添加单击事件。其中，事件处理函数中传递的参数 e（参数名称只要符合变量定义的规则即可）表示的就是事件对象 event，第 5 行通过“或”运算符实现不同浏览器间获取事件对象兼容的处理。若是标准浏览器，则可以直接通过 e 获取事件对象，否则若是早期版本的 IE 浏览器（IE6～8）则需要通过 window.event 才能获取事件对象。

最后，执行第 6 行代码在控制台查看事件对象。在 IE11 的开发人员工具中，通过 IE8 兼容模式测试，效果如图 8-5（A）所示。在 Chrome 浏览器中的效果如图 8-5（B）所示。

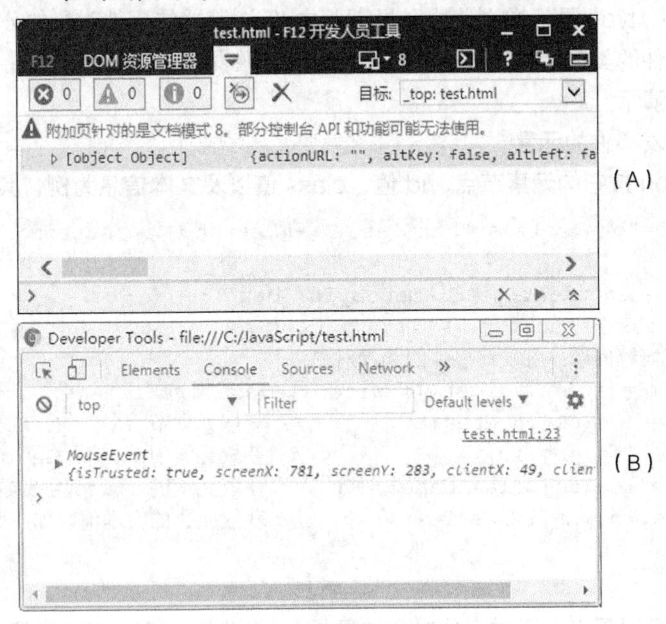

图8-5　获取事件对象

从图 8-5 可知，Chrome 浏览器单击事件触发的是鼠标对象 MouseEvent，展开该对象即可看到当前对象含有的所有属性和方法，用于 Web 开发。

8.2.2　常用属性和方法

在事件发生后，事件对象 event 中不仅包含着与特定事件相关的信息，还会包含一些所有事件都有的属性和方法。其中，常用的属性和方法如表 8-1 所示。

表 8-1　事件对象属性和方法

分类	属性/方法	描述
公有的	type	返回当前事件的类型，如 click
标准浏览器事件对象	target	返回触发此事件的元素（事件的目标节点）
	currentTarget	返回其事件监听器触发该事件的元素
	bubbles	表示事件是否是冒泡事件类型

续表

分类	属性/方法	描述
标准浏览器事件对象	cancelable	表示事件是否取消默认动作
	eventPhase	返回事件传播的当前阶段。1 表示捕获阶段，2 表示处于目标阶段，3 表示冒泡阶段
	stopPropagation()	阻止事件冒泡
	preventDefault()	阻止默认行为
早期版本 IE 浏览器事件对象	srcElement	返回触发此事件的元素（事件的目标节点）
	cancelBubble	阻止事件冒泡，默认为 false 表示允许，设置 true 表示阻止
	returnValue	阻止默认行为，默认为 true 表示允许，设置 false 表示阻止

在表 8-1 中，type 是标准浏览器和早期版本 IE 浏览器的事件对象的公有属性，通过该属性可以获取发生事件的类型，如 click 等。下面以获取触发事件的元素、阻止事件冒泡和默认行为的实现为例进行演示。

（1）获取触发事件的元素

以获取 button 按钮的元素节点、id 值、class 值以及文本信息为例，具体代码如下。

```
<button id="btn" class="btnClass">获取 event 对象</button>
<script>
  var btn = document.getElementById('btn');
  btn.onclick = function(e) {
    // 处理兼容问题：触发此事件的元素对象
    var obj = event.target || window.event.srcElement;
    console.log(obj.nodeName);       // 获取元素节点名，如：BUTTON
    console.log(obj.id);             // 获取元素的 id 值，如：btn
    console.log(obj.className);      // 获取元素的 class 名，如：btnClass
    console.log(obj.innerText);      // 获取元素的文本值，如：获取 event 对象
  };
</script>
```

从上述示例可以看出，通过事件对象的属性 target 或 srcElement 即可获取触发事件的元素相关信息，在项目中则可直接利用这些信息进行相关的处理，以便于程序的开发。

（2）阻止事件冒泡

事件冒泡是指，事件的响应像水泡一样上升至最顶级对象，因此把这个过程称之为“事件冒泡”。例如，为 3 个互相嵌套的<div>元素添加事件，并在控制台输出提示信息，具体代码如下。

```
<div id="red">
  <div id="green">
    <div id="yellow"></div>
  </div>
</div>
<script>
  // 分别获取互相嵌套的 div 元素
  var red = document.getElementById('red');
  var green = document.getElementById('green');
  var yellow = document.getElementById('yellow');
  // 分别为互相嵌套的 div 元素添加单击事件
```

```
  red.onclick = function() { console.log('red'); };
  green.onclick = function() { console.log('green'); };
  yellow.onclick = function() { console.log('yellow'); };
</script>
```

从上述代码可知，当单击 id 为 red 的<div>时，则在控制台输出 red。同理，当用户单击不同颜色的<div>块时，则在控制台输出对应的颜色值。这里将最外层<div>的宽高设置为最大，内层的<div>设置为最小。效果如图 8-6 所示。

下面以单击黄色区域为例，在控制台的输出效果如图 8-7 所示。从输出结果可以看出，与分析结果不同，这是由于默认情况下，事件是按照事件冒泡的方式进行处理的。因此，当用户单击黄色区域时，它不仅触发的<div>块的单击事件，还逐层向上触发了 id 为 green 和 id 为 red 的<div>块的单击事件，直到最顶层元素，所以最后的输出结果依次为 yellow、green 和 red。

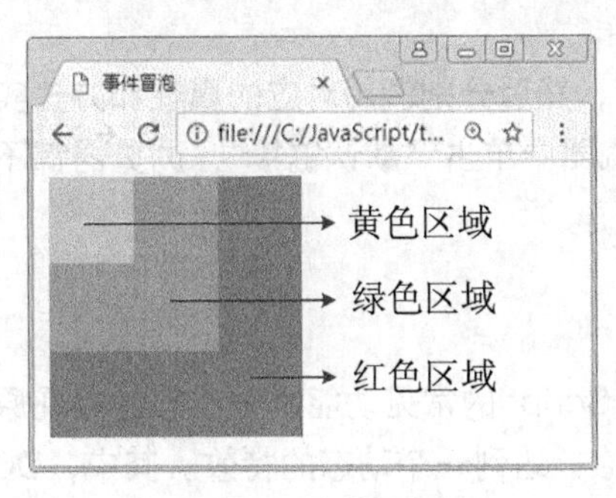

图8-6 事件冒泡

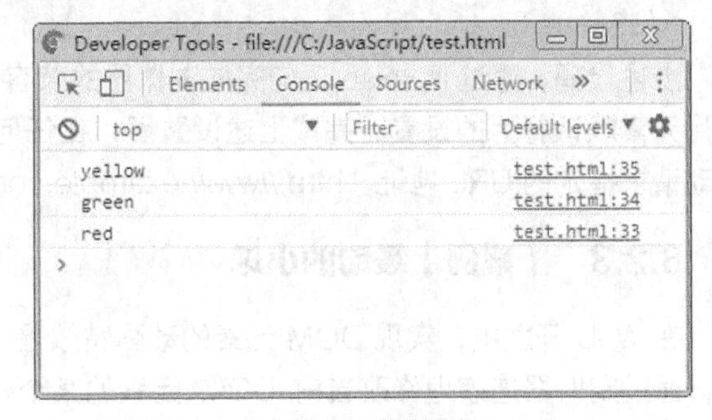

图8-7 事件冒泡

开发中若要禁止事件冒泡，则可以利用事件对象调用 stopPropagation()方法和 cancelBubble 属性，实现禁止所有浏览器的事件冒泡行为。

例如，为上述所有单击事件的事件处理程序，添加参数 e，用于获取事件对象，并且在控制台输出前添加以下代码。

```
if (window.event) {        // 早期版本的的浏览器
  window.event.cancelBubble = true;
} else {                   // 标准浏览器
  e.stopPropagation();
}
```

上述第 1 行代码用于判断当前是否为早期版本的 IE 浏览器，如果是，则利用事件对象调用 cancelBubble 属性阻止事件冒泡；否则利用事件对象 e 调用 stopPropagation()方法完成事件冒泡的阻止设置。修改完成后，再次单击黄色区域，效果如图 8-8 所示。

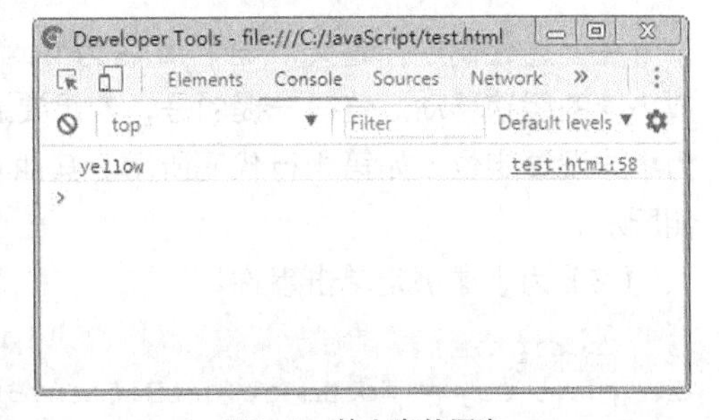

图8-8 禁止事件冒泡

（3）阻止事件默认行为

在 HTML 中，有些元素标签拥有一些特殊的行为。例如，单击<a>标签后，会自动跳转到 href 属性指定的 URL 链接；单击表单的 submit 按钮后，会自动将表单数据提交到指定的服务器端页面处理。因此，我们把标签具有的这种行为称为默认行为。

但是在实际开发中，为了使程序更加严谨，想要确定含有默认行为的标签符合要求后，才能执行默认行为时，可利用事件对象的 preventDefault()方法和 returnValue 属性，禁止所有浏览器执行元素的默认行为。下面以禁用<a>标签的链接为例进行演示，具体代码如下。

```
<a id="test" href="http://www.example.com">默认链接</a>
<script>
  document.getElementById('test').onclick = function(e) {
    if (window.event) { // 早期版本 IE 浏览器
      window.event.returnValue = false;
    } else {              // 标准浏览器
      e.preventDefault();
    }
  };
</script>
```

上述代码，通过 if...else 语句完成浏览器的兼容处理，然后分别调用对应的属性和方法实现禁用元素默认行为的设置。完成上述设置后，在任何浏览器中单击“默认链接”，浏览器都不会自动请求指定的 URL 地址“http://www.example.com”了。

8.2.3 【案例】缓动的小球

在 Web 开发中，实现 DOM 元素的动画特效是 JavaScript 的常见功能之一。它的实现原理是，通过定时器连续地修改当前 DOM 元素的某个样式值，达到一个动态的特效。其中，DOM 元素样式值的改变是根据固定公式运算实现的，缓动动画公式如下。

```
step = ( target - leader )/10          // 计算每次缓动的步长
leader = leader + step                 // 计算下次的起始点
```

在上述公式中，target 表示目标点，leader 表示起始点，step 表示从起始点到目标点每次缓动的步长。而缓动特效在实现时，随着距离 target 越来越近，step 步长值逐渐变小，从而达到非常逼真的缓动效果。

下面就以单击小球，让小球缓速移动为例进行讲解。具体实现步骤如下。

（1）编写 HTML 页面

```
1  <style>#box{position: absolute;}</style>
2  <div id="box">点我啊，跑！</div>
```

在上述代码中，定义了一个 id 名为 box 的小球，用户单击该小球，通过 JavaScript 代码完成小球的缓速移动。值得一提的是，若想要通过改变小球的 left 和 top 值完成小球的移动，需要为小球设置定位，如第 1 行代码所示。其他 CSS 样式的设置可参考本书源码。效果如图 8-9 左侧所示。

（2）为小球绑定单击事件

```
1  <script>
2   var obj = document.getElementById('box');
3   obj.onclick = function() {
4     animate(obj, {'left': 200, 'top': 50});
5   };
6  </script>
```

图8-9 缓动的小球

在上述代码中，首先获取 id 值为 box 的小球，然后通过动态方式完成单击事件的绑定，并在该事件处理程序中，调用 animate()自定义函数完成动画的实现。其中，animate()函数的第 1 个参数表示以动画方式移动的对象，第 2 个参数利用对象保存需要改变的元素属性值。需要注意的是，这里仅实现以像素为单位的数值型的属性。

（3）编写 animate()动画函数

```
1  function animate(obj, option) {
2    clearInterval(obj.timer);                        // 防止多次触发事件，重复开启定时器
3    obj.timer = setInterval(function() {
4      var flag = true;                               // 元素对象移动的标志，true 表示已完成
5      for (var k in option) {
6        var leader = parseInt(getStyle(obj, k)) || 0;    // 获取指定元素当前属性值
7        var target = option[k];                           // 获取指定元素目标属性值
8        var step = (target - leader) / 10;                // 计算每次移动的步长
9        step = step > 0 ? Math.ceil(step) : Math.floor(step);
10       leader = leader + step;             // 计算属性值
11       obj.style[k] = leader + 'px';       // 设置属性值
12       if (leader != target) {             // 判断是否完成移动
13         flag = false;
14       }
15     }
16     if (flag) {    // 移动完成后清除定时器
17       clearInterval(obj.timer);
18     }
19   }, 15);
20 }
```

上述第 2 行代码为了防止用户多次单击时，重复在一个元素上开启定时器，因此在自定义函数 animate()的开始立即清除指定元素的定时器。第 3～19 行代码为 obj 元素对象开启定时器实现动画效果，并将定时器 ID 保存在 obj 元素对象的属性 timer 中，在完成指定操作后用于清除指定元素的定时器。

第 5～15 行代码用于遍历所有需要以动画形式移动的属性值。其中，getStyle()自定义函数用于获取 obj 的 k 属性的当前值；第 8～9 行根据计算获取每次移动的步长，并保证每次步长都是一个整数值；第 12～14 行用于判断当前属性值是否已达到目标值，若没有将其 flag 标志设为 false。第 16～18 行代码根据所有属性是否移动完成的情况清除定时器。值得一提的是，定时器

的间隔设置为 15 毫秒，是为了达到一个连续的动画效果。

接下来编写 getStyle()函数获取指定元素对象的属性值，具体代码如下。

```
1  function getStyle(obj, attr) {
2    if (window.getComputedStyle) {    // 标准浏览器
3      return window.getComputedStyle(obj, null)[attr];
4    } else {                          // 早期版本 IE 的浏览器，IE6～8
5      return obj.currentStyle[attr];
6    }
7  }
```

在实际开发中，虽然 window 对象的 getComputedStyle()方法可以直接获取指定元素当前的实际样式，但是 IE6 ~ 8 版本的浏览器并不支持此方式，需要通过指定元素对象的 currentStyle 来实现。

其中，getComputedStyle()方法的第 1 个参数表示元素对象，第 2 个参数表示伪元素，一般情况下没有伪元素时将其设置 null 即可。完成上述的所有操作后，单击小球，最终可看到小球缓速地从图 8-9 左侧的位置移动到图 8-9 右侧的位置。

8.3 事件分类

8.3.1 页面事件

在项目开发中，经常需要 JavaScript 对网页中的 DOM 元素进行操作，而页面的加载又是按照代码的编写顺序，从上到下依次执行的。因此，若在页面还未加载完成的情况下，就使用 JavaScript 操作 DOM 元素，会出现语法错误，具体代码如下。

```
<script>
  document.getElementById('demo').onclick = function () {
    console.log('单击');
  };
</script>
<div id="demo"></div>
```

在上述代码中，首先利用 JavaScript 代码获取 id 为 demo 的元素，然后为其添加 click 事件，并在事件处理函数中，通过控制台输出提示信息“单击”。最后在 JavaScript 代码后设计了一个 id 为 demo 的<div>元素，用于进行页面单击。完成上述操作后，在浏览器的控制台中可以看到图 8-10 所示的效果。

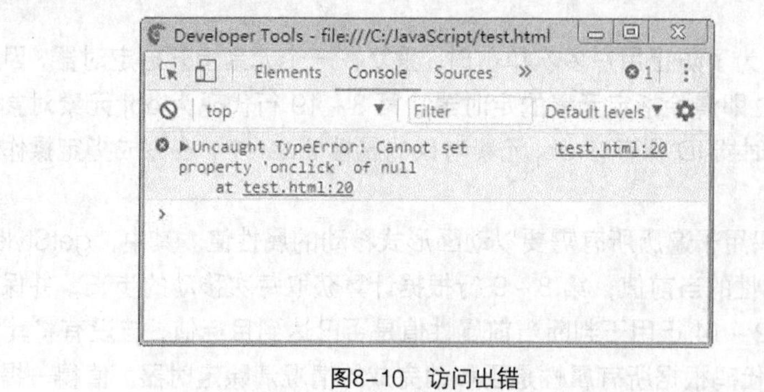

图8-10 访问出错

从图 8-10 可知，在控制台有错误提示，原因是页面在加载的过程中，没有获取到相应的元素对象。为了解决此类问题，JavaScript 提供了页面事件，可以改变 JavaScript 代码的执行时机。常用的如表 8-2 所示。

表 8-2 页面事件

事件名称	事件触发时机
load	当页面载入完毕后触发
unload	当页面关闭时触发

在表 8-2 中，load 事件用于 body 内所有标签都加载完成后才触发，又因其无需考虑页面加载顺序的问题，常常在开发具体功能时添加。unload 事件用于页面关闭时触发，开发中经常用于清除引用，避免内存泄漏。接下来，将上述 JavaScript 代码放到 load 事件的处理程序中，具体代码如下。

```
window.onload = function() {
  // JavaScript 代码
};
```

按照上述代码修改后，只有当 HTML 文本全部加载到浏览器中时，才会触发 load 事件。单击<div>，在浏览器的控制台中，可以查看到图 8-11 所示的效果。

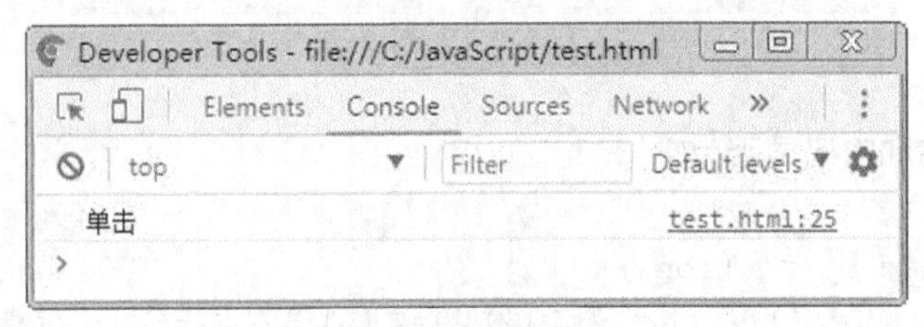

图8-11 执行成功

8.3.2 焦点事件

在 Web 开发中，焦点事件多用于表单验证功能，是最常用的事件之一。例如，文本框获取焦点改变文本框的样式，文本框失去焦点时验证文本框内输入的数据等。常用的焦点事件如表 8-3 所示。

表 8-3 焦点事件

事件名称	事件触发时机
focus	当获得焦点时触发（不会冒泡）
blur	当失去焦点时触发（不会冒泡）

为了让大家更好地掌握焦点事件的使用方法，下面以验证用户名和密码是否为空进行演示。具体如例 8-1 所示。

【例 8-1】demo01.html

（1）编写 HTML，实现用户登录的表单

```
1  <div id="tips"></div>
2  <div class="box">
```

```
3    <label>用户名：<input id="user" type="text"></label>
4    <label>密  码：<input id="pass" type="password"></label>
5    <button id="login">登录</button>
6  </div>
```

上述第 1 行代码用于显示错误提示信息，默认情况下隐藏，只有当文本框失去焦点，并且未填写任何内容时显示。具体的 CSS 样式可参考本书源码，效果如图 8-12 所示。

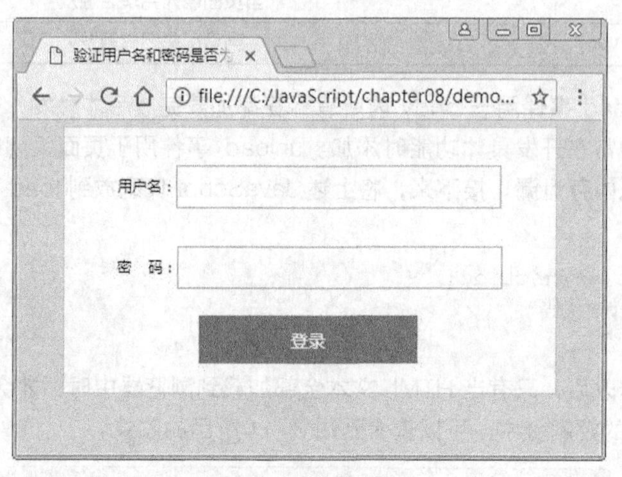

图8-12　用户登录界面

（2）验证用户名和密码是否为空

```
1  <script>
2    window.onload = function() {
3      addBlur($('user')); // 检测 id 为 user 的元素失去焦点后，value 值是否为空
4      addBlur($('pass')); // 检测 id 为 pass 的元素失去焦点后，value 值是否为空
5    };
6    function $(obj) {           // 根据 id 获取指定元素
7      return document.getElementById(obj);
8    }
9    function addBlur(obj) {   // 为指定元素添加失去焦点事件
10     obj.onblur = function() {
11       isEmpty(this);
12     };
13   }
14   function isEmpty(obj) {   // 检测表单是否为空
15     if (obj.value === '') {
16       $('tips').style.display = 'block';
17       $('tips').innerHTML = '注意：输入内容不能为空！';
18     } else {
19       $('tips').style.display = 'none';
20     }
21   }
22 </script>
```

在上述代码中，第 2～5 行代码用于在页面加载完成后，调用自定义函数检测用户名和密码是否为空；第 6～8 行代码封装的$()函数用于根据 id 值获取元素对象，方便程序开发；第 9～13 行代码封装的 addBlur()函数，用于为指定元素添加失去焦点事件及其事件处理程序；第 14～21 行代码用于检测指定元素对象 obj 的 value 值是否为空，若为空，则显示错误提示信息，否则隐藏提示信息框。

接下来，以验证密码框为空进行测试。效果如图 8-13 所示。

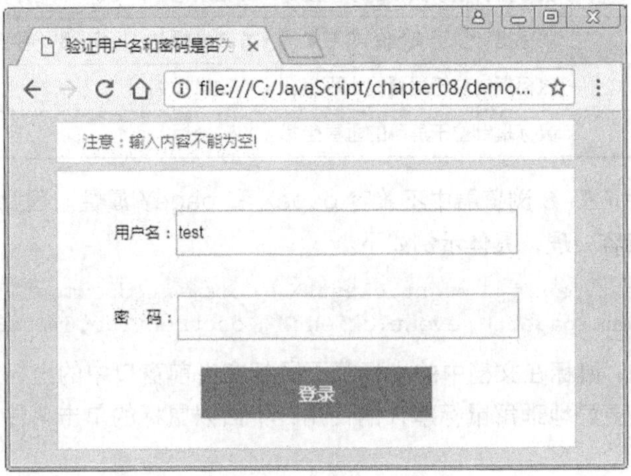

图8-13 验证用户名和密码是否为空

8.3.3 鼠标事件

鼠标事件是 Web 开发中最常用的一类事件。例如，鼠标滑过时，切换 Tab 栏显示的内容；利用鼠标拖曳状态框，调整它的显示位置等，这些常见的网页效果都会用到鼠标事件。下面列举几个常用的鼠标事件，如表 8-4 所示。

表 8-4 鼠标事件

事件名称	事件触发时机
click	当按下并释放任意鼠标按键时触发
dblclick	当鼠标双击时触发
mouseover	当鼠标进入时触发
mouseout	当鼠标离开时触发
change	当内容发生改变时触发，一般多用于<select>对象
mousedown	当按下任意鼠标按键时触发
mouseup	当释放任意鼠标按键时触发
mousemove	在元素内当鼠标移动时持续触发

表 8-4 所示的鼠标事件，在项目开发中还经常涉及一些常用的鼠标属性，用来获取当前鼠标的位置信息。常用的属性如表 8-5 所示。

表 8-5　鼠标事件位置属性

位置属性（只读）	描述
clientX	鼠标指针位于浏览器页面当前窗口可视区的水平坐标（X 轴坐标）
clientY	鼠标指针位于浏览器页面当前窗口可视区的垂直坐标（Y 轴坐标）
pageX	鼠标指针位于文档的水平坐标（X 轴坐标），IE6～8 不兼容
pageY	鼠标指针位于文档的垂直坐标（Y 轴坐标），IE6～8 不兼容
screenX	鼠标指针位于屏幕的水平坐标（X 轴坐标）
screenY	鼠标指针位于屏幕的垂直坐标（Y 轴坐标）

从表 8-5 可知，IE6～8 浏览器中不兼容 pageX 和 pageY 属性。因此，项目开发时需要对 IE6～8 浏览器进行兼容处理，具体示例如下。

```
var pageX = event.pageX || event.clientX + document.documentElement.scrollLeft;
var pageY = event.pageY || event.clientY + document.documentElement.scrollTop;
```

从以上代码可知，鼠标在文档中的坐标等于鼠标在当前窗口中的坐标加上滚动条卷去的文本长度。为了让大家更好地理解鼠标事件的使用，下面以鼠标的单击事件为例进行演示。具体如例 8-2 所示。

【例 8-2】demo02.html

```
1  <div id="mouse"></div>
2  <script>
3    var mouse = document.getElementById('mouse');
4    //需求：鼠标在页面上单击时，获取单击时的位置，并显示一个小圆点
5    document.onclick = function(event) {
6      // 获取事件对象的兼容处理
7      var event = event || window.event;
8      // 鼠标在页面上的位置
9      var pageX = event.pageX || event.clientX + document.documentElement.scrollLeft;
10     var pageY = event.pageY || event.clientY + document.documentElement.scrollTop;
11     // 计算<div>应该显示的位置
12     var targetX = pageX - mouse.offsetWidth / 2;
13     var targetY = pageY - mouse.offsetHeight / 2;
14     // 在鼠标单击的位置显示<div>
15     mouse.style.display = 'block';
16     mouse.style.left = targetX + 'px';
17     mouse.style.top = targetY + 'px';
18   };
19 </script>
```

上述第 1 行设置的<div>元素，表示当前鼠标单击页面的位置，默认情况下隐藏。第 3 行用于获取鼠标位置的元素对象。第 5～18 行代码为 document 文档添加单击事件，并对其进行处理。其中，第 7～10 行代码用于获取事件对象以及鼠标在页面中的位置，第 12～13 行计算<div>的显示位置，让鼠标显示到<div>的中心上，第 15～17 行代码用于显示并设置<div>。单击页面，效果如图 8-14 所示。

图8-14 以圆形显示鼠标单击位置

8.3.4 【案例】鼠标拖曳特效

在 Web 开发中，为了提供良好的用户体验，经常会对页面中的弹框提供可拖曳的特效，下面请利用 JavaScript 中的鼠标事件完成拖曳特效的实现。具体步骤如下。

（1）编写 HTML 页面

```
1  <div id="box" class="box">
2    <div id="drop" class="hd">注册信息 (可以拖曳)
3      <span id="box_close">【关闭】</span>
4    </div>
5    <div class="bd"></div>
6  </div>
```

上述代码定义了一个可以被拖曳的盒子，盒子的顶部是拖曳条，鼠标在拖曳条上被按住就可以完成整个盒子的移动效果。下面设置 CSS 样式，具体可参考本书源码。效果如图 8-15 所示。

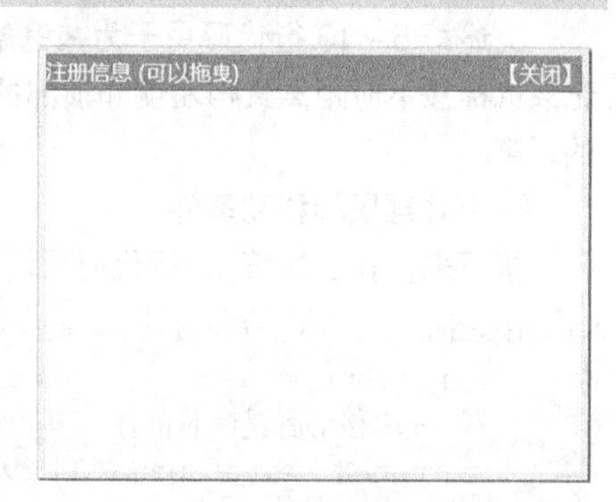

图8-15 可拖曳的盒子

（2）鼠标拖曳实现原理

鼠标拖曳的实现原理是根据鼠标的移动位置来计算盒子的移动位置。首先，要通过 CSS 样式为盒子设置定位，否则即使通过 JavaScript 代码修改盒子的位置（left 和 top 值）也无法完成移动。

然后分析如何根据鼠标的移动位置计算盒子的移动位置，如图 8-16 所示。

从图 8-16 中可以看出，盒子的位置（left 和 top 值）= 鼠标的位置（left 和 top 值）- 鼠标按下时与盒子之间的距离（left 和 top 值）。由此可见，若要实现鼠标拖曳效果，只要获取鼠标按下时与盒子之间的距离以及鼠标移动后的位置，即可按这个公式计算出盒子移动后的位置。

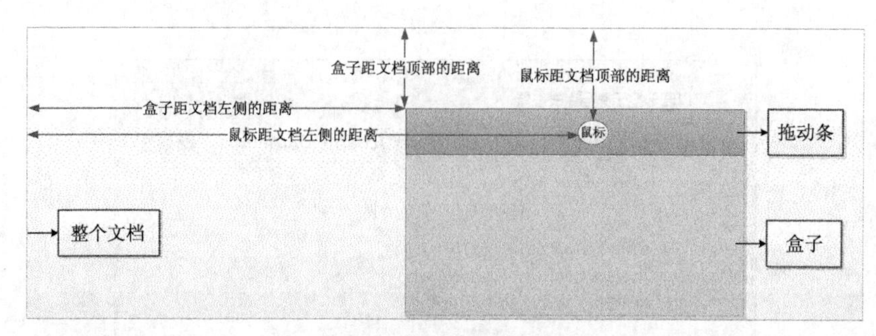

图8-16　鼠标拖曳实现原理

（3）处理鼠标按下事件

编写 JavaScript 代码，为拖曳条添加 mousedown 事件及其处理程序，具体代码如下。

```
1  <script>
2    // 获取被拖动的盒子和拖动条
3    var box = document.getElementById('box');
4    var drop = document.getElementById('drop');
5    drop.onmousedown = function(event) {  // 鼠标在拖曳条上按下可拖曳盒子
6      var event = event || window.event;
7      // 获取鼠标按下时的位置
8      var pageX = event.pageX || event.clientX + document.documentElement.
                 scrollLeft;
9      var pageY = event.pageY || event.clientY + document.documentElement.
                 scrollTop;
10     // 计算鼠标按下的位置距盒子的位置
11     var spaceX = pageX - box.offsetLeft;
12     var spaceY = pageY - box.offsetTop;
13   };
14 </script>
```

上述第 5～13 行代码用于为拖曳条添加鼠标按下事件及其处理程序。其中，第 8～9 行用于记录鼠标按下时距离文档左侧和顶部的位置，第 11～12 行代码用于计算鼠标按下时与盒子之间的距离。

（4）处理鼠标移动事件

接下来，在上述第 12 行代码后添加以下代码，实现鼠标的拖曳的特效，具体代码如下。

```
1  document.onmousemove = function (event) {
2    var event = event || window.event;
3    // 获取移动后鼠标的位置
4    var pageX = event.pageX || event.clientX + document.documentElement.scrollLeft;
5    var pageY = event.pageY || event.clientY + document.documentElement.scrollTop;
6    // 计算并设置盒子移动后的位置
7    box.style.left = pageX - spaceX + 'px';
8    box.style.top = pageY - spaceY + 'px';
9    if(window.getSelection){
10     window.getSelection().removeAllRanges();
11   }else{
12     document.selection.empty();
```

```
13    }
14 };
```

上述第 4 ~ 5 行代码用于获取鼠标拖曳后的位置，第 7 ~ 8 行代码根据第（2）步中分析出的计算公式完成拖曳后盒子位置的计算与设置。第 9 ~ 13 行表示当用户在拖曳条的文字上快速拖动时，避免选中上面的文本。同时，为了使用户体验更好，在鼠标大幅度进行移动时，也能实现拖曳效果，以上代码是通过为 document 文档绑定鼠标移动事件来实现的。拖曳效果如图 8–17 所示。

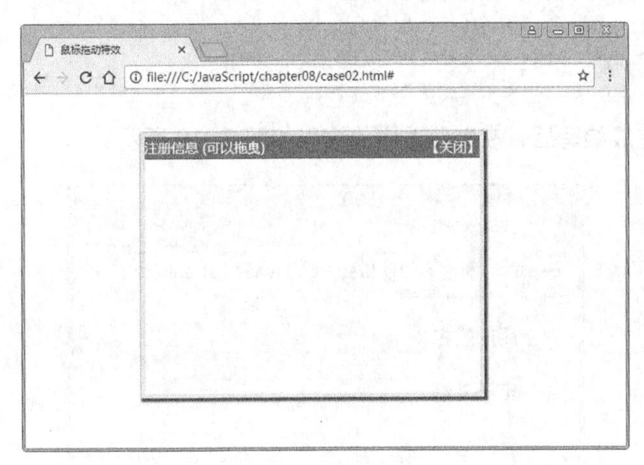

图8–17　拖曳效果

（5）处理释放鼠标按键的事件

从以上的效果可以发现，用户松开鼠标按键后，依然可以进行拖曳。因此，下面需要为 document 添加一个释放鼠标按键的事件及其处理程序。在第（3）步第 13 行后添加以下代码，具体代码如下。

```
1  document.onmouseup = function () {
2    document.onmousemove = null;
3  };
```

上述代码在释放鼠标按键的事件处理程序中，将 document 的鼠标移动事件处理程序设置为 null，即可实现鼠标松开时，再次移动鼠标，盒子不发生拖曳特效。按照以上步骤完成所有实现后，即可实现鼠标的拖曳特效。

8.3.5　键盘事件

键盘事件是指用户在使用键盘时触发的事件。例如，用户按 Esc 键关闭打开的状态栏，按 Enter 键直接完成光标的上下切换等。下面列举几个常用的键盘事件，如表 8–6 所示。

表 8-6　键盘事件

事件名称	事件触发时机
keypress	键盘按键（Shift、Fn、CapsLock 等非字符键除外）按下时触发
keydown	键盘按键按下时触发
keyup	键盘按键弹起时触发

需要注意的是，keypress 事件保存的按键值是 ASCII 码，keydown 和 keyup 事件保存的按键值是虚拟键码。读者可参考 MDN 等手册进行查看，此处不再详细列举。

为了让大家更好地理解键盘事件的使用，下面以 Enter 键切换的使用进行演示，具体如例 8-3 所示。

【例 8-3】demo03.html

（1）编写 HTML 页面

```
1  <p>用户姓名：<input type="text"></p>
2  <p>电子邮箱：<input type="text"></p>
3  <p>手机号码：<input type="text"></p>
4  <p>个人描述：<input type="text"></p>
```

按照上述代码完成编写后，在浏览器中的效果如图 8-18 所示。

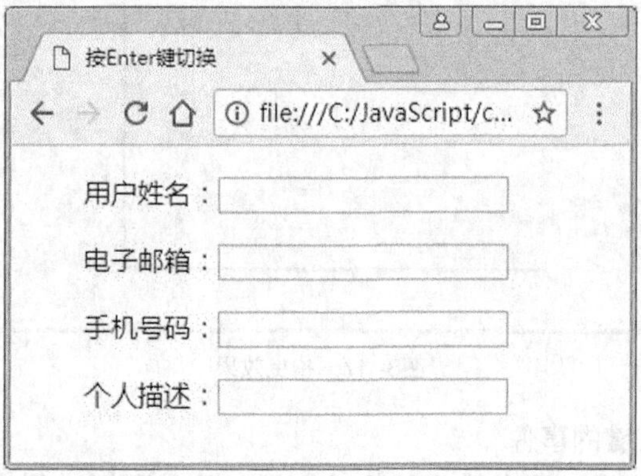

图8-18　按Enter键切换

（2）实现按 Enter 键切换的效果

```
1  <script>
2    var inputs = document.getElementsByTagName('input');
3    for (var i = 0; i < inputs.length; ++i) {
4      inputs[i].onkeydown = function(e) {
5        // 获取事件对象的兼容处理
6        var e = event || window.event;
7        // 判断按下的是不是 Enter 键，如果是，让下一个 input 获取焦点
8        if (e.keyCode === 13) {
9          // 遍历所有 input 框，找到当前 input 的下标
10         for (var i = 0; i < inputs.length; ++i) {
11           if (inputs[i] === this) {
12             // 计算下一个 input 元素的下标
13             var index = i + 1 >= inputs.length ? 0 : i + 1;
14             break;
15           }
16         }
17         // 如果下一个 input 还是文本框，则获取键盘焦点
18         if (inputs[index].type === 'text') {
19           inputs[index].focus();      // 触发 focus 事件
20         }
```

```
21          }
22        };
23      }
24  </script>
```

上述第 2 行用于获取所有的 input 元素对象，第 3～23 行通过遍历为每个 input 元素添加 keydown 事件，当发生事件时，判断当前键盘事件的 keyCode 属性值是否全等于 13，若是则表示用户的按键为 Enter（回车），让下一个 input 元素获取键盘焦点。否则不进行任何操作。

其中，第 10～16 行代码通过遍历所有 input 元素获取发生键盘事件的 input 元素对象的下标，计算下一个 input 元素的下标。第 18～20 行代码表示下一个 input 框是文本框时，为其获取键盘焦点。完成后按 Enter 键即可进行切换测试。

8.3.6 表单事件

顾名思义，表单事件指的是对 Web 表单操作时发生的事件。例如，表单提交前对表单的验证，表单重置时的确认操作等。JavaScript 提供了相关的表单事件，常用的如表 8-7 所示。

表 8-7 表单事件

事件名称	事件触发时机
submit	当表单提交时触发
reset	当表单重置时触发

在表 8-7 中，submit 事件的实现通常要绑定到<form>标签上，在用户单击 submit 按钮提交表单时触发。reset 事件用于单击重置按钮时触发。这两个事件的返回值若是 false 则会取消默认的操作，否则将执行默认操作。

为了让大家更好地理解表单事件的使用，下面以是否提交和重置表单数据为例进行演示，具体如例 8-4 所示。

【例 8-4】demo04.html

```
1   <form id="register" action="index.php" method="post">
2     <label>用户名：<input id="user" type="text"></label>
3     <input type="submit" value="提交"><input type="reset" value="重置">
4   </form>
5   <script>
6     // 获取表单和需要验证的元素对象
7     var regist = document.getElementById('register');
8     var user = document.getElementById('user');
9     regist.onsubmit = function(event) {  // 为表单添加 submit 事件
10      // 获取事件对象、输出当前事件类型
11      var event = event || window.event;
12      console.log(event.type);
13      // 判断表单元素内容是否为空，若为空，则返回 false，否则返回 true
14      return user.value ? true : false;
15    };
16    regist.onreset = function (event) {  // 为表单添加 reset 事件
17      // 获取事件对象、输出当前事件类型
18      var event = event || window.event;
```

```
19     console.log(event.type);
20     // 判断是否确认重置，按“确定”则返回 true，按“取消”返回 false
21     return confirm('请确认是否要重置信息，重置后表单填写的内容将全部清空');
22   };
23 </script>
```

上述第 1～4 行代码设置了一个含有文本框的表单，表单提交的服务器处理文件为 index.php。第 9～15 行代码，用于为 form 表单元素对象添加 submit 事件，在该事件处理程序中，首先在控制台输出当前的事件类型，然后判断文本框内是否为空，若为空则不提交表单，否则将表单提交为 index.php 文件处理。同理，第 16～22 行代码为 form 表单元素对象添加 reset 事件及事件处理程序。

下面在浏览器中请求该文件，若文本框为空，单击“提交”按钮，则可以在控制台看到图 8-19 左侧所示的效果。若在文本框中添加“666”，单击“提交”按钮，则浏览器会请求设置服务器文件，效果如图 8-19 右侧所示。值得一提的是，当前文件所在目录下并没有 index.php 文件，因此浏览器才会出现找不到的提示信息。

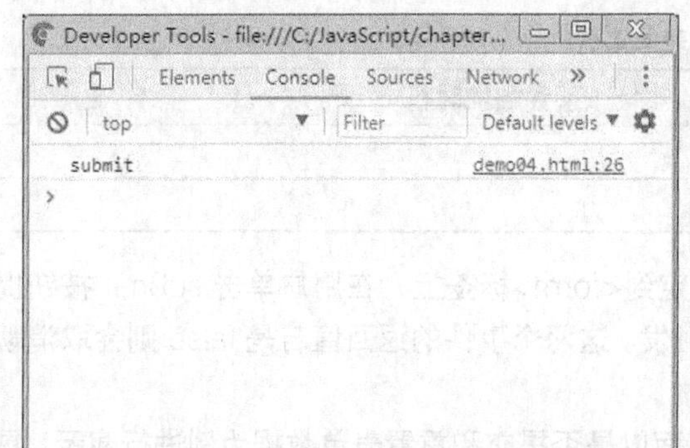

图8-19 表单事件

同样，读者可单击重置按钮进行测试，在控制台可看到当前的事件类型为 reset，在出现的提示框中单击“取消”按钮后，则文本框内容不会改变，单击“确定”按钮后，文本框内的数据会恢复到初始状态。

动手实践：图片放大特效

在电商网站中，经常可以看到商品详情展示页中，鼠标经过商品的图片即可看到一个放大查看区域的细节图片。那么，图片放大特效是如何实现的呢？通常情况下，会准备两张相同的图片，一张是小图显示在商品的展示区域，另一张大图用于鼠标在小图上移动时，按比例的显示大图中的对应区域。

接下来将通过 JavaScript 的鼠标事件来完成图片放大特效，具体步骤如下所示。

（1）编写 HTML 页面

```
1  <div id="box" class="box">
2    <div id="smallBox" class="small">
3      <img src="images/small.jpg">                <!-- 小图 -->
4      <div id="mask" class="mask"></div>          <!-- 遮罩 -->
```

```
5     </div>
6     <div id="bigBox" class="big">
7       <img id="bigImg" src="images/big.jpg" > <!-- 大图 -->
8     </div>
9   </div>
```

在上述代码中，id 为 smallBox 的<div>用于显示商品图片的小图；id 为 mask 的<div>用于鼠标经过小图时查看的图片区域（遮罩）；id 为 bigBox 的<div>用于显示商品大图的对应查看区域。接下来设置 CSS 样式，具体代码请参考本书源码。遮罩和小图的展示效果如图 8-20 所示。值得一提的是，默认情况下，遮罩是隐藏的，只有鼠标经过小图时才会显示。

图8-20 商品图片

（2）显示与隐藏“遮罩”和“局部放大图”

接下来，编写 JavaScript 代码，添加鼠标经过与移出事件，完成遮罩和局部放大图的显示与隐藏，具体代码如下。

```
1   <script>
2     function $(id){ // 根据 id 值获取元素对象
3       return document.getElementById(id);
4     }
5     $('smallBox').onmouseover = function() {  // 鼠标经过盒子显示遮罩和大图
6       $('mask').style.display = 'block';
7       $('bigBox').style.display = 'block';
8     };
9     $('smallBox').onmouseout = function() {    // 鼠标离开盒子隐藏遮罩和大图
10      $('mask').style.display = 'none';
11      $('bigBox').style.display = 'none';
12    };
13  </script>
```

上述 2～4 行代码，用于根据 id 值获取指定的元素对象，第 5～12 行代码为小图添加 mouseover 和 mouseout 事件及其处理程序，并通过修改遮罩和局部放大图的 display 属性完成显示与隐藏。完成设置后，鼠标经过商品图，效果如图 8-21 所示。

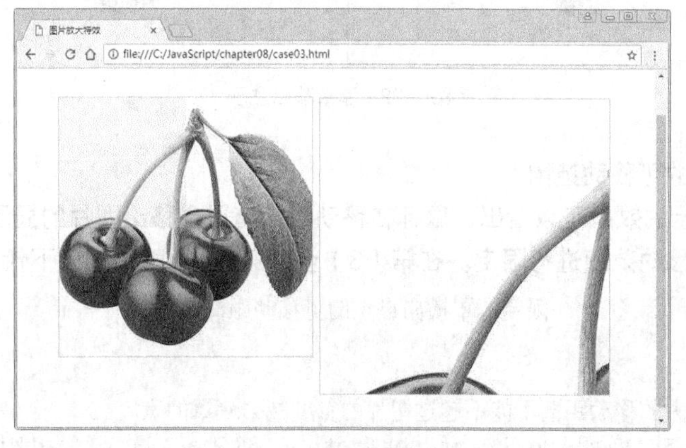

图8-21 显示遮罩和大图

（3）遮罩的移动

下面为小图添加鼠标移动事件，实现遮罩跟着鼠标移动的效果，具体代码如下。

```
1  $('smallBox').onmousemove = function(event) {
2    var event = event || window.event;
3    // 鼠标在页面中的坐标
4    var pageX = event.pageX || event.clientX + document.documentElement.scrollLeft;
5    var pageY = event.pageY || event.clientY + document.documentElement.scrollTop;
6    //  计算鼠标的位置距盒子的距离
7    var boxX = pageX - $('box').offsetLeft;
8    var boxY = pageY - $('box').offsetTop;
9    // 计算遮罩的位置
10   var maskX = boxX - $('mask').offsetWidth / 2;
11   var maskY = boxY - $('mask').offsetHeight / 2;
12   //  修改遮罩的显示位置
13   $('mask').style.left = maskX + 'px';
14   $('mask').style.top = maskY + 'px';
15 };
```

上述第 4～8 行代码用于计算鼠标移动时距商品图左上角的距离（left 和 top 值）。同时为了查看鼠标经过周围区域的图片，通过第 10～11 行代码，利用鼠标距离图片的位置减去遮罩宽高的二分之一的方式，计算鼠标经过后遮罩的显示位置。第 13～14 行代码用于鼠标移动，修改遮罩的显示位置。效果如图 8-22 所示。

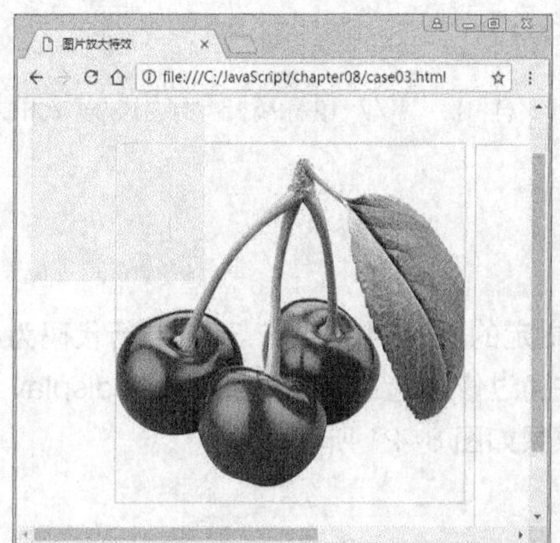

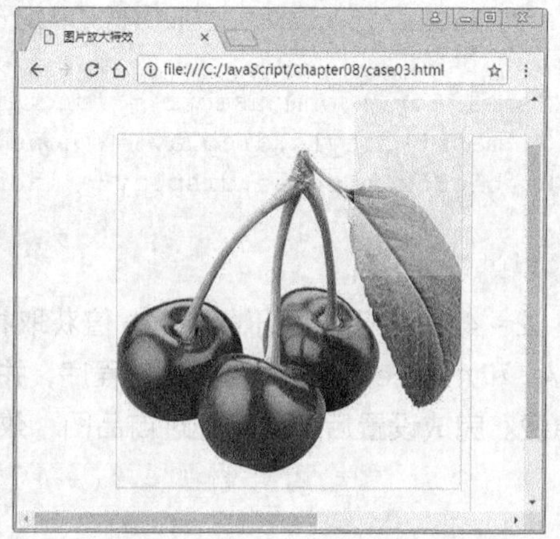

图8-22　遮罩移出盒子

（4）限定遮罩的可移动范围

从图 8-22 所示的效果可以看出，鼠标在移动时，遮罩会移出图片的显示区域。因此，接下来需要对遮罩的可移动范围进行限定。在第（3）步的第 11 行下添加以下代码。

```
1  if (maskX < 0) {  // 限定遮罩横向最小的可移动距离为 0
2    maskX = 0;
3  }
4  // 限定横向最大的移动距离不能不超过图片的宽度减去遮罩的宽度
5  if (maskX > $('smallBox').offsetWidth - $('mask').offsetWidth) {
```

```
6    maskX = $('smallBox').offsetWidth - $('mask').offsetWidth;
7  }
8  if (maskY < 0) {  // 限定遮罩纵向最小的可移动距离为0
9    maskY = 0;
10 }
11 // 限定纵向最大的移动距离不能不超过图片的高度减去遮罩的高度
12 if (maskY > $('smallBox').offsetHeight - $('mask').offsetHeight) {
13   maskY = $('smallBox').offsetHeight - $('mask').offsetHeight;
14 }
```

上述第1~3行和第8~10行代码用于鼠标滑过商品图左侧和顶部边缘时，限定遮罩在商品图上最小的可移动距离。效果如图8-23左侧所示。上述第5~7和第12~14行代码用于设置鼠标滑过商品图右侧和底部边缘时，限定遮罩在商品图上最大的可移动距离。效果如图8-23右侧所示。

图8-23 限定遮罩的位置

（5）按照比例移动大图

最后，按照遮罩在商品图（小图）中的显示位置，按比例地在大图中完成相应区域的展示。接下来在第（3）步的第14行后添加以下代码。

```
1  // 大图片能够移动的总距离 = 大图的宽度-大盒子的宽度
2  var bigImgToMove = $('bigImg').offsetWidth - $('bigBox').offsetWidth;
3  // 遮罩能够移动的总距离 = 小盒子的宽度-遮罩的宽度
4  var maskToMove = $('smallBox').offsetWidth - $('mask').offsetWidth;
5  // 计算移动比例 rate = 大图片能够移动的总距离/遮罩能够移动的总距离
6  var rate = bigImgToMove / maskToMove;
7  // 设置大图片当前的位置 = rate * 遮罩当前的位置
8  $('bigImg').style.left = - rate * maskX + 'px';
9  $('bigImg').style.top = - rate * maskY + 'px';
```

上述第1~6行代码用于计算大图与遮罩可移动距离的比例值rate，第8~9行代码根据rate与遮罩的位置计算出大图的显示位置。需要注意的是，遮罩与大图的移动方向相反，因此在计算时需要添加负号（-）。完成上述操作后，移动鼠标，可看到图8-24所示的效果。

图8-24　图片放大特效

本章小结

本章主要讲解了 JavaScript 中事件的相关内容，首先介绍了一些基本概念，包括事件处理程序、事件流、事件捕获和事件冒泡；然后对比讲解了 3 种事件绑定方式的区别，以及各自的特点；接着讲解了什么是事件对象、事件对象的获取、常用的属性和方法；最后介绍了 JavaScript 中常见的事件类型。

课后练习

一、填空题

1. JavaScript 为响应用户行为所执行的程序代码是指________。
2. JavaScript 中通过________可为<div>的 mouseover 事件绑定多个事件处理程序。

二、判断题

1. 在事件发生时，若未设置事件处理程序的参数，就不会产生事件对象。(　　)
2. IE8 浏览器中可通过 preventDefault()方法阻止<a>元素的默认行为。(　　)
3. 事件对象的 type 属性可以获取发生事件的类型。(　　)

三、选择题

1. 下列事件中，不会发生冒泡的是（　　）。
   A. click　　B. mouseout　　C. blur　　D. keyup
2. Chrome 浏览器中，获取鼠标单击页面位置的是（　　）。
   A. clientX 和 clientY　　B. pageX 和 pageY
   C. screenX 和 screenY　　D. scrollLeft 和 scrollTop
3. 以下选项可在 IE8 浏览器中获取事件对象的是（　　）。
   A. document.event　　B. 元素对象.event
   C. window.event　　D. 以上选项都不可以

四、编程题

1. 请实现鼠标选中文本，先显示一个浮动工具栏，然后在工具栏里提供“分享”按钮。
2. 请实现按 Esc 键关闭“打开的登录框”。

9 Chapter

第 9 章 正则表达式

JavaScript

学习目标

- 了解什么是正则表达式
- 掌握正则表达式的语法
- 掌握正则表达式的应用

项目开发中，经常需要对表单中输入内容的文本框进行格式限制。例如，用户名、密码、手机号、身份证号的验证，这些内容遵循的规则繁多而又复杂，如果要成功匹配，可能需要进行多次的条件判断，这种做法显然不可取。此时，就需要使用正则表达式，利用最简短的描述语法完成诸如查找、匹配、替换等功能。本章将围绕如何在 JavaScript 中使用正则表达式进行详细讲解。

9.1 认识正则表达式

9.1.1 什么是正则表达式

正则表达式（Regular Expression，简称 RegExp）是一种描述字符串结构的语法规则，是一个特定的格式化模式，用于验证各种字符串是否匹配这个特征，进而实现高级的文本查找、替换、截取内容等操作。在项目开发中，手机号码指定位数的隐藏、数据采集、敏感词的过滤以及表单的验证等功能，都可以利用正则表达式来实现。

以文本查找为例，若在大量的文本中找出符合某个特征的字符串（如手机号码），就将这个特征按照正则表达式的语法写出来，形成一个计算机程序识别的模式（pattern），然后计算机程序会根据这个模式到文本中进行匹配，找出符合规则的字符串。

正则表达式的形成与发展有着悠久的历史，在各种计算机软件中都有广泛应用。例如，在操作系统（UNIX、Linux 等）、编程语言（C、C++、Java、PHP、Python、JavaScript 等）的使用中都会遇到正则表达式。图 9-1 描述了正则表达式的发展历程。

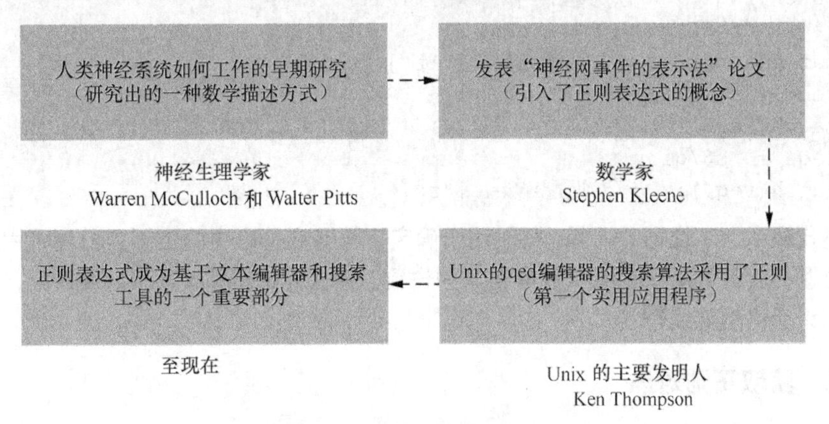

图9-1 正则表达式的发展

正则表达式在发展过程中出现了多种形式，其中比较常用的有两种，一种是 POSIX 规范兼容的正则表达式，用于确保操作系统之间的可移植性。另一种是当 Perl（一种功能丰富的编程语言）发展起来后，衍生出来了 Perl 正则表达式，JavaScript 中的正则语法就是基于 Perl 的。

9.1.2 如何使用正则

在开发中，经常需要根据正则匹配模式完成对指定字符串的搜索和匹配。此时，可使用 JavaScript 中 RegExp 对象提供的 exec()方法和 String 对象提供的 match()方法在一个指定字符串中执行匹配。接下来对这两种方法分别进行讲解。

（1）exec()方法

exec()方法用于在目标字符串中搜索匹配，一次仅返回一个匹配结果。例如，在指定字符串 str 中搜索 abc，具体示例如下。

```
// 获取首次匹配结果
var str = 'AbC123abc456';
var reg = /abc/i;   // 定义正则对象
reg.exec(str);      // 匹配结果： ["AbC", index: 0, input: "AbC123abc456"]
```

在上述代码中，“/abc/i”中的“/”是正则表达式的定界符，“abc”表示正则表达式的模式文本，“i”是模式修饰标识符，表示在 str 中忽略大小写。exec()方法的参数是待匹配的字符串 str，匹配成功时，该方法的返回值是一个数组，否则返回 null。

从 exec()的返回结果中可以看出，该数组保存的第 1 个元素（AbC）表示匹配到的字符串；第 2 个元素 index 表示匹配到的字符位于目标字符串中的索引值（从 0 开始计算）；第 3 个参数 input 表示目标字符串（AbC123abc456）。

（2）match()方法

String 对象中的 match()方法除了可在字符串内检索指定的值外，还可以在目标字符串中根据正则匹配出所有符合要求的内容，匹配成功后将其保存到数组中，匹配失败则返回 false。具体示例如下。

```
var str = "It's is the shorthand of it is";
var reg1 = /it/gi;
str.match(reg1);    // 匹配结果：(2) ["It", "it"]
var reg2 = /^it/gi;
str.match(reg2);    // 匹配结果：["It"]
var reg3 = /s/gi;
str.match(reg3);    // 匹配结果：(4) ["s", "s", "s", "s"]
var reg4 = /s$/gi;
str.match(reg4);    // 匹配结果：["s"]
```

在上述代码中，定位符“^”和“$”用于确定字符在字符串中的位置，前者可用于匹配字符串开始的位置，后者可用于匹配字符串结尾的位置。模式修饰符，g 表示全局匹配，用于在找到第一个匹配之后仍然继续查找。

9.1.3 获取正则对象

在 JavaScript 应用中，使用正则表达式之前首先需要创建正则对象。除了前面讲解过的字面量方式创建外，还可以通过 RegExp 对象的构造函数的方式创建，两者的语法对比如下。

```
// ① 字面量方式
/pattern/flags
```

```
// ② RegExp 对象构造函数方式
new RegExp(pattern [, flags])
RegExp(pattern [, flags])
```

在上述语法中，pattern 是由元字符和文本字符组成的正则表达式模式文本，其中，元字符是具有特殊含义的字符，如“^”“.”或“*”等，文本字符就是普通的文本，如字母和数字等。flags 表示模式修饰标识符，用于进一步对正则表达式进行设置。可选值如表 9-1 所示。

表 9-1　模式修饰符

模式符	说明
g	用于在目标字符串中实现全局匹配
i	忽略大小写
m	实现多行匹配
u	以 Unicode 编码执行正则表达式
y	粘性匹配，仅匹配目标字符串中此正则表达式的 lastIndex 属性指示的索引

表 9-1 中的模式修饰符，还可以根据实际需求多个组合在一起使用。例如，既要略视大小写又要进行全局匹配，则可以直接使用 gi，并且在编写多个模式修饰符时没有顺序要求。因此，模式修饰符的合理使用，可以使正则表达式变得更加简洁、直观。

下面为了让读者更好地理解正则对象的获取，以匹配特殊字符 “^” “$” “*” “.” 和 “\” 为例进行对比讲解，具体代码如下。

```
var str = '^abc\\1.23*edf$';
var reg1 = /\.|\$|\*|\^|\\/gi;                     // 字面量方式创建正则对象
var reg2 = RegExp('\\.|\\$|\\*|\\^|\\\\', 'gi');  // 构造函数方式创建正则对象
str.match(reg1);    // 匹配结果：(5) ["^", "\", ".", "*", "$"]
str.match(reg2);    // 匹配结果：(5) ["^", "\", ".", "*", "$"]
```

上述代码中，选择符 “|” 可以理解为 “或”，经常用于查找的条件有多个时，只要其中一个条件满足即可成立的情况。

由于 JavaScript 中的字符串存在转义问题，因此代码中 str 里的 “\\” 表示反斜线 “\”。同时，在正则中匹配特殊字符时，也需要反斜线（\）对特殊字符进行转义，例如，“\\\\” 经过字符串转义后变成 “\\”，然后正则表达式再用 “\\” 去匹配 “\”。

值得一提的是，构造函数方式与字面量方式创建的正则对象，虽然在功能上完全一致，但它们在语法实现上有一定的区别，前者的 pattern 在使用时需要对反斜杠（\）进行转义，例如，上述示例中匹配特殊字符 “.” 时，除了需要对特殊字符转义，还需要再添加一个 “\” 对反斜杠进行转义，因此最后的正则表达式模式为 “\\.”；而后者的 pattern 在编写时，要放在定界符 “/” 内，flags 标记则放在结尾定界符之外。

9.2 字符类别与集合

9.2.1 字符类别

JavaScript 中给出的字符类别可以很容易地完成某些正则匹配，例如，大写字母、小写字母和数字可以使用 “\w” 直接表示，若要匹配 0 ~ 9 的数字可以使用 “\d” 表示，有效地使用字符类别可以使正则表达式更加简洁，便于阅读。常用的字符类别如表 9-2 所示。

表 9-2　字符类别

字符	含义	字符	含义
.	匹配除 “\n” 外的任何单个字符	\f	匹配一个换页符（form-feed）
\d	匹配任意一个阿拉伯数字（0 ~ 9）	\D	匹配任意一个非阿拉伯数字字符

续表

字符	含义	字符	含义
\s	匹配一个空白符，包括空格、制表符、换页符、换行符等	\S	匹配一个非空白符
\w	匹配任意一个字母（大小写）、数字和下划线	\W	匹配任意一个非“字母（大小写）、数字和下划线”的字符
\b	匹配单词分界符。如“\bg”可以匹配“best grade”，结果为“g”	\B	非单词分界符。如“\Bade”可以匹配“best grade”，结果为“ade”
\t	匹配一个水平制表符（tab）	\r	匹配一个回车符（carriage return）
\n	匹配一个换行符（linefeed）	\v	匹配一个垂直制表符（vertical tab）
\xhh	匹配 ISO-8859-1 值为 hh（2 个 16 进制数字）的字符，如“\x61”表示“a”	\uhhhh	匹配 Unicode 值为 hhhh（4 个 16 进制数字）的字符，如“\u597d”表示“好”

下面为了方便读者理解字符类别的使用，以“.”和“\s”为例进行演示，具体代码如下。

```
var str = 'good idea';
var reg = /\s../gi;      // 正则对象
str.match(reg);          // 匹配结果：[" id"]
```

在上述代码中，正则对象 reg 用于匹配空白符后的任意两个字符（除换行外）。因此在控制台查看到的结果中，id 前有一个空格。

9.2.2 字符集合

正则表达式中的“[]”可以实现一个字符集合，与连字符“-”一起使用时，表示匹配指定范围内的字符；并且元字符“^”与“[]”一起使用时，称为反义字符，表示匹配不在指定字符范围内的字符。

下面以字符串“'get 好 TB6'.match(/pattern/g)”为例演示其常见的用法。具体的 pattern、说明以及匹配结果如表 9-3 所示。

表 9-3 字符范围示例

pattern	说明	匹配结果
[cat]	匹配字符集合中的任意一个字符 c、a、t	["t"]
[^cat]	匹配除 c、a、t 以外的字符	(6) ["g", "e", "好", "T", "B", "6"]
[B-Z]	匹配字母 B~Z 范围内的字符	(2) ["T", "B"]
[^a-z]	匹配字母 a~z 范围外的字符	(4) ["好", "T", "B", "6"]
[a-zA-Z0-9]	匹配大小写字母和 0~9 范围内的字符	(6) ["g", "e", "t", "T", "B", "6"]
[\u4e00-\u9fa5]	匹配任意一个中文字符	["好"]

需要注意的是，字符“-”在通常情况下只表示一个普通字符，只有在表示字符范围时才作为元字符来使用。“-”连字符表示的范围遵循字符编码的顺序，如“a-Z”“z-a”“a-9”都是不合法的范围。

9.2.3 【案例】限定输入内容

在 Web 开发中，经常会遇到一些只能输入固定内容的文本框。例如，只能输入字母的文本框、只能输入数字的日期等。下面利用正则表达式限定输入框中只能输入4位数字表示的年份和1位或2位数字表示的月份。具体实现步骤如下。

（1）编写 HTML 页面

```
1  <form id="form">
2    年度<input type="text" name="year">
3    月份<input type="text" name="month">
4    <input type="submit" value="查询">
5  </form>
6  <div id="result"></div>
```

上述代码中设置的 name 属性，用于在 JavaScript 中根据 name 的值获取不同的限定规则。第6行的<div>用于显示验证的错误提示信息。具体的 CSS 样式请参考本书的源码，效果如图 9-2 所示。

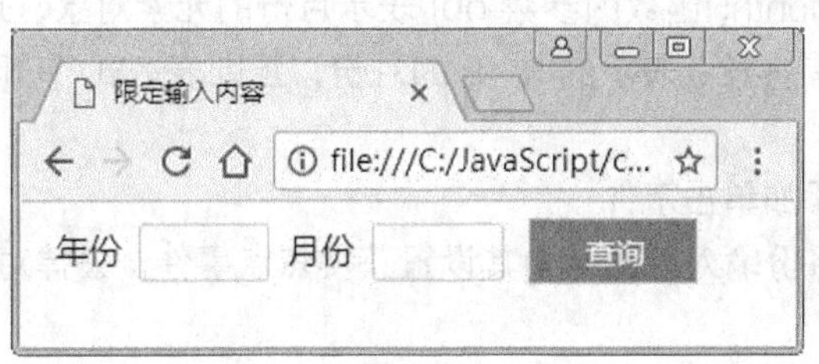

图9-2　限定输入内容

（2）获取操作的元素对象

```
1  <script>
2    var form = document.getElementById('form');          // <form>元素对象
3    var result = document.getElementById('result');      // <div>元素对象
4    var inputs = document.getElementsByTagName('input'); // <input>元素集合
5  </script>
```

（3）对表单的提交进行验证

```
1  form.onsubmit = function() {
2    return checkYear(inputs.year) && checkMonth(inputs.month);
3  };
```

上述代码用于在表单提交时，执行第2行代码，调用 checkYear()和 checkMonth()函数完成年份与月份的验证，若不符合要求则不提交表单。

（4）验证年份

```
1  function checkYear(obj) {
2    if (!obj.value.match(/^\d{4}$/)) {
3      obj.style.borderColor = 'red';
4      result.innerHTML = '输入错误，年份为 4 位数字表示';
5      return false;
6    }
7    result.innerHTML = '';
8    return true;
9  }
```

上述代码中 checkYear()函数的参数 obj 表示年份的元素对象，然后获取 obj 的 value 值利用第 2 行设置的正则进行匹配，若不是 4 位数字表示的年份，则执行第 3～5 代码，将年份的边框颜色设置为红色，并给出提示信息，返回 false。否则，清空提示信息，返回 true。

（5）验证月份

```
1  function checkMonth(obj) {
2    if (!obj.value.match(/^((0?[1-9])|(1[012]))$/)) {
3      obj.style.borderColor = 'red';
4      result.innerHTML = '输入错误，月份为 1～12 之间';
5      return false;
6    }
7    result.innerHTML = '';
8    return true;
9  }
```

上述代码中 checkMonth()函数的参数 obj 表示月份的元素对象，正则表达式“(0?[1-9])”用于匹配有前导 0 或没有前导 0 表示的 1～9 的月份，正则表达式“(1[012])”用于匹配 10～12 的月份。

（6）为年份和月份添加单击事件

当用户单击年份和月份输入框时，为其设置获得焦点事件，去掉对应输入边框的颜色设置，具体代码如下。

```
1  inputs.year.onfocus = function() {
2    this.style.borderColor = '';
3  };
4  inputs.month.onfocus = function() {
5    this.style.borderColor = '';
6  };
```

（7）优化用户体验

为了增强用户的体验，实现文本框失去焦点时自动去除输入年份和月份两端的空白，并验证输入内容是否符合标准，具体代码如下。

```
1  inputs.year.onblur = function() {
2    this.value = this.value.trim();
3    checkYear(this);
4  };
5  inputs.month.onblur = function() {
6    this.value = this.value.trim();
7    checkMonth(this);
8  };
```

上述第 2 行和第 6 行代码调用字符串对象的 trim()方法去除所填内容的前后空白，第 3 行和第 7 行代码调用以上自定义的函数 checkYear()和 checkMonth()验证是否符合正则规则。

完成上述操作后，通过浏览器访问测试，效果如图 9-3 所示。

图9-3　验证输入内容

值得一提的是，由于 IE6～8 浏览器不支持 trim()方法，可以通过以下代码进行兼容处理。

```
1  if (!String.prototype.trim) {
2    String.prototype.trim = function() {
3      return this.replace(/^[\s\uFEFF\xA0]+|[\s\uFEFF\xA0]+$/g, '');
4    };
5  }
```

上述代码用于判断 String 构造函数的原型中是否有 trim()方法，如果没有，则利用正则表达式实现一个 trim()方法。其中，replace()方法用于将第 1 个参数的正则表达式匹配到的结果替换成第 2 个参数给定的值，第 2 个参数是空字符串，表示将匹配结果删除。

为了更好地理解这个正则表达式，可以先将其中的“[\s\uFEFF\xA0]+”替换成“word”，替换之后变为“/^word|word$/g”，表示匹配以 word 开始或以 word 结束的字符串。而“[\s\uFEFF\xA0]+”用来匹配空白字符，其外部的“[ ]+”表示匹配符合字符范围的字符一次或多次。在字符范围中，匹配的字符分别是 \s（空白字符）、\uFEFF（字节顺序标记）和 \xA0（不换行空格）。

9.3 字符限定与分组

9.3.1 字符限定

1. 限定符

项目开发中，若需要匹配一个连续出现的字符，如 6 个连续出现的数字“458925”时，通过前面的学习，可创建如下所示的正则对象。

```
var reg = /\d\d\d\d\d\d/gi;      // 正则对象
```

以上的方式虽然可以实现用户的需求，但是重复出现的“\d”既不便于阅读，书写又烦琐。此时，可以使用限定符（?、+、*、{}）完成某个字符连续出现的匹配，具体如表 9-4 所示。

表 9-4 限定符

字符	说明	示例	结果
?	匹配前面的字符零次或一次	hi?t	可匹配 ht 和 hit
+	匹配前面的字符一次或多次	bre+ad	可匹配范围从 bread 到 bre…ad
*	匹配前面的字符零次或多次	ro*se	可匹配范围从 rse 到 ro…se
{n}	匹配前面的字符 n 次	hit{2}er	只能匹配 hitter
{n,}	匹配前面的字符最少 n 次	hit{2,}er	可匹配范围从 hitter 到 hitt…er
{n,m}	匹配前面的字符最少 n 次，最多 m 次	fe{0,2}l	可匹配 fl、fel 和 feel 3 种情况

按照表 9-4 中给出的限定符，若要匹配 6 个连续出现的数字，则可以通过以下的代码实现。

```
var reg = /\d{6}/gi;          // 正则对象
```

从上述代码可知，限定符的灵活运用，可以使正则表达式更加清晰易懂。

2. 贪婪与懒惰匹配

当点字符（.）和限定符连用时，可以实现匹配指定数量范围的任意字符。例如，“^hello.*world$”可以匹配从 hello 开始到 world 结束，中间包含零个或多个任意字符的字符串。

正则表达式在实现指定数量范围的任意字符匹配时，支持贪婪匹配和惰性匹配两种方式。所谓贪婪表示匹配尽可能多的字符，而惰性表示匹配尽可能少的字符。在默认情况下，是贪婪匹配，若想要实现惰性匹配，需在上一个限定符的后面加上“?”符号，具体示例如下。

```
var str = 'webWEBWebwEb';
var reg1 = /w.*b/gi;    // 贪婪匹配
var reg2 = /w.*?b/gi;   // 懒惰匹配
// 输出结果为：["webWEBWebwEb", index: 0, input: "webWEBWebwEb"]
console.log(reg1.exec(str));
// 输出结果为：["web", index: 0, input: "webWEBWebwEb"]
console.log(reg2.exec(str));
```

从上述代码可以看出，贪婪匹配时，会获取最先出现的 w 到最后出现的 b，即可获得匹配结果为“webWEBWebwEb”；懒惰匹配时，会获取最先出现的 w 到最先的出现的 b，即可获取匹配结果“web”。

9.3.2 括号字符

在正则表达式中，被括号字符“()”括起来的内容，称之为“子表达式”。下面将针对子表达式的作用以及使用进行详细讲解。

1. 作用

圆括号“()”字符在正则表达式中有两个作用，一是改变限定符的作用范围，二是分组。下面通过具体示例进行演示。

（1）改变限定符的作用范围

① 改变作用范围前	② 改变作用范围后
正则表达式：catch|er	正则表达式：cat(ch|er)
可匹配的结果：catch、er	可匹配的结果：catch、cater

从上述示例可知，小括号实现了匹配 catch 和 cater，而如果不使用小括号，则变成了 catch 和 er。

（2）分组

① 分组前	② 分组后
正则表达式：abc{2}	正则表达式： a(bc){2}
可匹配的结果：abcc	可匹配的结果：abcbc

在上述示例中，未分组时，表示匹配 2 个 c 字符；而分组后，表示匹配 2 个“bc”字符串。

2. 捕获与非捕获

正则表达式中，当子表达式匹配到相应的内容时，系统会自动捕获这个匹配的行为，然后将子表达式匹配到的内容存储到系统的缓存区中，这个过程称之为“捕获”。

在利用 match()方法进行捕获时，其返回结果中会包含子表达式的匹配结果，具体示例如下。

```
var res = '1234'.match(/(\d)(\d)(\d)(\d)/);
console.log(res);
```

可在浏览器的控制台中查看捕获的结果，效果如图 9-4 所示。

在图 9-4 中，match()方法返回值中下标为 1 的元素保存第 1 个子表达式的捕获内容，下标为 2 的元素保存第 2 个子表达式的捕获内容，依次类推，即可得到所有的捕获内容。

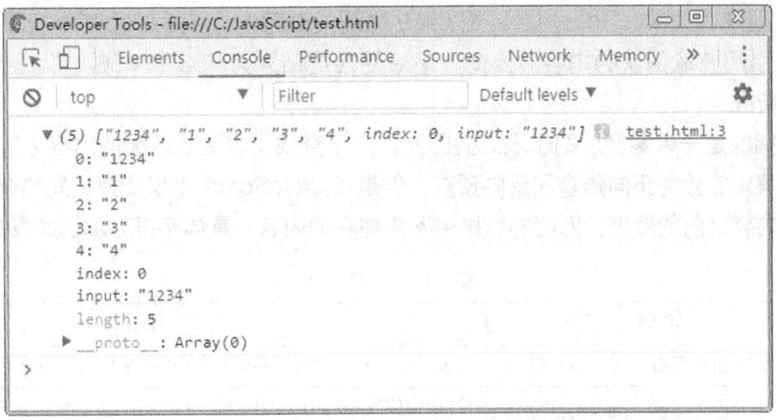

```
Developer Tools - file:///C:/JavaScript/test.html
Elements  Console  Performance  Sources  Network  Memory  »
top  Filter  Default levels
▼(5) ["1234", "1", "2", "3", "4", index: 0, input: "1234"]   test.html:3
    0: "1234"
    1: "1"
    2: "2"
    3: "3"
    4: "4"
    index: 0
    input: "1234"
    length: 5
  ▶__proto__: Array(0)
>
```

图9-4 获取存放在缓存区内的捕获内容

另外，还可以通过 String 对象的 replace()方法，直接利用$n（n 是大于 0 的正整数）的方式获取捕获内容，完成对子表达式捕获的内容进行替换的操作。下面以颠倒字符串“Regular Capture”中两个单词的顺序为例进行演示，具体代码如下。

```
var str = 'Regular Capture';
var reg = /(\w+)\s(\w+)/gi;
var newstr = str.replace(reg, '$2 $1');
console.log(newstr); // 输出结果为: Capture Regular
```

在上述代码中，replace()方法的第 1 个参数为正则表达式，用于与 str 字符串进行匹配，将符合规则的内容利用第 2 个参数设置的内容进行替换。其中，$2 表示 reg 正则表达式中第 2 个子表达式被捕获的内容“Capture”，$1 表示第 1 个子表达式被捕获的内容“Regular”。replace()方法的返回值是替换后的新字符串，因此，并不会修改原字符串的内容。

除此之外，若要在开发中不想将子表达式的匹配内容存放到系统的缓存中，则可以使用“(?:x)”的方式实现非捕获匹配。捕获与非捕获的实现对比如下所示。

```
// ① 非捕获
var reg = /(?:J)(?:S)/;
var res = 'JS'.replace(reg,'$2 $1');
console.log(res); // 输出结果: $2 $1
```

```
// ② 捕获
var reg = /(J)(S)/;
var res = 'JS'.replace(reg,'$2 $1');
console.log(res); // 输出结果: S J
```

从上述代码可以清晰地看出，捕获后可以通过$n 的方式获取到子表达式匹配到的内容，而非捕获后，不能通过其他的方式获取子表达式匹配到的内容。

3. 反向引用

在编写正则表达式时，若要在正则表达式中，获取存放在缓存区内的子表达式的捕获内容，则可以使用“\n”（n 是大于 0 的正整数）的方式引用，这个过程就是“反向引用”。其中，“\1”表示第 1 个子表达式的捕获内容，“\2”表示第 2 个子表达式的捕获内容，依次类推。

下面为了让读者更好地理解反向引用的应用，以查找连续的 3 个相同的数字为例进行讲解。

```
var str = '13335 12345 56668';
var reg = /(\d)\1\1/gi;
var match = str.match(reg);
console.log(match); // 输出结果为: (2) ["333", "666"]
```

在上述正则表达式中，“\d”用于匹配 0～9 之间的任意一个数字，为其添加圆括号“()”后，即可通过反向引用获取捕获的内容。因此，最后的匹配结果为 333 和 666。

4．零宽断言

零宽断言指的是一种零宽度的子表达式匹配，用于查找子表达式匹配的内容之前或之后是否含有特定的字符集。它分为正向预查和反向预查，但是在 JavaScript 中仅支持正向预查，即匹配含有或不含有捕获内容之前的数据，匹配的结果中不含捕获的内容。具体字符与示例如表 9-5 所示。

表 9-5　正向预查

字符	说明	示例
x(?=y)	仅当 x 后面紧跟着 y 时，才匹配 x	Countr(?=y|ies)用于匹配 Country 或 Countries 中的 Countr
x(?!y)	仅当 x 后不紧跟着 y 时才匹配 x	Countr(?!y|ies)用于匹配 Countr 后不是 y 或 ies 的任意字符串中的 Countr

9.3.3　正则运算符优先级

通过前面的学习可知，正则表达式中的运算符有很多。在实际应用时，各种运算符会遵循优先级顺序进行匹配。正则表达式中常用运算符优先级，由高到低的顺序如表 9-6 所示。

表 9-6　正则运算符优先级顺序

运算符	说明
\	转义符
()、(?:)、(?=)、[]	括号和中括号
*、+、?、{n}、{n,}、{n,m}	限定符
^、$、\任何元字符、任何字符	定位点和序列
|	“或”操作

要想在开发中能够熟练使用正则完成指定规则的匹配，在掌握正则运算符含义与使用的情况下，还要了解各个正则运算符的优先级，才能保证编写的正则表达式按照指定的模式进行匹配。

9.3.4　【案例】内容查找与替换

在 Web 开发中，为了避免用户填写并上传的内容中含有敏感词汇，或保护用户提交的个人信息等情况时，可利用 JavaScript 的正则完成相关的操作。

下面以查找文本域中的 bad 和任意中文字符，并将其替换为“*”为例进行演示。具体步骤如下。

（1）编写 HTML 页面

```
1  <div>过滤前内容:<br>
2    <textarea id="pre" rows="10" cols="40"></textarea>
3    <input id="btn" type="button" value="过滤">
4  </div>
5  <div>过滤后内容:<br>
6    <textarea id="res" rows="10" cols="40"></textarea>
7  </div>
```

上述代码中定义了两个文本域，一个用于用户输入，另一个用于显示按照要求替换后的过滤内容。具体 CSS 样式请参考本书源码，效果如图 9-5 所示。

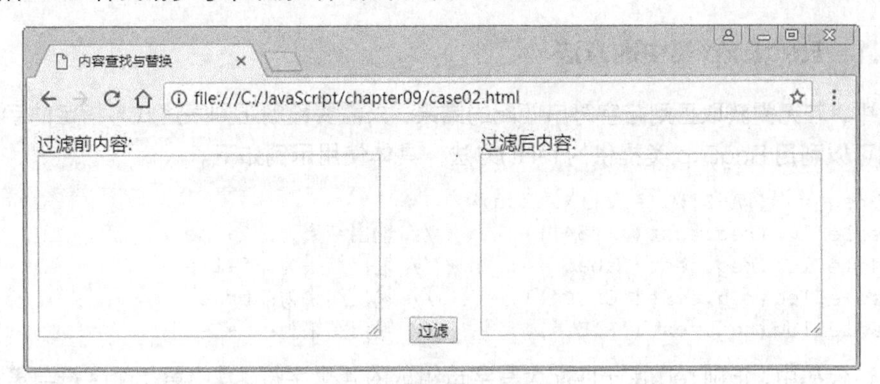

图9-5　内容查找与替换页面

（2）实现内容查找与替换

```
1  <script>
2    document.getElementById('btn').onclick = function() {
3      // 定义查找并需要替换的内容规则，[\u4e00-\u9fa5]表示匹配任意中文字符
4      var reg = /(bad)|[\u4e00-\u9fa5]/gi;
5      var str = document.getElementById('pre').value;
6      var newstr = str.replace(reg, '*');
7      document.getElementById('res').innerHTML = newstr;
8    };
9  </script>
```

上述第 2 行代码用于给 HTML 页面中的按钮添加单击事件，第 4 行用于定义查找内容的正则对象，第 5 行用于获取需要进行替换的内容，第 6 行利用 replace()方法将符合 reg 的内容替换成*，第 7 行将替换后的内容显示到指定区域，效果如图 9-6 所示。

图9-6　测试内容查找与替换

9.4 与正则相关的方法

JavaScript 中除了前面讲解的 RegExp 类中的 exec()方法，String 类中的 match()和 replace()

方法外，RegExp 类和 String 类中还有一些在开发中较为常用的方法。接下来将对与正则相关的方法进行讲解。

9.4.1 RegExp 类中的方法

开发中，若无需获取正则与字符串匹配的结果，只需要检测正则表达式与指定的字符串是否匹配，则可以利用 RegExp 类提供的 test()方法，具体使用示例如下。

```
var reg = /([A-Z])([A-Z])\1\2/g;
console.log(reg.test('1234'));      // 输出结果为：false
console.log(reg.test('abab'));      // 输出结果为：false
console.log(reg.test('CDCD'));      // 输出结果为：true
console.log(reg.test('EfEf'));      // 输出结果为：false
```

在上述代码中，正则 reg 用于匹配大写字母组成的 4 个字符，其中第 1 个字符与第 3 个字符相同，第 2 个字符与第 4 个字符相同。因此，传递不同的字符串进行判断，匹配成功时，test()方法的返回值为 true，否则返回 false。

多学一招：检测正则对象的模式修饰符

RegExp 类中还有一些属性，用于检测当前正则对象使用的模式修饰符，以及指定下一次匹配的起始索引等。具体如表 9-7 所示。

表 9-7 RegExp 类的属性

属性	说明
global	检测正则表达式中是否使用 g 模式修饰符，使用返回 true，否则返回 false
ignoreCase	检测正则表达式是否使用了 i 模式修饰符，使用返回 true，否则返回 false
multiline	检测正则表达式是否使用了 m 模式修饰符，使用返回 true，否则返回 false
lastIndex	全局匹配时用来指定下一次匹配的起始索引
source	返回正则表达式对象的模式文本的字符串，该字符串不包含正则字面量两边的斜杠以及任何的模式修饰字符

下面为了读者更好地理解这些属性的使用，以实现空格的匹配为例进行演示。

```
1  var reg = /[\s+]/g;
2  console.log(reg.exec('h i'));
3  console.log(reg.lastIndex);      // 输出结果为：2
4  console.log(reg.source);         // 输出结果为：[\s+]
5  console.log(reg.global);         // 输出结果为：true
6  console.log(reg.ignoreCase);     // 输出结果为：false
7  console.log(reg.multiline);      // 输出结果为：false
```

上述第 3 行代码，用于获取 exec()方法匹配后的下一次匹配开始的索引值，默认从 0 开始，当 lastIndex 的值大于字符串的长度时，test()方法和 exec()执行失败后，lastIndex 属性的值会再次被设置为 0。上述第 4 行代码用于获取当前正则表达式的模式文本。第 5～7 行用于判断当前正则对象中是否使用了 g、i 和 m 模式修饰符，若使用了则返回 true，否则返回 false。

9.4.2 String 类中的方法

在 JavaScript 中，除了 String 类的 match()和 replace()方法外，还有 search()和 split()方法可以根据正则进行相关的操作。下面将对这两种方法的使用进行讲解。

1. search()方法

search()方法可以返回指定模式的子串在字符串首次出现的位置，相对于 indexOf()方法来说功能更强大。具体示例如下。

```
var str = '123*abc.456';
console.log(str.search('.*'));              // 输出结果：0
console.log(str.search(/[\.\*]/));          // 输出结果：3
```

从上述代码可知，search()方法的参数是一个正则对象，如果传入一个非正则表达式对象，则会使用“new RegExp(传入的参数)”隐式地将其转换为正则表达式对象。因此，第 2 行代码相当于返回任意字符在字符串 str 中首次出现的位置，也就是字符串 str 中开头字符首次出现的位置 0。另外，search()方法匹配失败后的返回值为-1。

2. split()方法

split()方法用于根据指定的分隔符将一个字符串分割成字符串数组，其分割后的字符串数组中不包括分隔符。当分隔符不只一个时，需要定义正则对象才能够完成字符串的分割操作。使用方法如下。

（1）按照规则分割

下面的示例演示了如何按照字符串中的“@”和“.”两种分隔符进行分割。

```
var str = 'test@123.com';
var reg = /[@\.]/;
var split_res = str.split(reg);
console.log(split_res);    // 输出结果：(3) ["test", "123", "com"]
```

从上述代码可知，split()方法的参数为正则表达式模式设置的分隔符，返回值是以数组形式保存的分割后的结果。需要注意的是，当字符串为空时，split()方法返回的是一个包含一个空字符串的数组“[""]”，如果字符串和分隔符都是空字符串，则返回一个空数组“[]”。

（2）指定分割次数

在使用正则匹配方式分割字符串时，还可以指定字符串分割的次数，具体示例如下。

```
var str = 'We are a family';
var reg = /\s/;
var split_res = str.split(reg, 2);
console.log(split_res);    // 输出结果：(2) ["We", "are"]
```

从上述代码可知，当指定字符串分割次数后，若指定的次数小于实际字符串中符合规则分割的次数，则最后的返回结果中会忽略其他的分割结果。

动手实践：表单验证

Web 项目开发中，表单验证是最常见的功能之一。例如，用户注册、用户登录、个人信息填写等内容，都需要对用户填写的内容进行验证。下面以用户注册为例讲解用户名、密码、手机号码和邮箱的验证，具体实现步骤如下。

（1）编写 HTML 页面

```
1  <table>
2    <tr><th>用户名称：</th>
3      <td>
4        <input type="text" name="username" placeholder="长度 4～12，英文大小写字母">
5      </td><td><div></div></td>
6    </tr>
7    <tr><th>密    码：</th>
8      <td>
9        <input type="password" name="pwd" placeholder="长度 6～20，大小写字母、数
         字或下划线">
10     </td><td><div></div></td>
11   </tr>
12   <tr><th>确认密码：</th>
13     <td>
14       <input type="password" name="repwd" placeholder="请再次输入密码进行确认">
15     </td><td><div></div></td>
16   </tr>
17   <tr><th>手机号码：</th>
18     <td>
19       <input type="text" name="tel" placeholder="13、14、15、17、18 开头的 11
         位手机号">
20     </td><td><div></div></td>
21   </tr>
22   <tr><th>电子邮箱：</th>
23     <td>
24       <input type="text" name="email" placeholder="用户名@域名（域名后缀至少 2 个字符）">
25     </td><td><div></div></td>
26   </tr>
27   <tr><td colspan="3"><input type="submit" value="注册"></td></tr>
28 </table>
```

上述代码通过 placeholder 属性在文本框中显示提示信息，name 属性用于在 JavaScript 中获取设置对应文本的正则验证规则。其中，表格最后一列用于显示用户填写完成后的信息提示框。对应的 CSS 样式请参考本书的源码，效果如图 9-7 所示。

（2）添加事件

```
1 // 获取所有 input 元素
2 var inputs = document.getElementsByTagName('input');
3 // 为每个 input 元素添加失去焦点事件
4 for (var i = 0; i < inputs.length - 1; ++i) {
5   inputs[i].onblur = inputBlur;
6 }
```

上述第 2 行代码用于获取注册页面中所有的<input>元素，然后通过第 4～6 行代码添加事件处理函数 inputBlur()，用于<input>元素失去焦点后，利用 inputBlur()函数进行处理。

图9-7 注册页面

（3）编写 inputBlur()事件处理函数

编写 inputBlur()函数，获取对应<input>元素的验证规则和提示信息，对用户输入的内容进行验证，并将验证结果显示到 HTML 页面中，具体代码如下。

```
1  function inputBlur() {
2    var name = this.name;           // 获取输入框的 name 值
3    var val = this.value;           // 获取输入框的 value 值
4    var tips = this.placeholder;  // 获取输入框中的提示信息
5    // 获取提示信息显示的 div 元素对象
6    var tips_obj = this.parentNode.nextSibling.firstChild;
7    //去掉两端的空白字符
8    val = val.trim();
9    // 文本框内容为空，给出提示信息
10   if (!val) {
11       error(tips_obj, '输入框不能为空');
12       return false;
13   }
14   // 获取正则匹配规则和提示信息
15   var reg_msg = getRegMsg(name, tips);
16 }
```

上述第 2～4 行代码用于获取当前<input>中的 name、value 和 placeholder 属性的值；第 6 行用于获取当<input>失去焦点后，显示提示信息的元素对象；第 8 行用于去除用户输入内容中两端的空格；第 10～13 行用于判断文本框为空时给出提示；第 15 行用于调用自定义函数 getRegMsg()获取该文本框对应的正则和自定义的提示信息。

下面首先创建显示错误信息的 error()函数，该函数的第 1 个参数表示显示提示信息的元素对象，第 2 个参数为自定义的错误提示信息，具体代码如下。

```
1  function error(obj, msg) { // 显示验证失败提示信息
2    obj.className = 'error';
3    obj.innerHTML = msg + '，请重新输入';
4  }
```

上述第 2 行将错误信息提示的 class 设置为 error，它的具体设置请参考本书 CSS 样式源码。第 3 行将用户设置的提示信息与“请重新输入”进行拼接，并将其显示到指定的位置。例如，用户名称的文本框为空，则显示效果如图 9-8 所示。

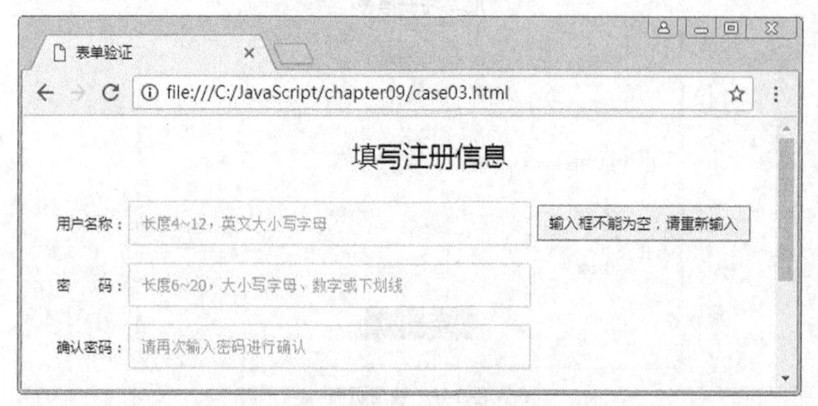

图9-8　输入框为空提示

（4）获取验证规则和提示信息

接下来，继续编写 getRegMsg()函数，根据<input>的 name 属性值获取不同的正则匹配模式，同时传入文本框中默认的提示信息，作为验证失败时的一个提示信息，具体代码如下。

```
1  function getRegMsg(name, tips) {
2    var reg = msg = '';
3    switch (name) {
4      case 'username':
5        reg = /^[a-zA-Z]{4,12}$/;
6        msg = {'success': '用户名输入正确', 'error': tips};
7        break;
8      case 'pwd':
9        reg = /^\w{6,20}$/;
10       msg = {'success': '密码输入正确', 'error': tips};
11       break;
12     case 'repwd':
13       var con = document.getElementsByTagName('input')[1].value;
14       reg = RegExp('^' + con + '$');
15       msg = {'success': '两次密码输入正确', 'error': '两次输入的密码不一致'};
16       break;
17     case 'tel':
18       reg = /^1[34578]\d{9}$/;
19       msg = {'success': '手机号码输入正确', 'error': tips};
20        break;
21     case 'email':
22       reg = /^(\w+(\_|\-|\.)*)+@(\w+(\-)?)+(\.\w{2,})+$/;
23       msg = {'success': '邮箱输入正确', 'error': tips};
24       break;
25     }
26     return {'reg': reg, 'msg': msg};
27 }
```

在上述代码中，第 5 行用于匹配只包含大小写英文字母，且长度在 4 ~ 12 之间的用户名；第 9 行用于匹配由大小写英文字母、数字或下划线中组成的长度在 6 ~ 20 之间的密码；第 13 ~ 14 行用于获取用户输入的密码，并将其作为检测再次输入密码是否正确的正则匹配模式；第 18 行用于匹配 11 位的手机号，它以 1 开头，第 2 位数字是 3、4、5、7、8 中的一个，剩余的数字可以是 0 ~ 9 之间的任意数字；第 22 行用于匹配 email 地址，它由 3 部分组成，分别为用户名、"@"和邮箱域名。其中，域名是由字符（字母、数字）、短线"-"与域名后缀组成，并且域名后缀至少由 2 个字符构成。

上述代码中的 msg 变量，用于保存自定义的成功提示信息和失败的提示信息。接下来在 inputBlur()函数的第 15 行代码后添加以下代码进行测试。

```
console.log(reg_msg);
```

在表单的用户名框中填写"JavaScript"，失去焦点后，在控制台输出获取到的用户名的验证规则和提示信息，如图 9-9 所示。

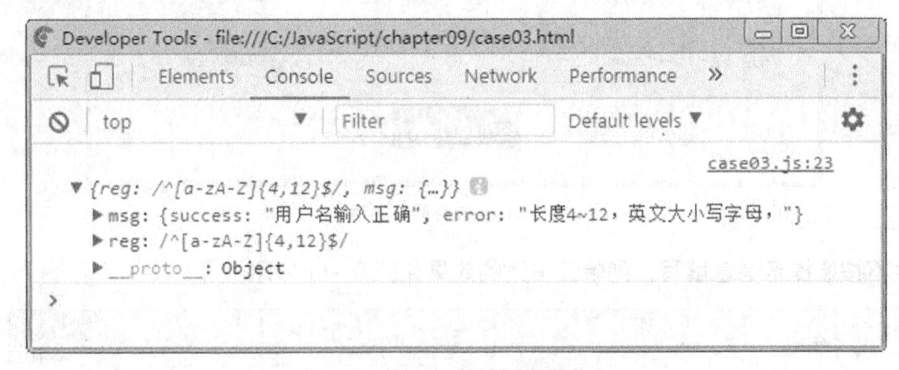

图9-9　获取正则规则和提示信息

（5）表单验证

最后修改 inputBlur()函数，完成表单的验证。删除测试代码，在第（3）步第 15 行下添加以下代码。

```
1  if (reg_msg['reg'].test(val)) {
2    // 匹配成功，显示成功的提示信息
3    success(tips_obj, reg_msg['msg']['success']);
4  } else {
5    // 匹配失败，显示失败的提示信息
6    error(tips_obj, reg_msg['msg']['error']);
7  }
```

上述第 1 行代码通过 test()方法的调用，获取当前 input 框中输入的内容是否符合正则匹配模式，符合则返回 true，执行第 3 行代码，给出验证成功的提示信息；不符合则执行第 6 行代码，给出错误提示信息。

接下来，编写 success()函数，实现验证通过的信息提示。具体代码如下。

```
1  function success(obj, msg) { // 显示验证通过提示信息
2    obj.className = 'success';
3    obj.innerHTML = msg;
4  }
```

完成上述操作后，在浏览器中重新请求注册信息页面，按照提示填写信息，验证通过的效果如图 9-10 所示。

图9-10　表单验证通过

如果不按照提示信息填写，则验证失败的效果如图 9-11 所示。

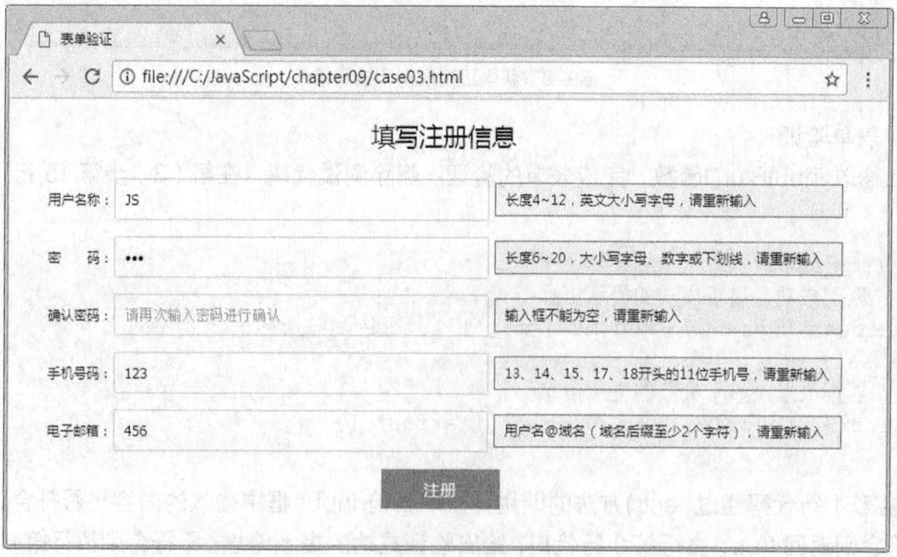

图9-11　表单验证失败

本章小结

本章讲解的主要内容包括正则表达式的基本概念、正则表达式的语法规则、与正则相关的方法和属性以及常见的正则应用案例。通过本章的学习，读者应熟练掌握正则表达式的书写，可以利用正则表达式完成 Web 开发中的各种字符串格式验证需求。

课后练习

一、填空题

1. 在正则表达式中，________用于匹配单词边界，________用于匹配非单词边界。
2. 正则表达式中“()”既可以用于分组，又可以用于________。

二、判断题

1. 正则表达式中，可通过反向引用获取子表达式的捕获内容。(　　)
2. 正则表达式“[a-z]”和“[z-a]”表达的含义相同。(　　)
3. 正则表达式“[^a]”的含义是匹配以 a 开始的字符串。(　　)

三、选择题

1. 正则表达式“/[m][e]/gi”匹配字符串“programmer”的结果是（　　）。

   A. m　　B. e　　C. programmer　　D. me

2. 下列正则表达式的字符选项中，与“*”功能相同的是（　　）。

   A. {0,}　　B. ?　　C. +　　D. .

3. 下列选项中，可以完成正则表达式中特殊字符转义的是（　　）。

   A. /　　B. \　　C. $　　D. #

四、编程题

1. 请利用正则表达式查找 4 个连续的数字或字符。
2. 请利用正则表达式实现二代身份证号码的验证。

10 Chapter

第10章 Ajax

JavaScript

学习目标

- 熟悉 Ajax 和 HTTP 的基本概念
- 掌握 Ajax 对象的创建、常用方法和属性的使用
- 掌握 XML 和 JSON 数据格式的使用
- 掌握 Cookie 操作和 Ajax 跨域请求

Ajax 是一个与服务器密切相关的技术，可以使网页与服务器进行数据交互，提升用户体验。在前面的学习中，用户直接使用浏览器查看本机保存的网页，并没有涉及服务器的概念。但若需要网页能够被互联网中的其他用户访问，就要将网页发布到服务器上，用户通过网址来访问这个网页。本章将结合 Web 服务器的相关基础知识，详细讲解 Ajax 的使用。

10.1 Web 基础知识

在学习 Ajax 前，有必要先了解一些与 Web 服务器相关的基础知识，只有掌握了这部分内容，才能够理解 Ajax 技术如何实现浏览器与服务器的交互。本节将围绕 Web 服务器和 HTTP 协议进行详细讲解。

10.1.1 Web 服务器

Web 服务器又称为网站服务器，主要用于提供网上信息浏览服务。常见的 Web 服务器软件有 Apache HTTP Server（简称 Apache）、Nginx 等，它们可以接收用户请求的资源路径，返回相应的资源。

例如，当客户端请求“http://www.example.com/test.html”这样一个 URL 地址时，表示使用 HTTP 协议与域名为“www.example.com”的服务器进行数据交互，请求的资源路径为“/test.html”。服务器收到请求后，就会到站点目录下读取“/test.html”返回给浏览器，如果文件不存在则返回错误信息。整体交互的过程如图 10-1 所示。

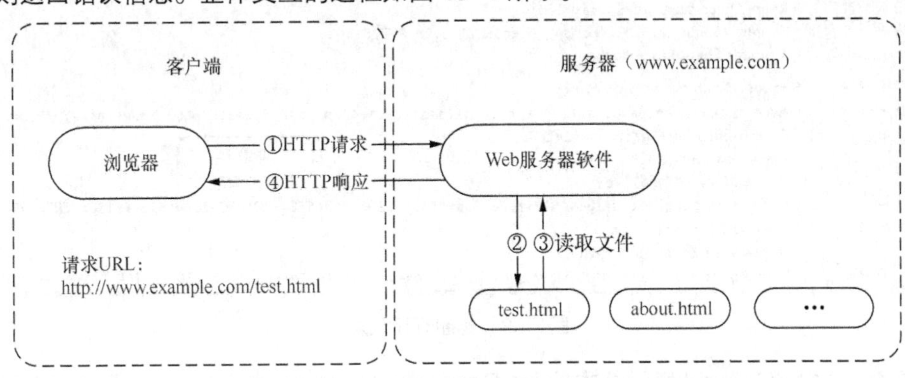

图10-1 浏览器与服务器交互

在 Web 服务器中，请求资源又分为静态资源和动态资源。静态资源由 Web 服务器读取文件后直接返回，如图 10-1 中的 test.html、about.html 都是静态资源，只要服务器没有修改这些文件，客户端每次请求到的都是同样的内容。动态资源的特点是内容可以动态发生变化，每次请求都需要计算处理。例如，当服务器收到一个动态网页请求时，将其交给服务器端程序（如 PHP）进行处理，处理完成后，将结果填入到网页模板中，返回给浏览器。

服务器端 Web 开发常用的技术有 PHP、Java、ASP.NET、Node.js 等，在这些技术中，PHP 具有简单易学、开发速度快等特点，本章的服务器端代码选择 PHP 语言进行演示。

10.1.2 HTTP

HTTP（HyperText Transfer Protocol，超文本传输协议）用于规范客户端和服务器之间以指定的格式进行数据交互。对于 Web 开发人员来说，熟悉 HTTP 才能够理解前后端交互的具体细节。

HTTP 是一种基于“请求”和“响应”的协议，当客户端与服务器建立连接后，客户端（浏览器）向服务器端发送一个请求，这个请求称为 HTTP 请求，服务器接收到请求后做出响应，称为 HTTP 响应。

通过请求与响应，浏览器与服务器之间会发送一些消息。对于普通用户来说，除了服务器响应的实体内容（如 HTML 网页、图片等）以外，其他信息都是不可见的，要想观察这些“隐藏”的信息，需要借助开发者工具。切换到开发者工具的 Network 页面后刷新网页，就可以看到当前网页从第 1 个请求开始，依次发送的所有请求。其中，第 1 个请求的 HTTP 消息如图 10-2 所示。

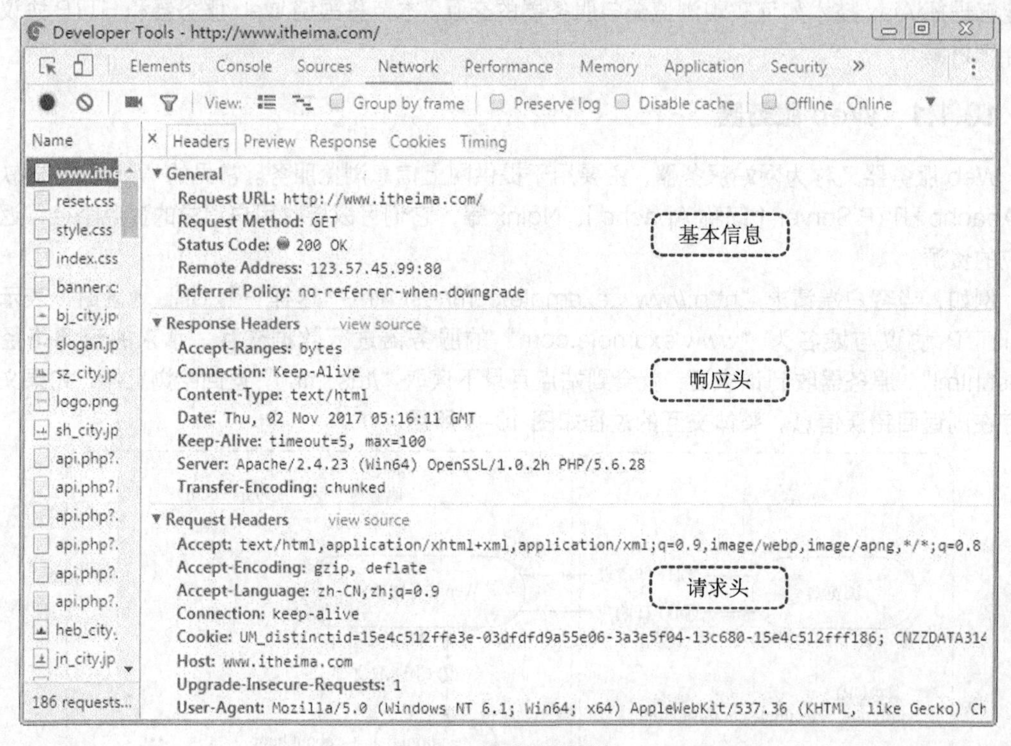

图10-2 查看HTTP消息

在图 10-2 中，General 表示基本信息，Response Headers 表示响应头，Request Headers 表示请求头。单击 Response Headers 或 Request Headers 右边的 view source 可以查看消息头的源格式。

在了解如何查看 HTTP 消息后，接下来针对请求消息和响应消息分别进行讲解。

1. 请求消息

请求消息由 3 部分组成，分别是请求行、请求头和请求实体内容。下面是一个请求消息的示例。

```
1  GET / HTTP/1.1
2  Host: www.itheima.com
3  Connection: keep-alive
4  User-Agent: Mozilla/5.0 (Windows NT 6.1; Win64; x64) AppleWebKit/537.36 (KHTML, …
5  Upgrade-Insecure-Requests: 1
6  Accept: text/html,application/xhtml+xml,application/xml;q=0.9,image/webp,image/ …
```

```
7  Accept-Encoding: gzip, deflate
8  Accept-Language: zh-CN,zh;q=0.9
9
```

在上述示例中，第1行是请求行，后面几行是请求头，最后的空行表示请求头结束。如果使用POST方式提交表单，实体内容会出现在空行下面，示例如下。

```
1  POST /form.php HTTP/1.1
2  Host: localhost
3  Content-Type: application/x-www-form-urlencoded
4  Content-Length: 20
5
6  user=Jim&pass=123456
```

在了解请求消息的基本格式后，接下来对请求行、请求头和实体内容分别进行介绍。

（1）请求行

请求行分为3部分，分别是请求方式（如GET）、请求资源路径（如/form.php）和HTTP版本（如HTTP/1.1），中间用空格隔开。其中，请求方式有许多种，GET是浏览器打开网页默认使用的方式，其他常用的还有POST方式；请求资源路径是指URL地址中域名右边包括参数的部分，例如，“http://域名/admin/save.php?id=1”的请求资源路径为“/admin/save.php?id=1”。

（2）请求头

请求头位于请求行之后，主要用于向服务器传递附加消息。例如，浏览器可接收的数据类型、压缩方式、语言以及系统环境。每个请求头都是由头字段名称和对应的值构成，中间用冒号“:”和空格分隔。HTTP规定了大量的头字段，每个都有特定的用途，读者可查阅资料了解相关内容。另外，一些应用程序也可以添加自定义的头字段来完成特定的需求。

（3）实体内容

当使用POST方式提交表单时，用户填写的表单数据将会被编码后放在实体内容中，并通过请求头中的Content-Type和Content-Length字段来描述实体内容的编码格式和长度。编码格式按照<form>标签的enctype属性来设定，默认值为application/x-www-form-urlencoded，表示URL编码格式。由于URL编码格式不支持文件上传，当进行文件上传时，需要将其改为multipart/form-data格式。

2. 响应消息

响应消息由响应状态行、响应头、实体内容组成，其源格式示例如下。

```
1  HTTP/1.1 200 OK
2  Date: Thu, 02 Nov 2017 06:22:27 GMT
3  Server: Apache/2.4.23 (Win64) OpenSSL/1.0.2h PHP/5.6.28
4  Accept-Ranges: bytes
5  Content-Type: text/html
6
7  <!DOCTYPE html>
8  <html><body></body></html>
```

在上面的响应消息中，第1行是响应状态行，后面几行是响应头，空行表示响应头结束。实体内容位于空行后面，网页的HTML文档就保存在实体内容中。

在了解响应消息的基本格式后，接下来对响应状态行、响应头和实体内容分别进行介绍。

（1）响应状态行

响应状态行用于告知客户端本次响应的状态，由 HTTP 版本、状态码（如 200）和描述信息（如 OK）组成。状态码表示服务器对客户端请求的各种不同的处理结果和状态，常见状态码如表 10-1 所示。

表 10-1 常见状态码

状态码	含义	状态码	含义
200	正常	403	禁止
301	永久移动	404	找不到
302	临时移动	500	内部服务器错误
304	未修改	502	无效网关
401	未经授权	504	网关超时

（2）响应头

响应头用于告知客户端本次响应的基本信息，包括服务器程序名、内容的编码格式、缓存控制等。请求头和响应头是浏览器和服务器之间交互的重要信息，由程序自动处理，通常不需要人为干预。

（3）实体内容

服务器的响应实体内容有多种编码格式。当用户请求的是一个网页时，实体内容的格式就是 HTML；如果请求的是图片，则响应图片的数据内容。服务器为了告知浏览器内容类型，会通过响应消息头中的 Content-Type 字段来描述。例如，网页的类型通常是“text/html”，这是一种 MIME 类型表示方式。

MIME 是目前大部分互联网应用程序通用的格式，其表示方法为“大类别/具体类型”。接下来列举一些常见的 MIME 类型，如表 10-2 所示。

表 10-2 常见 MIME 类型

MIME	含义	MIME	含义
text/plain	普通文本（.txt）	image/gif	GIF 图像（.gif）
text/xml	XML 文本（.xml）	image/png	PNG 图像（.png）
text/html	HTML 文本（.html）	image/jpeg	JPEG 图像（.jpeg）
text/css	CSS 文本（.css）	application/javascript	JavaScript 程序（.js）

浏览器会根据服务器响应的不同 MIME 类型采取不同的处理方式，如遇到普通文本时直接显示，遇到 HTML 时渲染成网页，遇到 GIF、PNG、JPEG 等类型时显示为图像。如果浏览器遇到无法识别的类型时，在默认情况下会执行下载文件的操作。

10.2 Web 服务器搭建

在前面的学习中，网页都是直接用浏览器打开文件的方式访问的，这种方式没有服务器的参与，因此无法进行 Ajax 交互。为了更好地学习 Ajax，本节将会讲解如何在本机搭建一个 Web 服务器，并通过案例对传统的前后端交互方式进行演示。

10.2.1 PHP 开发环境

PHP 是一种运行于服务器端的嵌入式脚本编程语言，是 Web 应用开发的主流语言之一。从 5.4 版本开始，PHP 内置了一个简单的 Web 服务器，虽然不如 Apache、Nginx 等成熟的 Web 服务器功能强大，但由于其使用方便，非常适合开发人员在本地测试。下面将利用 PHP 搭建一个简单的 Web 服务器环境。

1. 下载 PHP

在 PHP 官方网站（http://php.net）下载 PHP 7.1.11 版本，本书以该版本为例进行讲解。由于版本一直在更新，读者也可以选择其他版本，通常选择 5.4 以上的版本都不会影响到学习。

PHP 7.1.11 的压缩包文件名为 “php-7.1.11-Win32-VC14-x86.zip”，其中 x86 表示运行于 32 位操作系统，VC14 表示该软件依赖 Microsoft Visual C++ 2015 运行库，在使用 PHP 前需要先安装该运行库。

2. 创建目录

创建“C:\web\php7.1”作为 PHP 的安装目录，创建“C:\web\htdocs”作为站点目录。

3. 启动 PHP 内置的 Web 服务器

将下载到的压缩包解压到“C:\web\php7.1”目录下，然后启动 cmd 命令行工具，将工作目录切换到该目录中。若读者不会使用命令行工具，可以在文件列表空白区域按住 Shift 键并单击鼠标右键，在弹出的快捷菜单中选择“在此处打开命令窗口”，打开后如图 10-3 所示。

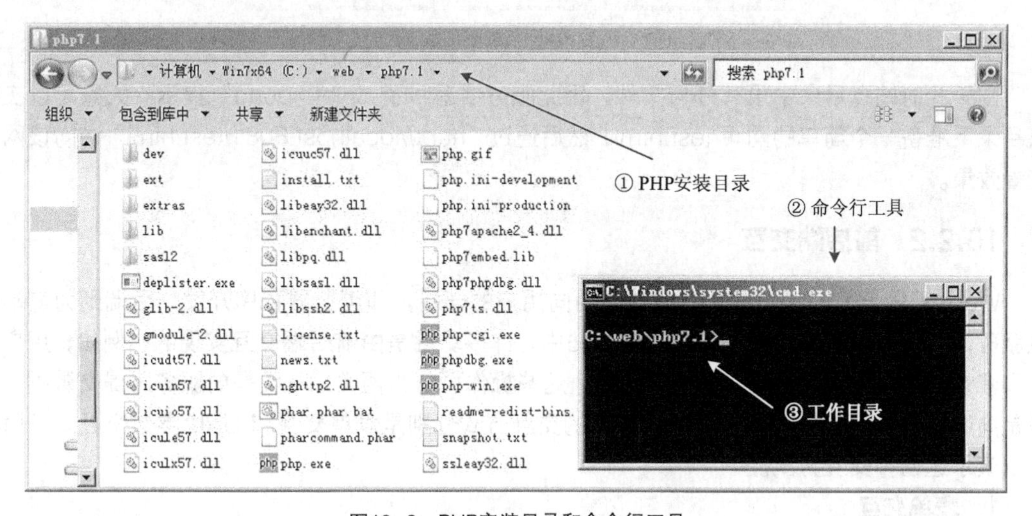

图10-3 PHP安装目录和命令行工具

在命令行窗口中执行如下命令，开启 PHP 内置的 Web 服务器。

```
php -S localhost:8081 -t "C:\web\htdocs"
```

上述命令中，选项“-S”用于启动内置 Web 服务器（注意 S 必须是大写字母），后面的参数表示网络地址和端口号，此处设为“localhost:8081”，即本地 8081 端口；“-t”用于指定站点目录，此处指定为“C:\web\htdocs”。命令执行后的效果如图 10-4 所示。

从图 10-4 中输出的信息可以看出，Web 服务器已经启动成功，并显示了启动时间等信息。成功开启 Web 服务器后，可以将命令行窗口最小化，进行其他操作。如需停止 Web 服务器，可在命令行窗口中按 Ctrl+C 组合键退出 PHP 程序。

```
php -S localhost:8081 -t "C:\web\htdocs"

C:\web\php7.1>php -S localhost:8081 -t "C:\web\htdocs"
PHP 7.1.11 Development Server started at Fri Nov 10 11:22:33 2017
Listening on http://localhost:8081
Document root is C:\web\htdocs
Press Ctrl-C to quit.
_
```

图10-4　开启PHP内置的Web服务器

需要注意的是，Web 服务器在启动的过程中可能失败，失败的原因可能是本机 8081 端口被其他程序占用，此时可以更换其他端口然后再启动。

4．访问测试

为了更好地验证 Web 服务器已经启动成功，通过浏览器访问"http://localhost:8081"，如果看到图 10-5 所示的效果，说明此时 Web 服务器已经正常工作。

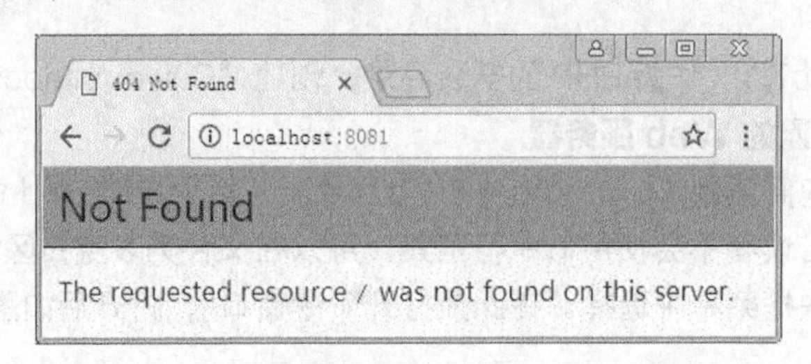
404 Not Found
localhost:8081
Not Found
The requested resource / was not found on this server.

图10-5　访问测试

由于此时站点目录中没有任何文件，因此服务器返回了"Not Found"提示。大家可以在站点目录下准备一个简单的网页 test.html，然后通过"http://localhost:8081/test.html"访问该网页查看效果。

10.2.2　前后端交互

Web 开发分为前端和后端，前端是面向用户的一端，即浏览器程序开发，后端则为前端提供服务，即服务器端程序开发。在动态网站中，许多功能是由前后端交互实现的，例如，用户注册和登录、发表评论、查询积分、余额等。这些操作可分为两类，一类是向服务器提交数据，一类是向服务器查询数据，两者对应的典型的交互方式分别是表单交互和 URL 参数交互。下面将分别演示这两种交互方式。

1．表单交互

表单交互是指在 HTML 中创建一个表单，用户填写表单后提交给服务器，服务器收到表单后返回处理结果。具体实现步骤如例 10-1 所示。

【例 10-1】

（1）在站点目录下创建 form.html 文件，编写一个简单的表单。

```
1  <form action="login.php" method="post">
2    用户名：<input type="text" name="user">
3    密码：<input type="password" name="pass">
4   <input type="submit" value="提交">
5  </form>
```

上述代码中，<form>标签的 action 属性表示表单提交地址，login.php 用于接收表单；method 属性表示提交方式。默认情况下，表单使用 GET 方式提交，由于 GET 方式提交的数据会放到 URL 参数中，导致用户输入的密码被显示出来，因此这里设置为 POST 方式，通过实体内容来发送数据。

（2）在站点目录下创建 login.php 文件，用于接收表单，将接收结果返回。

```
1  <?php
2  echo json_encode($_POST);
```

上述是一段 PHP 代码，用于将接收到的表单转换成 JSON 格式后输出。

（3）通过浏览器访问 http://localhost:8081/form.html，效果如图 10-6 所示。

图10-6　查看表单页面

（4）在表单中填写用户名和密码，然后单击“提交”按钮，会看到图 10-7 所示的效果。

图10-7　返回处理结果

从图 10-7 中可以看出，PHP 成功接收到了来自表单提交的用户名和密码，并以 JSON 格式输出到页面中。其中，user 和 pass 对应表单控件的 name 属性，Jim 和 123456 是用户在表单上填写的信息。

为了更好地理解表单交互的整个过程，下面通过图 10-8 进行演示。

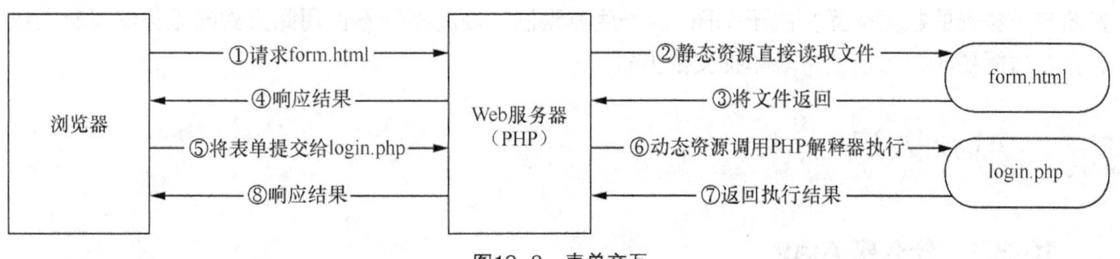

图10-8　表单交互

2. URL 参数交互

URL 参数经常用于浏览器向服务器提交一些请求信息。假设一个在线购物网站提供了商品展示页面，每一件商品都需要一个单独的页面展示。如果为每一件商品都编写一个网页，这个工作量会非常大，而且不易维护。此时，就可以利用 PHP 编写一个查询任意一件商品的脚本 goods.php，并且为每一件商品提供一个唯一的 id，利用 URL 参数去指定用户要查询的是哪一件商品。例如，“goods.php?id=1”表示查询 id 为 1 的商品信息，具体处理过程如图 10-9 所示。

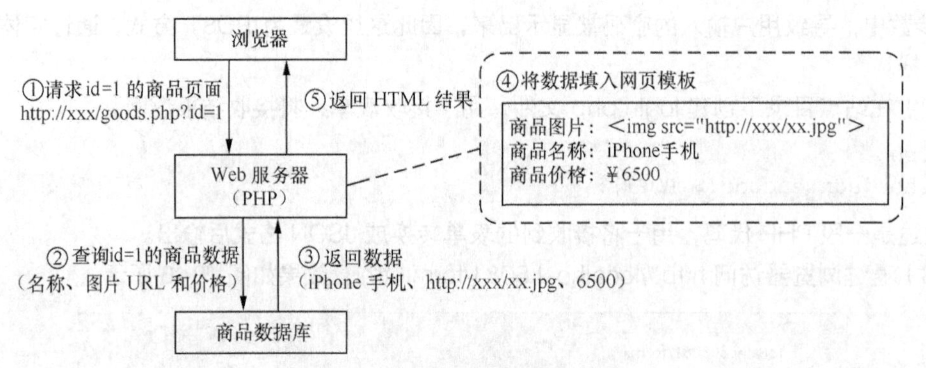

图10-9　查询商品信息的处理过程

接下来在 PHP 环境中实际体验 URL 参数交互，具体步骤如例 10-2 所示。

【例 10-2】

（1）在站点目录下创建 test.php 文件，编写代码如下。

```
1  <?php
2  echo json_encode($_GET);
```

上述代码用于将接收到的 URL 参数转换成 JSON 格式后输出。

（2）在浏览器中分别使用如下 URL 进行访问。

```
http://localhost:8081/test.php?user=Jim
http://localhost:8081/test.php?user=Jim&pass=123456
http://localhost:8081/test.php?num[]=1&num[]=2
```

（3）接收到 URL 参数后，test.php 的输出结果分别如下所示。

```
{"user":"Jim"}
{"user":"Jim","pass":"123456"}
{"num":["1","2"]}
```

通过上述示例可以看出，服务器端的 PHP 成功将 URL 参数转换为 JSON 后返回，实现了浏览器与服务器的数据交互。由于 URL 的长度有限制，因此不推荐使用此方式向服务器提交大量数据。当需要时，可以使用表单提交的方式。

10.3 Ajax 入门

10.3.1 什么是 Ajax

Ajax 是 Asynchronous JavaScript And XML 的缩写，即异步 JavaScript 和 XML 技术。它并不是一门新的语言或技术，而是由 JavaScript、XML、DOM、CSS 等多种已有技术组合而成的一种浏览器端技术，用于实现与服务器进行异步交互的功能。

Ajax 相对于传统的 Web 应用开发有哪些区别呢？下面先看一下传统 Web 工作流程与 Ajax 工作流程，分别如图 10-10 和图 10-11 所示。

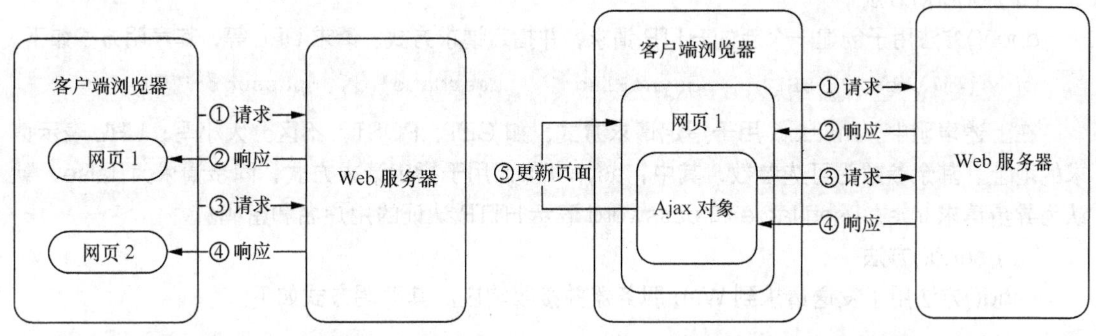

图10-10 传统Web工作流程

图10-11 Ajax工作流程

从图 10-10 中可以看出，在传统的 Web 应用模式中，每当用户触发一个页面切换或刷新的 HTTP 请求时，就需要服务器返回一个新的页面，即便只有少量数据发生变化，网页中所有的表格、图片等都没有改变，依然要从服务器重新加载网页。而在图 10-11 中，使用 Ajax 技术的页面通过 Ajax 对象与服务器进行通信，然后通过 DOM 操作将返回的结果更新到页面中，整个过程都是在同一个页面中进行的。

相较于传统网页，使用 Ajax 技术的优势具体有以下几个方面。

（1）减轻服务器的负担：由于 Ajax 是“按需获取数据”，所以可最大程度地减少冗余请求和响应对服务器造成的负担。

（2）节省宽带：Ajax 可以把一部分以前由服务器负担的工作转移到客户端完成，从而减轻服务器和宽带的负担，节约空间和宽带租用成本。

（3）用户体验更好：Ajax 实现了无刷新更新网页，在不需要重新载入整个页面的情况下，通过 DOM 操作及时地将更新的内容显示在页面中。

10.3.2 创建 Ajax 对象

在使用 Ajax 之前，首先需要通过 XMLHttpRequest 构造函数创建 Ajax 对象。Ajax 技术早在 1999 年 Microsoft 发布的 IE5 浏览器中就已经出现（作为 ActiveX 控件），随后被 Mozilla、Apple、Google 等浏览器厂商采纳。目前，XMLHttpRequest 已经被 W3C 组织标准化，通过如下代码即可创建 Ajax 对象。

```
var xhr = new XMLHttpRequest();
```

对于早期版本的 IE 浏览器（IE5、IE6），有如下几种创建方式。

```
var xhr = new ActiveXObject('Microsoft.XMLHTTP');
var xhr = new ActiveXObject('Msxml2.XMLHTTP');
var xhr = new ActiveXObject('Msxml2.XMLHTTP.3.0');
var xhr = new ActiveXObject('Msxml2.XMLHTTP.5.0');
var xhr = new ActiveXObject('Msxml2.XMLHTTP.6.0');
```

10.3.3 Ajax 向服务器发送请求

Ajax 对象创建完成后，就可以使用该对象提供的方法向服务器发送请求。下面分别介绍其常用的 open()、send()和 setRequestHeader()方法。

（1）open()方法

open()方法用于创建一个新的 HTTP 请求，并指定请求方式、请求 URL 等，其声明方式如下。

```
open('method', 'URL' [, asyncFlag [, 'userName' [, 'password']]])
```

在上述声明中，method 用于指定请求方式，如 GET、POST，不区分大小写；URL 表示请求的地址。其余参数为可选参数，其中，asyncFlag 用于指定请求方式，同步请求为 false，默认为异步请求 true；userName 和 password 表示 HTTP 认证的用户名和密码。

（2）send()方法

send()方法用于发送请求到 Web 服务器并接收响应。其声明方式如下。

```
send(content)
```

在上述声明中，content 用于指定要发送的数据，其值可为 DOM 对象的实例、输入流或字符串，一般与 POST 请求类型配合使用。需要注意的是，如果请求声明为同步，该方法将会等待请求完成或者超时才会返回，否则此方法将立即返回。

（3）setRequestHeader()方法

setRequestHeader()方法用于单独指定某个 HTTP 请求头，其声明方式如下。

```
setRequestHeader('haeder', 'value')
```

在上述声明中，参数都为字符串类型，其中 header 表示请求头字段，value 为该字段的值。此方法必须在 open()方法后调用。

在进行 Ajax 开发时，经常使用 GET 方式或 POST 方式发送请求。其中，GET 方式适合从服务器获取数据，POST 方式适合向服务器发送数据。两种方式都可以使用 URL 参数来传递一些数据。在使用 POST 方式发送数据时，需要设置内容的编码格式，告知服务器用什么样的格式来解析数据。

为了更好地理解 Ajax 对象发送请求的方法，下面通过例 10-3 和例 10-4 进行演示。

【例 10-3】发送 GET 方式的 Ajax 请求

（1）在 PHP 服务器的 Web 站点目录 C:\web\htdocs 中，创建 demo03.html 文件，编写代码实现 Ajax 发送请求，具体如下。

```
1  <script>
2    var xhr = new XMLHttpRequest();        // 创建 Ajax 对象
3    xhr.open('GET', 'test.php?a=1&b=2'); // 建立 HTTP 请求
4    xhr.send();                            // 发送请求
5  </script>
```

（2）在相同目录下创建 test.php 文件，编写代码如下。

```
1  <?php
2  echo json_encode($_GET);                 // 将 URL 参数转换为 JSON 输出
```

（3）启动 PHP 服务器后，通过浏览器访问 http://localhost:8081/demo03.html，然后在开发者工具的 Network 页面中查看浏览器发送的请求消息，如图 10-12 所示。

【例 10-4】发送 POST 方式的 Ajax 请求

（1）创建 demo04.html 文件，编写代码实现发送 POST 方式的 Ajax 请求，具体如下。

```
1  <script>
2    var xhr = new XMLHttpRequest();
3    xhr.open('POST', 'test.php?a=1&b=2');
```

```
4    xhr.setRequestHeader('Content-Type', 'application/x-www-form-urlencoded');
5    xhr.send('c=3&d=4');
6  </script>
```

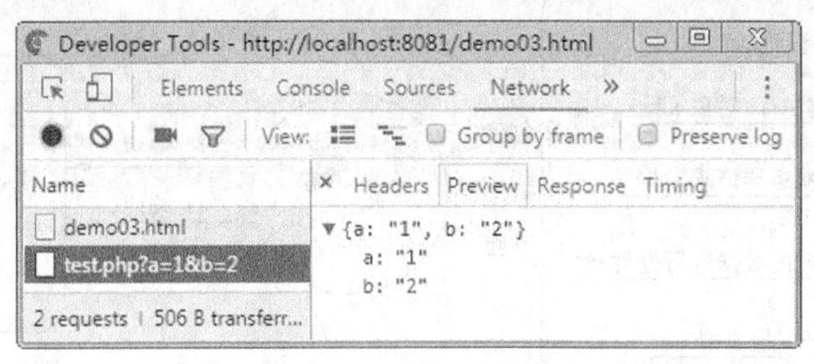

图10-12　查看GET请求

在上述代码中，第 4 行用于在 HTTP 请求头中指定实体内容的编码格式，如果省略此步骤，则服务器将无法识别实体内容。

（2）修改 test.php，同时输出 URL 参数和接收的数据，代码如下。

```
1  <?php
2  echo json_encode([$_GET, $_POST]);
```

（3）在浏览器开发者工具的 Network 页面中刷新，结果如图 10-13 所示。

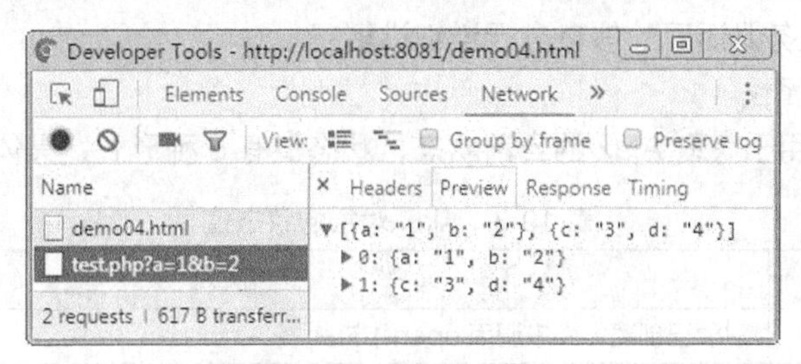

图10-13　查看POST请求

多学一招：同步请求与异步请求

Ajax 对象 open()方法的第 3 个参数用于设置同步请求和异步请求，两种方式的区别在于，是否阻塞代码的执行。默认的异步方式是非阻塞的，浏览器端的 JavaScript 程序不用等待 Web 服务器响应，可以继续处理其他事情。当服务器响应后，再来处理 Ajax 对象获取到的响应结果。其交互过程如图 10-14 所示。

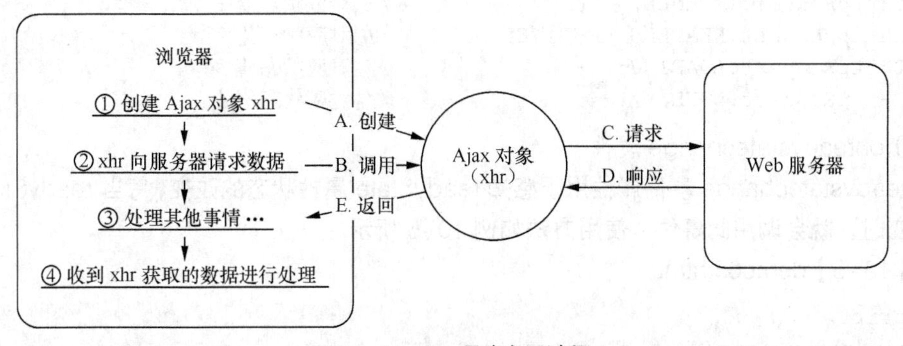

图10-14　Ajax异步交互过程

同步方式是阻塞的，当 Ajax 对象向 Web 服务器发送请求后，会等待 Web 服务器响应的数据接收完成，再继续执行后面的代码。其交互过程如图 10-15 所示。

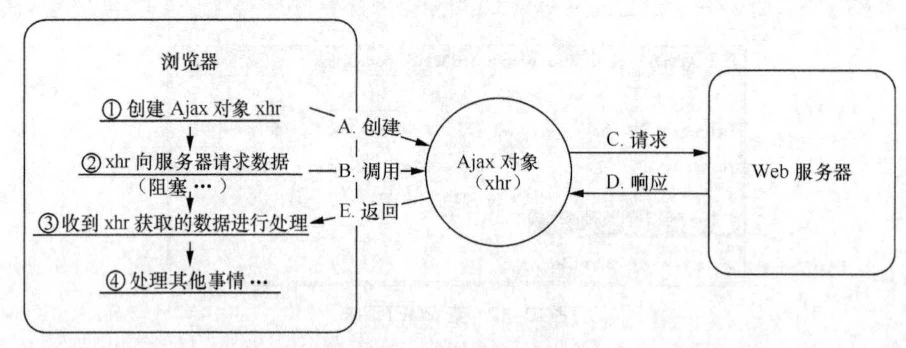

图10-15 Ajax同步交互过程

需要注意的是，由于同步请求的 Ajax 导致程序阻塞，会对用户体验造成不利影响，因此通常情况下不推荐使用同步请求。

10.3.4 处理服务器返回的信息

Ajax 向服务器发送请求后，会等待服务器返回响应信息，然后对响应结果进行处理。下面将对 Ajax 如何处理服务器返回的信息进行详细讲解。

（1）readyState 属性

readyState 属性用于获取 Ajax 的当前状态，状态值有 5 种形式，具体如表 10-3 所示。

表 10-3 Ajax 对象的状态值

状态值	说明	解释
0	未发送	对象已创建，尚未调用 open()方法
1	已打开	open()方法已调用，此时可以调用 send()方法发起请求
2	收到响应头	send()方法已调用，响应头也已经被接收
3	数据接收中	响应体部分正在被接收。responseText 将会在载入的过程中拥有部分响应数据
4	完成	数据接收完毕。此时可以通过 responseText 获取完整的响应

另外，Ajax 状态的还可以通过“XMLHttpRequest.属性名”的方式获取，具体示例如下。

```
XMLHttpRequest.UNSENT;                    // 对应状态值 0
XMLHttpRequest.OPENED;                    // 对应状态值 1
XMLHttpRequest.HEADERS_RECEIVED;          // 对应状态值 2
XMLHttpRequest.LOADING;                   // 对应状态值 3
XMLHttpRequest.DONE;                      // 对应状态值 4
```

（2）onreadystatechange 属性

onreadystatechange 事件属性用于感知 readyState 属性状态的改变，每当 readyState 的值发生改变时，就会调用此事件。使用方法如例 10-5 所示。

【例 10-5】demo05.html

```
1  <script>
2    var xhr = new XMLHttpRequest();
```

```
3   xhr.onreadystatechange = function() {
4     console.log(xhr.readyState);
5   };
6   console.log(xhr.readyState);
7   xhr.open('GET', 'test.php');
8   xhr.send();
9 </script>
```

在上述代码中，第 6 行代码输出了 readyState 属性的初始值 0，当调用 open()和 send()方法后，readyState 属性的值会发送变化，每次变化都会触发 onreadystatechange 事件。

通过浏览器访问测试，控制台中的输出结果如图 10-16 所示。

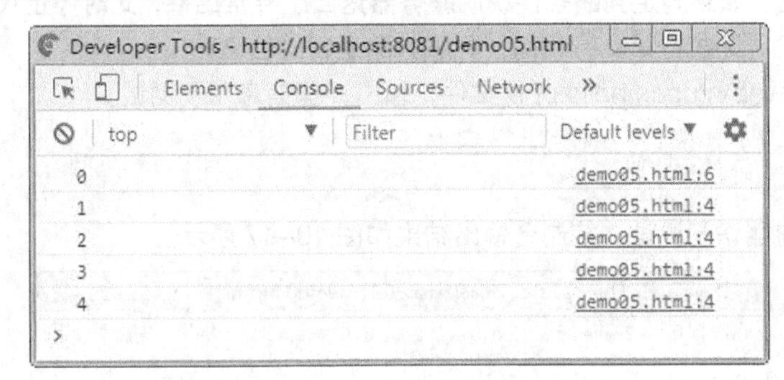

图10-16　查看输出结果

（3）status 属性

status 属性用于返回当前请求的 HTTP 状态码，值为数值类型。例如，当请求成功时，状态码为 200。另外还有一个类似的属性 statusText，值为字符型数据，包含了描述短语，如“200 OK”。

（4）获取响应信息的相关属性

当请求服务器成功且数据接收完成时，可以使用 Ajax 对象提供的相关属性获取服务器的响应信息。具体的属性及相关说明如表 10-4 所示。

表 10-4　获取服务器响应信息的相关属性

属性名	说明
responseText	将响应信息作为字符串返回
responseXML	将响应信息格式化为 XML Document 对象并返回（只读）

在表 10-4 中，responseXML 属性在请求失败或相应内容无法解析时的值为 null。需要注意的是，服务器在返回 XML 时应设置响应头 Content-Type 的值为 text/xml 或 application/xml，否则会解析失败。

接下来演示 Ajax 如何处理服务器返回的信息，如例 10-6 所示。

【例 10-6】

（1）编写 C:\web\htdocs\demo06.html 文件，将服务器返回的信息输出到控制台。

```
1 <script>
2   var xhr = new XMLHttpRequest();
3   xhr.onreadystatechange = function() {
4     if (xhr.readyState === XMLHttpRequest.DONE) {
5       if (xhr.status < 200 || xhr.status >= 300 && xhr.status !== 304) {
```

```
6         alert('服务器异常');
7         return;
8       }
9       console.log(xhr.responseText);
10    }
11  };
12  xhr.open('GET', 'hello.php');
13  xhr.send();
14 </script>
```

在上述代码中，第 4 行用于判断 Ajax 请求数据是否接收完毕；第 5 行用于检测服务器响应的状态码是否正常，如果满足判断条件说明服务器返回了异常结果，此时停止代码继续执行。如果服务器响应正常，则执行第 9 行代码，将服务器返回的信息输出。

（2）编写 C:\web\htdocs\hello.php 文件，输出一些信息用于测试。

```
1  <?php
2  echo 'Hello';
```

（3）通过浏览器访问测试，控制台输出结果如图 10-17 所示。

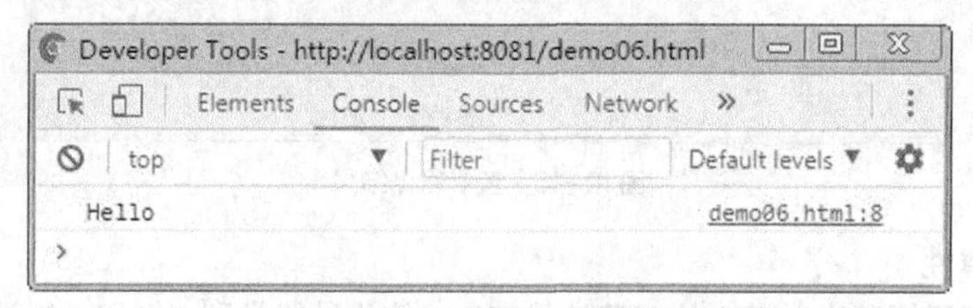

图10-17　获取服务器返回的信息

多学一招：URL 参数编码转换

在通过 URL 参数传递数据时，如果参数中包含特殊字符可能会出现问题。例如，“?”“=”“&”，这些字符已经被赋予了特定的含义。如果需要传递这些特殊字符，可以使用 encodeURIComponent()进行 URL 编码，具体示例如下。

```
var str = encodeURIComponent('A&B C');
var url = 'http://xxx/test.php?name=' + str;
console.log(url);   // 输出结果：http://xxx/test.php?name=A%26B%20C
```

在经过 URL 编码后，“&”被转换为“%26”，空格被转换为“%20”。当服务器收到已编码的内容之后，会对其进行解码，从而正确识别这些特殊字符。

对于已经编码的字符串，可以使用 decodeURIComponent()进行解码，具体代码如下。

```
var str = 'A%26B%20C';
console.log(decodeURIComponent(str));  // 输出结果：A&B C
```

10.4 数据交换格式

在进行前后端应用程序的数据交换时，需要约定一种格式，确保通信双方都能够正确识别对方发送的信息。目前比较通用的数据交换格式有 XML 和 JSON，其中 XML 是历史悠久、应用广泛的数据格式，而JSON是近几年在Web开发中流行的数据格式。本节将对这两种数据格式进行详细讲解。

10.4.1 XML数据格式

XML（eXtensible Markup Language，可扩展标记语言）与HTML都是标签语言，XML主要用于描述和存储数据，可以自定义标签。接下来演示一个简单的XML文档，具体示例如下。

```
<?xml version="1.0" encoding="utf-8" ?>
<booklist>
  <book>
    <name>三国演义</name>
    <author>罗贯中</author>
  </book>
  <book>
    <name>水浒传</name>
    <author>施耐庵</author>
  </book>
</booklist>
```

上述第1行代码是XML的声明，其中version表示XML的版本，是声明中必不可少的属性，且必须放在第1位，encoding用于指定编码。<booklist>、<book>、<name>与<author>是开始标签，</booklist>、</book>、</name>与</author>是结束标签。开始标签、结束标签与其之间的数据内容共同组成了XML元素。在XML文档中，标签必须成对出现，且大小写敏感。

当服务器返回的是一个XML格式的数据时，利用Ajax对象的responseXML属性即可对XML数据进行处理。接下来通过例10-7进行演示。

【例10-7】

（1）在实际开发中，服务器返回的XML通常不是一个静态资源，而是经过程序处理后得到的。下面在站点目录下创建xml.php，利用PHP构造一个XML并进行返回，具体代码如下。

```
1  <?php header('Content-Type: application/xml'); ?>
2  <?php echo '<?xml version="1.0" encoding="utf-8" ?>'; ?>
3  <booklist>
4    <book>
5      <name><?php echo '西游记'; ?></name>
6      <author><?php echo '吴承恩'; ?></author>
7    </book>
8  </booklist>
```

在上述代码中，第1行用于在HTTP响应头中声明实体内容的格式为XML，第2、5、6行在XML中嵌入PHP代码来输出信息。

（2）编写demo07.html文件，请求xml.php并对返回的XML进行解析，具体代码如下。

```
1  <script>
2    var xhr = new XMLHttpRequest();
3    xhr.onreadystatechange = function() {
4      if (xhr.readyState === XMLHttpRequest.DONE) {
5        var data = xhr.responseXML;
6        var booklist = data.getElementsByTagName('booklist')[0];
7        console.log(booklist.childNodes);
```

```
8      }
9    };
10   xhr.open('GET', 'xml.php');
11   xhr.send();
12 </script>
```

上述代码中，第 6 行的 getElementsByTagName()方法获取到的是一个数组形式的对象，为了获取标签为<booklist>的第 1 个元素对象，需要使用“[0]”进行获取。获取之后，通过 childNodes 属性访问所有子节点，运行结果如图 10-18 所示。

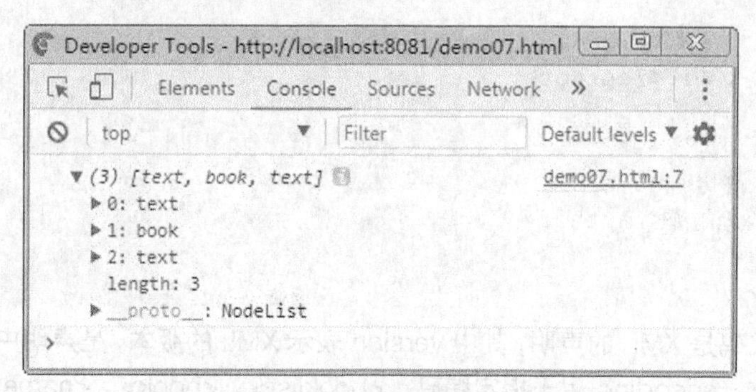

图10-18　访问所有子节点

从图 10-18 中可以看出，booklist 元素的子节点包括两个文本节点和一个 book 节点，这两个文本节点实际上是 book 节点前后的空格和换行符。如果需要忽略文本节点，可以访问 children 属性直接获取元素节点，或者通过 nodeType 属性判断节点的类型。如果节点类型为 3，说明该节点是文本节点；如果节点类型为 1，说明该节点是元素节点。

（3）继续编写 demo07.html 文件，将第 1 个<name>中的文本输出，具体代码如下。

```
1  var booklist = data.getElementsByTagName('booklist')[0];
2  var book = booklist.children[0];
3  console.log(book.children[0].innerHTML);                    // 方式 1
4  console.log(book.children[0].firstChild);                   // 方式 2（会加上引号）
5  console.log(book.children[0].firstChild.wholeText);         // 方式 3
```

在浏览器控制台中的输出结果如图 10-19 所示。

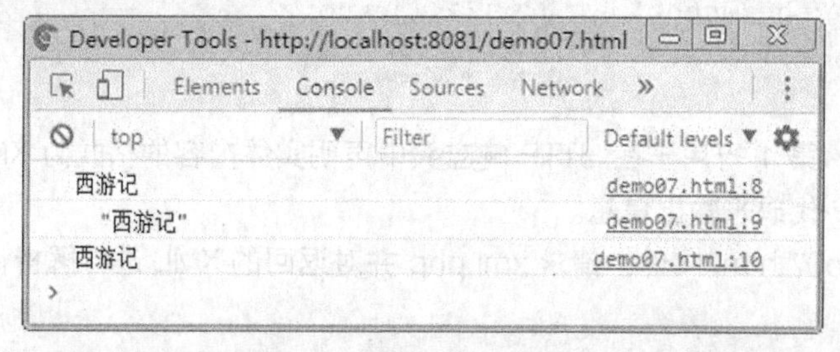

图10-19　访问<name>中的文本

从图 10-19 中可以看出，JavaScript 成功读取了 XML 中保存的内容。

10.4.2　JSON 数据格式

与 XML 数据格式的功能类似，JSON 是一种轻量级的数据交换格式，它采用完全独立于语言的文本格式，这使得 JSON 更易于程序解析和处理。相较于 XML 数据交换格式来说，使用 JSON 对象访问属性的方式获取数据更加方便，在 JavaScript 中可以轻松地在 JSON 字符串与对象之间转换。

关于 JSON 的语法在前面已经讲过，接下来通过例 10-8 演示 JSON 格式的数据交互如何实现。

【例 10-8】

（1）编写 demo08.html，向 PHP 服务器发送一段 JSON 数据，具体代码如下。

```
1  <script>
2    var obj = {name: 'Tom', age: 24};      // 准备要发送的数据
3    var json = JSON.stringify(obj);        // 将对象转换为 JSON 字符串
4    var xhr = new XMLHttpRequest();
5    xhr.open('POST', 'json.php');
6    xhr.setRequestHeader('Content-Type', 'application/x-www-form-urlencoded');
7    xhr.send('json=' + encodeURIComponent(json));
8  </script>
```

在上述代码中，JSON.stringify()可以将 JavaScript 中的值转换为 JSON 字符串，如果给定的值中包含特殊字符（如{":,}），会自动进行转义。

（2）编写 json.php，将服务器收到的 JSON 输出，具体代码如下。

```
1  <?php
2  echo $_POST['json'];
```

（3）在浏览器开发者工具 Network 页面中查看服务器的响应信息，如图 10-20 所示。

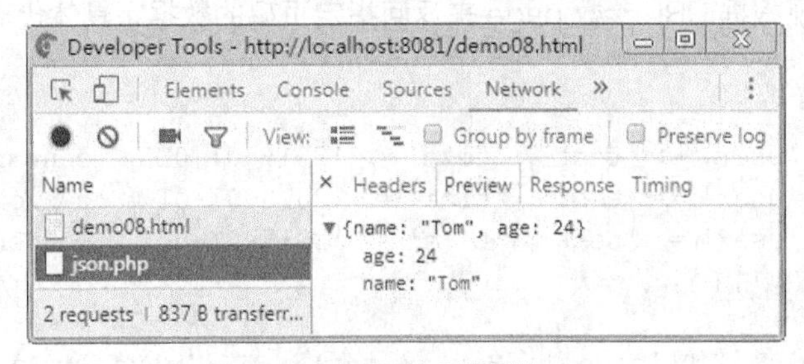

图10-20　查看服务器收到的JSON

（4）继续编写 demo08.html，对服务器返回的 JSON 字符串进行解析，具体代码如下。

```
1  xhr.onreadystatechange = function() {
2    if (xhr.readyState === XMLHttpRequest.DONE) {
3      var obj = JSON.parse(xhr.responseText);     // 将 JSON 字符串转换为对象
4      console.log(obj);
5    }
6  };
```

（5）在浏览器控制台中查看运行结果，如图 10-21 所示。

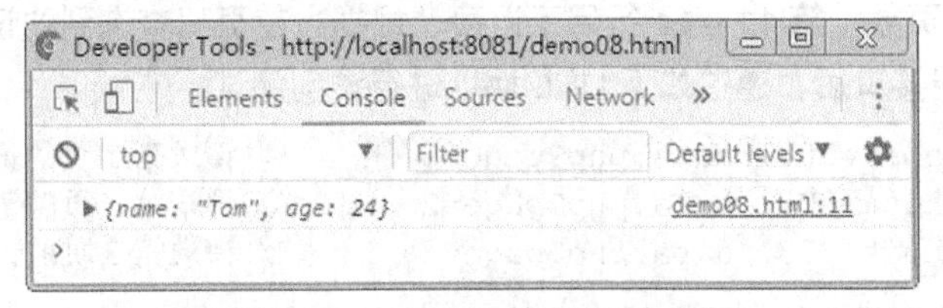

图10-21　将JSON字符串转换为对象

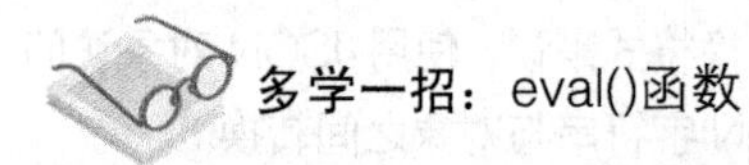
多学一招：eval()函数

JavaScript 中的 eval()函数可将传入的字符串当作 JavaScript 代码执行。例如，修改案例 10-8 第（4）步中的第 3 ~ 4 行代码，具体如下。

```
console.log(typeof xhr.responseText);    // 查看服务器返回数据的类型：string
eval('var obj = ' + xhr.responseText);  // 用 eval()函数将字符型转成对象
console.log(obj.name);                   // 输出结果：Tom
console.log(obj.age);                    // 输出结果：24
```

上述代码在调用 eval()函数时，通过变量 obj 接收转换后的对象，然后利用对象访问属性的方式获取 name 与 age 的值。需要注意的是，eval()在设置参数时，如果传入的字符串不合法，会导致后面的代码也不执行，所以一般情况下不推荐使用它。

10.4.3 【案例】无刷新分页

目前，在大多数网站中，为了使用户体验更好，占用宽带更少，一般使用 Ajax 实现无刷新分页。例如，用户在购物时，查看商品的评价信息，当单击下一页时，只局部刷新评价信息，其余商品信息不变。接下来通过一个案例来实现 Ajax 无刷新分页，具体步骤如下。

1. 准备服务器端 JSON 数据接口

使用 PHP 服务器向客户端页面提供数据，交互格式为 JSON。在服务器站点目录下创建 data.php 文件，实现根据 URL 参数 page 来返回指定页码的数据，具体代码如下。

```
1  <?php
2  $data = [
3    ['id' => 1, 'user' => 'test', 'time' => '2018-01-01', 'content' => '评论 111'],
4    ['id' => 2, 'user' => 'test', 'time' => '2018-01-01', 'content' => '评论 222'],
5    ['id' => 3, 'user' => 'test', 'time' => '2018-01-01', 'content' => '评论 233'],
6    // 添加更多数据用于测试 ……
7  ];
8  $page = isset($_GET['page']) ? max((int)$_GET['page'], 1) : 1;
9  $size = 2;
10 $maxPage = ceil(count($data) / $size);
11 echo json_encode([
12   'data' => array_slice($data, ($page - 1) * $size, $size),
13   'maxPage' => $maxPage
14 ]);
```

在上述代码中，第 2 ~ 7 行是 PHP 数组，保存一些商品评论数据用于测试。在实际开发中，通常使用 MySQL 数据库来保存数据，而本案例为了简化学习难度，直接通过 PHP 数组来保存数据。第 8 行用于获取客户端请求的页码值，限制最小值为 1；第 9 行表示每页返回的记录数；第 10 行用于计算总页数；第 11 ~ 14 行用于返回“根据当前页码查询到的记录”和“总页数”。

在完成服务器端接口后，通过如下 URL 地址进行访问测试。

```
http://localhost:8081/data.php?page=1        // 请求第 1 页的记录
http://localhost:8081/data.php?page=2        // 请求第 2 页的记录
http://localhost:8081/data.php?page=3        // 请求第 3 页的记录
```

以请求第 1 页的记录为例，服务器返回的 JSON 结果如下所示。

```
{
  "data": [
    {"id": 1, "user": "test", "time": "2018-01-01", "content": "\u8bc4\u8bba111"},
    {"id": 2, "user": "test", "time": "2018-01-01", "content": "\u8bc4\u8bba222"}
  ],
  "maxPage": 5
}
```

在上述结果中，data 是查询到的记录，maxPage 是总页数。在查询到的记录中，id 是评论的唯一标识，user 是发表评论的用户，time 是评论发表的时间，content 是评论的具体内容。其中，content 保存的中文字符采用了“\u”形式的 Unicode 转义字符，在 JavaScript 中会自动转换为中文显示。

2. 编写客户端 HTML 页面

在站点目录下创建 comment.html 文件用于显示和获取商品评论，具体代码如下。

```
1  <body>
2    <div class="title">查看商品评论</div>
3    <div id="comment"></div>
4    <div class="pagelist">
5      <p>当前是第<span id="page_num">1</span>页</p>
6      <button id="page_first">首页</button>
7      <button id="page_prev">上一页</button>
8      <button id="page_next">下一页</button>
9      <button id="page_last">尾页</button>
10   </div>
11   <script>
12     (function() {
13       /* 在此处编写 JavaScript 程序 */
14     })();
15   </script>
16 </body>
```

在上述代码中，第 3 行的<div>元素用于显示评论内容，具体由 JavaScript 编程来实现；第 5 行用于显示当前位于第几页；第 6 ~ 9 行用于提供 4 个页面切换按钮。

在完成基本页面结果后，通过浏览器访问测试，运行结果如图 10-22 所示。图中的 CSS 效果可参考本书配套源代码。

图10-22　查看页面效果

3. 编写 PageList 对象

考虑到分页功能的代码量比较大，为了使代码结构更清晰，下面将通过面向对象的方式进行开发。首先编写一个 PageList 对象，用来控制页面切换和显示当前页码。在编写对象的构造函数前，先确定该对象完成任务需要接收哪些参数，下面的代码演示了 PageList 对象的使用示例。

```
1  var pageList = new PageList({
2    page: 1,                                          // 保存当前页码值
3    maxPage: 1,                                       // 保存最大页码值
4    first: document.getElementById('page_first'),     // “首页”按钮
5    prev: document.getElementById('page_prev'),       // “上一页”按钮
6    next: document.getElementById('page_next'),       // “下一页”按钮
7    last: document.getElementById('page_last'),       // “尾页”按钮
8    pageNum: document.getElementById('page_num'),     // 将当前页码显示在哪个元素中
9    onChange: function() {}                           // 切换页面时执行的函数
10 });
11 pageList.onChange();                                // 页面打开时，自动请求第 1 页
```

在上述代码中，PageList 构造函数的参数可分为 3 类，第 1 类是 page、maxPage 参数，用来保存页码值；第 2 类是 first、perv、next、last、pageNum 参数，这些参数表示页面中需要控制的元素对象；第 3 类是 onChange 参数，该参数借鉴了 DOM 事件的设计思想，表示当发生页面切换事件时执行的函数。

在确定 PageList 构造函数的参数后，下面开始编写该函数的具体代码，如下所示。

```
1  function PageList(options) {
2    for (var i in options) {
3      this[i] = options[i];
4    }
5    var obj = this;
6    this.first.onclick = function() {
7      obj.page = 1;
8      obj.onChange();
9    };
10   this.prev.onclick = function() {
11     obj.page = (obj.page > 1) ? (obj.page - 1) : 1;
12     obj.onChange();
13   };
14   this.next.onclick = function() {
15     obj.page = (obj.page >= obj.maxPage) ? obj.maxPage : (obj.page + 1);
16     obj.onChange();
17   };
18   this.last.onclick = function() {
19     obj.page = obj.maxPage;
20     obj.onChange();
21   };
22 }
```

在上述代码中，第 2～4 行用于将传入的对象形式的参数添加为对象的成员；第 5 行将 this 对象保存为 obj，从而在事件函数中使用；第 6～21 行代码为页面切换按钮添加了单击事件，在事件函数中，先更改了 obj 对象保存的页码值，然后调用 onChange()函数执行具体的操作。

在完成 PageList 对象的构造函数后，还有两个问题没有解决，第 1 个问题是 maxPage 最大页码值不确定，需要向服务器请求后才能获得；第 2 个问题是当调用 onChange()函数时，需要

向服务器发送 Ajax 请求，获取 page 页码对应的评论记录和最大页码值。这两个问题将在后面的步骤中解决。

4. 编写 Comment 对象

Comment 对象用于向服务器发送 Ajax 请求，获取评论内容，并将服务器返回的 JSON 数据放入页面中显示出来。下面编写 Comment 对象的构造函数，该构造函数需要接收一个参数，表示将评论内容显示在哪个 div 元素中，具体代码如下。

```
1  function Comment(obj) {
2    this.obj = obj;
3  }
4  var comment = new Comment(document.getElementById('comment'));
```

继续编写 Comment 对象，添加 ajax()方法用于向指定 url 发送请求，该方法需要接收两个回调函数，分别是 start()和 complete()，start()表示发送 Ajax 请求后执行的函数，complete()表示收到服务器响应内容后执行的函数，具体代码如下。

```
1  Comment.prototype.ajax = function(url, start, complete) {
2    var xhr = new XMLHttpRequest();
3    xhr.onreadystatechange = function() {
4      if (xhr.readyState === XMLHttpRequest.DONE) {
5        if (xhr.status < 200 || xhr.status >= 300 && xhr.status !== 304) {
6          alert('服务器异常');
7          return;
8        }
9        try {
10         var obj = JSON.parse(xhr.responseText);
11       } catch(e) {
12         alert('解析服务器返回信息失败');
13         return;
14       }
15       complete(obj);      // 此函数用于在收到服务器响应后，执行自定义操作
16     }
17   };
18   xhr.open('GET', url);
19   xhr.send();
20   start();                // 此函数用于在发送请求后，执行自定义操作
21 };
```

在上述代码中，第 10 行代码用于将服务器返回的 JSON 字符串转换为对象，并将其保存到 obj 中。第 15 行利用 complete()函数处理服务器返回的数据 obj。

接下来修改 pageList 对象的实例化代码，在 onChange()函数中调用 comment 对象的 ajax()方法，在收到服务器返回的信息后，将服务器返回的 maxPage 保存到 pageList 对象中，具体代码如下。

```
1  var pageList = new PageList({
2    // ……
3    onChange: function() {
4      comment.ajax('data.php?page=' + this.page, function() {
5        // Ajax 请求前的回调函数
```

```
6    }, function(obj) {
7      // Ajax 请求后的回调函数
8      pageList.maxPage = obj.maxPage;
9    });
10  }
11 });
```

5. 将服务器返回的记录显示在页面中

继续编写 Comment 对象，提供 create()方法将服务器返回的记录显示在页面中，具体代码如下。

```
1  Comment.prototype.create = function(data) {
2    var html = '';
3    for (var i in data) {
4      html += '<ul><li>用户名：' + data[i].user;
5      html += '  发表时间：' + data[i].time + '</li>';
6      html += '<li>' + data[i].content + '</li></ul>';
7    }
8    this.obj.innerHTML = html;
9  };
```

完成 create()方法后，在 onChange()函数中的“Ajax 请求后的回调函数”中添加如下代码，将服务器返回的 obj.data 传递给 create()方法。

```
comment.create(obj.data);
```

接下来通过浏览器访问测试，运行结果如图 10-23 所示。

图10-23 显示第1页的记录

在图 10-23 所示的页面中，通过单击“下一页”“尾页”等按钮，可以进行翻页浏览，同时页面中显示的评论内容也会发生变化。

6. 更新页面切换状态

目前已经实现了分页浏览功能，但还有两个问题需要解决。第 1 个问题是，页面中显示的“当前是第 X 页”需要根据页面切换而发生变化；第 2 个问题是，如果当前已经位于首页或尾页，那么用户将无法切换上一页或下一页，此时应该禁用按钮。

接下来在 PageList 对象中增加 updateStatus()方法来解决上述问题，具体代码如下。

```
1  PageList.prototype.updateStatus = function() {
2    this.first.disabled = (this.page <= 1);
3    this.prev.disabled = (this.page <= 1);
4    this.next.disabled = (this.page >= this.maxPage);
5    this.last.disabled = (this.page >= this.maxPage);
6    this.pageNum.innerHTML = this.page;
7  };
```

完成 updateStatus()方法后，在 onChange()函数中的“Ajax 请求后的回调函数”中找到保存最大页码值的代码“pageList.maxPage = obj.maxPage;”，在该行代码后面添加如下代码即可。

```
pageList.updateStatus();
```

接下来通过浏览器访问测试，观察页面中的“当前是第 X 页”是否根据页面切换而改变。并且如果当前位于首页，则“首页”和“第一页”按钮将被禁用；如果位于尾页，则“下一页”和“尾页”按钮将被禁用。

7. 增加页面加载进度条

在实际应用 Ajax 技术时，有一个功能对用户体验的提升非常重要，就是数据加载提示。当开发人员在本地测试时，Ajax 是非常稳定的，但是在实际上线环境下，如果用户的网络连接不稳定，遇到网络延迟高或中断的情况，就会造成一种“网页没有反应”的错觉，实际上 Ajax 正在等待服务器响应。为此，可以在页面中显示一个提示，告知用户此时网页正在与服务器通信。

Ajax 数据加载提示有很多设计方案，这里以进度条为例进行详解。页面加载进度条是指当 Ajax 通信时，在网页顶部显示一个从左到右伸长的进度条，效果如图 10-24 所示。

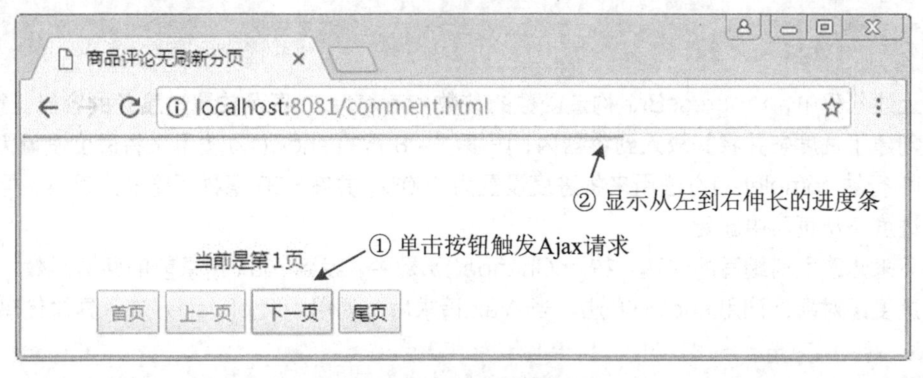

图10-24 页面加载进度条

页面加载进度条的实现原理是，当 Ajax 请求开始后，以 CSS 动画的方式将进度条伸长到 70%（表示此时还未加载完成），等服务器响应后，将进度条伸长到 100%，并以淡出的动画效果使进度条消失。

首先在页面中创建一个 div 元素，并设置进度条的样式，具体代码如下。

```
1  <style>
2    .progress div {
```

```
3    width: 0%; height: 1px; position: fixed; top: 0;
4    background-color: #38f; box-shadow: 1px 1px 1px #6bf; transition: all 0.8s
5  }
6  </style>
7  <div id="progress" class="progress"></div>
```

在上述代码中，第 7 行的 div 是包裹进度条的容器，该容器内部的 div 元素将作为进度条使用。第 2～5 行设置了进度条的样式，在默认情况下进度条的宽度为 0%，由 JavaScript 控制进度条宽度的变化。其中，transition 是 CSS3 提供的动画效果，在改变进度条的样式时会以 0.8 秒的动画效果进行过渡。

接下来编写代码，创建 ProgressBar 对象控制进度条的显示效果，具体代码如下。

```
1  function ProgressBar(container) {
2    this.container = container;
3    this.div = document.createElement('div');
4    this.container.appendChild(this.div);
5  }
6  ProgressBar.prototype.show = function() {
7    this.div.style.width = '70%';
8  };
9  ProgressBar.prototype.complete = function() {
10   var div = this.div;
11   var container = this.container;
12   div.style.width = '100%';
13   setTimeout(function() {
14     div.style.opacity = 0;
15     setTimeout(function() {
16       container.removeChild(div);
17     }, 300);
18   }, 500);
19 };
```

在上述代码中，ProgressBar 构造函数的参数 container，表示放置进度条的容器。第 3～4 行代码创建了进度条并将其放入到容器内；[0]第 6～8 行的 show()方法用来将进度设置为 70%；第 9～19 行的 complete()方法用来将进度设置为 100%，并在 500 毫秒后隐藏进度条，再过 300 毫秒将进度条从页面中删除。

接下来修改之前编写的代码。在 onChange()函数中，找到 Ajax 请求前的回调函数，在函数中创建进度条对象，调用 show()方法。当 Ajax 请求后，调用 complete()方法，具体代码如下。

```
1  var progressBar;
2  var progressContainer = document.getElementById('progress');
3  var pageList = new PageList({
4    // ……
5    onChange: function() {
6      comment.ajax('data.php?page=' + this.page, function() {
7        progressBar = new ProgressBar(progressContainer);
8        progressBar.show();
9      }, function(obj) {
10       // ……
```

```
11       progressBar.complete();
12     });
13   }
14 });
```

完成上述代码后，通过浏览器访问测试，会看到进度条从左到右伸长的动画效果。由于在本地测试环境下服务器响应速度非常快，下面在 data.php 中的 echo 输出 JSON 之前，添加如下一行代码，使服务器延迟 2 秒后响应，从而观察服务器响应慢的情况。

```
sleep(2);
```

添加上述代码后，再次通过浏览器访问测试，会看到进度条以动画效果伸长到 70%后停下来，等服务器响应后，再延长到 100%。

8. 通过 URL 参数保留页码值

在使用 Ajax 技术时，还有一个可以增强用户体验的功能，就是通过 URL 参数保留页码值。假设用户浏览评论时，浏览到了第 3 页，然后进行刷新操作，或者添加到收藏夹中。当页面再次打开时，页码就会回到第 1 页，而不是之前浏览的第 3 页。为了保留当前的页码，我们可以通过 URL 参数 page 表示当前页码值，并在页码切换时利用 HTML5 提供的 history.pushState()来更改 page 参数。

下面开始编写 QueryString 对象，用于控制地址栏的 URL 参数，具体代码如下。

```
1  var QueryString = {
2    get: function() {          // 获取 URL 参数
3      return location.search.substr(1);
4    },
5    set: function(str) {       // 设置 URL 参数
6      history.pushState(null, null, '?' + str);
7    },
8    find: function(name) {     // 根据 URL 参数名称查找对应的值
9      var reg = new RegExp('(^|&)' + name + '=([^&]*)(&|$)', 'i');
10     var r = this.get().match(reg);
11     return r ? unescape(r[2]): null;
12   },
13   getPage: function() {      // 获取 URL 参数中的当前页码值
14     var page = parseInt(this.find('page'));
15     return (isNaN(page) || (page < 1)) ? 1 : page;
16   }
17 };
```

在上述代码中，find()方法利用正则表达式对 URL 参数进行匹配，从而在 URL 参数中找到 name 对应的值，假设 URL 参数为“a=1&b=2”，name 的值为 a，则返回结果为 1；getPage()方法专门用于获取当前页码值，其返回值是一个大于或等于 1 的数字，假设 URL 参数为“page=1”，则返回结果为 1。

接下来修改 pageList 对象的实例化代码，将 page 参数的值由 1 改为当前页码值，如下所示。

```
page: QueryString.getPage(),
```

然后找到 onChange()函数中的“Ajax 请求后的回调函数”，在函数中添加如下代码，实现在页面切换后自动更改 URL 参数中的页码值。

```
QueryString.set('page=' + pageList.page);
```

完成以上修改后，即可通过如下 URL 进行访问测试。当单击“上一页”“下一页”等按钮时，观察 URL 地址中的 page 参数是否会发生变化。

```
http://localhost:8081/comment.html?page=1
http://localhost:8081/comment.html?page=2
```

10.5 跨域请求

出于安全方面的考虑，浏览器禁止跨域请求。但是在实际开发中，又经常需要跨域请求来实现某些功能。本节将针对 Ajax 的跨域问题，以及 JSONP 跨域请求的实现方式进行详细讲解。

10.5.1 Ajax 跨域问题

域（domain）是指网络中独立运行的单位，从网络安全角度来看，域是安全的边界，每个域都有自己的安全策略，不同域之间是隔离的，除非建立信任关系，否则无法互相访问。例如，在浏览器中新建两个标签页，分别访问 A 网站和 B 网站。此时，如果 A 网站想通过 Ajax 读取用户在 B 网站中的余额，或 B 网站想通过 Ajax 向 A 网站发送一个修改密码的请求，就属于跨域请求。显然，跨域请求会导致网页失去安全性，因此浏览器阻止跨域请求。

浏览器在阻止跨域请求时，遵循了同源策略，同源是指请求 URL 地址中的协议、域名和端口都相同，表 10-5 列举了一些非同源的情况。

表 10-5　非同源的 URL 地址

问题	URL-1	URL-2
域名不同	http://www.example.com/1.html	http://api.example.com/1.html
协议不同	http://www.example.com/1.html	https://www.example.com/1.html
端口不同	http://www.example.com/1.html	http://www.example.com:8080/1.html

浏览器阻止 Ajax 跨域请求提高了安全性，但也给网站正常的跨域需求带来了难题。为了使受信任的网站之间能够跨域访问，HTML5 提供了一个新的策略，就是 Access-Control-Allow-Origin 响应头。目标服务器通过该响应头可以指定允许来自特定 URL 的跨域请求，其值可以设置为“*”（允许任意 URL）或 http://localhost:8081（允许特定 URL）等。

为了让大家更好地理解 Ajax 跨域请求，接下来通过案例 10-9 进行演示。

【例 10-9】

（1）打开两个命令行窗口，分别执行如下命令，准备两个端口不同的 Web 服务器。

```
php -S localhost:8081 -t "C:\web\htdocs"
php -S localhost:8082 -t "C:\web\htdocs"
```

（2）在站点目录下创建 demo09.html，跨域请求 8082 端口的 8082.php 文件，代码如下。

```
1  <script>
2    var xhr = new XMLHttpRequest();
3    xhr.open('GET', 'http://localhost:8082/8082.php');
```

```
4    xhr.send();
5  </script>
```

（3）在站点目录下创建 8082.php 用于测试，文件内容为空即可。

（4）通过浏览器访问 http://localhost:8081/demo09.html，会看到图 10-25 所示的错误提示，即请求资源没有提供 Access-Control-Allow-Origin 响应头，无法跨域请求。

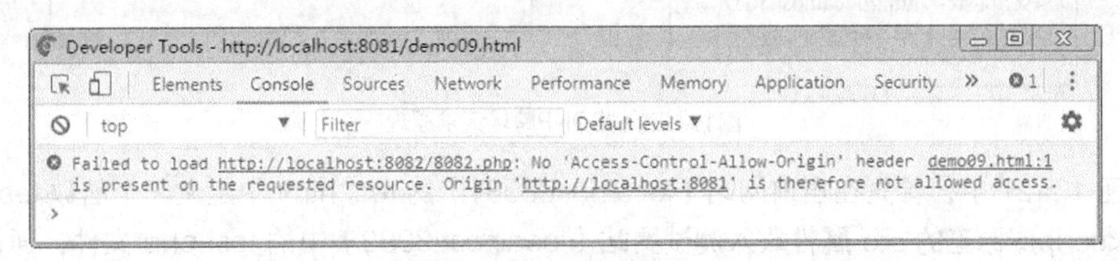

图10-25 Ajax跨域请求

（5）修改 8082.php，允许来自 http://localhost:8081 的跨域请求，具体代码如下。

```
1  <?php
2  header('Access-Control-Allow-Origin: http://localhost:8081');
```

（6）通过浏览器再次访问 8081 端口的 demo09.html，会看到跨域请求成功，如图 10-26 所示。

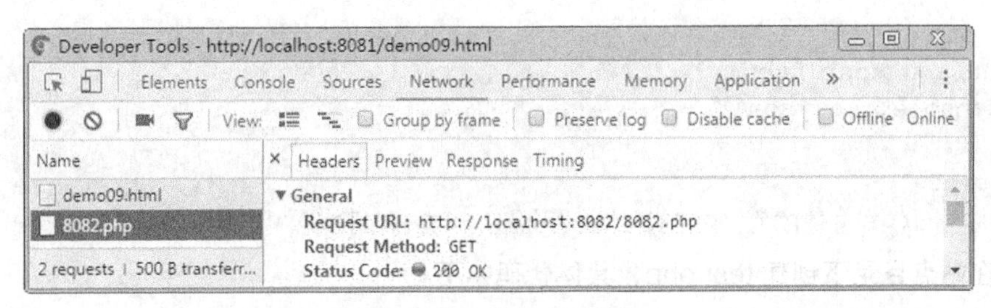

图10-26 允许Ajax跨域

通过例 10-9 可以看出，当目标服务器主动允许跨域时，Ajax 就能够实现跨域请求。

10.5.2 JSONP 实现跨域请求

JSONP（JSON with Padding）是遵循浏览器的同源策略基础上实现跨域请求的一种方式，其实现原理与 XMLHttpRequest 无关，而是利用<script>标签的 src 属性实现了跨域请求。

在浏览器中，<script>、<img>、<iframe>、<link>等标签都可以加载跨域资源，例如，通过<img>加载其他网站的图片，或通过<iframe>加载其他网站的页面。出于安全考虑，浏览器限制了 JavaScript 的权限，对于非同源的资源，无法读、写其内容。假如某个网站利用<iframe>加载了另一个网站的登录页面。当用户登录时，如果利用 JavaScript 读取用户输入的用户名和密码，就导致用户的账号被盗取。因此，浏览器禁止 JavaScript 读取服务器响应的结果。

JSONP 之所以采用<script>标签，是因为该标签加载的资源可以直接当作 JavaScript 代码执行，只要通过服务器端的配合，就可以传送数据。JSONP 的请求原理如图 10-27 所示。

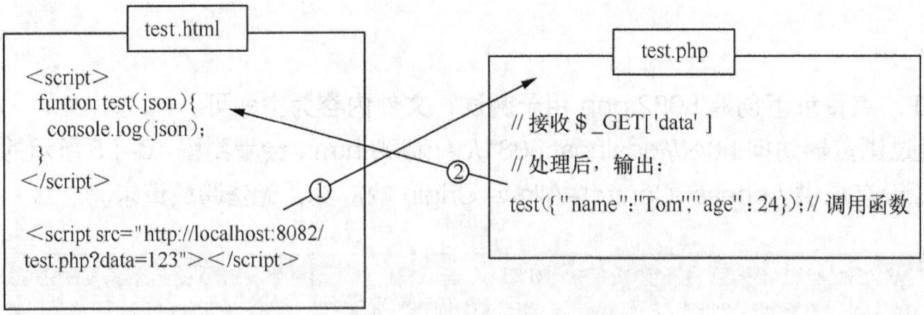

test.html

<script>
funtion test(json){
console.log(json);
}
</script>

<script src="http://localhost:8082/
test.php?data=123"></script>

①　②

test.php

// 接收 $_GET['data']
// 处理后，输出：
test({"name":"Tom","age": 24});// 调用函数

图10-27　JSONP跨域请求原理

在图 10-27 中，首先在当前网站（localhost:8081）的 test.html 中定义一个函数 test()，然后通过<script>标签的 src 属性载入测试网站（localhost:8082）中的 test.php 文件，通过 URL 参数来传递要发送给服务器的数据。服务器在收到数据后进行处理，然后将处理结果以 JavaScript 代码的方式返回给浏览器。为了符合 JavaScript 的语法规则，这里调用了 test()函数，并将要返回的数据以 JSON 形式作为参数传递。因此，在 test()函数中通过参数 json 即可获取服务器返回的信息。

为了使读者更好地理解 JSONP 跨域请求，接下来通过例 10-10 进行演示。

【例 10-10】

（1）在站点目录下创建 demo10.html，具体代码如下。

```
1  <script>
2    function test(json) {
3      console.log(json);
4    }
5  </script>
6  <script src="http://localhost:8082/test.php"></script>
```

（2）在站点目录下创建 test.php，具体代码如下。

```
test({"name":"Tom";"age":24});
```

（3）通过浏览器访问 8081 端口的 demo10.html，控制台的输出结果如图 10-28 所示。

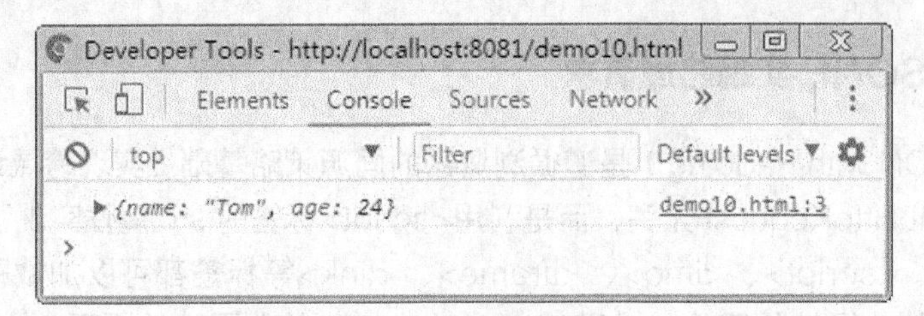

图10-28　实现JSONP跨域请求

从图 10-28 中可以看出，控制台输出了服务器返回的 JSON 数据，说明跨域请求成功。

JSONP 本质上是加载了其他网站的脚本，这种方式存在安全风险，因为其他网站可以利用 JavaScript 窃取用户信息，或更改页面内容。因此，在加载脚本前，一定确保对方是受信任的网站。

多学一招：自动生成JSONP回调函数名

在实际开发中，使用例10-10演示的方式实现JSONP跨域请求，还存在以下两点不足。

① 回调函数的函数名test()会污染全局作用域。

② 当需要发送多个JSONP请求时，无法区分每个回调函数。

为了解决这两个问题，我们可以编写代码实现自动生成一个随机的回调函数名，并在请求时将函数名传递给服务器，服务器在返回结果中调用指定的函数，具体如例10-11所示。

【例10-11】

（1）在站点目录下创建demo11.html，具体代码如下。

```
1  <body>
2    <script>
3      function jsonp(url, callback) {
4        var name = 'jsonp' + Math.random().toString().replace(/\D/g, '');
5        window[name] = callback;
6        var script = document.createElement('script');
7        var attr = document.createAttribute('src');
8        attr.value = url + '?callback=' + name;
9        script.setAttributeNode(attr);
10       document.body.appendChild(script);
11     };
12     jsonp('http://localhost:8082/test.php', function(data) {
13       console.log(data);
14     });
15   </script>
16 </body>
```

上述代码实现了自动生成以jsonp为前缀的回调函数，并将函数名通过URL参数传递给服务器。其中，第6～10行代码用于创建<script>标签，添加到<body>中，实现发送JSONP请求。

（2）编写test.php代码，实现根据回调函数调用函数，具体代码如下。

```
1  <?php
2  $callback = isset($_GET['callback']) ? $_GET['callback'] : '';
3  if (!preg_match('/^\w{1,32}$/', $callback)) {
4      header('HTTP/1.1 403 Forbidden');
5      exit;
6  }
7  echo $callback . '({"data":456});';
```

上述第2行代码通过$_GET['callback']接收客户端发送的回调函数名，然后在第3～6代码使用正则表达式验证函数名是否合法，如果合法则通过第7行代码调用函数，如果不合法则返回403错误。

（3）通过浏览器访问8081端口的demo11.html，控制台的输出结果如图10-29所示。

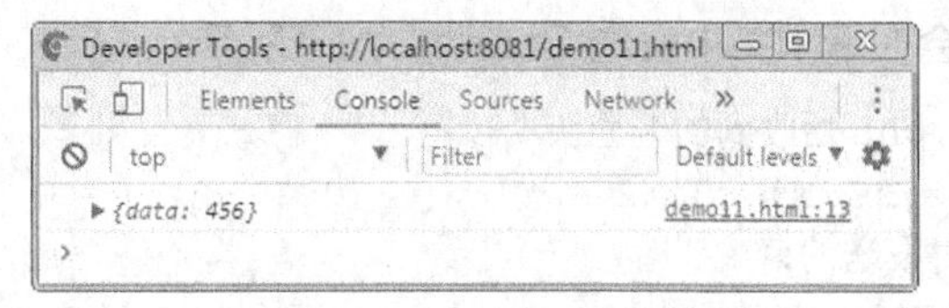

图10-29 控制台输出结果

10.6 扩展技术

在 JavaScript 中，还有一些与 Ajax 技术相关的扩展技术，学习这些技术将会对网页前后端异步交互的开发有更深入理解，本节将围绕这些扩展技术进行讲解。

10.6.1 Cookie

Cookie（或称为 Cookies）指某些网站为了辨别用户身份、进行会话（session）跟踪而储存在客户端上的数据。当浏览器请求服务器时，服务器为了记录该用户的状态，就会在响应头中通过 Set-Cookie 字段发送一段数据，浏览器把这段数据保存起来，下次请求该网站时，浏览器会将 Cookie 数据放入请求头中的 Cookie 字段中，服务器收到这段数据即可辨认用户状态。

接下来通过一个案例演示 Cookie 的使用，具体如例 10-12 所示。

【例 10-12】

（1）在站点目录下创建 setcookie.php 文件，发送 Set-Cookie 响应头，具体代码如下。

```
1  <?php
2  header('Set-Cookie: name=SikfNjDu3iW2');
```

上述代码中，name 表示 Cookie 的名称，“=”右边的内容是对应的值。

（2）在站点目录下创建 user.php，接收用户发送的 Cookie，并读取对应的数据，代码如下。

```
1  <?php
2  $data = [
3    'SikfNjDu3iW2' => '小明', 'RicjEhdciEjS' => '小红',
4    'SKDOwj89d2jd' => '小张', 'ScJreEnxEW2x' => '小王'
5  ];
6  $name = $_COOKIE['name'];
7  echo '您的用户名是：' . $data[$name];
```

从上述代码可以看出，Cookie 中保存的 name 值相当于一串密钥，通过密钥可以访问服务器中保存的用户数据。通过浏览器访问 setcookie.php，然后再访问 user.php，运行结果如图 10-30 所示。

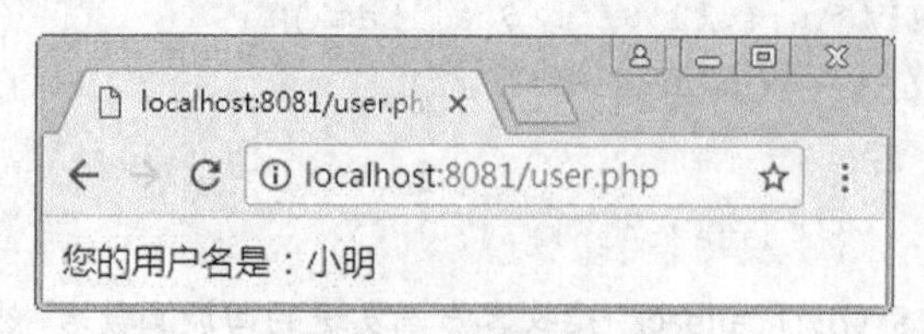

图10-30　查看运行结果

（3）在开发者工具的 Network 页面中查看 HTTP 消息，会发现浏览器收到服务器发送的 Cookie 后，下次请求时会在请求头中发送 Cookie，如下所示。

```
// 请求 setcookie.php 后收到的响应头
Set-Cookie: name=SikfNjDu3iW2
// 请求 user.php 时发送的请求头
Cookie: name=SikfNjDu3iW2
```

上述操作模拟了基于Cookie的用户身份识别。在Web开发中，Cookie经常应用在用户登录功能的开发中，当服务器验证用户名和密码成功后，就会通过Cookie向浏览器发送一段密钥，浏览器下次请求再携带密钥，服务器就能根据密钥读取到对应的用户身份信息，从而识别当前请求来自哪个用户。

（4）在JavaScript中，通过document对象可以访问到浏览器保存的Cookie，示例代码如下。

```
1  // 查看 Cookie
2  document.cookie;
3  // 修改 Cookie
4  document.cookie = 'name=RicjEhdciEjS';
```

需要注意的是，Cookie是根据域名、路径等参数存储的，不同网站的Cookie相互隔离，从而保证数据的安全性。在通过浏览器访问setcookie.php后，就可以在控制台中查看当前或更改当前网站的Cookie，执行结果如图10-31所示。

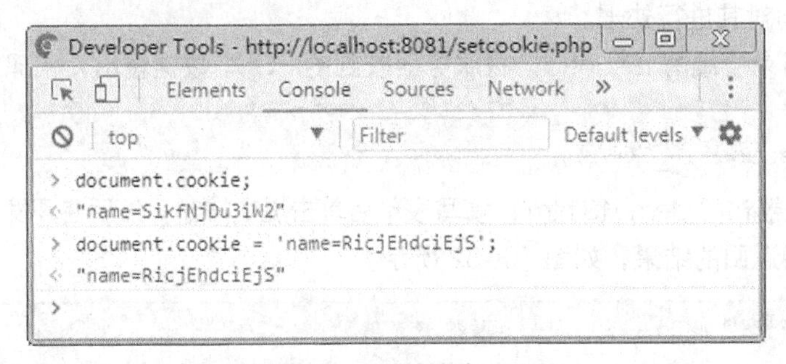

图10-31 查看或修改Cookie

10.6.2 FormData

在之前的学习中，若要通过Ajax向服务器发送表单中的数据，需要先通过DOM操作手动获取用户在表单中填写的值，当表单中的数据非常多时，使用此方式将会给开发和维护带来许多麻烦。为了快速收集表单信息，HTML5提供了新的特性——FormData表单数据对象。

FormData的使用方法非常简单，通过“new FormData()”实例化并传入<form>表单对象即可。在创建FormData对象后，可在调用Ajax对象的send()方法时作为参数传入，从而将表单数据发送给服务器。

接下来通过一个案例演示FormData的使用，具体如例10-13所示。

【例10-13】

（1）在站点目录下创建demo13.html，在网页中准备一个表单。

```
1  <form id="form">
2    姓名：<input type="text" name="name"><br>
3    密码：<input type="password" name="password"><br>
4    邮箱：<input type="text" name="email"><br>
5    <input type="submit" value="提交">
6  </form>
```

需要注意的是，在使用FormData收集用户填写的表单数据时，需要为表单控件设置name

属性，否则获取不到提交的表单信息。

（2）通过 JavaScript 为表单设置 onsubmit 事件，并使用 FormData 获取表单数据，代码如下。

```
1  <script>
2    document.getElementById('form').onsubmit = function() {
3      var fd = new FormData(this);
4      var xhr = new XMLHttpRequest();
5      xhr.open('POST', 'test.php');
6      xhr.send(fd);
7      return false;  // 阻止表单默认的提交操作
8    };
9  </script>
```

在上述代码中，第 3 行通过 new FormData()创建了 fd 对象，传入的参数 this 表示当前表单；第 4~6 行用于向服务器发送 Ajax 请求。其中，第 6 行代码在发送 Ajax 请求时传递了 fd 对象，Ajax 对象就会自动对其进行处理。

（3）在站点目录下编写 test.php，将服务器收到的 POST 数据输出，代码如下。

```
1  <?php
2  echo json_encode($_POST);
```

（4）通过浏览器访问 demo13.html，填写表单后单击提交按钮，然后在开发者工具的 Network 页面中查看服务器返回的结果，如图 10-32 所示。

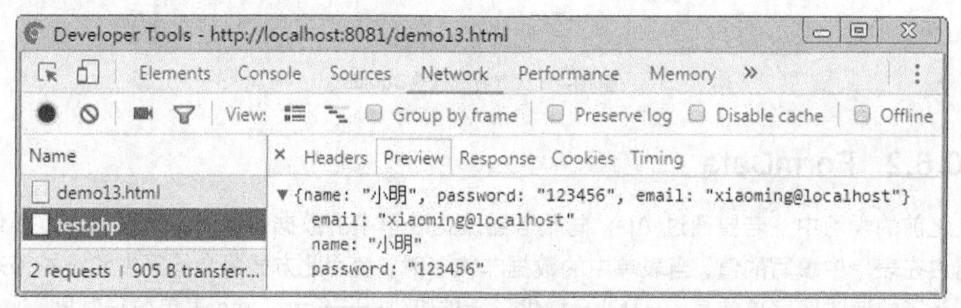

图10-32　查看服务器返回的结果

通过图 10-32 可以看出，服务器收到了用户在表单中填写的数据。值得一提的是，若表单为零散数据，没有使用<form>元素，则可以通过 FormData 对象的 append()方法直接添加数据，具体语法如下。

```
var fd = new FormData();
fd.append(name, value);
```

上述语法格式中，利用 append()方法给当前 FormData 对象 fd 添加了一个键值对数据。其中，name 参数相当于表单控件的 name 属性，value 参数相当于用户填写的值。

10.6.3 Promise

Promise 是 ES6 新增的对象，用来传递异步操作的消息。在代码层面，Promise 解决了异步操作的“回调地狱”问题。“回调地狱”是指，在一个异步操作执行完成后，执行下一个异步操作时，出现回调函数嵌套回调函数的情况。如果嵌套的层级过多，会导致代码可读性变差，下面的代码演示了这种情况。

```
Setup.prototype.run = function() {
  this.step1(function() {
    this.step2(function() {
      this.step3(function() {
        // ……
      });
    });
  });
};
```

从上述代码可以看出，step1()方法的参数是一个回调函数，该函数不会立即执行，而是等到step1()方法内部调用了这个函数时才会执行，其执行的时机是未知的，若 step2()必须等待 step1()的回调函数执行完成后才能执行，就必须将其加入到 step1()回调函数的末尾，导致代码的嵌套又多了一层。这样的代码不仅可读性差，对错误的处理也会带来麻烦。

在进行 Ajax 开发时，onreadystatechange()就是一个异步操作，如果需要在一个 Ajax 请求完成后再发出另一个 Ajax 请求，就会出现回调函数嵌套的情况。为了避免 Ajax 代码出现“回调地狱”，下面将演示如何利用 Promise 对象提供的语法对 Ajax 操作进行优化，具体如例 10-14 所示。

【例 10-14】

（1）在站点目录下创建 demo14.html 文件，对 Ajax 操作进行封装，具体代码如下。

```
1  <script>
2    function xhr(options) {
3      return new Promise(function(resolve, reject) {
4        var xhr = new XMLHttpRequest();
5        xhr.open(options.type || 'GET', options.url);
6        xhr.onreadystatechange = function() {
7          if (xhr.readyState === XMLHttpRequest.DONE) {
8            if (xhr.status >= 200 && xhr.status < 300 || xhr.status === 304) {
9              resolve(xhr.responseText);    // 成功时执行的函数
10           } else {
11             reject('服务器发生错误。');      // 失败时执行的函数
12           }
13         }
14       };
15       xhr.send(options.data);
16     });
17   }
18 </script>
```

上述代码封装了 xhr()函数用于实现 Ajax 请求，其参数 options 表示请求选项，如果传入“{url: 'test.php', type: 'POST', data: fd}”就表示请求 URL 为 test.php，请求方式为 POST，发送的数据为 fd。第 3 行代码创建并返回了 Promise 对象，该对象的参数是一个回调函数，回调函数的参数 resolve 表示成功时执行的函数，reject 表示失败时执行的函数。

（2）调用 xhr()函数，并使用 Promise 语法进行 Ajax 的请求和处理，代码如下。

```
1  var fd = new FormData();
2  fd.append('num', 100);
3  xhr({url: 'test.php', type: 'POST', data: fd})
4  .then(function(data) {
5    console.log('请求成功：' + data);
6  }, function(err) {
7    console.log('请求失败：' + err);
8  });
```

在上述代码中，第 4 行用到了 Promise 对象的 then()方法，该方法用来传递两个回调函数，分别对应 Promise 中的 resolve 和 rejcet 回调函数。

（3）编写 test.php，将服务器收到的 POST 数据返回给浏览器，具体代码如下。

```
1  <?php
2  echo json_encode($_POST);
```

通过浏览器访问 demo14.html 测试，运行结果如图 10-33 所示。

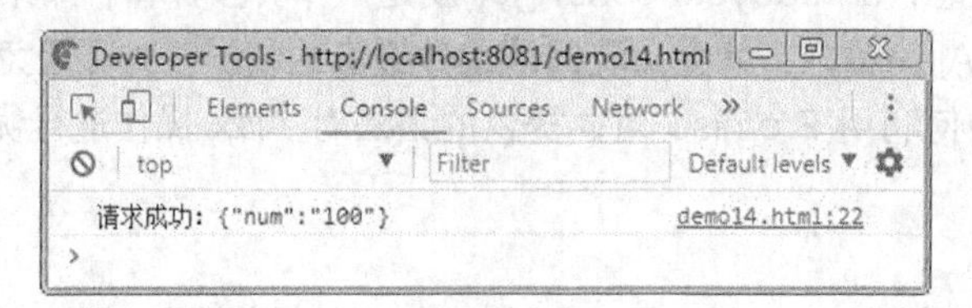

图10-33　成功时的执行结果

（4）将 Ajax 请求的 test.php 改为一个不存在的文件 1.txt，则运行结果如图 10-34 所示。

图10-34　失败时的执行结果

值得一提的是，then()方法的第 2 个参数可以省略。在省略后如果发生错误，会抛出一个错误对象，通过 catch()方法可以进行捕获和处理，具体示例如下。

```
1  xhr({url: '1.txt', type: 'POST', data: fd})
2  .then(function(data) {
3    console.log('请求成功：' + data);
4  })
5  .catch(function(err) {
6    console.log('发生异常：' + err);
7  });
```

上述代码执行后，会在浏览器控制台中输出“发生异常：服务器发生错误”。

（5）继续编写代码，在完成第 1 个 Ajax 请求后，执行第 2 个 Ajax 请求，并在第 2 个 Ajax

请求成功后显示服务器返回的结果，具体示例如下。

```
1  xhr({url: 'test.php', type: 'POST', data: fd})
2  .then(function(data) {
3    console.log('第 1 次请求结果：' + data);
4    return xhr({url: 'test.php', type: 'POST', data: fd});
5  })
6  .then(function(data) {
7    console.log('第 2 次请求结果：' + data);
8  })
9  .catch(function(err) {
10   console.log('发生异常：' + err);
11 });
```

在上述代码中，第 4 行在 then()方法中使用 return 返回了一个 Promise 对象，因此可以继续通过第 6 行代码调用 then()方法，实现了连贯操作的效果。第 9 行的 catch()方法用于处理异常，该方法可以捕获前面所有的 Promise 对象以及 then 内部的异常，当前面任何一个发生异常，就会直接进入 catch，后续所有的 then 不再执行。

（6）通过浏览器访问 demo14.html 测试，在控制台中会显示两次 Ajax 请求的输出结果。为了查看第 2 次请求是否是在第 1 次请求结束后发出的，切换到 Network 页面查看瀑布图，如图 10-35 所示。

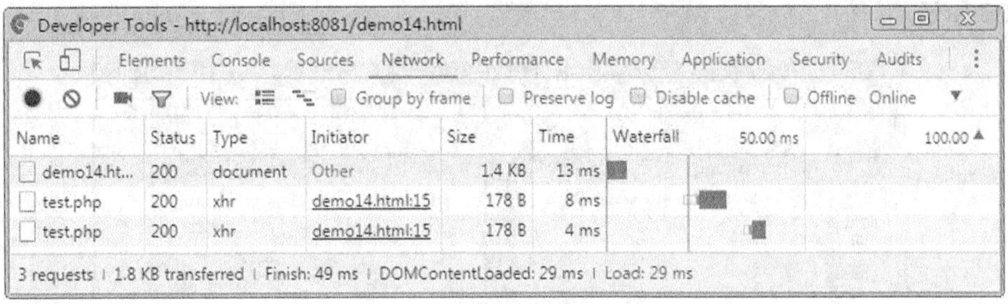

Developer Tools - http://localhost:8081/demo14.html

Elements　Console　Sources　Network　Performance　Memory　Application　Security　Audits

View:　Group by frame　Preserve log　Disable cache　Offline　Online

Name	Status	Type	Initiator	Size	Time	Waterfall　50.00 ms　100.00
demo14.ht...	200	document	Other	1.4 KB	13 ms	
test.php	200	xhr	demo14.html:15	178 B	8 ms	
test.php	200	xhr	demo14.html:15	178 B	4 ms	

3 requests | 1.8 KB transferred | Finish: 49 ms | DOMContentLoaded: 29 ms | Load: 29 ms

图10-35　查看请求瀑布图

从图 10-35 的瀑布图（最右边的 Waterfall 一栏）中可以看出，第 2 次请求的 test.php 在时间上发生于第 1 次请求之后，说明 Promise 语法可以实现多个异步操作的嵌套。

多学一招：Fetch API

由于 XMLHttpRequest 对象的语法比较复杂，一些新版本的浏览器提供了一个新的 Ajax 接口——Fetch API。它基于 Promise 语法，提高了代码的可读性。由于 Fetch API 目前是一个实验中的功能，浏览器支持并不全面，因此不推荐在上线项目中使用。下面通过代码演示 Fetch API 的基本语法。

```
1  fetch('test.php', {
2    method: 'POST',
3    headers: new Headers({
4      'Content-Type': 'text/plain'
5    })
```

```
6 }).then(function(response) {
7   // 处理响应结果
8 }).catch(function(err) {
9   // 处理错误
10 });
```

从上述代码可以看出，Fetch API 的使用非常简单。其中，第 2 行用于指定请求方式为 POST，第 3～5 行用于设置一些自定义的请求头。

10.6.4 WebSocket

WebSocket 是 HTML5 新增的一个客户端与服务器异步通信的 API，用于使浏览器支持 WebSocket 网络协议。在 WebSocket 出现之前，若使用 Ajax 开发一个在线聊天软件，客户端需要不断向服务器发送 HTTP 请求，询问服务器是否有新的消息，这种方式称为 HTTP 轮询，其通信效率非常低。为了解决这个问题，WebSocket 实现了全双工通信，在建立连接后，服务器可以将新消息主动推送给客户端，这种方式实时性更强，效率更高。

接下来通过一个案例演示 WebSocket 的使用，具体如例 10-15 所示。

【例 10-15】

（1）为了测试浏览器与 WebSocket 服务器的通信效果，需要先搭建一个 WebSocket 服务器。本书选择基于 PHP 开发的 Workerman 框架，利用该框架可以快速搭建 WebSocket 服务器。在该框架的官方网站找到 Windows 版进行下载，下载后解压到 C:\web\workerman 目录中，如图 10-36 所示。

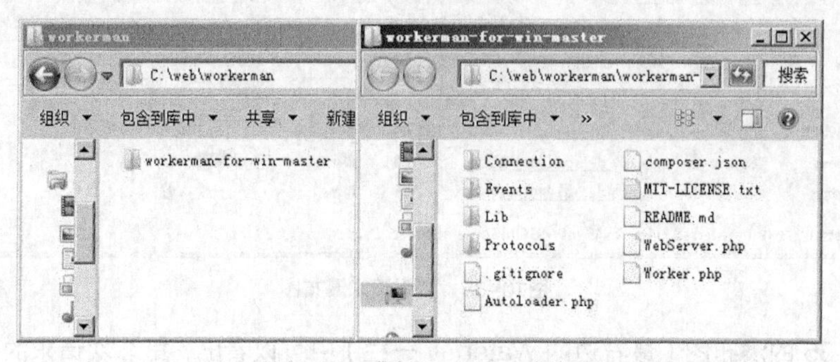

图10-36 准备Workerman框架

（2）创建 C:\web\workerman\test.php 文件，使用 WebSocket 对外提供服务，代码如下。

```
1  <?php
2  // 载入 Workerman
3  use Workerman\Worker;
4  require_once __DIR__ . '/workerman-for-win-master/Autoloader.php';
5  // 创建一个 Worker 监听 2000 端口，使用 WebSocket 协议通信
6  $ws_worker = new Worker('websocket://127.0.0.1:2000');
7  // 启动 4 个进程对外提供服务
8  $ws_worker->count = 4;
9  // 当收到客户端发来的数据$data 后返回给客户端
10 $ws_worker->onMessage = function($connection, $data) {
11   // 向客户端发送 Hello $data
12   $connection->send('Hello ' . $data);
```

```
13 };
14 // 运行 Worker
15 Worker::runAll();
```

（3）通过命令行方式启动 PHP，执行如下命令调用 test.php 脚本。

```
php C:\web\workerman\test.php start
```

上述命令执行后，运行结果如图 10-37 所示。

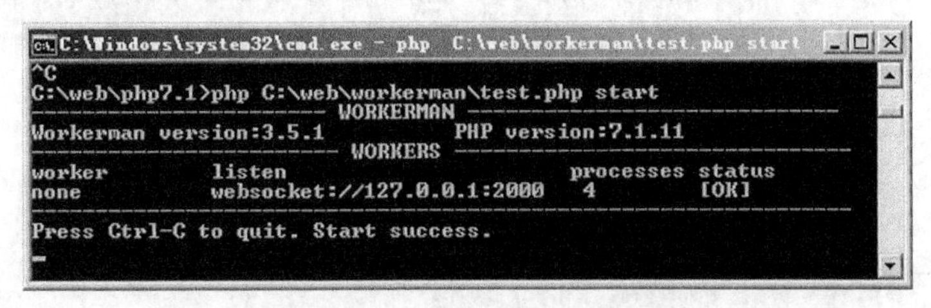

图10-37　启动WebSocket服务器

（4）在浏览器控制台中执行如下代码，实现浏览器与服务器的通信。

```
1  // 创建 WebSocket 对象，连接服务器
2  var ws = new WebSocket('ws://127.0.0.1:2000');
3  // 当连接成功时执行的回调函数
4  ws.onopen = function() {
5    console.log('连接成功');
6    ws.send('Tom');
7    console.log('向服务端发送一个字符串：Tom');
8  };
9  // 当收到服务器消息时执行的回调函数，event 是事件对象
10 ws.onmessage = function(event) {
11   console.log('收到服务器消息：' + event.data);
12 };
```

在上述代码中，由于 WebSocket 属于异步编程，因此需要通过一些事件用来完成具体功能的开发。其中，onopen()表示连接成功事件，onmessage()表示收到服务器消息时的事件。

通过浏览器访问测试，运行结果如图 10-38 所示。

图10-38　测试WebSocket通信

上述示例演示了浏览器向服务器发送消息后，服务器返回消息给浏览器。实际上，即使浏览器没有发送消息，服务器也可以主动向浏览器发送消息，接下来通过例 10-16 进行演示。

【例 10-16】

（1）编写 C:\web\send.php 文件，定时向客户端发送数据，具体代码如下。

```
1  <?php
2  use Workerman\Worker;
3  use Workerman\Lib\Timer;
4  require_once __DIR__ . '/workerman-for-win-master/Autoloader.php';
5  $worker = new Worker('websocket://127.0.0.1:2000');
6  // 进程启动时设置一个定时器，定时向所有客户端连接发送数据
7  $worker->onWorkerStart = function($worker) {
8    // 每 2 秒一次，遍历当前进程所有的客户端连接，发送当前服务器的时间
9    Timer::add(2, function() use($worker) {
10     foreach($worker->connections as $connection) {
11       $connection->send(time());
12     }
13   });
14 };
15 Worker::runAll();
```

（2）执行如下命令调用 send.php 脚本。

```
php C:\web\workerman\send.php start
```

（3）在浏览器控制台中执行如下代码，接收服务器返回的消息。

```
1  var ws = new WebSocket('ws://127.0.0.1:2000');
2  ws.onopen = function() {
3    console.log('连接成功');
4  };
5  ws.onmessage = function(e) {
6    console.log('收到服务器消息：' + e.data);
7  };
```

上述代码执行后，运行结果如图 10-39 所示。从图中可以看出，浏览器收到了服务器推送的消息。

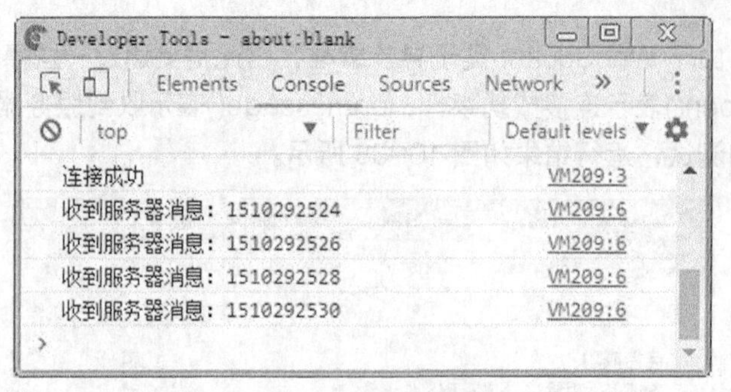

图10-39　服务器消息推送

动手实践：进度条文件上传

当用户通过表单进行文件上传时，如果文件的体积比较大，需要等待较长的时间。为了增加用户使用的友好感，可以利用 Ajax 来实现文件上传，并提供一个上传的进度条。HTML5 为 XMLHttpRequest 对象增加了感知上传进度的功能，利用 xhr.upload.onprogress 即可获取上传

文件总字节数和已经上传的字节数。接下来通过本案例进行详细讲解。

（1）在站点目录下创建 upload.html，在网页中创建一个上传文件的表单。

```
1  <form id="form">
2    <input type="file" name="file">
3    <input id="upload" type="button" value="上传">
4  </form>
```

（2）编写 JavaScript 代码，使用 FormData 收集表单数据，并输出上传进度。

```
1  <script>
2    document.getElementById('upload').onclick = function() {
3      var form = document.getElementById('form');
4      var fd = new FormData(form);
5      var xhr = new XMLHttpRequest();
6      xhr.upload.onprogress =  function(evt) {
7        console.log(evt);
8      };
9      xhr.open('POST', 'upload.php');
10     xhr.send(fd);
11   };
12 </script>
```

在上述代码中，upload 对象是 xhr 对象的一个属性，同时也是 XMLHttpRequestUpload 的实例对象，onprogress 是它的一个事件属性，用于每隔 50～100 毫秒就感知一下当前文件的上传情况，其参数 evt 表示事件对象。

（3）修改 PHP 配置文件。

在默认情况下，PHP 服务器限制上传文件最大体积为 2MB，这个体积非常小，不利于查看上传进度，下面将通过更改 PHP 配置文件来实现大文件上传。首先在 PHP 安装目录下找到 php.ini-development 文件，该文件是 PHP 为开发人员提供的模板，里面保存了一些常用的配置。将该文件复制一份，并修改文件名为 php.ini。然后使用编辑器打开 php.ini，找到如下配置进行修改。

```
upload_max_filesize = 100M          配置上传文件大小限制为 100MB（默认为 2MB）
post_max_size = 101M                配置 POST 请求大小限制为 101MB（默认为 8MB）
```

修改配置文件后，启动 PHP 服务器并增加参数"–c php.ini 文件路径"加载配置，如下所示。

```
php -S localhost:8081 -t "C:\web\htdocs" -c php.ini
```

（4）在站点目录下编写 upload.php，接收上传文件并保存到当前目录中。具体代码如下。

```
1  <?php
2  if (isset($_FILES['file']) && $_FILES['file']['error'] === UPLOAD_ERR_OK) {
3    $name = time() . '.dat';
4    if (move_uploaded_file($_FILES['file']['tmp_name'], './' . $name)) {
5      echo $name;
6    }
7  }
```

上述代码表示将上传文件以时间戳作为文件名保存到当前目录下。如果上传成功，服务器返回文件名，如果上传失败，则返回结果为空。

（5）通过浏览器访问 upload.html，选择一个文件进行上传。在控制台中可以查看文件上传的进度，如图 10-40 所示。

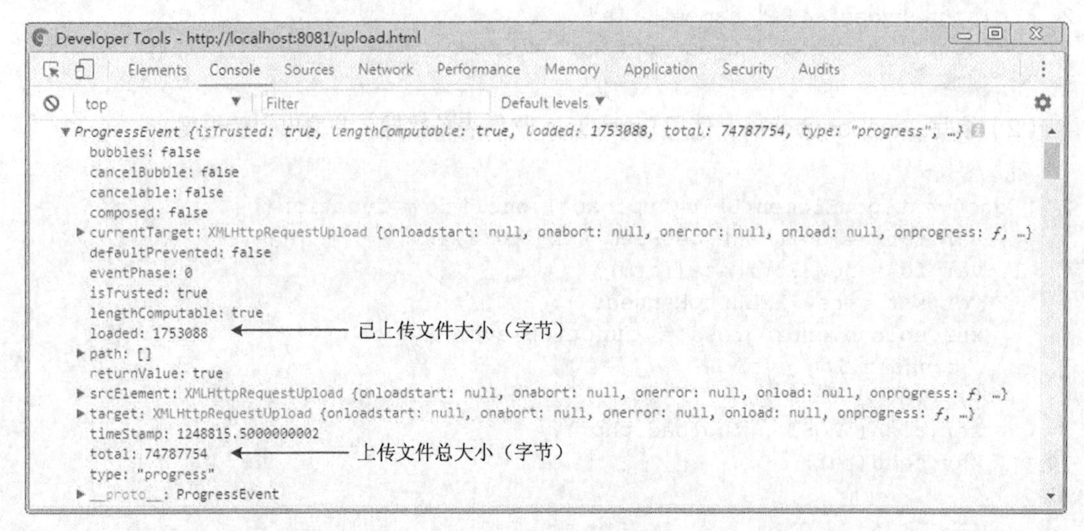

图10-40　查看上传进度

从图 10-40 中可以看出，ProgressEvent 事件对象的 loaded 属性表示已经上传文件大小，total 属性表示上传文件的总大小。使用 total 除以 loaded 即可获取上传进度的百分比值。

（6）修改 upload.html，在网页中编写一个进度条的效果，具体代码如下。

```
1  <style>
2    .progress{display:inline-block;width:200px;height:8px;border-radius:4px;
3      border:1px solid #ccc;line-height:4px;margin-right:5px;padding:2px}
4    .progress i{display:inline-block;width:0%;height:100%;border-radius:4px;
5      background:#71c371}
6  </style>
7  <p>
8    上传进度：<span class="progress"><i id="bar"></i></span>
9    <span id="per">0%</span>
10 </p>
11 <p id="download"></p>
```

在上述代码中，第 8 行的<i>标签用来显示进度条，在 CSS 样式中，该标签是 inline-block 元素，其宽度是一个百分比，默认为 0%。在开始上传时，利用 JavaScript 来修改<i>标签的宽度，即可实现进度条的增长效果。第 11 行的<p>标签用来显示上传后的文件下载地址。

（7）修改 JavaScript 代码，实现进度条的增长效果，并在上传文件完成后显示下载地址。

```
1  var bar = document.getElementById('bar');           // 进度条
2  var per = document.getElementById('per');           // 百分比值
3  var down = document.getElementById('download');     // 下载地址
4  var xhr = new XMLHttpRequest();
5  xhr.upload.onprogress = function(e) {
6    var num = Math.floor(e.loaded / e.total * 100);   // 计算百分比
7    bar.style.width = num + '%';
```

```
8    per.innerHTML = num + '%';
9  };
10 xhr.onreadystatechange = function() {
11   if (xhr.readyState === XMLHttpRequest.DONE) {
12     if (xhr.status < 200 || xhr.status >= 300 && xhr.status !== 304) {
13       throw new Error('文件上传失败，服务器状态异常。');
14     }
15     var name = xhr.responseText;
16     if (name == '') {
17       throw new Error('服务器保存文件失败。');
18     }
19     down.innerHTML = '文件上传成功。<a href="' + name + '">下载文件</a>';
20   }
21 };
22 xhr.open('POST', 'upload.php');
23 xhr.send(fd);
```

在上述代码中，第 5～9 行用于控制进度条和百分比的显示，第 10～21 行用于在上传文件完成后显示上传结果，如果失败则抛出错误对象提示错误信息。

（8）通过浏览器上传文件测试，会看到进度条的增长效果，如图 10-41 所示。

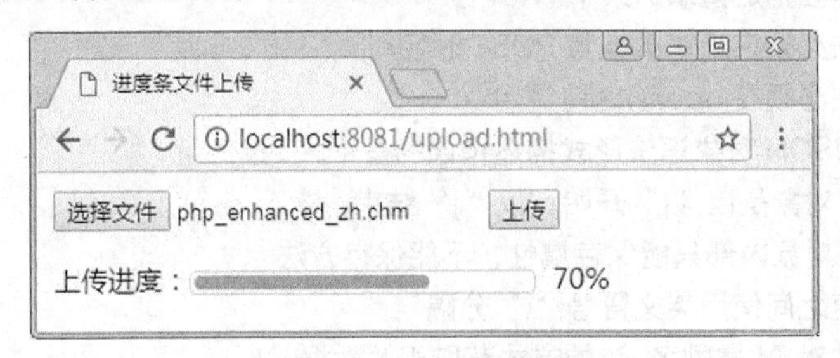

图10-41　文件上传进度条效果

等待文件上传成功后，会显示下载链接，单击链接即可下载文件，如图 10-42 所示。

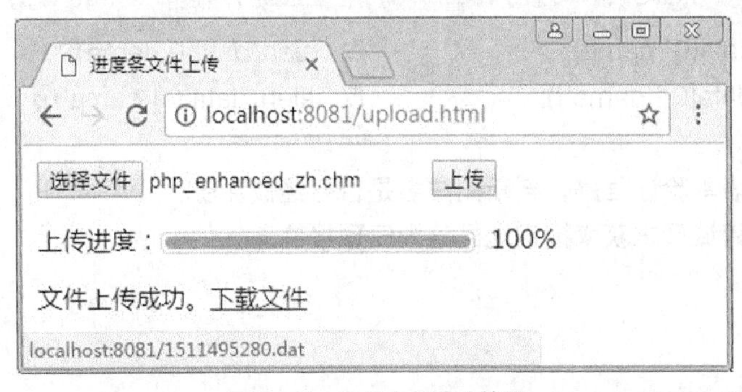

图10-42　文件上传成功效果

本章小结

本章首先介绍了 Web 服务器相关的基础知识，然后讲解了 Ajax 对象常用属性和方法、XML 和 JSON 数据格式，以及 Ajax 跨域请求问题，最后讲解了与 Ajax 相关的一些扩展技术。通过本章的学习，读者应理解 Ajax 的基本原理，重点掌握 Ajax 技术和 JSON 数据格式在 Web 开发中的应用。

课后练习

一、填空题

1. 在发送请求时，HTTP 的________头字段用于设置内容的编码类型。
2. XMLHttpRequest 对象的________属性用于感知 Ajax 状态的转变。

二、判断题

1. JSON.parse()用于将一段 JSON 字符串转换为对象。(　　)
2. XMLHttpRequest 对象的 send()方法用于创建一个新的 HTTP 请求。(　　)
3. XMLHttpRequest 对象的 abort()方法用于取消当前请求。(　　)

三、选择题

1. 下面关于 setRequestHeader()方法描述正确的是(　　)。
   A. 用于发送请求的实体内容
   B. 用于单独指定请求的某个 HTTP 头
   C. 此方法必须在请求类型为 POST 时使用
   D. 此方法必须在 open()之前调用
2. 下面关于 JSON 对象语法形式描述错误的是(　　)。
   A. JSON 对象是以“{”开始，以“}”结束
   B. JSON 对象内部只能保存属性，不能保存方法
   C. 键与值之间使用英文冒号“:”分隔
   D. 通过“对象['属性名']”的方式获取相关数据
3. 阅读如下代码，输出结果为“李白”的选项为(　　)。

```
var data = [{"name":"李白","age":5},{"name":"杜甫","age":6}];
```

   A. alert(data[0].name);　　B. alert(data.0.name);
   C. alert(data[0]['name']);　　D. alert(data.0.['name']);

四、编程题

1. 编写 Ajax 表单验证程序，判断用户名是否已经被注册。
2. 利用 Ajax 跨域请求获取指定地区的天气预报信息。

11 Chapter

第11章 jQuery

JavaScript

学习目标

- 掌握元素与节点的操作
- 掌握事件与动画特效的实现
- 掌握 jQuery 中插件机制的使用

jQuery 是一款优秀的 JavaScript 框架库，它通过 JavaScript 的函数封装，简化了 HTML 与 JavaScript 之间的操作，使得 DOM 对象、事件处理、动画效果、Ajax 等操作的实现语法更加简洁，同时提高了程序的开发效率，消除很多跨浏览器的兼容问题。本章将针对 jQuery 的使用进行详细讲解。

11.1 jQuery 快速入门

jQuery 是一个简单易学可以快速上手的工具，为体验并了解 jQuery 与 JavaScript 的区别，本节将对什么是 jQuery、下载 jQuery 以及使用 jQuery 进行介绍。

11.1.1 什么是 jQuery

在 2006 年 1 月的纽约 BarCamp 国际研讨会上，John Resig 首次发布了 jQuery，它是一个开源的 JavaScript 类库，吸引了众多来自世界各地的 JavaScript 高手的关注，目前由 Dava Methvin 带领团队进行开发。

随着 Web 技术的不断发展，相继诞生了许多优秀的 JavaScript 库，常见的有 jQuery、Prototype、ExtJS、Mootools 和 YUI 等。jQuery 凭借其"write less，do more"（写得更少，做得更多）的核心理念和以下 6 个不可忽视的特点，成为了 Web 开发人员的最佳选择。

（1）jQuery 是一个轻量级的脚本，其代码非常小巧。

（2）语法简洁易懂，学习速度快，文档丰富。

（3）支持 CSS1～CSS3 定义的属性和选择器。

（4）跨浏览器，支持的浏览器包括 IE6～IE11 和 FireFox、Chrome 等。

（5）实现了 JavaScript 脚本和 HTML 代码的分离，便于后期编辑和维护。

（6）插件丰富，可以通过插件扩展更多功能。

11.1.2 下载 jQuery

要想获取 jQuery，可以从 jQuery 的官方网站（http://jquery.com/）下载最新版本的 jQuery 文件，如图 11-1 所示。

图11-1 jQuery官方网站

从图 11-1 中可以看出，jQuery 1.x 和 2.x 系列已经停止更新，单击“Download jQuery”按钮可以下载最新的 jQuery 3.x 系列版本。它们之间的区别在于，jQuery 1.x 系列的经典版本保持了对早期浏览器的支持，最终版本是 jQuery 1.12.4。jQuery 2.x 系列的版本不再支持 IE6 ~ 8 浏览器，从而更加轻量级，最终版本是 jQuery 2.2.4。而 jQuery 3.x 系列的版本只支持最新的浏览器，因此除非特殊要求，一般不会使用此版本。

本书以 jQuery 1.x 系列的 jQuery 1.12.4 版本为例进行讲解。点击进入下载页面后，是关于 jQuery 3.x 系列的版本下载，若想要获取其他版本的下载地址，向下查找到“https://code.jquery.com”获取 jQuery 所有版本的下载链接地址，如图 11-2 所示。

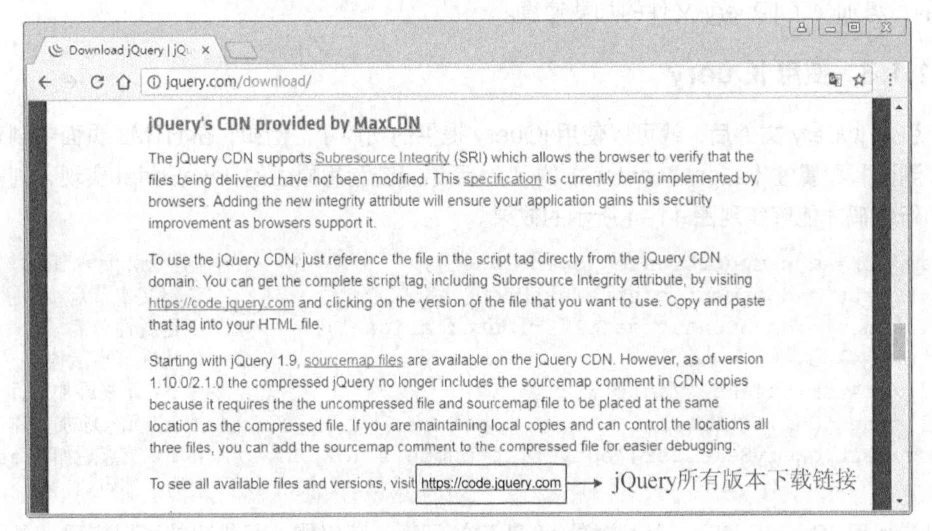

图11-2　获取jQuery所有版本的下载地址

进入到 jQuery 的下载页面以后，单击“See all versions of jQuery Core.”，即可获取 jQuery 每个系列的所有版本。其中，在下载页面会看到 jQuery 文件的类型主要包括未压缩（uncompressed）的开发版和压缩（minified）后的生产版。所谓压缩指的是去掉代码中所有换行、缩进和注释等减少文件的体积，从而更有利于网络传输，如图 11-3 所示。

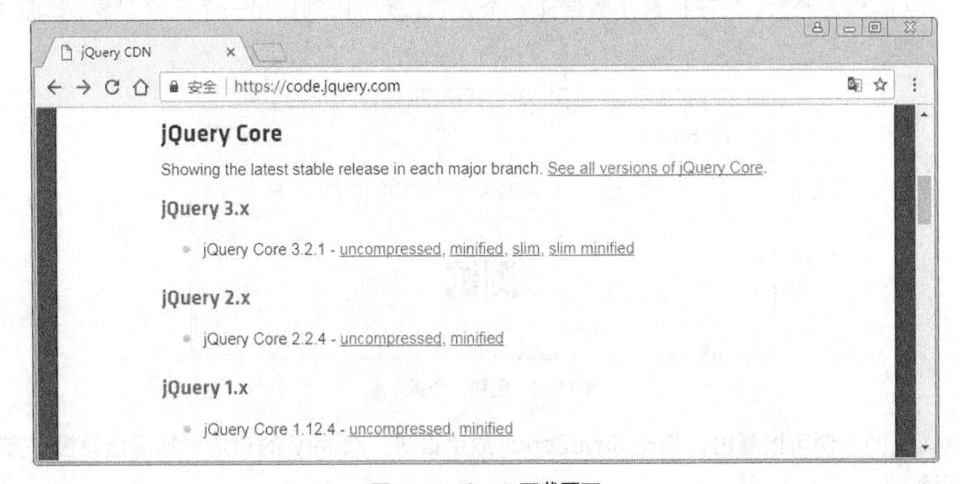

图11-3　jQuery下载页面

在图 11-3 中，右键获取 1.12.4 的压缩版下载链接，打开链接，将所有内容复制到一个文件中并为其命名（如 jquery-1.12.4.min.js）；或单击 minified 直接从 CDN（内容分发网络）上获取该 jQuery 文件的代码，然后在 HTML 中引入，实现对 jQuery 的部署，代码如下。

```
<!-- 方式 1：引入本地下载的 jQuery -->
<script src="jquery-1.12.4.min.js"></script>
<!-- 方式 2：通过 CDN(内容分发网络)引入 jQuery -->
<script src="https://code.jquery.com/jquery-1.12.4.min.js"></script>
```

上述代码中，方式 1 引入了当前目录下的 jquery-1.12.4.min.js 文件，方式 2 则通过公共的 CDN 的优势加快了 jQuery 文件的加载速度。

11.1.3 使用 jQuery

在引入 jQuery 文件后，就可以使用 jQuery 提供的功能了。例如，在 HTML 页面中创建含有文本“测试”和属性（align="center"）的<h2>元素。若利用原生的 JavaScript 实现，则需要以下的 7 行代码才能够实现图 11-4 所示的效果。

```
var h2 = document.createElement('h2');                    // 创建 h2 元素节点
var text = document.createTextNode('测试');               // 创建文本节点
var attr = document.createAttribute('align');            // 创建属性节点
attr.value = 'center';                                    // 为属性节点赋值
h2.setAttributeNode(attr);                                // 为 h2 元素添加属性节点
h2.appendChild(text);                                     // 为 h2 元素添加文本节点
document.querySelector('body').appendChild(h2);          // 将 h2 节点追加为 body 元
                                                            素的子节点
```

但若利用 jQuery，实现创建这样一个新建的元素，则仅需一行代码就可以实现，具体代码如下。

```
$('<h2 align="center">测试</h2>').appendTo('body');
```

上述代码表示调用 jQuery 中的 appendTo()方法将新创建的元素对象<h2>追加到<body>元素中。其中，美元符号“$”表示 jQuery 类，也就是说“$()”等价于“jQuery()”，即 jQuery 的构造函数，为该构造函数传递一个元素，就可以创建出一个元素对象，如图 11-4 所示。

图11-4 创建一个新元素

从以上的示例可以看出，相比 JavaScript 原生语法，jQuery 的语法更加简洁易懂，方便学习和阅读。

11.2 元素操作

11.2.1 jQuery 对象

jQuery 对象是对 DOM 对象的一层包装，它的作用是通过自身提供的一系列快捷功能来简化 DOM 操作的复杂度，提高程序的开发效率，同时解决了不同浏览器的兼容问题，具体示例如下。

```
<script>
 var $doc = $(document); // 创建一个 jQuery 对象，该对象包装了 document 对象
 console.log($doc);      // 在控制台中输出 jQuery 对象
</script>
```

在上述代码中，$(document)表示将 document 对象转换为 jQuery 对象，通过 console.log() 可以查看其内部结构，运行结果如图 11-5 所示。

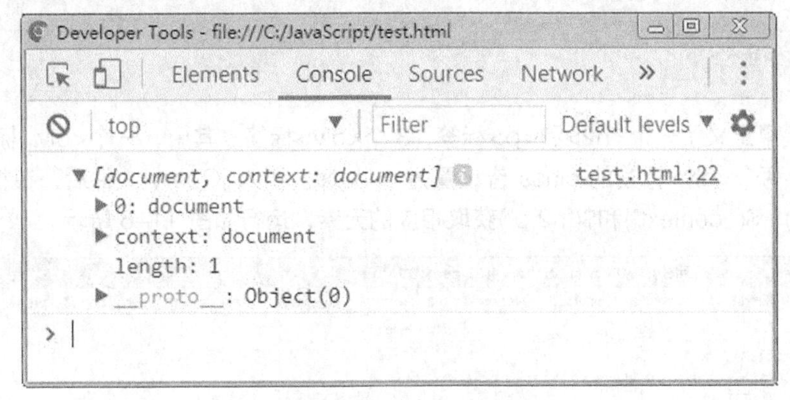

图11-5 查看运行结果

从图 11-5 中可以看出，jQuery 对象内部有 3 个元素，其中，下标为 0 的元素表示其内部的 DOM 对象，即 document 对象，length 表示其内部 DOM 对象的个数，一个 jQuery 对象中可以包装多个 DOM 对象，通过__proto__可以查看该对象的原型（即 jQuery 本身）所具有的属性和方法。

11.2.2 jQuery 选择器

在程序开发过程中，经常需要对 HTML 元素进行操作，在操作前必须先准确地找到对应的 DOM 元素。为此，jQuery 提供了类似 CSS 选择器的机制，利用 jQuery 选择器可以轻松地获取 DOM 元素。

使用 jQuery 选择器获取元素的基本语法为“$(选择器)”，根据选择器获取方式的不同大致可以分为基本选择器、层级选择器、基本过滤选择器、内容选择器、可见性选择器、属性选择器、子元素选择器和表单选择器，下面将分别介绍各个选择器的使用。

1. 基本选择器

jQuery 中基本的选择器，常用的分别为标签选择器、类选择器和 ID 选择器，其使用说明如表 11-1 所示。

表 11-1　常用的基本选择器

选择器	功能描述	示例
element	根据指定元素名匹配所有元素	$("li")选取所有的<li>元素
.class	根据指定类名匹配所有元素	$(".bar")选取所有 class 为 bar 的元素
#id	根据指定 id 匹配一个元素	$("#btn")选取 id 为 btn 的元素
selector1,selector2,…	同时获取多个元素	$("li,p,div")同时获取所有<li>、<p>和<div>元素

从表 11-1 中可以看出，jQuery 中还可以根据需求，利用逗号（,）同时获取多个元素。实现语法非常简单，为了使读者更好地理解，下面通过例 11-1 进行演示。

【例 11-1】demo01.html

```
1  <body>
2    <h2>基本选择器</h2>
3    <div id="title"></div>
4    <div class="context"></div>
5    <div class="context"></div>
6    <p>一段描述……</p>
7  </body>
```

上述代码中定义了一个<h2>和<p>标签，3 个<div>标签。其中，一个<div>标签的 id 设置为 title，另外两个<div>标签的 class 皆设置为 context。引入 jQuery 文件后，在控制台中分别利用$("#title")、$(".context")和$("h2,p")获取相应的元素，运行如图 11-6 所示。

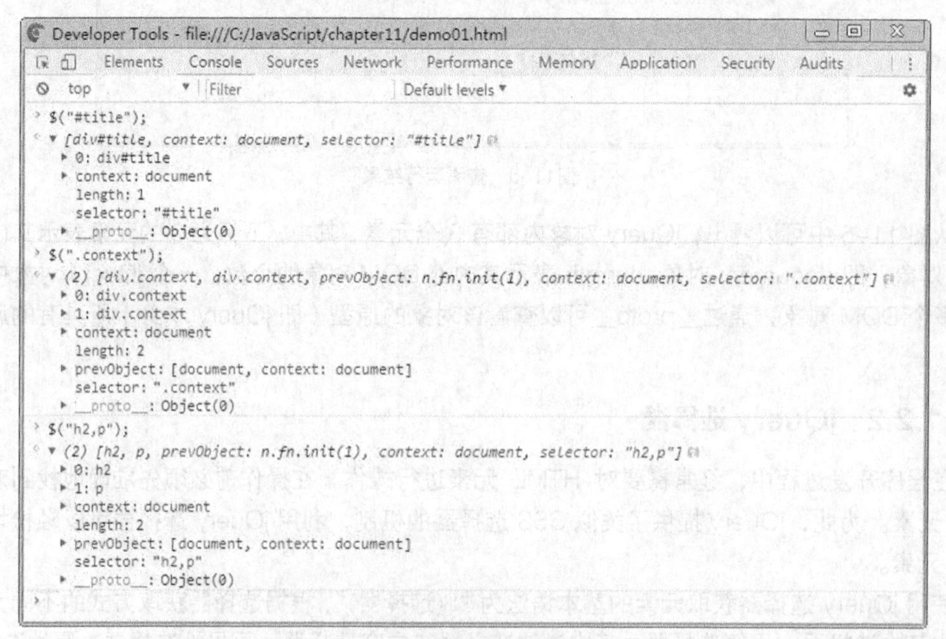

图11-6　基本选择器的使用

从图 11-6 中可以看出，索引下标表示获取的具体元素，length 属性表示匹配到符合条件的 DOM 对象个数，若没有匹配到合适的结果为 0，selector 属性表示使用哪种选择器获取的元素对象。其中，类选择器可以获取多个元素，id 选择器只能获取 1 个元素。

2. 层级选择器

jQuery 中除了通过最基本的选择器获取元素外，还可以通过一些指定符号，如空格、>、+和 ~ 完成多层级元素之间的获取。具体语法与示例如表 11-2 所示。

表 11-2 层级选择器

选择器	功能描述	示例
selector selector1	选取祖先元素下的所有后代元素	$("div .test") 选取<div>下所有 class 名为 test 的元素（多级）
parent > child	获取父元素下的所有子元素	$(".box >.con") 选取 class 名为 box 下的所有 class 名为 con 的子元素（一级）
prev + next	获取当前元素紧邻的下一个同级元素	$("div + .title")获取紧邻<div>的下一个 class 名为 title 的兄弟节点
prev ~ siblings	获取当前元素后的所有同级元素	$(".bar ~ li")获取 class 名为 bar 的元素后的所有同级元素节点<li>

从表 11-2 中可以看出，利用 jQuery 可以轻松地获取某个元素下的所有指定后代元素、子元素、下一个兄弟元素等。为了使读者更好地理解，下面通过例 11-2 进行演示。

【例 11-2】demo02.html

```
1  <body>
2    <div class="box">
3      <div class="title">
4        <ul><li>首页</li><li>PHP</li> <li>JavaScript</li></ul>
5      </div>
6      <div  class="body"><div>div01 text</div><div>div02 text</div></div>
7      <div  class="footer">
8        <ul><li>友情链接</li></ul>
9      </div>
10     <ul><li>222</li><li>333</li></ul>
11   </div>
12 </body>
```

在上述代码中，class 名为 box 的<div>中含有 3 个<div>和 1 个<ul>。其中，class 名为 title 的<div>中含有 3 个<li>元素，class 名为 body 的<div>中又含有 2 个<div>，class 名为 footer 的<div>中含有 1 个<ul>。

引入 jQuery 文件后，在控制台中分别利用$(".box li")、$(".body > div")、$(".footer + ul")和$(".title ~ div")获取相应的元素。运行结果如图 11-7 所示。

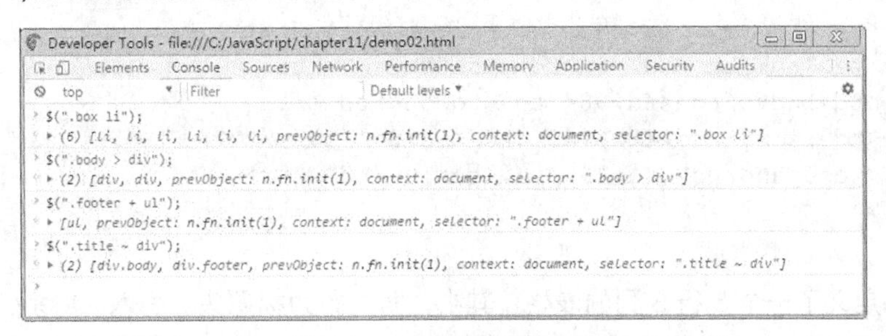

图11-7 层级选择器

从图 11-7 中可以看出，通过空格区分多个基本选择器的方式可以获取 class 名为 box 下的多层级的所有<li>元素，通过“>”区分基本选择器可以获取 class 名为 body 下的所有<div>子元素，通过“+”区分基本选择器可以获取紧邻 class 名为 footer 的下一个同级<ul>元素，通过“~”区分基本选择器可获取 class 名为 title 后的所有<div>同级元素。

3. 基本过滤选择器

开发中若需要对获取到的元素进行筛选，如仅获取指定选择器中的第 1 个或最后 1 个元素、偶数行或奇数行中的元素等，可以使用 jQuery 提供的基本过滤选择器完成。常用的基本过滤选择器如表 11-3 所示。

表 11-3 基本过滤选择器

选择器	功能描述	示例
:first	获取指定选择器中的第一个元素	$("li :first")获取第 1 个<li>元素
:last	获取指定选择器中的最后一个元素	$("li :last")获取最后 1 个<li>元素
:even	获取索引为偶数的指定选择器中的奇数行数据，索引默认从 0 开始	$("li :even")获取所有 li 元素中，索引为偶数的奇数行数据，如索引为 0,2,4 的第 1 个、第 3 个和第 5 个<li>元素
:odd	获取索引为奇数的指定选择器中的偶数行数据，索引默认从 0 开始	$("li :odd")获取所有<li>元素中，索引为奇数的偶数行数据，如索引为 1,3,5 的第 2 个、第 4 个和第 6 个<li>元素
:eq(index)	获取索引等于 index 的元素，默认从 0 开始	$("li:eq(3)")获取索引为 3 的<li>元素
:gt(index)	获取索引大于 index 的元素	$("li:gt(3)")获取索引大于 3 的所有<li>元素
:lt(index)	获取索引小于 index 的元素	$("li:lt(3)")获取索引小于 3 的所有<li>元素
:not(seletor)	获取除指定的选择器外的其他元素	$("li:not(li:eq(3))")获取除索引为 3 外的所有<li>元素
:focus	匹配当前获取焦点的元素	$("input:focus")匹配当前获取焦点的<input>元素
:animated	匹配所有正在执行动画效果的元素	$("div:not(:animated)")匹配当前没有执行动画的<div>元素
:target	选择由文档 URI 的格式化识别码表示的目标元素	若 URI 为 http://example.com/#foo，则$("div:target")将获取<div id="foo">元素

从表 11-3 可以看出，jQuery 中提供的基本过滤选择器与 CSS 中的伪类选择器很相似。下面为了使读者更好地理解，通过例 11-3 进行演示。

【例 11-3】demo03.html

```
1  <body>
2    <table>
3      <tr><th>姓名</th><th>语文</th><th>数学</th></tr>
4      <tr><td>Tom</td><td>76</td><td>89</td></tr>
5      <tr><td>Lucy</td><td>98</td><td>90</td></tr>
6      <tr><td>Jimmy</td><td>100</td><td>99</td></tr>
7      <tr><td>John</td><td>45</td><td>12</td></tr>
8    </table>
9  </body>
```

上述代码定义了一个 5 行 3 列的表格。其中，第 1 行为标题头。引入 jQuery 文件后，在控制台中分别利用$("tr:first")获取表格的标题头、$("tr:odd")获取表格的偶数行、$("tr:not(tr:first)")

获取表格中除第一行标题头外的所有行，运行结果如图 11-8 所示。

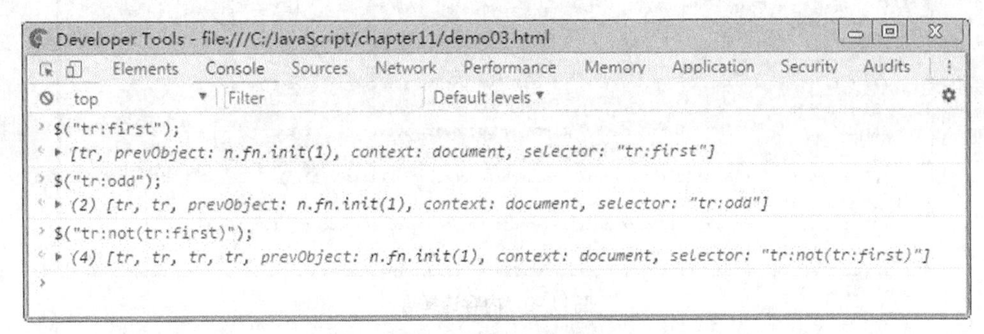

图11-8　基本过滤选择器

通过这样的方式，就可以方便地为表格的标题头设置背景色，为表格内容设置隔行变色或进行其他操作等。

4. 内容选择器

jQuery 中还提供了根据元素的内容完成指定元素的获取。例如，获取所有元素内容不为空的<li>，获取文本内容中含有“JavaScript”的元素，具体如表 11-4 所示。

表 11-4　内容选择器

选择器	功能描述	示例
:contains(text)	获取内容包含 text 文本的元素	$("li:contains('js')")获取内容中含“js”的<li>元素
:empty	获取内容为空的元素	$("li:empty")获取内容为空的<li>元素
:has(selector)	获取内容包含指定选择器的元素	$("li:has('a')")获取内容中含<a>元素的所有<li>元素
:parent	获取内容不为空的元素（特殊）	$("li:parent")获取内容不为空的<li>元素

从表 11-4 可知，可以根据元素的内容（文本、后代选择器），利用 jQuery 获取符合要求的所有元素。下面为了使读者更好地理解，通过例 11-4 进行演示。

【例 11-4】demo04.html

```
1  <body>
2    <ul>
3      <li><div>PHP JavaScript jQuery</div></li>
4      <li>JavaScript</li>
5      <li><a href="#">jQuery</a></li>
6      <li class="defined"></li>
7    </ul>
8  </body>
```

上述代码定义了含有 4 个选项的无序列表。引入 jQuery 文件后，在控制台中利用$("li:contains('jQuery')")获取内容中含有“jQuery”的<li>元素，通过$("li:empty")获取内容为空的<li>元素，通过$("li:has('a')")获取内容中含有<a>标签的<li>元素，通过$("li:parent")获取所有不为空的<li>元素。效果如图 11-9 所示。

5. 可见性选择器

为了方便开发，jQuery 中还提供了可见或隐藏元素的获取，具体如表 11-5 所示。

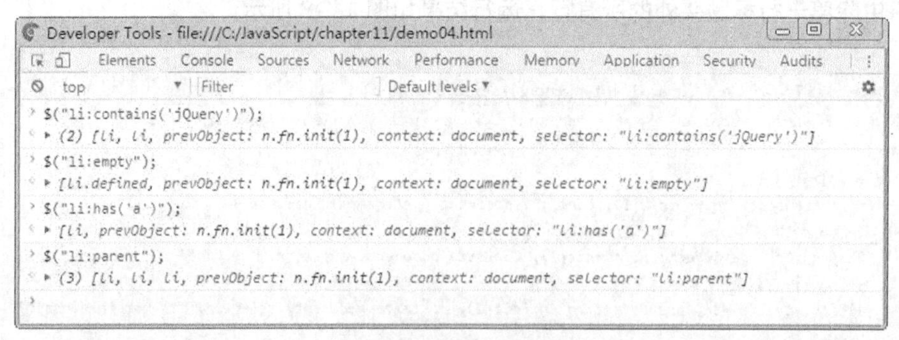

图11-9　内容选择器

表 11-5　可见性选择器

选择器	功能描述	示例
:hidden	获取所有隐藏元素	$("li:hidden")获取所有隐藏的<li>元素
:visible	获取所有可见元素	$("li:visible")获取所有可见的<li>元素

从表 11–5 可以看出，当指定元素的 display 设置为 none 时，可以通过“:hidden”获取隐藏的元素；当指定元素的 display 设置为 block 时，可以通过“:visible”获取可见的元素。它的使用方式很简单，这里不再进行演示。

6. 属性选择器

jQuery 中还提供了根据元素的属性获取指定元素的方式。例如，含有 class 属性值为 current 的<div>元素。常用的属性选择器如表 11–6 所示。

表 11-6　属性选择器

选择器	功能描述	示例
[attr]	获取具有指定属性的元素	$("div[class]")获取含有 class 属性的所有<div>元素
[attr=value]	获取属性值等于 value 的元素	$("div[class=current]")获取 class 等于 current 的所有<div>元素
[attr!=value]	获取属性值不等于 value 的元素	$("div[class!=current]")获取 class 不等于 current 的所有<div>元素
[attr^=value]	获取属性值以 value 开始的元素	$("div[class^=box]")获取 class 属性值以 box 开始的所有<div>元素
[attr$=value]	获取属性值以 value 结尾的元素	$("div[class$=er]")获取 class 属性值以 er 结尾的所有<div>元素
[attr*=value]	获取属性值包含 value 的元素	$("div[class*='-']")获取 class 属性值中含有“–”符号的所有<div>元素
[attr~=value]	获取元素的属性值包含一个 value，以空格分隔	$("div[class~='box']")获取 class 属性值等于“box”或通过空格分隔并含有 box 的<div>元素，如“t box”
[attr1][attr2]...[attrN]	获取同时拥有多个属性的元素	$("input[id][name$='usr']")获取同时含有 id 属性和属性值以 usr 结尾的 name 属性的<input>元素

从表 11–6 可以看出，属性选择器的使用方式很简单，这里就不再进行演示。

7. 子元素选择器

开发中若需要通过子元素的方式获取元素，则可以利用 jQuery 提供的子元素选择器完成。常用的如表 11-7 所示。

表 11-7 子元素选择器

选择器	功能描述
:nth-child(index/even/odd/公式)	索引 index 默认从 1 开始，匹配指定 index 索引、偶数、奇数、或符合指定公式（如 2n，n 默认从 0 开始）的子元素
:first-child	获取第一个子元素
:last-child	获取最后一个子元素
:only-child	如果当前元素是唯一的子元素，则匹配
:nth-last-child(index/even/odd/公式)	选择所有它们父元素的第 n 个子元素。计数从最后一个元素开始到第一个
:nth-of-type(index/even/odd/公式))	选择同属于一个父元素之下，并且标签名相同的子元素中的第 n 个子元素
:first-of-type	选择所有相同的元素名称的第一个子元素
:last-of-type	选择所有相同的元素名称的最后一个子元素
:only-of-type	选择所有没有兄弟元素，且具有相同的元素名称的元素
:nth-last-of-type(index/even/odd/公式)	选择所有它们的父级元素的第 n 个子元素，计数从最后一个元素到第一个

在表 11-7 中，带有“of-type”项的选择器，在获取元素内容的时候与未带有“of-type”的有一定的区别，为了让读者更好地理解它们的不同，下面通过例 11-5 进行演示。

【例 11-5】demo05.html

```
1  <body>
2    <div>
3      <span>Corey,</span><span>Yehuda,</span>
4      <span>Adam,</span><span>Todd</span>
5    </div>
6    <div>
7      <b>Nobody,</b> <span>John,</span>
8      <span>Scott,</span><span>Timo</span>
9    </div>
10 </body>
```

在上述代码中，定义了两个<div>元素。其中第 1 个<div>元素中包含了 4 个<span>元素，第 2 个<div>元素中第 1 个是<b>元素，然后是 3 个是<span>元素。

接下来，引入 jQuery 文件后，在控制台中分别利用“$("span:first-child")”和“$("span:first-of-type")”获取<span>元素的第 1 个子元素。效果如图 11-10 所示。

从图 11-10 可以看出，子元素选择器“:first-child”仅会获取<div>元素中仅有<span>元素的第 1 个子元素，因此获取的结果是包含 Corey 文本的<span>元素；而“:first-of-type”选择器会获取所有含有<span>元素的第 1 个子元素，因此获取的结果有两个元素，分别为包含 Corey 文本的<span>元素和 John 文本的<span>元素。

8. 表单选择器

表单在 Web 开发中是最常见的操作之一，为此，jQuery 专门提供了操作表单元素的表单选择器，常用的如表 11-8 所示。

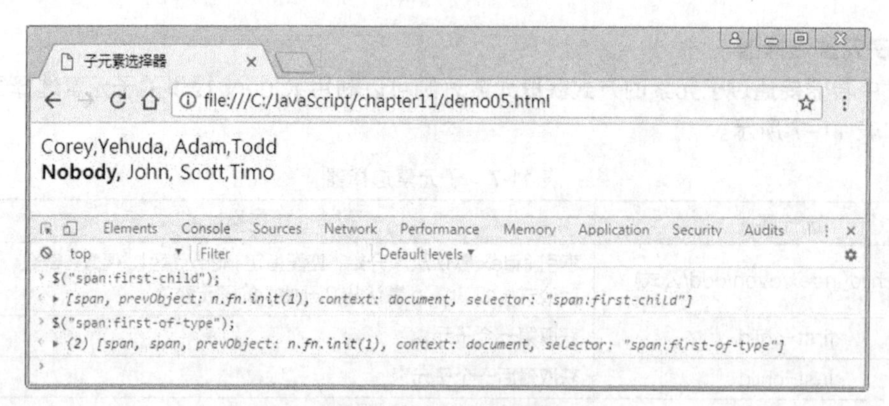

图11-10 子元素选择器

表 11-8 表单选择器

选择器	功能描述
:input	获取页面中的所有表单元素，包含<select>以及<textarea>元素
:text	选取页面中的所有文本框
:password	选取所有的密码框
:radio	选取所有的单选按钮
:checkbox	选取所有的复选框
:submit	获取 submit 提交按钮
:reset	获取 reset 重置按钮
:image	获取 type="image"的图像域
:button	获取 button 按钮，包括<button></button>和 type="button"
:file	获取 type="file"的文件域
:hidden	获取隐藏表单项
:enabled	获取所有可用表单元素
:disabled	获取所有不可用表单元素
:checked	获取所有选中的表单元素，主要针对 radio 和 checkbox
:selected	获取所有选中的表单元素，主要针对 select

值得一提的是，选择器“$("input")”与“$(":input")”虽然都可以获取表单项，但是它们表达的含义有一定的区别，前者仅能获取表单标签是<input>的控件，后者则可以同时获取页面中所有的表单控件，包括表单标签是<select>以及<textarea>的控件。

11.2.3 元素遍历

在操作 HTML 文档中的 DOM 元素时，经常需要进行元素遍历，为此 jQuery 提供了 each()方法更方便地进行元素遍历，并且可以进行指定的操作。下面以遍历获取的<li>元素为例进行讲解，具体如例 11-6 所示。

【例 11-6】demo06.html

```
1  <ul>
2    <li>PHP</li><li>iOS</li>
```

```
3     <li>Java</li><li>UI</li>
4   </ul>
5   <script>
6     $('li').each(function(index, element) {
7       console.log('第' + (index + 1) + '个:' + $(element).text());
8     });
9   </script>
```

在上述代码中，使用 each()方法可以遍历选择器匹配到的所有<li>元素，该方法的参数是一个回调函数，每个匹配元素都会去执行这个函数。在回调函数中，index 表示当前元素的索引位置（从 0 开始），element 表示当前的元素，运行结果如图 11-11 所示。

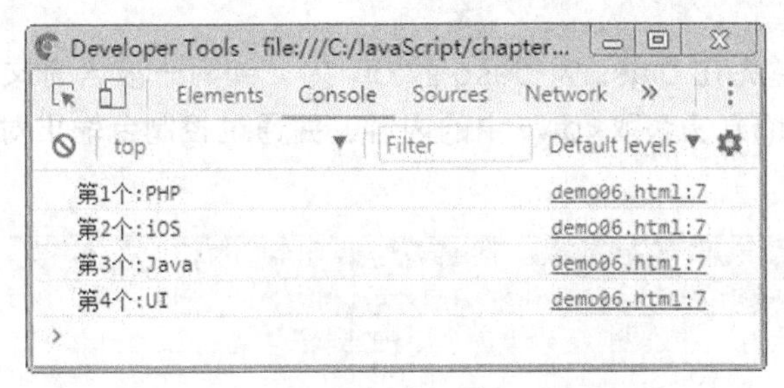

图11-11 元素遍历

值得一提的是，在回调函数内部还可以直接使用$(this)来表示当前元素。

11.2.4 元素内容

jQuery 中操作元素内容的方法，主要包括 html()和 text()方法。html()方法用于获取或设置元素的 HTML 内容，text()方法用于获取或设置元素的文本内容。具体使用说明如表 11-9 所示。

表 11-9 元素内容操作

语法	说明
html()	获取第一个匹配元素的 HTML 内容
html(content)	设置第一个匹配元素的 HTML 内容
text()	获取所有匹配元素包含的文本内容组合起来的文本
text(content)	设置所有匹配元素的文本内容
val()	获取表单元素的 value 值
val(value)	设置表单元素的 value 值

值得一提的是，val()方法还可以操作表单（select、radio 和 checkbox）的选中情况，当要获取的元素是<select>元素时，返回结果是一个包含所选值的数组；当要为表单元素设置选中情况时，可以传递数组参数。

下面为了让读者更好地理解元素内容相关方法的使用，以 html()和 text()方法为例进行讲解。具体如例 11-7 所示。

【例 11-7】demo07.html

```
1   <div class="desc">
2     <font color="red"><b>Smiles to the rocky</b></font>
```

```
3    <ul>
4      <li>天生我材必有用，千金散尽还复来。</li>
5      <li>行到水穷处，坐看云起时。</li>
6    </ul>
7  </div>
8  <script>
9    var desc = $('.desc');       // 获取 class 为 desc 的元素
10   var html = desc.html();     // 获取 desc 的 HTML 内容（含有标签）
11   var text = desc.text();     // 获取 desc 的文本内容
12   console.log(html);
13   console.log(text);
14 </script>
```

在上述代码中，首先在 class 为 desc 的 div 内，编写一段含有文本样式的句子，然后分别使用 html()和 text()方法获取<div>中的内容，并通过控制台输出对比，效果如图 11-12 所示。

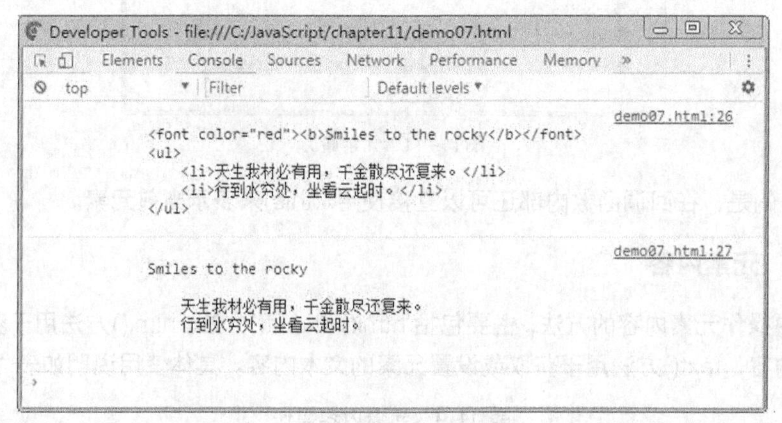

图11-12 获取元素内容

从图 11-12 中可以清晰地看出，使用 html()方法获取的元素内容含有 HTML 标签（如 font），而使用 text()方法获取的是去除 HTML 标签的内容，将该元素包含的文本内容组合起来的文本。因此，读者根据项目的需求，在开发中选择合适的方法使用即可。

11.2.5 元素样式

元素样式操作是指获取或设置元素的 style 属性。在 jQuery 中，可以很方便地设置元素的样式、位置、尺寸等属性。例如，通过 css()方法可以设置背景色。关于常用样式操作方法如表 11-10 所示。

表 11-10 元素样式操作

语法	说明
css(name)	获取第一个匹配元素的样式
css(properties)	将一个键值对形式的对象设置为所有匹配元素的样式
css(name, value)	为所有匹配的元素设置样式
width()	获取第一个匹配元素的当前宽度值（返回数值型结果）

续表

语法	说明
width(value)	为所有匹配的元素设置宽度样式（可以是字符串或数字）
height()	获取第一个匹配元素的当前高度值（返回数值型结果）
height(value)	为所有匹配的元素设置高度样式（可以是字符串或数字）
offset()	获取元素的位置，返回的是一个对象，包含 left 和 top 属性
offset(properties)	利用对象设置元素的位置，必须包含 left 和 top 属性

值得一提的是，css()方法中传递的参数若是对象，则需要去掉 CSS 属性中的“-”，将第 2 个单词的首字母变为大写。为了读者更好地理解，接下来以 css()方法获取<div>元素属性，并为其设置背景色和边框为例进行讲解，具体如例 11-8 所示。

【例 11-8】demo08.html

```
1  <div style="width:100px; height:100px; background-color: red"></div>
2  <script>
3    var ele = $('div');
4    var w = ele.css('width');
5    var h = ele.css('height');
6    ele.css({border: '2px solid black', backgroundColor: '#ccc'});
7    console.log('div 元素的宽：' + w + '，高：' + h);
8  </script>
```

在上述代码中，首先编写了一个宽和高都是 100 像素，背景色为红色的<div>块。然后通过 css()方法分别获取<div>的宽高，并将其显示到控制台中。接着通过 css()重新设置<div>元素的边框和背景色，效果如图 11-13 所示。

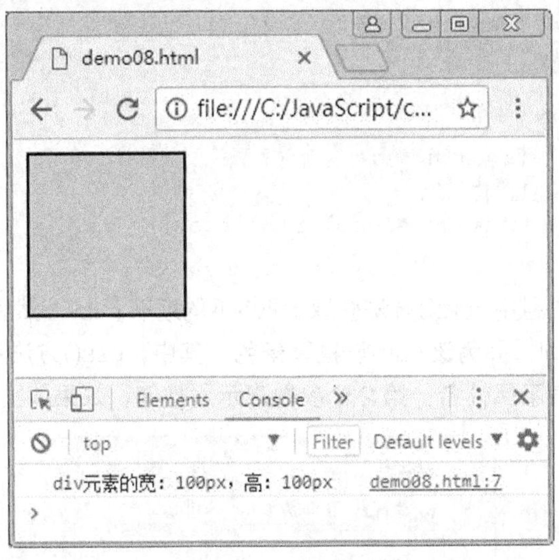

图11-13 元素样式

11.2.6 元素筛选

虽然使用 jQuery 选择器可以很方便地匹配满足一定条件的 HTML 元素，并对其进行操作，但有时需要根据 HTML 元素的具体情况对其进行个性化的处理，此时可以使用 jQuery 提供的元素过滤和查找方法来实现此功能，增强对文档的控制能力，具体如表 11-11 所示。

表 11-11　元素筛选

分类	语法	说明
查找	find(expr)	搜索所有与指定表达式匹配的元素
	parents([expr])	取得一个包含所有匹配元素的祖先元素的元素集合（不包含根元素）
	parent([expr])	取得一个包含所有匹配元素的唯一父元素的元素集合
	siblings([expr])	获取所有同级元素（不分上下）
	next([expr])	匹配紧邻的同级的下一个元素
	prev([expr])	匹配紧邻的同级的上一个元素
过滤	eq(index)	获取第 N 个元素
	filter(expr|obj|ele|fn)	使用选择器、对象、元素或函数完成指定元素的筛选
	hasClass(class)	检查当前的元素是否含有某个特定的类，如果有，则返回 true
	is(expr)	用一个表达式来检查当前选择的元素集合，如果其中至少有一个元素符合这个给定的表达式就返回 true
	has(expr)	保留包含特定后代的元素，去掉那些不含有指定后代的元素

表 11-11 列举了元素查找和过滤常用的语法和说明。为了读者更好地理解，接下来以 find() 和 eq()方法为例进行详细讲解，具体如例 11-9 所示。

【例 11-9】demo09.html

```
1  <div>
2    <ul><li>Spring</li><li>summer</li></ul>
3    <ul><li>autumn</li><li>winter</li></ul>
4  </div>
5  <script>
6    //获取 div 下的所有 ul
7    $uls = $('div').find('ul');
8    //为下标为 1 的 ul 设置背景色
9    $uls.eq(1).css('background-color', '#ccc');
10 </script>
```

在上述代码中，首先利用 find()方法获取<div>下的所有<ul>，然后使用 eq()方法从获取的<ul>中查找下标为 1 的 ul，并为该<ul>设置背景色。其中，css()方法用于为匹配到的元素设置样式，它的第 1 个参数表示属性名，第 2 个参数表示属性值，效果如图 11-14 所示。

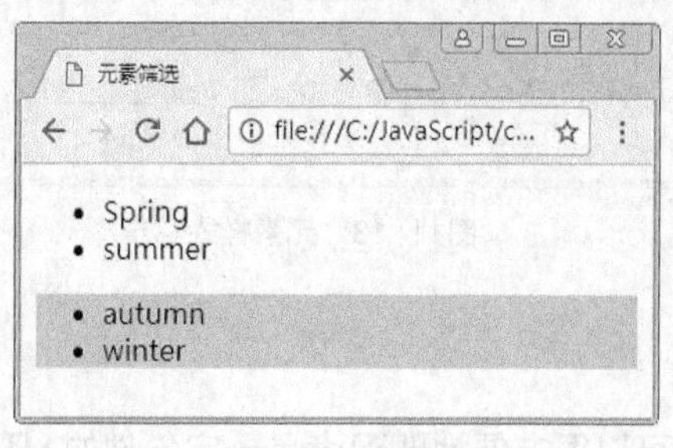

图11-14　元素查找

11.2.7 元素属性

HTML 标记具有各种各样的属性，jQuery 提供了一些方法可以快捷地操作这些属性。接下来针对元素属性操作进行详细讲解。

1. 基本属性操作

jQuery 元素属性操作方法中，attr()和 prop()方法用于获取或设置元素属性，removeAttr()方法用于删除元素属性。其中，attr()和 prop()方法的参数支持多种形式，具体使用说明如表 11-12 所示。

表 11-12 基本属性操作方法

语法	说明
attr(name)	取得第一个匹配元素的属性值，否则返回 undefined
attr(properties)	将一个键值对形式的对象设置为所有匹配元素的属性
attr(name, value)	为所有匹配的元素设置一个属性值
attr(name, function)	将函数的返回值作为所有匹配的元素的 name 属性值
prop(name)	取得第一个匹配元素的属性值，否则返回 undefined
prop(properties)	将一个键值对形式的对象设置为所有匹配元素的属性
prop(name, value)	为所有匹配的元素设置一个属性值
prop(name, function)	将函数的返回值作为所有匹配的元素的 name 属性值
removeAttr(name)	从每一个匹配的元素中删除一个属性

在表 11-12 中，由于 attr()和 prop()方法只能获取第一个匹配元素的属性值，因此，要获取所有匹配元素的属性值，则需要配合 jQuery 提供的 each()方法进行元素遍历。

值得一提的是，在获取或设置属性时，建议操作元素的状态，如 checked、selected 或 disabled 时使用 prop()方法，其他的情况使用 attr()方法。

2. class 属性操作

在程序开发中，经常需要操作元素的 class 属性设置动态的样式，虽然使用 attr()方法可以完成基本的属性操作，但是对于 class 属性的操作却不够灵活。因此，为了方便操作，jQuery 专门提供了针对 class 属性操作的方法，其详细说明如表 11-13 所示。

表 11-13 class 属性操作方法

语法	作用	说明
addClass(class)	追加样式	为每个匹配的元素追加指定的类名
removeClass(class)	移除样式	从所有匹配的元素中删除全部或者指定的类
toggleClass(class)	切换样式	判断指定类是否存在，存在则删除，不存在则添加
hasClass(class)	判断样式	判断元素是否具有 class 样式

在表 11-13 中，addClass()和 removeClass()方法经常一起使用来切换元素的样式。其中，若要为匹配到的元素添加和移除多个样式类名，则样式类名之间可使用空格进行分隔。

11.2.8 【案例】折叠菜单

在 Web 项目中，折叠菜单是最常见的功能之一。一般默认情况下，展示第一个分类下的菜单；当用户点击对应的分类时，再展开该分类下的菜单，其他分类的菜单折叠起来。开发中合理地使用折叠菜单可以增加网页的友好度。接下来，将使用 jQuery 完成折叠菜单的实现，具体步骤如下。

（1）编写 HTML 页面

```
1  <script src="jquery-1.12.4.min.js"></script>
2  <div id="fold"><ul>
3    <li><a href="#">信息管理</a><ul class="wrap">
4      <li><a href="#">未读信息</a></li>
5      <li><a href="#">已读信息</a></li>
6      <li><a href="#">信息列表</a></li>
7    </ul></li>
8    <li><a href="#">商品管理</a><ul class="wrap">
9      <li><a href="#">商品添加</a></li>
10     <li><a href="#">商品列表</a></li>
11     <li><a href="#">商品分类</a></li>
12   </ul></li>
13   <li><a href="#">用户管理</a><ul class="wrap">
14     <li><a href="#">权限设置</a></li>
15     <li><a href="#">用户列表</a></li>
16     <li><a href="#">重置密码</a></li>
17   </ul></li>
18 </ul></div>
```

完成上述的 HTML 页面设置后，为折叠菜单设置 CSS 样式，可参考本书提供的源代码。参考效果如图 11-15 所示。

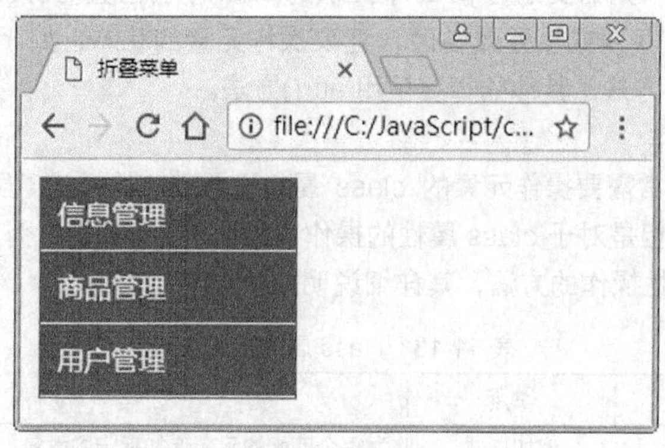

图11-15　折叠菜单样式

（2）实现折叠菜单功能

接下来，在 HTML 代码后面添加以下代码，实现菜单的折叠功能，具体如下所示。

```
1  <script>
2    // 默认情况下，显示第一个分类下的菜单
3    $('#fold>ul>li:first').find('.wrap').css({display: 'block'});
4    // 根据用户点击，折叠或展开对应的菜单
5    $('#fold>ul>li').click(function() {
6      $(this).siblings('li').find('.wrap').css({display: 'none'});
7      $(this).find('.wrap').css({display: 'block'});
```

```
8    });
9  </script>
```

在上述代码中，通过第 3 行代码设置默认情况下，显示第一个分类下的菜单，第 5 ~ 8 行代码设置用户点击时，首先折叠所有菜单，然后展开对应的菜单，效果如图 11-16 所示

图11-16　实现折叠菜单

11.3 DOM 节点操作

11.3.1　节点追加

节点追加指的是在现有的节点树中，进行父子或兄弟节点的追加。关于节点追加的方法和说明如表 11-14 所示。

表 11-14　节点追加

关系	语法	说明
父子节点	append(content)	把 content 内容追加到匹配的元素内容尾部
	prepend(content)	把 content 内容追加到匹配的元素内容头部
	appendTo(content)	把匹配到的内容插入到 content 内容的尾部
	prependTo(content)	把匹配到的内容插入到 content 内容的头部
兄弟节点	after(content)	把 content 内容插入到元素的尾部
	before(content)	把 content 内容插入到元素的头部
	insertAfter(content)	把所有匹配的内容插入到 content 元素的尾部
	insertBefore(content)	把所有匹配的内容插入到 content 元素的头部

在表 11-14 中，父子节点添加指的是在匹配到的元素内部添加指定的 content 内容，兄弟节点指的是在匹配到的元素外部添加指定的 content 内容。为了让读者更好地理解，下面以 after() 方法为例完成无序列表的添加操作，具体如例 11-10 所示。

【例 11-10】demo10.html

```
1  <body>
2    <div class="list">
3      <ul><li>ONE</li><li>TWO</li><li>THREE</li></ul>
```

```
4     </div>
5     <div class="add">+添加</div>
6   </body>
7   <script>
8     $('.add').click(function() {
9       var str = '<li>FOUR</li>';
10      $('.list li:last-child').after(str);
11    });
12  </script>
```

在上述代码中，利用 click()方法为 class 名为 add 的<div>添加一个单击事件，该方法的参数是一个匿名函数，用于处理用户的单击操作。其中，第 9 行用于设置一个文本 str，第 10 行用于在最后一个无序列表项后添加 str 内容。添加前效果如图 11–17 左侧所示，点击“+添加”后，效果如图 11–17 右侧所示。

图11–17　节点追加

11.3.2　节点替换

节点替换是指将选中的节点替换为指定的节点，关于节点替换的方法和说明如表 11–15 所示。

表 11-15　节点替换

语法	说明
replaceWith(content)	将所有匹配的元素替换成指定的 HTML 或 DOM 元素
replaceAll(selector)	用匹配的元素替换掉所有 selector 匹配到的元素

值得一提的是，replaceWith()方法的参数是一个函数时，它的返回值类型必须是字符串类型，用于完成指定元素的替换操作。

11.3.3　节点删除

jQuery 可以轻松实现节点追加，相对地，也可以轻松实现节点删除。jQuery 提供了节点删除方法，其详细说明如表 11–16 所示。

表 11-16　节点删除

语法	说明
empty()	清空元素的内容，但不删除元素本身
remove([expr])	清空元素的内容，并删除元素本身（可选参数 expr 用于筛选元素）
detach([expr])	从 DOM 中删除所有匹配的元素（保留所有绑定的事件、附加的数据等）

为了读者更好地理解 jQuery 中节点删除的操作，下面以 empty()和 remove()方法的使用为例进行对比演示，具体代码如下。

```
<ul>
  <li>In January</li><li>On February</li><li>march</li>
</ul>
```

准备好以上的无序列表后，在浏览器中的效果如图 11-18 左侧所示。

然后，利用 empty()方法在控制台删除第一个<li>元素，效果如图 11-18 中间所示。

```
$('li:first-child').empty();
```

重新刷新页面后，接着利用 remove()方法删除第 2 个<li>元素，效果如图 11-18 右侧所示。

```
$('li')[1].remove();
```

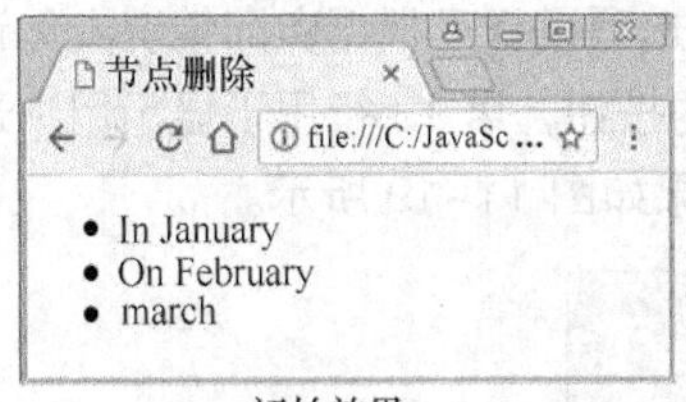

初始效果

删除第 1 个

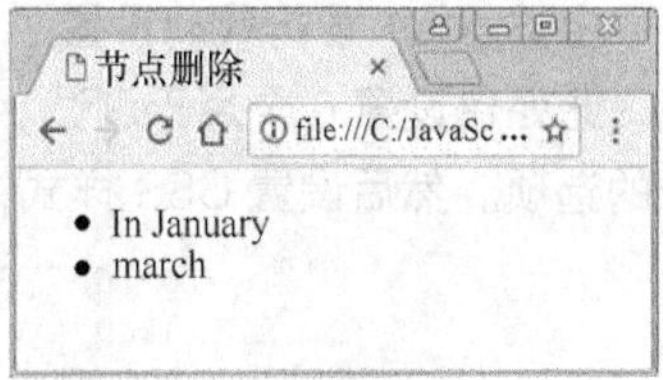

删除第 2 个

图11-18 节点删除

从图 11-18 中可以看出，empty()方法仅能删除匹配元素的文本内容，而元素节点依然存在；remove()方法则可以同时删除匹配元素本身和文本内容。因此，在开发时要根据实际的需求，选择合适的方法进行节点删除操作。

11.3.4 节点复制

jQuery 提供了节点复制方法，用于复制匹配的元素。关于节点复制方法的说明如表 11-17 所示。

表 11-17 节点复制

语法	说明
clone([false])	复制匹配的元素并且选中这些复制的副本，默认参数为 false
clone(true)	参数设置为 true 时，复制元素的所有事件处理

从表 11-17 可以看出，开发中若在复制元素节点时，想要同时复制该节点的所有事件的处理，则可以将 clone()方法的操作设置为 true，否则节点复制时使用默认操作 false 即可。

11.3.5 【案例】左移与右移

在实际项目开发中，经常会遇到将指定区域内用户选择的选项移动到另一个指定区域内，同时可实现单个选项的移动、多个选项的同时移动以及所有选项的整体移动。下面通过 jQuery 完成左移与右移功能的具体实现。具体步骤如下。

（1）编写 HTML 页面

```
1  <script src="jquery-1.12.4.min.js"></script>
2  <div class="box">
```

```
3   <div id="left"><p>可选项</p><select multiple="multiple">
4     <option>添加</option><option>移动</option><option>修改</option>
5     <option>查询</option><option>打印</option><option>删除</option>
6   </select></div>
7   <div id="opt">
8     <input  id="toRight" type="button"  value=">"><br>
9     <input id="toLeft" type="button"  value="<" ><br>
10    <input id="toAllRight" type="button"  value=">>"><br>
11    <input id="toAllLeft" type="button"  value="<<"><br>
12  </div>
13  <div id="right"><p>已选项</p><select multiple="multiple" ></select></div>
14 </div>
```

上述第 3～6 行代码设置了一个用户可选的移动项，此处的选项设置可根据实际情况具体设置，此处仅设置 6 个用于测试。第 7～12 行代码为用户可操作的按钮，第 13 行用于显示用户选择的选项。然后设置 CSS 样式，可参考本书提供的源代码，效果如图 11-19 所示。

图11-19　左移与右移样式

（2）实现左移与右移

```
1  <script>
2    $('#toRight').click(function() {   // 右移
3      $('#right>select').append($('#left>select>option:selected'));
4    });
5    $('#toLeft').click(function() {    // 左移
6      $('#left>select').append($('#right>select>option:selected'));
7    });
8    $('#toAllRight').click(function() {    // 全部右移
9      $('#right>select').append($('#left>select>option'));
10   });
11   $('#toAllLeft').click(function() {     // 全部左移
12     $('#left>select').append($('#right>select>option'));
13   });
14 </script>
```

上述代码利用 append()方法，将其匹配的参数内容追加到指定元素的尾部。例如第 2~4 行代码用于实现，单击“>”按钮时，将左侧列表所有的选中项移动到右侧列表中。效果如图 11-20 所示。同理，实现选项的左移。值得一提的是，在实现全部选项移动时，则无需匹配是否选中，直接将匹配项移动即可，如第 9 行和第 12 行代码所示。

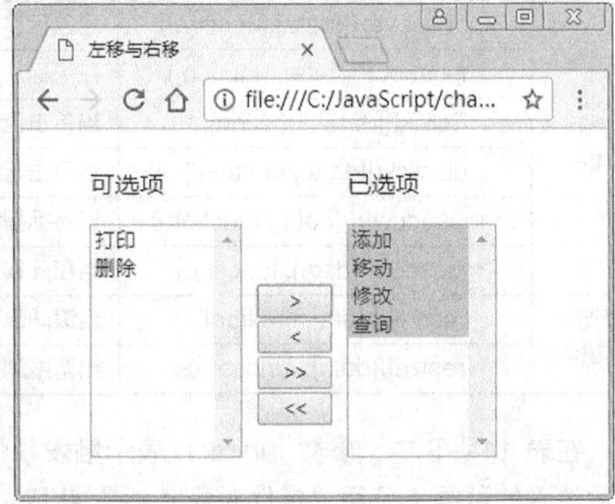

图11-20 选项右移

11.4 事件操作

事件的处理在 JavaScript 中是一个很重要的功能，jQuery 分别对每种类型的事件提供了相应的方法进行处理，如表单事件、鼠标事件、键盘事件以及页面加载事件等。本节将对 jQuery 中的事件处理操作进行详细讲解。

11.4.1 常用事件

在网页中要给 DOM 对象指定事件处理程序，可在标签中通过属性进行设置，元素支持的每种事件，都由一个 on 和事件名组成。例如，click 事件对应的属性为 onclick，而在 jQuery 中则可直接使用其提供的与事件类型同名的方法，使代码更加清晰明了。jQuery 常用事件如表 11-18 所示。这些事件方法允许重复绑定处理程序。若省略参数，则表示触发事件。

表 11-18 jQuery 常用事件

分类	方法	说明
表单事件	blur([[data],function])	当元素失去焦点时触发
	focus([[data],function])	当元素获得焦点时触发
	change([[data],function])	当元素的值发生改变时触发
	focusin([data],function)	在父元素上检测子元素获取焦点的情况
	focusout([data],function)	在父元素上检测子元素失去焦点的情况
	select([[data],function])	当文本框（包括<input>和<textarea>）中的文本被选中时触发
	submit([[data],function])	当表单提交时触发

续表

分类	方法	说明
键盘事件	keydown([[data],function])	键盘按键按下时触发
	keypress([[data],function])	键盘按键（Shift、Fn、CapsLock 等非字符键除外）按下时触发
	keyup([[data],function])	键盘按键弹起时触发
鼠标事件	mouseover([[data],function])	当鼠标移入对象时触发
	mouseout([[data],function])	在鼠标从元素上离开时触发
	click([[data],function])	当单击元素时触发
	dblclick([[data],function])	当双击元素时触发
	mousedown([[data], function])	当鼠标指针移动到元素上方，并按下鼠标按键时触发
	mouseup([[data], function])	当在元素上放松鼠标按钮时，会被触发
浏览器事件	scroll([[data],function])	当滚动条发生变化时触发
	resize([[data], function])	当调整浏览器窗口的大小时会被触发

在表 11-18 中，参数 function 表示触发事件时执行的处理程序（函数），参数 data 表示为函数传入的数据（可用“事件对象.data”获取）。接下来分别演示常用事件的使用。

（1）文本框获取与失去焦点

```
<p>用户名称：<input type="text" name="uname"></p>
<p>电子邮箱：<input type="text" name="email"></p>
<p>手机号码：<input type="text" name="tel"></p>
<script>
  $('input[type=text]').focus(function() { // 文本框获取焦点
    var tips = $('<span></span>');
    tips.html('请按要求输入');
    $('input:focus').after(tips);
  });
  $('input[type=text]').blur(function() {  // 文本框失去焦点
    $(this).next().remove();
  });
</script>
```

在上述代码中，通过 focus()实现了当文本框获取到焦点时，在当前文本框后添加<span>元素，并给出“请按要求输入”的提示信息。当文本框失去焦点时通过 blur()方法，将当前文本框后的<span>元素删除。

（2）div 块的移动

首先在 HTML 设置一个<div>元素，并将其 class 属性值设置为 boxes。

```
<div class="boxes"></div>
```

接着，在 CSS 中将<div>设置成一个宽和高为 10 像素，背景色为红色的块。

```
<style>
  .boxes {width:10px; height: 10px; background-color: red;}
</style>
```

完成上述设置后，在浏览器中即可看到图11-21所示的效果。

图11-21 div块的移动

接下来，通过keydown()方法实现，用户在网页中利用键盘的方向键（↑、↓、←、→）控制<div>块的移动，具体实现代码如下所示。

```
<script>
$(document).keydown(function(event) {
    var opt = event.which;          // 获取当前按下键盘的对应码值KeyCode
    var item = $('.boxes');         // 获取操作的元素
    var left = item.offset().left;  // 获取元素距离文档左侧的位置，单位像素
    var top = item.offset().top;    // 获取元素距离文档上面的位置，单位像素
    switch(opt) {
      case 37: item.offset({left: left - 1, top: top}); break; // 左
      case 38: item.offset({left: left, top: top - 1}); break; // 上
      case 39: item.offset({left: left + 1, top: top}); break; // 右
      case 40: item.offset({left: left, top: top + 1}); break; // 下
    }
});
</script>
```

在上述代码中，为当前文档设置一个“按下键盘”的事件，然后通过event对象的which属性获取当前按下键盘对应的码值 KeyCode，此码值可参考手册中给出的值进行查找。获取需要移动的<div>元素以及其距离文档的位置，最后通过码值KeyCode的判断，利用元素调用offset()方法修改<div>块在文档中的位置。

（3）鼠标的移入和移出

```
<div class="hit">jQuery介绍</div>
<script>
  // 鼠标移入
  $('.hit').mouseover(function() {
    $(this).css('background-color', 'green');
  });
  // 鼠标移出
  $('.hit').mouseout(function() {
    $(this).css('background-color', '');
  });
</script>
```

在上述代码中，当鼠标划过“jQuery介绍”时，执行mouseover()方法，将class名为hit的<div>背景色设置为绿色。当鼠标移出“jQuery介绍”时，执行mouseout()方法，去掉class名为hit的<div>的背景色。

11.4.2 页面加载事件

对于页面的初始化行为，jQuery 与 JavaScript 中都含有相关的页面加载事件，但是两者在使用时有一定的区别。具体如表 11-19 所示。

表 11-19 页面加载事件对比

类比选项	window.onload	$(document).ready()
执行时机	必须等待网页中的所有内容加载完成后（包括外部元素，如图片）才能执行	网页中的所有 DOM 结构绘制完成后就执行（可能关联内容并未加载完成）
编写个数	不能同时编写多个	能够同时编写多个
简化写法	无	$()

从表 11-19 可以看出，jQuery 中的 ready 与 JavaScript 中的 onload 相比，不仅可以在页面加载后立即执行，还允许注册多个事件处理程序。

值得一提的是，jQuery 中的页面加载事件方法有 3 种语法形式，具体如下。

```
$(document).ready(function() {  });    // 语法方式 1
$().ready(function() {  });            // 语法方式 2
$(function() {  });                    // 语法方式 3
```

上述语法中，第 1 种是完整写法，即调用 document 元素的 ready()事件方法；第 2 种语法省略 document；第 3 种语法省略 ready()，但是 3 种语法的功能完全相同。

11.4.3 事件绑定与切换

jQuery 中不仅提供了事件添加，还提供了更加灵活的事件处理机制，即事件绑定和事件切换，统一了事件处理的各种方法。语法和说明如表 11-20 所示。

表 11-20 事件绑定与切换

语法	说明
on(events,[selector],[data],function)	在匹配元素上绑定一个或多个事件处理函数
off(events,[selector],[function])	在匹配元素上移除一个或多个事件处理函数
one(events,[data],function)	为每个匹配元素的事件绑定一次性的处理函数
trigger(type,[data])	在每个匹配元素上触发某类事件
triggerHandler(type,[data])	同 trigger()，但浏览器默认动作将不会被触发
hover([over,]out)	元素鼠标移入与移出事件切换

在表 11-20 列举的方法中，参数 events 表示事件名（多个用空格分隔），selector 表示选择器，data 表示将要传递给事件处理函数 function 的数据，type 表示为元素添加的事件类型（多个用空格分隔），over 和 out 分别表示鼠标移入和移出时的事件处理函数。

下面为了大家更好地掌握事件绑定与切换的使用，通过示例分别介绍几种典型的用法。

（1）事件的绑定与取消绑定

以<div>标签为例，演示绑定点击事件和取消点击事件的写法，具体示例如下。

```
// on()方法绑定事件
$('div').on('click', function() {
```

```
  console.log('已完成点击');
});
// off()方法取消绑定
$('div').off('click');
```

(2) 绑定单次事件

为<div>标签绑定点击事件，让该事件在执行一次后就失效，具体示例如下。

```
$('div').one('click', function() {
  console.log('已完成 1 次点击');
});
```

(3) 多个事件绑定同一个函数

为<div>标签的鼠标移入、移出事件绑定同一个处理函数，具体示例如下。

```
$('div').on('mouseover mouseout', function() {
  console.log('鼠标移入或移出');
});
```

(4) 多个事件绑定不同的函数

利用 on()方法为<div>标签的鼠标移入和移出事件分别绑定不同的处理函数，并在控制台输出提示信息，具体示例如下。

```
$('div').on({
  mouseover: function() {
   console.log('鼠标移入');
  },
  mouseout: function() {
   console.log('鼠标移出');
  }
});
```

从上述代码可知，当使用 on()方法对多个事件绑定不同处理函数时，事件名称与其处理函数之间使用冒号（:）分隔，多个事件之间使用逗号（,）分隔。

(5) 为以后创建的元素委派事件

为 body 中不存在的 div 元素委派点击事件，并在控制台输出提示信息，具体示例如下。

```
$('body').on('click', 'div', function() {
  console.log('收到');
});
//测试：创建<div>元素
$('body').append('<div>测试</div>');
```

从上述代码可以看出，当 on()方法设置 3 个参数时，其第 1 个参数表示事件名称，第 2 个参数表示待设置事件的 HTML 元素（已存在或不存在的元素），第 3 个参数表示事件处理函数。

(6) 鼠标移入和移出事件切换

使用 hover()方法为<div>元素分别对鼠标移入和移出设置不同的处理函数，具体示例如下。

```
$('div').hover(function() {
  console.log('鼠标移入')
}, function() {
```

```
    console.log('鼠标移出');
  });
```

从上述代码可以看出，hover()方法的第 1 个参数是用于处理鼠标移入的函数，第 2 个参数是用于处理鼠标移出的函数。

需要注意的是，on()方法与 off()方法是 jQuery 从 1.7 版本开始新增的方法。jQuery 官方推荐使用 on()方法进行事件绑定，在新版本中已经取代了 bind()、delegate()和 live()方法。

11.4.4 【案例】手风琴效果

随着学习内容的不断增多，利用 jQuery 可以完成越来越多的功能，实现更加炫酷的网页展示效果。下面将利用鼠标的移入与移出完成一个简单的手风琴效果的广告展示，具体步骤如下。

（1）编写 HTML 页面

```
1  <script  src="jquery-1.12.4.min.js"></script>
2  <div id="box"><ul>
3    <li><img src="images/1.jpg"></li><li><img src="images/2.jpg"></li>
4    <li><img src="images/3.jpg"></li><li><img src="images/4.jpg"></li>
5    <li><img src="images/5.jpg"></li>
6  </ul></div>
```

在上述代码中，首先在当前页面下创建一个 images 目录，用于保存需要展示的广告图片，如上述第 3～5 行代码设置了 5 张图片的展示。然后设置 CSS 样式，可参考本书提供的源代码。默认效果如图 11-22 所示。

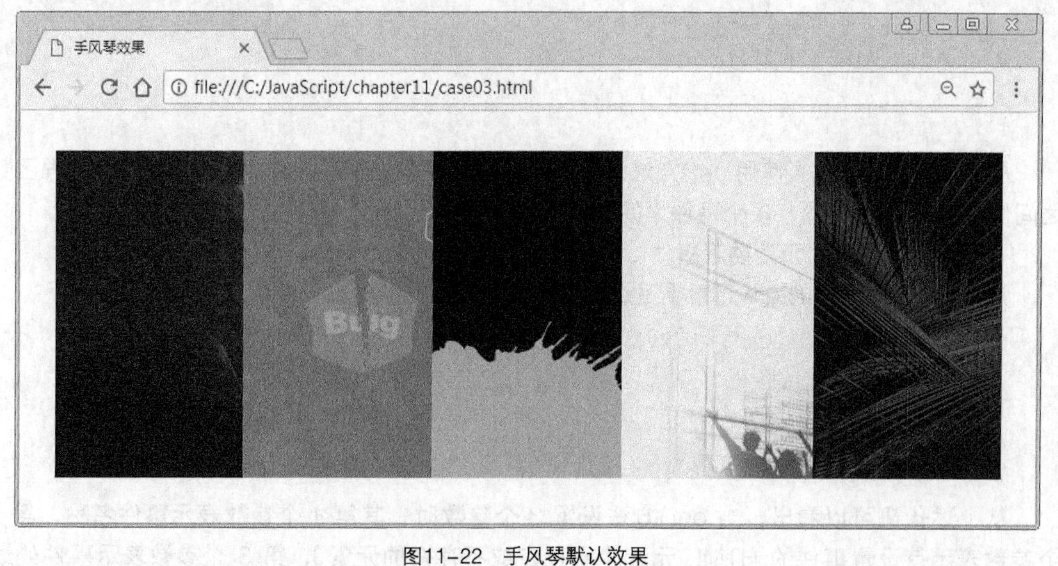

图11-22 手风琴默认效果

（2）实现手风琴特效

```
1  <script>
2    $('#box>ul>li').on({
3      mouseover: function() {
4        $(this).siblings('li').css('width', '60.5px');
5        $(this).css('width', '958px');
```

```
6       },
7       mouseout: function() {
8         $('#box>ul>li').css('width', '240px');
9       }
10    });
11 </script>
```

当用户鼠标滑过图片时，首先通过第 4 行代码获取当前元素的所有兄弟元素，并将当前<li>的宽度设置为指定宽度（计算方式 =(<div>的宽度 – 图片的原宽) / 兄弟元素个数)，然后再通过第 5 行代码将当前 li 的宽度设置为图片的宽度。当用户鼠标滑出<div>区域后，平均展示所有<li>的部分图片，如第 8 行代码重新设置<li>的宽度（计算方式 = <div>的宽度 / 所有图片的个数)，效果如图 11-23 所示。

图11-23 手风琴效果

11.5 动画特效

在 Web 开发中，动画效果的添加，不仅可以增加页面的美感，更能增强用户的体验。jQuery 中提供了两种增加动画效果的方法，一种是内置的动画方法，另一种就是通过 animate()方法进行自定义动画效果。本节将对这两种方式进行详细讲解。

11.5.1 常用动画

jQuery 提供了许多动画效果，例如，一个元素逐渐出现在用户的视野，或是一个元素渐渐淡出效果等。关于 jQuery 中可以实现动画效果的常用方法如表 11-21 所示。

表 11-21 动画效果方法

分类	方法	说明
基本特效	show([speed,[easing],[fn]])	显示隐藏的匹配元素
	hide([speed,[easing],[fn]])	隐藏显示的匹配元素
	toggle([speed],[easing],[fn])	元素显示与隐藏切换

续表

分类	方法	说明
滑动特效	slideDown([speed],[easing],[fn])	垂直滑动显示匹配元素（向下增大）
	slideUp([speed,[easing],[fn]])	垂直滑动显示匹配元素（向上减小）
	slideToggle([speed],[easing],[fn])	在 slideUp()和 slideDown()两种效果间的切换
淡入淡出	fadeIn([speed],[easing],[fn])	淡入显示匹配元素
	fadeOut([speed],[easing],[fn])	淡出隐藏匹配元素
	fadeTo([[speed],opacity,[easing],[fn]])	以淡入淡出方式将匹配元素调整到指定的透明度
	fadeToggle([speed,[easing],[fn]])	在 fadeIn()和 fadeOut()两种效果间的切换

在表 11-21 中，参数 speed 表示动画的速度，可设置为动画时长的毫秒值（如 1000），或预定的 3 种速度（slow、fast 和 normal）；参数 easing 表示切换效果，默认效果为 swing，还可以使用 linear 效果；参数 fn 表示在动画完成时执行的函数；参数 opacity 表示透明度数值（范围在 0～1，0 代表完全透明，0.5 代表 50%透明，1 代表完全不透明）。

为了让读者更好地理解 jQuery 中动画方法的使用，下面以淡入淡出效果为例进行讲解，如例 11-11。

【例 11-11】demo11.html

```
1  <div class="box">
2    <div class="red"></div><div class="green"></div>
3    <div class="yellow"></div><div class="orange"></div>
4  </div>
5  <script>
6    $('.box div').fadeTo(2000, 0.2);
7    $('.box div').hover(function() {
8      $(this).fadeTo(1, 1);
9    }, function() {
10     $(this).fadeTo(1, 0.2);
11   });
12 </script>
```

上述代码中设置了一组<div>色块，然后通过 CSS 设置样式，具体代码请参考本书提供的源码。接下来通过第 6 行代码利用 fadeTo()方法为所有色块设置 2 秒完成半透明的淡入效果，最后的结果如图 11-24 左侧所示。然后通过第 7～11 行代码为每个色块设置鼠标移入时，正常显示色块；鼠标移出时半透明方式显示色块。例如，鼠标滑过绿色色块时，效果如图 11-24 右侧所示。

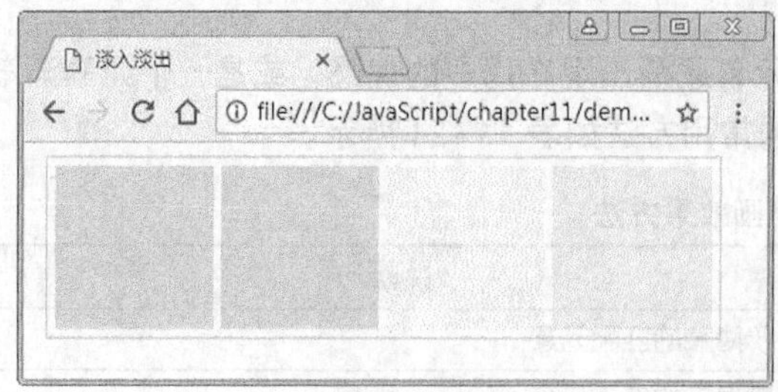

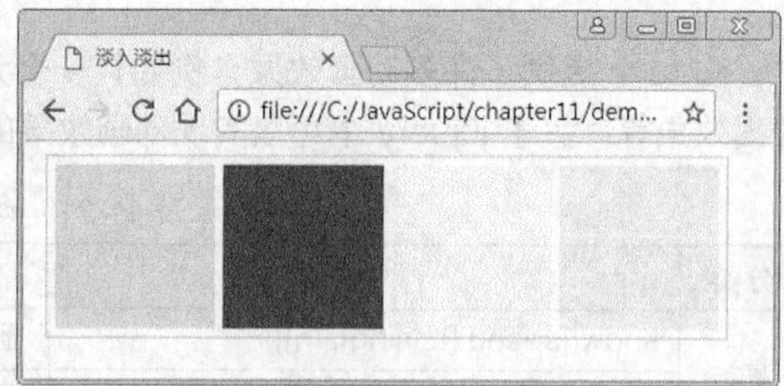

图11-24　淡入淡出

11.5.2 自定义动画

jQuery 中除了常用的显示、隐藏、滑动以及淡入淡出特效外，还支持自定义动画，用户可以根据开发需求自定义。其中，与自定义动画相关的方法如表 11-22 所示。

表 11-22 自定义动画相关方法

方法	说明
animate(params [,speed] [,easing] [,fn])	用于创建自定义动画的函数
$.speed([speed] [,settings])	创建一个包含一组属性的对象用来定义自定义动画
queue([queueName])	显示被选元素上要执行的函数队列
delay(speed [,queueName])	设置一个延时来推迟执行队列中之后的项目
clearQueue([queueName])	从尚未运行的队列中移除所有项目
dequeue([queueName])	从队列移除下一个函数，然后执行函数
finish([queueName])	停止当前正在运行的动画，删除所有排队的动画，并完成匹配元素所有的动画
stop([clearQueue] [, jumpToEnd])	停止所有在指定元素上正在运行的动画

在表 11–22 列举的方法中，参数 params 表示一组包含动画最终属性值的集合；参数 settings 是 easing 与 fn 组成的一个对象集合；参数 queueName 表示队列名称，默认值为 fx（标准效果队列）；参数 clearQueue 与 jumpToEnd 都是布尔类型，默认值为 false，前者规定是否停止被选元素所有加入队列的动画，后者规定是否立即完成当前的动画。

为了让大家更好地掌握自定义动画的使用方法，下面通过示例介绍几种典型的用法。

（1）简单的自定义动画

以<div>标签为例，演示如何通过自定义动画的方式改变<div>元素的宽和高，具体示例如下。

```
1  <input id="btn" type="submit" value="开始动画"><div></div>
2  <script>
3    $('#btn').click(function () {
4      $('div').css({background: 'red', width: 0, height: 0}); // 设置div的初始化CSS
5      var params = {width: '100px', height: '100px'};     // 设置div变化后最终的效果
6      var settings = $.speed(2000, 'linear');             // 设置动画时长、切换效果
7      $('div').animate(params, settings);                 // 添加自定义动画
8    });
9  </script>
```

上述代码实现了用户单击“开始动画”按钮，在两秒时间内，将<div>从宽和高为 0 像素的块匀速的变为宽和高为 100 像素的块。值得一提的是，在开发时 animate()方法的动画特效推荐使用$.speed()方法进行设置，这样就不必实现 animate()方法中默认参数值的设置。

（2）动画队列

同一个元素若有多个动画，则可以通过连贯操作，实现连续的动画效果，具体示例如下。

```
1  <style>
2  div{position: absolute; background: red; width:50px; height: 50px; display: none;}
3  </style>
4  <p>对列长度为：<span></span></p><div></div>
```

```
5  <script>
6    var div = $('div');    // 获取指定动画的元素
7    runQue();              // 执行队列动画
8    showQue();             // 显示队列中的动画
9    function runQue() {
10     div.show('slow')
11       .animate({left: '+=200'}, 2000)
12       .animate({left: '-=200'}, 1500)
13       .slideUp('normal', runQue);
14   }
15   function showQue() {
16     $('span').text(div.queue('fx').length);
17     setTimeout(showQue, 100);
18   }
19 </script>
```

上述第 2 行代码用于为<div>设置一个绝对位置，默认情况下隐藏。然后为<div>块设置一个含有 4 个动画的队列，它们按照编写顺序依次执行，分别为一个慢速的显示动画，一个 2 秒钟时间内向右移动 200 像素的动画，一个 1.5 秒内向左移动 200 像素的动画，一个向上的滑动动画，最后调用 showQue()函数实现<div>块的循环移动效果。

在自定义的 showQue()函数中，利用 queue()方法的 length 属性获取当前<div>元素块中待执行的动画个数，并将其写入到<span>标签中，然后利用 setTimeout()函数每隔 0.1 秒重新获取一次<div>元素中动画队列的长度，效果如图 11-25 所示。

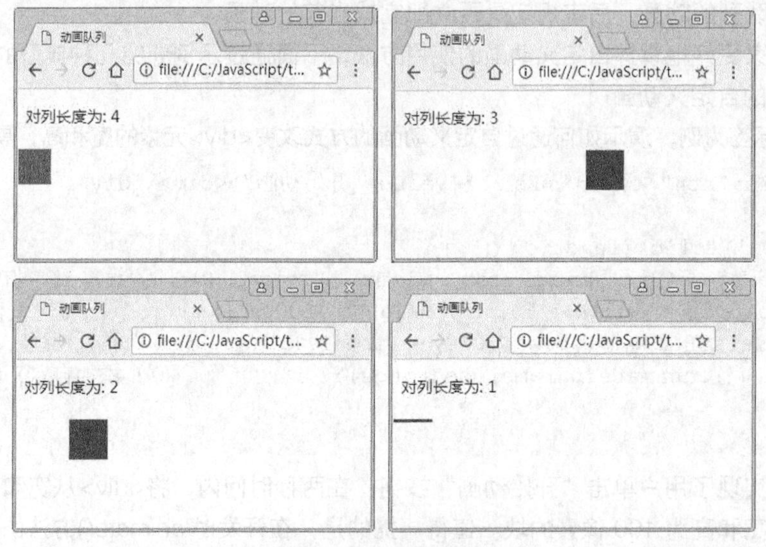

图11-25 动画队列

除此之外，在设置动画时，还可以利用 queue()和 dequeue()方法为当前元素添加并执行一些额外需要的效果。例如，在上述示例第 11 行代码后，添加以下代码，即可实现在<div>块完成向右运动 200 像素后，将<div>块的颜色修改为绿色。

```
.queue(function() {
  $(this).css('background', 'green').dequeue();
})
```

同样，也可以根据实际需求，添加动画的延迟、停止以及删除等操作。由于实现很简单，这里不再详细演示，有兴趣的读者可参考 jQuery 手册进行学习。

11.5.3 【案例】无缝轮播图

在一个网站的首页，通常会有一片区域用于凸显网站动态。例如，电商网站中的新品推荐、新闻网站的头条热点等。这片区域一般采用多张图片切换的方式进行显示，其中图片的无缝轮播则是目前网站中最常使用的方式之一。下面将通过 jQuery 的事件和动画来实现无缝轮播图。具体步骤如下。

（1）编写 HTML 页面

```
1  <div class="banner">
2    <ul class="hot"><!-- 轮播图片 -->
3      <li><a href="#"><img src="images/1.jpg"></a></li>
4      <li><a href="#"><img src="images/2.jpg"></a></li>
5      <li><a href="#"><img src="images/3.jpg"></a></li>
6      <li><a href="#"><img src="images/4.jpg"></a></li>
7      <li><a href="#"><img src="images/5.jpg"></a></li>
8    </ul>
9    <!-- 底部小圆点 -->
10   <ul class="dot"><li class="on"></li><li></li><li></li><li></li><li></li></ul>
11   <!-- 左右移动箭头，默认情况下隐藏，鼠标移入显示，鼠标移出隐藏 -->
12   <div class="arrow">
13     <span class="prev">&lt;</span><span class="next">&gt;</span>
14   </div>
15 </div>
```

在上述代码中，class 为 hot 的<ul>用于放图片，class 为 dot 的<ul>用于放底部小圆点，class 为 arrow 的<div>用于放左右移动的箭头。第 3～7 行向页面中引入了 5 张图片。本页面所需的 CSS 样式文件和图片文件可以通过本书配套源代码获取，效果如图 11-26 所示。

图11-26　轮播图

图 11-26 是添加样式后的效果，焦点图的各个图片是依次横向排列的，由于父级<div>设置

了宽度并且超出部分自动隐藏，因此只能看到第 1 张图片。当需要切换到下一张时，只需要修改图片外层<ul>样式中的 left 值，就可以将<ul>整体向左移动，从而显示第 2 张图片。

（2）引入 JavaScript 文件

若要想利用 jQuery 完成无缝轮播功能，并且为了便于项目的管理，此处将所有与此功能相关的代码保存到 case04.js 文件中。下面在 HTML 页面的头部引入 jQuery 文件和 case04.js 文件。

```
<script src="jquery-1.12.4.min.js"></script>
<script src="case04.js"></script>
```

（3）实现图片无缝切换

当焦点图显示到最后一张图片时，再向左切换就会回到第一张图片，这就是无缝切换效果。为了实现这种效果，我们可以将第一张图片连接到最后一张图片的后面，然后等这张图片向左移动直到完全显示之后，立即将<ul>样式的 left 值设为 0，就切换到第 1 张图片了。

接下来编写 case04.js 文件，实现图片的无缝切换，具体代码如下。

```
1  $(function () {
2    var width = 958;    // 每张图片的宽度
3    // 复制列表中的第一个图片，追加到列表最后，设置 ul 的宽度为图片张数*图片宽度
4    var firstimg = $('.hot li').first().clone();
5    $('.hot').append(firstimg).width($('.hot li').length * width);
6  });
```

（4）实现图片自动切换

要想实现图片的自动切换，需要使用 setInterval()函数完成图片每隔一段时间自动切换到下一张。继续编写 case04.js 文件，具体代码如下。

```
1  var timer = null;   // 定时器
2  var delay = 1000;   // 图片自动切换的间隔时间
3  timer = setInterval(imgChange, delay); // 设置周期计时器，实现图片自动切换
```

在上述代码中，timer 用于保存 setInterval()函数返回的 ID 值，当取消图片的自动切换时需要此 ID。接下来编写 imgChange()函数实现图像的自动轮播。继续编写 case04.js 文件，具体代码如下。

```
1  var i = 0;
2  function imgChange() {    // 自动切换图片
3    ++i;
4    isCrack();              // 实现无缝轮播
5    dotChange();            // 自动切换对应的圆点样式
6  }
```

上述代码中的变量 i 用于保存当前显示图片的索引值。然后编写 isCrack()函数实现图片的自动切换。继续编辑 case04.js 文件，具体代码如下。

```
1  var speed = 400;
2  function isCrack() {
3    if (i == $('.hot li').length) {
4      i = 1;
5      $('.hot').css({left: 0});
6    }
```

```
7    $('.hot').stop().animate({left: -i * width}, speed);
8  }
```

在上述代码中，speed 变量用于保存动画的速度。并且为了保证图片的无缝切换，最后一张图片就是第 1 张图片。因此，一次轮播完成后将当前图片索引 i 的值设置为 1，让其直接显示第 2 张图片，同时将<ul>的样式 left 值设置 0。其中，第 7 行代码通过 stop()首先停止所有正在执行的动画，然后再按指定的速度向左执行动画。

接着，编写 dotChange()函数，完成在图片自动切换的同时，切换对应的圆点样式，具体代码如下。

```
1  function dotChange() {    // 自动切换对应的圆点
2    if (i == $('.hot li').length - 1) {
3      $('.dot li').eq(0).addClass('on').siblings().removeClass('on');
4    } else {
5      $('.dot li').eq(i).addClass('on').siblings().removeClass('on');
6    }
7  }
```

需要注意的是，为了实现无缝轮播，最后一张图片就是第 1 张图片。因此，在设置当前圆点样式时，首先通过第 2 行代码进行判断，若是最后一张图片，则通过第 3 行代码设置对应的第 1 个圆点，而其他的情况通过第 5 行代码即可完成设置。其中，class 值为 on 的 CSS 样式是事先定义好的，可参考本书源码。

在实现图片的自动无缝轮播后，还需要为悬停到图片上方的鼠标设置一个事件，完成图片切换的暂停，以及鼠标移出后继续切换的效果。继续编写 case04.js 文件，具体代码如下。

```
1  $('.banner').hover(function() {       // 鼠标移入：暂停自动播放，移出：开始自动播放
2    clearInterval(timer);
3  }, function() {
4    timer = setInterval(imgChange, delay);
5  })
```

上述第 2 行代码通过 clearInterval()函数完成了鼠标移入，暂停图片的自动轮播；通过第 4 行代码实现了鼠标移出，就开始图片的自动轮播。

（5）鼠标滑过圆点

为了增强用户的体验，给圆点添加了一个鼠标移入的事件，实现当鼠标悬停到某个圆点上时，立刻显示当前圆点对应的图片。继续编写 case04.js 文件，具体代码如下。

```
1  $('.dot li').mouseover(function() {    // 鼠标划入圆点
2    i = $(this).index();
3    $('.hot').stop().animate({left: -i * width}, 200);
4    dotChange();
5  })
```

在上述代码中，通过调用 index()方法获取当前圆点对应的图片下标，然后通过第 3 行代码完成图片的快速切换，并通过第 4 行代码完成圆点样式的设置。

（6）利用箭头左右切换

同样，在大部分的无缝轮播图中，也会在鼠标移入到图片中时，添加一对箭头，用于手动切换图片，尽可能地考虑不同用户的使用习惯。继续编写 case04.js 文件，具体实现代码如下。

```
1  $('.banner').hover(function() {    // 设置左右切换的箭头显示和隐藏
2    $('.arrow').show();
3  }, function() {
4    $('.arrow').hide();
5  });
6  $('.next').click(function() {      // 向右箭头
7    imgChange()
8  });
9  $('.prev').click(function() {      // 向左箭头
10   i--;
11   if (i == -1) {
12     i = $('.hot li').length - 2;
13     $('.hot').css({left: -($('.hot li').length - 1) * width});
14   }
15   $('.hot').stop().animate({left: -i * width}, speed);
16   dotChange();
17 });
```

上述第 1～5 行代码用于鼠标移入到轮播图片的区域内，调用 show 方法显示切换的箭头，移出时隐藏切换的箭头；第 6～8 行代码用于单击向右的箭头时，调用 imgChange()方法完成图片的切换；第 9～17 行代码用于单击向左的箭头时，若当前是第 1 张图片，则切换到最后一张图片并设置对应圆点的样式，效果如图 11-27 所示。

图11-27　无缝轮播图

11.6 jQuery 操作 Ajax

传统的 Ajax 是通过 XMLHttpRequest 实现的，不仅代码复杂，而且浏览器兼容问题也比较多。因此，jQuery 中通过对 Ajax 操作的封装，极大地简化了 Ajax 操作的开发过程。其中，常用的 Ajax 操作方法如表 11-23 所示。

表 11-23　常用的 Ajax 操作方法

分类	方法	说明
高级应用	$.get(url[,data][,fn][,type])	通过远程 HTTP GET 请求载入信息
	$.post(url[,data][,fn][, type])	通过远程 HTTP POST 请求载入信息
	$.getJSON(url[,data][,fn])	通过 HTTP GET 请求载入 JSON 数据
	$.getScript(url[,fn])	通过 HTTP GET 请求载入并执行一个 JavaScript 文件
	元素对象.load(url[,data] [,fn])	载入远程 HTML 文件代码并插入至 DOM 中
底层应用	$.ajax(url[,options])	通过 HTTP 请求加载远程数据
	$.ajaxSetup(options)	设置全局 Ajax 默认选项

在表 11–23 中，参数 url 表示待请求页面的 URL 地址；data 表示传递的参数；参数 fn 表示请求成功时，执行的回调函数；参数 type 用于设置服务器返回的数据类型，如 XML、JSON、HTML、TEXT 等；参数 options 用于设置 Ajax 请求的相关选项，常用的选项如表 11–24 所示。

表 11-24　底层应用选项的设置

选项名称	说明
url	处理 Ajax 请求的服务器地址
data	发送 Ajax 请求时传递的参数，字符串类型
success	Ajax 请求成功时所触发的回调函数
type	发送的 HTTP 请求方式，如 get、post
datatype	期待的返回值类型，如 xml、json、script 或 html 数据类型
async	是否异步，true 表示异步，false 表示同步，默认值为 true
cache	是否缓存，true 表示缓存，false 表示不缓存，默认值为 true
contentType	请求头，默认值为 application/x-www-form-urlencoded; charset=UTF-8
complete	当服务器 URL 接收完 Ajax 请求传送的数据后触发的回调函数
jsonp	在一个 jsonp 请求中重写回调函数的名称

在表 11–23 中，$.get()与$.post()方法的区别在于 HTTP 请求方式的不同，$.get()、$.getJSON()以及$.getScript()方法的区别在于获取数据的类型不同。

下面为了读者更好地理解 Ajax 相关方法的使用，以$.post()与$.ajax()为例进行演示。

（1）$.post()

jQuery 中的$.post()方法用于通过 POST 方式向服务器发送请求，并载入数据，具体示例如下。

```
$.post('index.php', {'id': 2, 'name': 'JS'}, function(msg) {
  console.log(msg.id + '-' + msg.name);    // 输出结果：2-JS
}, 'json');
```

上述代码表示处理当前 Ajax 请求的地址是同级目录下的 index.php，在 Ajax 请求成功后，接收 index.php 返回的 JSON 格式的数据并在控制台进行输出。

（2）$.ajax()

在 jQuery 中对 Ajax 的操作方法中，$.ajax(url,[options])是底层方法，通过该方法的 options 参数，可以实现$.get()、$.post()、$.getJSON()和$.getScript()方法同样的功能。下面列举$.ajax()

方法的 3 种常用方式，示例代码如下。

① 只发送 GET 请求。

```
$.ajax('index.php');
```

② 发送 GET 请求并传递数据，接收返回结果。

```
$.ajax('index.php',{
  data: {'book': 'PHP', 'sales': 2000},  // 要发送的数据
  success:function(msg){                 // 请求成功后执行的函数
    alert(msg);
  }
});
```

③ 只配置 setting 参数，同样实现 Ajax 操作。

```
$.ajax({
  type: 'GET',            // 请求方式（GET 或 POST），默认为 GET
  url: 'index.php',       // 请求地址
  data: {'id': 2, 'name': 'JS'},
  success: function(msg) {
    console.log(msg);
  }
});
```

在实际开发中，对于频繁与服务器进行交互的页面来说，每一次交互都要设置很多选项，这种操作不仅烦琐，也容易出错。为此，可以使用 jQuery 提供的 ajaxSetup()方法，预先设置全局 Ajax 请求的参数，实现全局共享。例如，可将上述代码修改成如下形式。

```
// 预先设置全局参数
$.ajaxSetup({
  type: 'GET',
  url: 'index.php',
  data:{'id': 2, 'name': 'JS'},
  success: function(msg) {
    alert(msg);
  }
});
// 执行 Ajax 操作，使用全局参数
$.ajax();
```

从上述代码可知，当使用$.ajaxSetup()方法预设异步交互的通用选项后，再调用$.ajax()、$.get()、$.post()等方法执行 Ajax 操作时，只需要进行个性化参数设置即可。

除此之外，在 jQuery 中还为操作 Ajax 额外提供了一些辅助的函数以及相关的 Ajax 事件处理方法，方便开发，具体如表 11-25 所示。

表 11-25　Ajax 操作的其他相关方法

分类	方法/函数	说明
辅助函数	$.param(obj)	创建数组或对象的序列化表示
	serialize()	通过序列化表单值，创建 URL 编码文本字符串
	serializeArray()	通过序列化表单值，创建对象数组（名称和值）

续表

分类	方法/函数	说明
Ajax 事件	ajaxComplete(fn)	Ajax 请求完成时触发的事件执行函数
	ajaxError(fn)	Ajax 请求发生错误时触发的事件执行函数
	ajaxSend(fn)	Ajax 请求发送前触发的事件执行函数
	ajaxStart(fn)	Ajax 请求开始时触发的事件执行函数
	ajaxStop(fn)	Ajax 请求结束时触发的事件执行函数
	ajaxSuccess(fn)	Ajax 请求成功时触发的事件执行函数

为了让大家更好地理解这些函数以及方法的使用，下面通过一个简单的案例演示具体应用。

（1）序列化数据

在进行 Ajax 操作时，若需要将对象保存的数据、表单提交的数据转换为 URL 参数字符串，为了防止传递的参数中含有特殊字符，可以使用 jQuery 提供的辅助函数完成。

① 序列化对象

```
var data = {'id': 2, 'name': 'Lucy', skill: ['PHP', 'JS']};
var seri_data = $.param(data);
var deseri_data = decodeURIComponent(seri_data);
console.log(seri_data); // 输出结果：id=2&name=Lucy&skill%5B%5D=PHP&skill%5B%5D=JS
console.log(deseri_data);    // 输出结果：id=2&name=Lucy&skill[]=PHP&skill[]=JS
```

从上可知，$.param()函数可以用于将一个对象转换为编码的 URL 参数的字符串。其中，skill 后的“[”和“]”分别被转换为“%5B”和“%5D”，从而解决了 URL 参数中使用特殊字符的问题。值得一提的是，decodeURIComponent()是 JavaScript 中用于 URI 解码的函数。

② 序列化表单数据

```
<form>
  <p>姓名：<input type="text" name="username"></p>
  <p>爱好：<input type="checkbox" name="hobby[]" value="swiming">游泳
    <input type="checkbox" name="hobby[]" value="reading">读书
    <input type="checkbox" name="hobby[]" value="running">跑步</p>
  <p>描述：<textarea name="desc" cols="40" rows="5"></textarea></p>
  <input type="button" value="提交">
</form>
<script>
  $('input[type=button]').on('click', function () {
    console.log($('form').serialize());
    console.log($('form').serializeArray());
  });
</script>
```

按照上述代码完成设置，当用户填写完表单信息，如图 11-28 所示，单击“提交”按钮，获取对应的表单控件，并将其提交的数据进行序列化，效果如图 11-29 所示。

从图 11-29 中可以看出，serialize()和 serializeArray()函数可以将表单提交的信息进行序列化，前者可将用户提交的表单数据转换为编码的 URL 参数的字符串，后者将其保存到一个数组中。

图11-28　表单数据

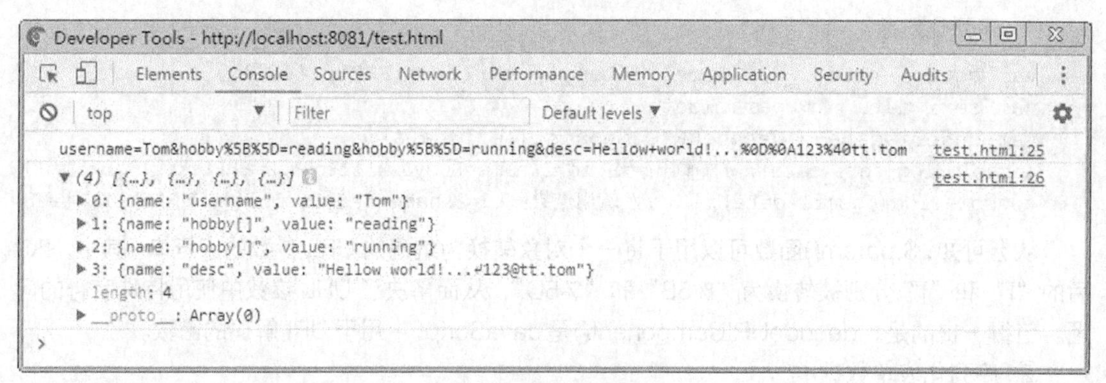

图11-29　表单数据序列化

（2）事件监听 Ajax 操作

Ajax 事件的相关方法，可以在 Ajax 请求时完成某些特定的操作。其中，各个事件处理的先后顺序为“ajaxStart() > ajaxSend() > ajaxSuccess()、ajaxError() > ajaxComplete() > ajaxStop()”，根据 Ajax 请求是否发生错误在 Ajax 发送后执行 ajaxSuccess()还是 ajaxError()方法进行相关的处理，具体示例如下。

```
<script>
  $(document).ajaxError(function() {
    console.log('ajaxError');
  });
  $.post('index.php', {'id': 2, 'name': 'JS'}, function(msg) {
    console.log(msg.id + '-' + msg.name);
  }, 'xml');
</script>
```

假设上述 Ajax 发送的请求，在服务器端 index.php 中进行 JSON 格式的转换并输出，而此处 Ajax 请求设置的接收返回结果类型为 XML。此时，程序执行后就会发生错误，并执行 ajaxError()方法指定的操作，在控制台中输出“ajaxError”。其他 Ajax 事件处理方法的使用与 ajaxError()相同，这里不再具体演示。

11.7 插件机制

相较于 JavaScript 来说，jQuery 虽然非常便捷且功能强大，但还是不可能满足用户的所有需求。因此，基于 jQuery 的插件机制，很多人将自己日常工作中积累的功能通过插件的方式进行共享，供其他人使用，大大增强了 jQuery 的可扩展性，扩充了 jQuery 的功能。本节将针对如何在 jQuery 中自定义插件及如何使用成熟的插件进行详细讲解。

11.7.1 自定义插件

jQuery 插件的开发有 3 种方式，分为封装 jQuery 对象方法、定义全局函数和自定义选择器。下面将针对这 3 种方式的使用进行详细讲解。

1. 封装 jQuery 对象方法的插件

该插件就是把一些常用或重复使用的功能定义为函数，绑定到 jQuery 对象上，从而成为 jQuery 对象的一个扩展方法。具体语法如下。

（1）在插件中封装 1 个方法

```
(function($){
  $.fn.方法名 = function() {
     // 实现插件的代码
     ......
   };
})(jQuery);
```

在上述代码中，$.fn 是 jQuery 的原型对象（相当于$.prototype），通过“$.fn.方法名”的方式将封装的功能方法对每一个 jQuery 实例都有效，成为 jQuery 的插件。

值得一提的是，jQuery 的简写“$”是可以被修改的，为了避免影响到插件中的代码，建议将插件方法放在“(function($){……})(jQuery);”这个包装函数中，该函数的参数$就表示 jQuery 全局对象。

（2）在插件中封装多个方法

```
jQuery.fn.extend({
  方法名1:function(参数列表) {
    // 实现插件的代码
    ......
  },
     方法名2:function(参数列表) {
    // 实现插件的代码
   ......
}
});
```

从上述语法可知，若要在一个插件中封装多个方法，则可以借助 extend()方法，为该方法传递对象类型的参数，参数的设置按照 JavaScript 对象语法的编写方式即可实现多个方法的封装。

需要注意的是，插件文件的名称建议遵循“jquery.插件名.js”的命名规则，防止与其他 JavaScript 库插件混淆。

2. 定义全局函数的插件

此方式定义的扩展就是把自定义函数附加到 jQuery 命名的空间下，从而作为一个公共的全局函数使用。例如，jQuery 的 ajax()方法就是利用这种途径内部定义的全局函数，具体语法如下。

```
jQuery.extend({
  方法名 1: function(参数列表){
    // 实现插件的代码
    ……
   },
   方法 2: function(参数列表){
     // 实现插件的代码
    ……
  }
});
```

3. 自定义选择器的插件

为了更方便地选择满足条件的 HTML 元素，jQuery 提供了更强大的选择器功能。用户可以利用 jquery.expr 实现选择器的自定义，具体语法如下。

```
$.expr[":"].方法名称 = function(obj) {
  // 自定义选择器代码
  return 匹配 HTML 元素的条件;
};
```

上述代码中，obj 表示进行匹配的 HTML 元素对应的 jQuery 对象。根据需要对 jQuery 对象的属性进行判断，并使用 return 返回匹配结果。

11.7.2 jQuery 插件库

随着 jQuery 的发展，诞生了许多优秀的插件。jQuery 官方网站中提供了丰富的插件资源库，网站地址为 http://plugins.jquery.com/。通过在搜索框中输入插件名即可搜索需要的插件，如图 11-30 所示。

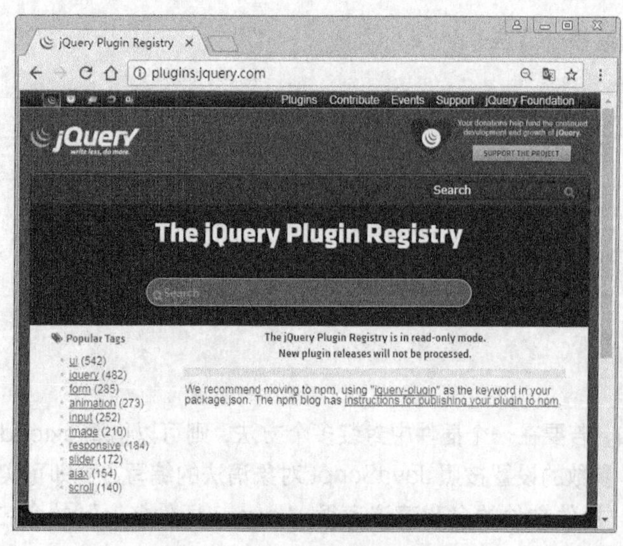

图11-30 jQuery提供的插件库

从图 11-30 中左侧可以看出，jQuery 中最受欢迎的插件分别为 ui、jquery、form、animation、input 等 10 个开发中常用的不同类型。读者可根据开发需求下载不同的插件，实现相应的功能。

11.7.3 jQuery UI

jQuery UI 是在 jQuery 基础上新增的一个库，不过它相较于 jQuery 来说，不仅拥有强大的可扩展功能，更具有吸引人的漂亮页面，能够更轻松地在网页中添加专业级的 UI 元素，实现如日历、菜单、拖曳、调整大小等交互效果。下面以实现日历功能为例，简单演示 jQuery UI 插件的使用。

（1）下载 jQuery UI

打开官方网址 http://jqueryui.com/download/，下载“jQuery UI”，如图 11-31 所示。

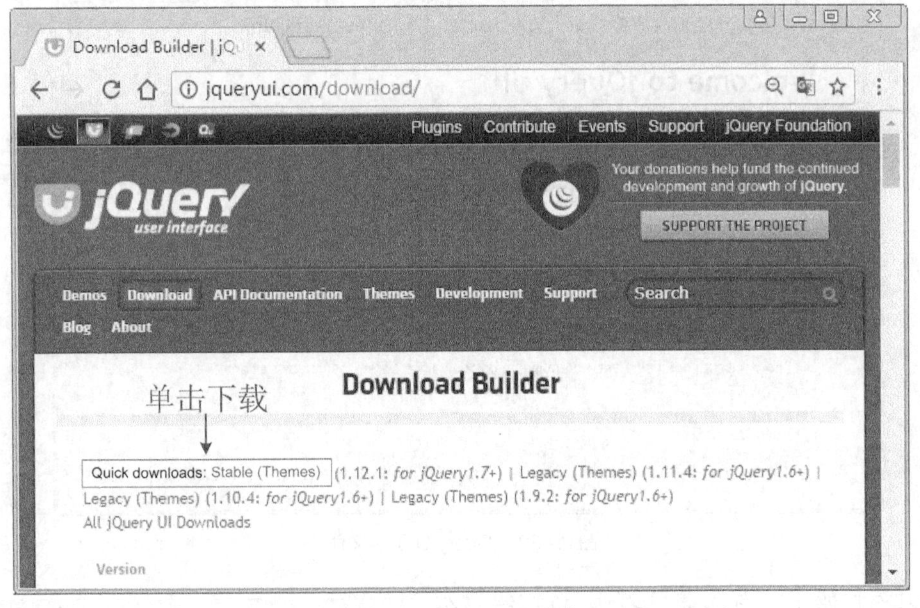

图11-31 jQuery UI网站

jQuery UI 是以 jQuery 为基础的网页用户界面代码库，日历插件 datepicker 是 jQuery UI 中的控件之一。通过 jQuery UI 网站（http://jqueryui.com/）可以在线定制需要的 UI 部件。

（2）运行示例文件

在 jQuery UI 的下载包中，index.html 是示例文件，该文件演示了 jQuery UI 的基本用法，其运行结果如图 11-32 所示。

（3）实现“日历”功能

将下载后的 jQuery UI 插件放到“jquery-ui”目录中，直接载入相关文件即可，具体代码如下。

```
1  <!DOCTYPE html>
2  <html>
3    <head>
4      <meta charset="UTF-8">
```

```
5     <title>日历</title>
6     <scriptsrc="jQuery-1.12.4.min.js"></script>
7     <script src="jquery-ui/jquery-ui.min.js"></script>
8     <link rel="stylesheet" href="jquery-ui/jquery-ui.css">
9   </head>
10  <body>
11    <div id="datepicker"></div>
12    <script>
13      $('#datepicker').datepicker();
14    </script>
15  </body>
16 </html>
```

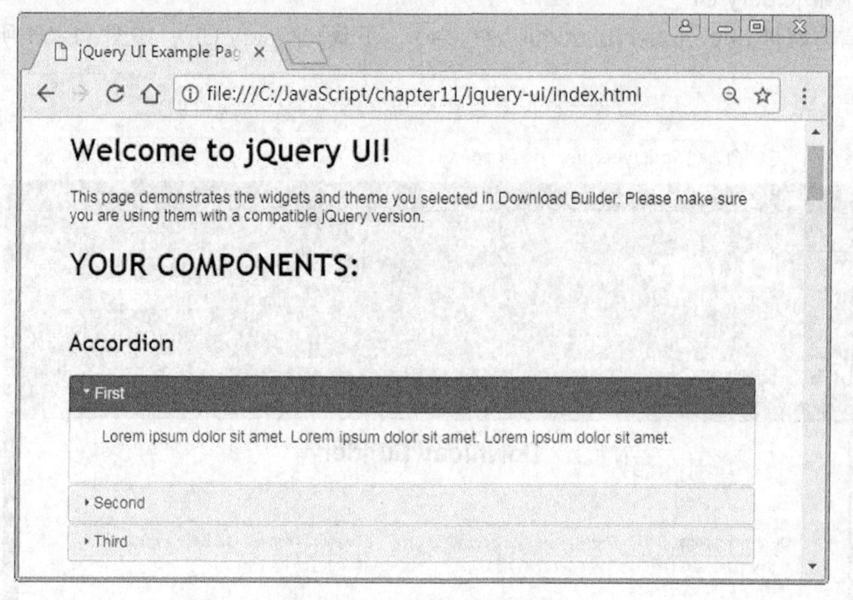

图11-32　jQuery UI示例文件

在上述代码中，首先通过第 6 行代码载入 jQuery 文件，然后通过第 7～8 行代码载入 jQuery UI 压缩版插件 jquery-ui.min.js 和 jquery-ui.css 样式文件。最后，通过第 11～14 行代码，实例化 jQuery UI 中的 datepicker 控件，并显示到 div 元素中。在浏览器中访问，运行结果如图 11-33 所示。

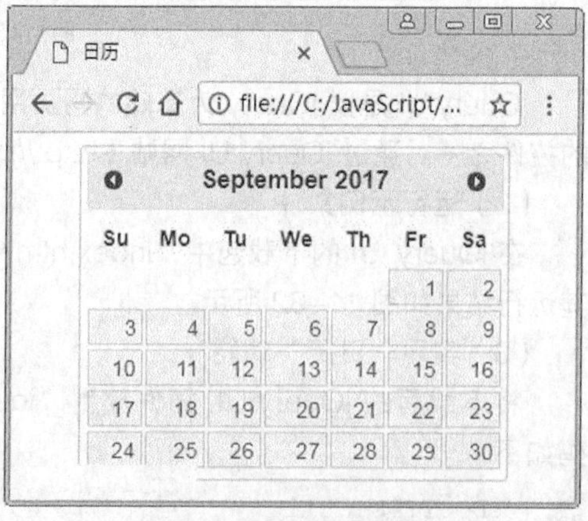

图11-33　默认日历

（4）自定义日历显示样式

在实际开发时，可根据实际情况设置属性，自定义日历的显示样式。例如，通过下拉列表选择月份和年份，将星期显示顺序调整为“Mo Tu We Th Fr Sa Su”以及将当前月份中空白的日期显示为其他月份对应的日期。下面将上述案例中第 13 行代码修改成以下形式。

```
1  $('#datepicker').datepicker({
2    changeMonth: true,          // 下拉列表方式选择月份
3    changeYear: true,           // 下拉列表方式选择年
4    firstDay: 1,                // 星期显示顺序为："Mo Tu We Th Fr Sa Su"
5    showOtherMonths: true,      // 当前月中空白的日期利用相邻月日期填充
6  });
```

在浏览器中访问，运行结果如图 11-34 所示。从图中可以看出，自定义后的日历显示样式与平时看到的日历样式更为相似。如列表式的月份和年份、星期顺序为“Mo Tu We Th Fr Sa Su”，月份开始和结束后的空格利用相邻月份的日期以浅灰色的样式进行填充。

值得一提的是，datepicker 控件默认是英文的，若想要将其修改为指定的语言（如中文）显示，可通过修改相关的属性即可。例如，将图 11-34 中的日历修改为中文样式，属性设置如下。

```
var m = ['一月', '二月', '三月', '四月', '五月', '六月',
         '七月', '八月', '九月', '十月', '十一月', '十二月'];
var d = ['日', '一', '二', '三', '四', '五', '六'];
$('#datepicker').datepicker({
  ,……
  monthNamesShort: m,
  dayNamesMin: d,
});
```

修改完成后，效果如图 11-35 所示。

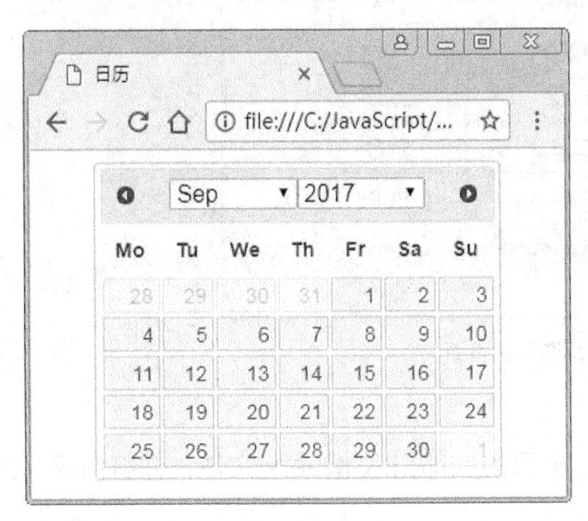

图11-34　自定义日历

图11-35　修改语言

需要注意的是，在实际项目中若只做中文开发，则每次使用时都配置这些属性会比较麻烦，建议将中文相关的配置保存到一个 JavaScript 文件中，每次使用时直接引用即可。

除此之外，datepicker 控件还有很多其他的属性实现不同的功能。例如，添加按钮用于关闭日历等。读者可参考 jQuery UI 插件文件 jquery-ui.js 的注释进行相关的设置。

11.7.4 【案例】自定义全选与反选插件

jQuery 的插件功能很丰富，有效地利用可以方便我们的开发。但是也有些功能并没有符合要求的插件。此时，可以自己定义一个插件。下面以自定义全选、全不选以及反选功能为例进行演示。

（1）编写 HTML 页面

```
1  <table>
2    <tr><th>操作</th><th>编号</th><th>图书名称</th><th>价格</th></tr>
3    <tr>
4      <td><input type="checkbox" value="1"></td>
5      <td>1</td><td>测试 1</td><td>39.90</td>
6    </tr>
7    <!-- 可多添加几行用于测试，此处篇幅有限，已经省略 -->
8    <tr><td colspan="4">
9      <input id="checkAll" type="button" value="全选">
10     <input id="uncheckAll" type="button" value="全不选">
11     <input id="checkInvert" type="button" value="反选">
12   </td><tr>
13 </table>
```

在上述代码中，第 3～7 行用于设置全选、全不选与反选的测试数据。第 8～12 行用于设置完成全选、全不选与反选功能的按钮。然后设置 CSS 样式，参考样式如图 11-36 所示。

图11-36　全选与反选示例页面

（2）引入 JavaScript 文件

要想完成全选与反选功能，首先需要在 HTML 页面的头部引入 jQuery 文件，并将自定义的插件代码放到指定的 case05.js 文件中。

```
<script src="jquery-1.12.4.min.js"></script>
<script src="case05.js"></script>
```

（3）自定义插件

编写 case05.js 文件，实现调用 checkAll()方法完成全选，调用 uncheckAll()方法完成全不选，调用 checkInvert()方法完成反选功能，具体代码如下。

```
1 jQuery.fn.extend({
2   checkAll: function() {          // 全选
3     this.prop('checked', true);
4   },
5   uncheckAll: function() {        // 全不选
6     this.prop('checked', false);
```

```
7     },
8     checkInvert: function() { // 反选
9       this.each(function (i, ele) {
10        ele.checked = !ele.checked;
11      });
12    }
13 });
```

上述第 3 行和第 6 行代码，通过 prop()方法为所有复选框的 checked 属性设置 true 或 false 值实现全选或全不选的功能。在实现反选功能时，需要通过第 9～11 行代码遍历所有的复选框，将当前复选框的状态设置成为相反的状态。

（4）实现全选、全不选与反选

插件定义完成后，接着在 HTML 测试页面中编写代码，为按钮绑定单击事件，并调用指定的方法完成对应的功能，具体代码如下。

```
1  <script>
2    $('#checkAll').on('click', function() {
3      $(':checkbox').checkAll();        // 全选
4    });
5    $('#uncheckAll').on('click', function() {
6      $(':checkbox').uncheckAll();      // 全不选
7    });
8    $('#checkInvert').on('click', function() {
9      $(':checkbox').checkInvert();     // 反选
10   });
11 </script>
```

在上述代码中，通过$(':checkbox')获取所有的复选框，并调用自己封装的方法完成对应的操作。在浏览器中访问测试，效果如图 11-37 所示。

自定义全选与反选插件

file:///C:/JavaScript/chapter11/case05.html

操作	编号	图书名称	价格
☐	1	测试1	39.90
☑	2	测试2	20.90
☑	3	测试3	50.90
☐	4	测试4	40.00

全选 全不选 反选

图11-37 全选与反选

通过上述的步骤可知，在完成插件的定义后，若项目中需要此功能，仅需载入插件的对应文件，直接调用自定义的方法即可，既方便了开发，又便于代码的管理。

本章小结

本章首先讲解了 jQuery 中如何通过选择器获取指定的元素对象、内容、样式、属性以及遍历多个元素的方式。然后讲解了如何利用 jQuery 完成 DOM 节点的操作、事件的绑定与切换、动画特效的设置等。最后介绍了 jQuery 中如何操作 Ajax 异步请求，以及如何利用插件机制，方便开发的同时使页面效果更加炫酷。

课后练习

一、填空题

1. jQuery 显示隐藏的元素用________实现。
2. jQuery 中________用于设置全局 Ajax 默认的选项。

二、判断题

1. 选择器“$(':input')”仅能获取表单中的 input 元素标签。(　　)
2. jQuery 中的页面加载事件可以注册多个事件处理程序。(　　)
3. jQuery 中的 hover()方法可同时处理鼠标移入与移出事件的切换。(　　)

三、选择题

1. 以下选项中，可以根据包含文本匹配到指定元素的是（　　）。
   A. text()　　B. contains()　　C. input()　　D. attr()
2. 下面选项中，可用来追加到指定元素的末尾的是（　　）。
   A. insertAfter()　　B. append()　　C. appendTo()　　D. after()
3. 如果想要获取指定元素的位置，以下可以使用的是（　　）。
   A. offset()　　B. height()　　C. css()　　D. width()

四、编程题

1. 请简述 JavaScript 中的 window.onload 事件和 jQuery 中的 ready()方法的区别。
2. 请利用 jQuery 实现用户登录框的拖曳功能。

12 Chapter

第12章 网页版2048小游戏

JavaScript

学习目标

- 掌握DOM，能够对元素进行操作
- 掌握事件处理，完成不同功能的开发
- 掌握动画特效，改善游戏的体验度

2048是一款比较流行的数字游戏，它是Gabriele Cirulli为了好玩，根据已有的数字游戏玩法开发而成的一款新的数字游戏，并将其开源版本放到Github上后意外走红。随后2048出现了各种衍生版，如2048六边形、挑战2048、汉服2048等。

接下来，在全面学习了JavaScript和jQuery以后，将利用DOM操作、动画特效、键盘事件、鼠标事件等结合HTML与CSS实现网页版的2048小游戏。

12.1 游戏功能展示

网页版的2048玩法是，通过键盘的方向键上（↑）、下（↓）、左（←）、右（→）控制数字的移动。每移动一次，所有的数字方块都会往移动的方向靠拢，然后系统会在空白的地方随机出现一个数字（2或4）方块，相同数字的方块在移动的过程中会叠加，通过不断叠加，最终拼凑出2048这个数字就算成功，效果如图12-1和图12-2所示。

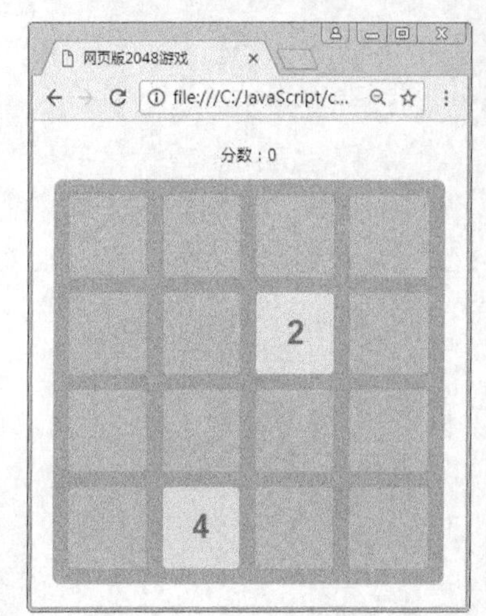

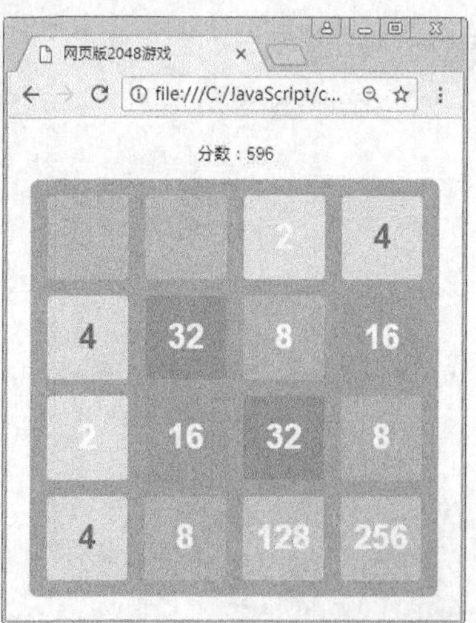

图12-1　游戏开始与游戏中

图12-2　游戏获胜与失败

12.2 实现步骤分析

在实现网页版 2048 小游戏之前，我们首先需要对此游戏进行全方位的分析，然后才能有条理地完成相关功能的实现。一个完整的游戏大体上是由游戏界面及游戏规则构成。下面将分别从以上两个方面对网页版 2048 小游戏（以下都简称 2048）进行分析。

（1）游戏界面构成

① 2048 游戏页面是由标题、分数和游戏操作区组成。

② 游戏操作区是由 4×4 的棋盘格子和数字格组成。

③ 数字格是由数字和背景色组成。

④ 数字的颜色有黑色和白色。

⑤ 数字格的背景色，根据数字值的不同而不同。

⑥ 游戏结束时的页面由提示信息（文字和分数）和“重新开始”按钮组成。

（2）游戏规则

① 游戏操作键为：上（↑）、下（↓）、左（←）、右（→）。

② 数字格子移动的条件是，当操作方向的其他格子是空或相邻两个格子的数值相同时才可以移动。

③ 值相同的数字格子叠加后，在分数区域显示对应的分值（相同数值的累加值）。

④ 当玩家成功叠加出 2048 的数字格子后，游戏就算顺利通关了。

⑤ 当数字填满所有格子，并且相邻的格子也无法移动时，游戏结束。

从上面的分析可以知道，在实现游戏功能时，可通过 HTML 和 CSS 完成游戏界面的设计，通过 JavaScript 和 jQuery 按照游戏的规则完成相应功能的实现，之后玩家就可以在网页中按照我们设定的规则操作 2048 游戏。

12.3 游戏功能实现

12.3.1 设计游戏界面

1. 构建网页游戏布局

编写 index.html 文件，在文件中完成 2048 游戏的页面布局，具体代码如下。

```
1  <!DOCTYPE html>
2  <html>
3    <head>
4      <meta charset="UTF-8">
5      <title>网页版 2048 游戏</title>
6      <style> /* 具体 CSS 样式请参考本书配套源代码 */ </style>
7    </head>
8    <body>
9      <div id="game">
10       分数：<span id="game_score">0</span>
11       <div id="game_container"></div>
```

```
12     </div>
13     <script src="jquery-1.12.4.min.js"></script>
14   </body>
15 </html>
```

在上述代码中，第 10 行 id 为 game_score 的<span>元素用于显示分数；第 11 行 id 为 game_container 的<div>元素用于显示数字方块，这些方块将会由 JavaScript 自动生成。

接着在第 13 行代码的下面添加以下代码，利用 JavaScript 封装一个 Game2048 函数。

```
1  <script src="Game2048.js"></script>
2  <script>
3    Game2048({prefix: 'game', len: 4, size: 100, margin: 20});
4  </script>
```

上述代码在调用 Game2048()函数时，传递了对象形式的参数。其中，prefix 表示网页中的 id 前缀，用来限制函数内部的代码只对指定 id 前缀的元素进行操作；len 表示棋盘格的单边单元格数量，由于棋盘格是正方形，因此设为 4 就表示 4×4 的单元格布局；size 表示每个单元格的单边长度（像素），设为 100 则单元格大小为 100px×100px；margin 表示单元格间距（像素），设为 20 则每个单元格之间的距离为 20px。

2. 初始化游戏界面

编写 Game2048.js 文件，用于保存与游戏相关的代码，具体代码如下。

```
1  (function(window, document, $) {
2    function Game2048(opt) {
3      var prefix = opt.prefix, len = opt.len, size = opt.size, margin = opt.margin;
4      var view = new View(prefix, len, size, margin);
5    }
6    window['Game2048'] = Game2048;
7  })(window, document, jQuery);
```

上述代码是一个自调用函数，第 7 行在调用函数时传入了 window、document 和 jQuery 参数，表示该函数依赖这些全局变量；第 3 行代码从 opt 对象参数中取出成员，并保存为对应名称的变量；第 4 行代码创建了 view 对象，该对象将用于处理游戏的页面效果。

接下来编写 View 构造函数，在构造函数中设置棋盘背景的宽度和高度，具体代码如下。

```
1  function View(prefix, len, size, margin) {
2    this.prefix = prefix;      // id或class前缀
3    this.len = len;            // 棋盘单边单元格数量（总数量为 len × len）
4    this.size = size;          // 单元格边长，单元格大小为 size×size
5    this.margin = margin;      // 单元格间距
6    this.container = $('#' + prefix + '_container');
7    var containerSize = len * size + margin * (len + 1);
8    this.container.css({width: containerSize , height: containerSize});
9    this.nums = {};             // 保存所有数字单元格对象
10 }
```

在上述代码中，第 6 行用于获取页面中 id 为 game_container 的<div>元素，然后通过第 7～8 行代码设置该元素的宽和高。其中，第 7 行代码用来计算边长，即通过“len * size”得到单元格总边长，再用“margin * (len + 1)”得到间距的总边长，两者加起来就是棋盘的边长。

3. 自动生成空棋盘格

完成棋盘设置后，下面在棋盘中绘制空单元格形成棋盘格子。首先通过 JavaScript 在 game_container 容器中自动生成如下形式的 game-cell 元素，来表示每个单元格。

```
<div class="game-cell" style="width: 100px; height: 100px; top: 20px;
left: 20px"></div>
```

在生成结果中，width 和 height 表示单元格的宽和高，top 和 left 用于定位单元格的位置。需要注意的是，为了使定位生效，需要将容器 game_container 的 position 样式设为 relative，并将单元格的 position 样式设为 absolute，让单元格相对于容器来定位。

设置定位后，单元格的 top 值就表示距离容器顶部多少像素，left 值表示距离容器左边多少像素。其计算公式为“margin + n * (size + margin)”，n 表示当前单元格前共有多少个单元格，margin 表示间距，size 表示单元格边长。例如，横向第 2 个单元格的 left 值为 20 + 1 × (100 + 20) = 140px。

接下来继续编写 View 对象，实现自动生成空棋盘格，具体代码如下。

```
1  View.prototype = {
2    getPos: function(n) {
3      return this.margin + n * (this.size + this.margin);
4    },
5    init: function() {
6      for (var x = 0, len = this.len; x < len; ++x) {
7        for (var y = 0; y < len; ++y) {
8          var $cell = $('<div class="' + this.prefix + '-cell"></div>');
9          $cell.css({
10           width: this.size + 'px', height: this.size + 'px',
11           top: this.getPos(x), left: this.getPos(y)
12         }).appendTo(this.container);
13       }
14     }
15   }
16 };
```

从上述代码可以看出，init()方法用于根据 len（棋盘单边单元格数量）自动生成空单元格，生成后将会添加到 game_container 容器中。第 10～11 行代码用于指定空单元格的样式，其 top 与 left 通过 getPos()方法进行计算。

为了测试程序是否能够正常运行，在 Game2028 函数中调用 init()方法，如下所示。

```
view.init();
```

通过浏览器访问，运行结果如图 12-3 所示。

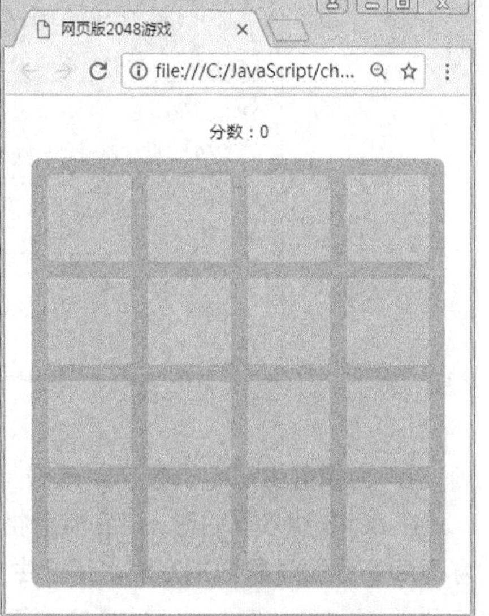

图12-3　初始化游戏棋盘

12.3.2　控制游戏数值

1. 创建棋盘数组

创建二维数组，用于保存棋盘中的数值，外层数组表示行，内层数组表示列。在保存时，如果单元格为空，则数组元素对应的值为 0。

为了使代码更好维护，下面将通过 Board 构造函数专门处理单元格中的数值，具体代码如下。

```
1  function Board(len) {
2    this.len = len;
3    this.arr = [];
4  }
5  Board.prototype = {
6    init: function() {
7      for (var arr = [], len = this.len, x = 0; x < len; ++x) {
8        arr[x] = [];
9        for (var y = 0; y < len; ++y) {
10         arr[x][y] = 0;
11       }
12     }
13     this.arr = arr;
14   }
15 };
```

在上述代码中，init()方法用于根据指定 len 创建二维数组，在初始情况下所有的单元格都是空的，因此第 8 行代码为每个单元格赋值为 0。

接下来在 Game2048 函数中测试程序，具体代码如下。

```
1  var board = new Board(len);
2  board.init();
3  console.log(board.arr);
```

在控制台中查看自动生成的二维数组，如图 12-4 所示。

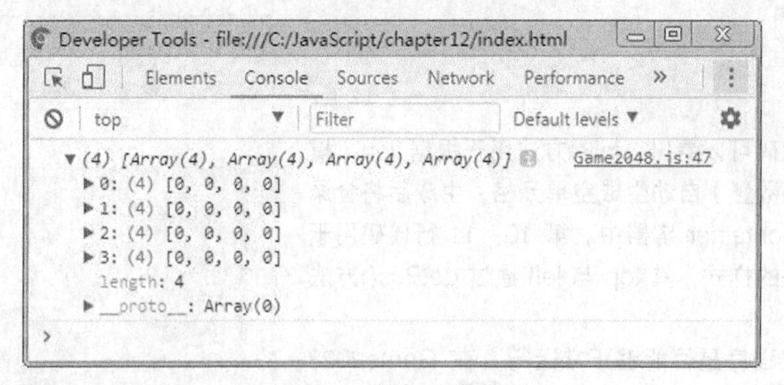

图12-4　创建二维数组

2. 为棋盘生成随机数字单元格

在 2048 游戏开始时，会在棋盘格中的随机位置生成两个随机数字（2 或 4）。下面编写代码，为 Board 原型对象增加方法，用于生成随机数字单元格，具体代码如下。

```
1  // 随机生成数字 2 或 4，保存到数组的随机位置
2  generate: function() {
3    var empty = [];
4    // 查找数组中所有值为 0 的元素索引
```

```
5    for (var x = 0, arr = this.arr, len = arr.length; x < len; ++x) {
6      for (var y = 0; y < len; ++y) {
7        if (arr[x][y] === 0) {
8          empty.push({x: x, y: y});
9        }
10     }
11   }
12   if (empty.length < 1) {
13     return false;
14   }
15   var pos = empty[Math.floor((Math.random() * empty.length))];
16   this.arr[pos.x][pos.y] = Math.random() < 0.5 ? 2 : 4;
17   this.onGenerate({x: pos.x, y: pos.y, num: this.arr[pos.x][pos.y]});
18 },
19 // 每当generate()方法被调用时，执行此方法
20 onGenerate: function() {},
```

在上述代码中，第 5 ~ 11 行用于获取 this.arr 数组中所有空单元格的下标并保存到 empty 数组中，第 15 行代码随机选取 empty 中的一个空单元格，第 16 行代码随机生成一个 2 或 4，第 17 行将数字填入到单元格中。

由于 Board 只用于处理数据，而 View 用于处理页面，为了让两个对象联动，第 17 行通过调用事件方法 this.onGenerate()触发事件，将新创建的单元格在二维数组中的位置和数字内容传递过去。

接下来，在 Game2048 函数中测试程序，生成 2 个随机数，具体代码如下。

```
1  board.onGenerate = function(e) {
2    console.log(e);
3  };
4  board.generate();
5  board.generate();
```

在控制台中输出的结果如图 12-5 所示。

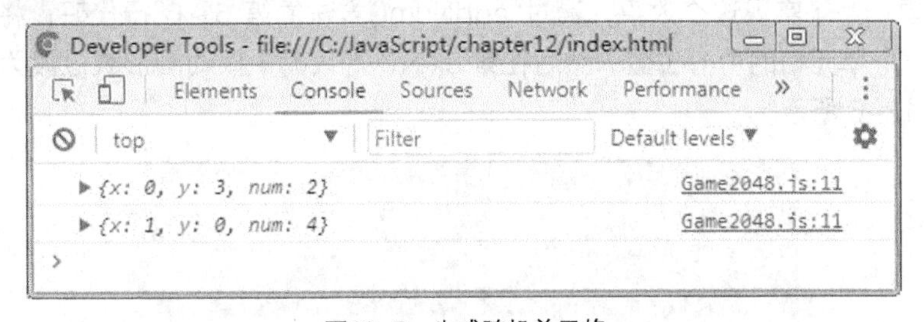

图12-5　生成随机单元格

从图 12-5 中可以看出，新生成的两个单元格的数字分别是 2 和 4，2 在单元格数组中的位置为[0][3]，4 在单元格数组中的位置为[1][0]。

3. 在页面中显示数字单元格

为 View 原型对象增加 addNum()方法，根据 x、y 和 num 显示数字单元格，具体代码如下。

```
1  addNum: function(x, y, num) {
2    var $num = $('<div class="' + this.prefix + '-num ' +
```

```
3                    this.prefix + '-num-' + num + ' ">');
4   $num.text(num).css({
5     top: this.getPos(x) + parseInt(this.size / 2),      // 用于从中心位置展开
6     left: this.getPos(y) + parseInt(this.size / 2)      // 用于从中心位置展开
7   }).appendTo(this.container).animate({
8     width: this.size + 'px', height: this.size + 'px',
9     lineHeight: this.size + 'px',
10    top: this.getPos(x), left: this.getPos(y)
11  }, 100);
12  this.nums[x + '-' + y] = $num;
13 },
```

在上述代码中，第 2 ~ 3 行创建的<div>元素表示数字单元格，其生成结果示例如下。

```
<div class="game-num game-num-2"></div>
```

在生成结果中，class 为 game-num-2 表示这个单元格按照数字 2 的样式显示。在游戏操作区中，为了明显区分某个数值的单元格，将根据不同的数值设置不同的背景色和文字颜色。CSS 样式示例如下。

```
1  .game-num {width:0px;height:0px;color:#fff;font-size:40px;position:absolute;}
2  .game-num-2 {background:#eee4da;color:#776e65;}
3  .game-num-4 {background:#ede0c8;color:#776e65;}
4  .game-num-8 {background:#f2b179;}
5  .game-num-16 {background:#f59563;}
6  .game-num-32 {background:#f67c5f;}
7  .game-num-64 {background:#f65e3b;}
8  .game-num-128 {background:#edcf72;font-size:35px;}
9  .game-num-256 {background:#edcc61;font-size:35px;}
10 .game-num-512 {background:#9c0;font-size:35px;}
11 .game-num-1024 {background:#33b5e5;font-size:30px;}
12 .game-num-2048 {background:#09c;font-size:30px;}
```

在上述代码中，第 1 行将 game-num 的宽和高设为 0，用于在数字单元格显示时以“展开”的动画效果出现。为了实现这个效果，通过 addNum()方法的第 5 ~ 6 行代码，将单元格的 top 和 left 设置为一个单元格的中心位置，然后在第 8 ~ 10 行代码中以动画形式过渡为最终样式，其动画效果如图 12-6 所示。

图12-6 “展开”动画效果

addNum()方法的第 12 行代码用于将新生成的数字单元格保存到 this.nums 中，保存的属性名为单元格在 board.arr 数组中的下标位置。保存后，在进行单元格移动操作时会用到这些对象。

接下来在 Game2048 函数中测试 view.addNum()，具体代码如下。

```
1  board.onGenerate = function(e) {
2    view.addNum(e.x, e.y, e.num);      // 替换原来的“console.log(e);”
3  };
```

通过浏览器访问测试，运行结果如图 12-7 所示。

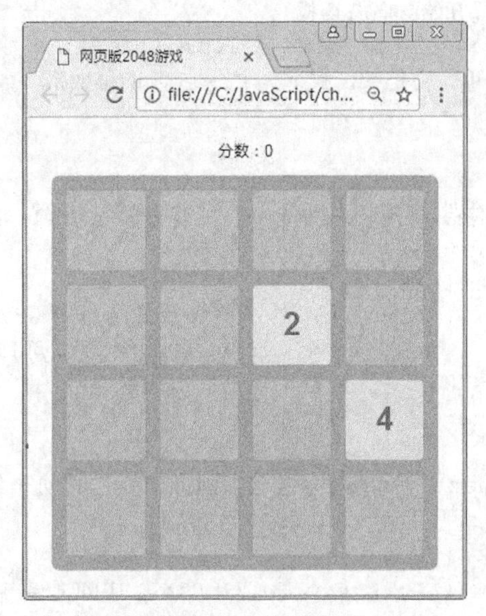

图12-7　在页面中显示数字单元格

12.3.3　实现单元格移动

1. 单元格左移

2048 游戏支持使用键盘对单元格进行上移、下移、左移、右移操作。下面以左移操作为例，选取棋盘格中的某一行，分析游戏的移动规则，如表 12-1 所示。

表 12-1　左移示例

左移前	左移后
0200、0020、0002	2000
2200、0220、0022、2020、0202、2002	4000
0222、2022、2202、2220	4200
2222	4400
0420、0042、0402	4200

从表 12-1 中可以看出，对单元格进行左移后，一行中所有的数字将移动到左边。如果相邻的两个数字（包括中间有空单元格的情况）相等，则进行合并。对于 2222 这种情况，其合并过程为 2222→4022→4202→4400，已经合并过的单元格不会再次合并，因此结果不是 8000。对于 2000、4200 等情况，由于数字已经在左边，且相邻数字无法累加，因此将无法左移。

在分析了左移的规则后，接下来在 Board 原型对象中新增 moveLeft()方法，对二维数组中的数字进行左移操作，具体代码如下。

```
1  moveLeft: function() {
2    var moved = false;     // 是否有单元格被移动
3    // 外层循环从上到下遍历“行”，内层循环从左到右遍历“列”
4    for (var x = 0, len = this.arr.length; x < len; ++x) {
```

```
5     for (var y = 0, arr = this.arr[x]; y < len; ++y) {
6       // 从 y + 1 位置开始，向右查找
7       for (var next = y + 1; next < len; ++next) {
8         // 如果 next 单元格是 0，找下一个不是 0 的单元格
9         if (arr[next] === 0) {
10          continue;
11        }
12        // 如果 y 单元格数字是 0，则将 next 移动到 y 位置，然后将 y 减 1 重新查找
13        if (arr[y] === 0) {
14          arr[y] = arr[next];
15          this.onMove({from: {x: x, y: next, num: arr[next]},
16                       to: {x: x, y: y, num: arr[y]}});
17          arr[next] = 0;
18          moved = true;
19          --y;
20        // 如果 y 与 next 单元格数字相等，则将 next 移动并合并给 y
21        } else if (arr[y] === arr[next]) {
22          arr[y] *= 2;
23          this.onMove({from: {x: x, y: next, num: arr[next]},
24                       to: {x: x, y: y, num: arr[y]}});
25          arr[next] = 0;
26          moved = true;
27        }
28        break;
29      }
30    }
31  }
32  this.onMoveComplete({moved: moved});
33 },
34 onMove: function() {},
35 onMoveComplete: function() {},
```

为了使读者更好地理解上述代码，下面对其实现原理进行分析，具体如下。

① 遍历数组，外层循环从上到下遍历数组行，内层循环从左到右遍历数组列。

② 在遍历到第 1 行第 1 列时，向右依次查找 1 个非 0 单元格，如果找不到，则跳转到第⑤步。

③ 判断第 1 列是否为 0，如果是，将找到的非 0 单元格移动到第 1 列，然后重复第②步。

④ 判断第 1 列与找到的非 0 单元格数字是否相等，如果相等，则将第 1 列数字乘以 2，然后将找到的非 0 单元格数字置为 0，实现左移合并的效果。

⑤ 第 1 列的操作结束，进入第 2 列的操作，类似于第②步。

在代码中，第 15 和 23 行调用了 onMove()方法，该方法表示每次单元格移动时触发的事件，其参数是一个对象，form 保存被移动的单元格的 x、y 位置和数字，to 保存目标单元格的 x、y 位置和数字。

第 32 行调用了 onMoveComplete()方法，该方法表示在整个左移操作完成后触发的事件。其参数是一个对象，moved 表示本次操作是否发生过单元格移动。在 2048 游戏中，如果发生过单元格移动，则会在棋盘中自动增加一个新的随机数字单元格，为了实现这个效果，就需要用到这里的 onMoveComplete()方法和变量 moved 保存的结果。

接下来在 Game2048 函数中测试程序，具体代码如下。

```
1  // 为了测试程序，临时更改 board.arr 的值
2  board.arr = [
3    [0, 0, 0, 2], [0, 2, 0, 2], [2, 2, 2, 2], [0, 2, 4, 0],
4  ];
5  board.moveLeft();
6  console.log(board.arr);
```

在控制台中输出的结果如图 12-8 所示。

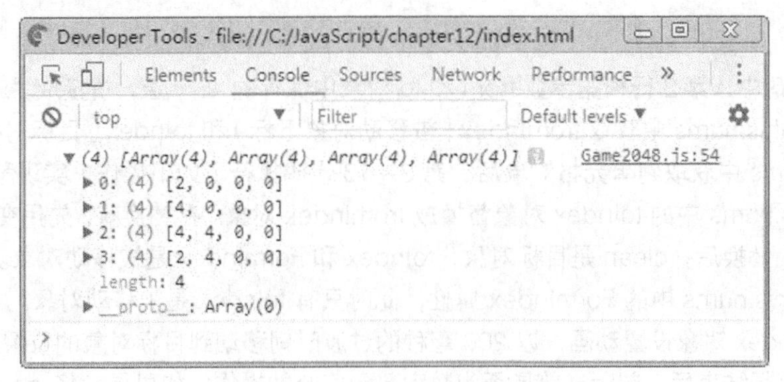

图12-8　在页面中显示数字单元格

从运行结果可以看出，左移操作已经正确移动完成。需要注意的是，测试成功后，应及时删除测试代码，以避免影响后面的开发工作。

由于 2048 游戏的右移、上移、下移操作与左移的实现原理是一样的，这里不再进行代码演示，读者可参考 moveLeft()方法完成 moveRight()、moveUp()、moveDown()方法的编写。最终代码可参考本书的配套源代码。

2. 以动画效果移动单元格

在 board 对象中已经提供了 onMove()和 onMoveComplete()事件方法与页面进行联动，下面在 Game2048 函数中编写以下代码，在单元格移动后执行一些相关操作。

```
1  board.onMove = function(e) {
2    // 每当 border.arr 中的单元格移动时，调用此方法控制页面中的单元格移动
3    view.move(e.from, e.to);
4  };
5  board.onMoveComplete = function(e) {
6    if (e.moved) {
7      // 一次移动操作全部结束后，如果移动成功，则在棋盘中增加一个新单元格
8      setTimeout(function(){ board.generate(); }, 200);
9    }
10 };
```

为 View 原型对象新增 move()方法，对 this.nums 对象中保存的单元格进行处理，具体代码如下。

```
1  move: function(from, to) {
2    var fromIndex = from.x + '-' + from.y, toIndex = to.x + '-' + to.y;
3    var clean = this.nums[toIndex];
```

```
4    this.nums[toIndex] = this.nums[fromIndex];
5    delete this.nums[fromIndex];
6    var prefix = this.prefix + '-num-';
7    var pos = {top: this.getPos(to.x), left: this.getPos(to.y)};
8    this.nums[toIndex].finish().animate(pos, 200, function() {
9      if (to.num > from.num) {     // 判断数字是否合并（合并后 to.num 大于 from.num）
10       clean.remove();
11       $(this).text(to.num).removeClass(prefix + from.num).addClass(prefix + to.num);
12     }
13   });
14 },
```

在上述代码中，第 2 行根据参数 from 和 to 对象中保存的 x、y 值，拼接成“x-y”形式的字符串，用于从 this.nums 中获取 fromIndex（被移动对象下标）和 toIndex（目标对象下标）元素。

从 this.nums 中获取到单元格对象后，第 3～13 代码执行了如下操作，实现移动效果。

① 将 this.nums 中的 toIndex 对象替换成 fromIndex 对象。在替换前，先用变量 clean 保存 toIndex 对象。替换后，clean 是目标对象，toIndex 和 FormIndex 是被移动对象。

② 删除 this.nums 中的 FormIndex 属性，此时只有 toIndex 是被移动对象。

③ 为 toIndex 对象设置动画，以 200 毫秒的过渡时间移动到目标对象的位置。

④ 动画执行结束后，判断当前是否为数字单元格合并操作，如果是，将 clean 单元格从页面中删除，并将 toIndex 单元格中的文本更改为新的数字，将 class 更新为新数字对应的样式。

值得一提的是，第 8 行代码在调用 animate()前先调用了 finish()方法结束前一个动画，通过这个操作可以避免用户在使用键盘快速移动时，出现动画效果重叠的问题。

3. 通过键盘移动单元格

在 Game2048 函数中编写如下代码，为 document 添加键盘按下事件，具体代码如下。

```
1 $(document).keydown(function(e) {
2   switch (e.which) {
3     case 37: board.moveLeft();  break;       // 左移
4     case 38: board.moveUp();    break;       // 上移
5     case 39: board.moveRight(); break;       // 右移
6     case 40: board.moveDown();  break;       // 下移
7   }
8 });
```

完成键盘事件后，通过浏览器测试程序，操作键盘的方向键，按上（↑）、下（↓）、左（←）、右（→）控制数字单元格的移动，观察程序运行结果。

12.3.4 设置游戏分数

在游戏开始后，每次两个相同数字进行合并时，要同时更新棋盘区域上方的分数，分数计算方式为合并后的值进行累加。由于 border 对象的 onMove()方法会在单元格移动后自动调用，在 Game2048 函数中，可以自定义 onMove()方法，通过判断其参数来确定是否发生了合并操作，具体代码如下。

```
1 var score = 0;                          // 通过变量保存分数
2 board.onMove = function(e) {
```

```
3    if (e.to.num > e.from.num) {
4      score += e.to.num;              // 累加分数
5      view.updateScore(score);        // 更新页面中显示的分数
6    }
7    ……（原有代码）
8  };
```

在上述代码中，第 3 行用于判断 e.to.num（合并后数字）和 e.from.num（被移动数字）的大小，如果 e.to.num 大于 e.from.num，说明发生了合并操作，将合并后的数字累加到分数中即可。

在 View 构造函数中编写如下代码，获取显示分数的元素对象，并将其保存到 this.score 中。

```
1  this.score = $('#' + prefix + '_score');
```

然后在 View 原型对象中增加 updateSocre()方法，更新页面显示的分数。

```
1  updateScore: function(score) {
2    this.score.text(score);
3  },
```

通过浏览器访问测试，当发生合并时，观察分数的变化，如图 12-9 所示。

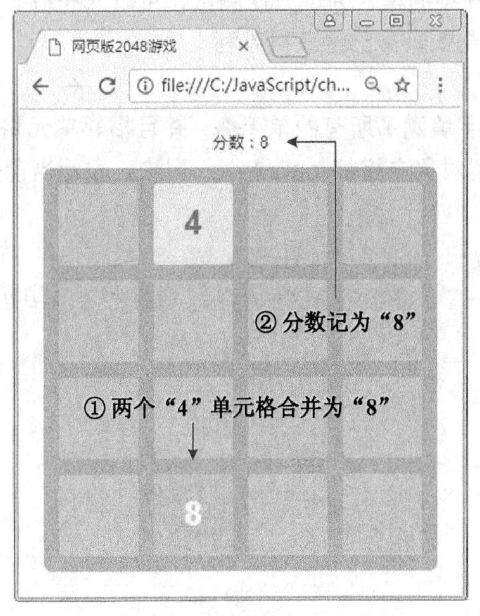

图12-9　设置游戏分数

12.3.5　判断胜利和失败

1. 判断游戏是否获胜

2048 游戏的胜利条件为，玩家合并出了数字为 2048 的单元格。因此，下面在 Game2048 函数中编写代码，判断合并后单元格的数值是否达到了 2048。如果达到了，说明游戏已经结束，玩家获得了胜利，此时可以弹出一个“您获胜了”的提示信息，具体代码如下。

```
1  var winNum = 2048;                  // 胜利条件
2  var isGameOver = false;             // 游戏是否已经结束
```

```
3  board.onMove = function(e) {
4    if (e.to.num >= winNum) {
5      isGameOver = true;
6      setTimeout(function() { alert('您获胜了'); }, 300);
7    }
8    ……（原有代码）
9  };
```

在上述代码中，第 6 行用于延迟 300 毫秒后再弹出提示信息，这样可以等待移动单元格的动画结束后再出现提示。具体延迟的时间长短根据实际体验而定即可。

游戏结束后，为了避免键盘还能进行单元格移动，在处理键盘事件前，判断 isGameOver 变量，如果游戏结束，则不再执行移动操作。修改 keydown()事件方法，具体代码如下。

```
1  $(document).keydown(function(e) {
2    if (isGameOver) {
3      return false;
4    }
5    ……（原有代码）
6  };
```

由于合并出 2048 数字并不简单，为了方便测试，可以先将胜利条件修改为比较小的数字，如 128，观察程序是否能够判断玩家已经获得胜利。

2. 判断游戏是否失败

游戏失败的条件为，数字填满了所有的单元格，并且相邻单元格也无法合并。为了判断这种情况，下面在 board 的原型对象中增加 canMove()方法，表示当前是否还可以继续移动，具体代码如下。

```
1  canMove: function() {
2    for (var x = 0, arr = this.arr, len = arr.length; x < len; ++x) {
3      for (var y = 0; y < len; ++y) {
4        if (arr[x][y] === 0) {
5          return true;
6        }
7        var curr = arr[x][y], right = arr[x][y + 1];
8        var down = arr[x + 1] ? arr[x + 1][y] : null;
9        if (right === curr || down === curr) {
10         return true;
11       }
12     }
13   }
14   return false;
15 },
```

上述代码用于以左上角的单元格为基点，开始遍历。如果当前单元格为 0，表示可以移动；如果相邻的右、下单元格与当前单元格数字相等，表示可以合并；如果遍历完成后仍然没有符合条件的单元格，则说明当前已经无法移动了。

接下来在 Game2048 函数中调用 board.canMove()方法，判断是否已经失败，具体代码如下。

```
1  board.onMoveComplete = function(e) {
2    // 判断是否失败
```

```
3    if (!board.canMove()) {
4      isGameOver = true;
5      setTimeout(function() { alert('本次得分：' + score); }, 300);
6    }
7    ……（原有代码）
8  };
```

通过浏览器进行测试，观察程序是否能够判断游戏失败的情况。

3. 完善游戏结束页面

在游戏胜利或失败时，直接弹出警告框的交互体验并不友好，接下来将优化此功能。在 index.html 中，找到 game_container 容器，在容器内部新增如下代码，显示游戏结束画面。

```
1  <div id="game_over" class="game-hide">
2    <div id="game_over_info"></div>
3    <span id="game_restart">重新开始</span>
4  </div>
```

在上述代码中，第 1 行 class 为 game-hide 的元素表示隐藏元素，其样式代码如下。

```
1  <style>
2    .game-hide { display: none; }
3  </style>
```

在页面中，id 为 game_over_info 的元素用于显示游戏结束时的提示信息，考虑到游戏获胜和失败时显示的信息不同，该元素的内容留空，通过 JavaScript 来更改内容。

在 View 原型对象中增加 win()和 over()方法，分别用于显示获胜和失败的信息，具体代码如下。

```
1  win: function() {
2    $('#' + this.prefix + '_over_info').html('<p>您获胜了</p>');
3    $('#' + this.prefix + '_over').removeClass(this.prefix + '-hide');
4  },
5  over: function(score) {
6    $('#' + this.prefix + '_over_info').html('<p>本次得分</p><p>' + score +
'</p>');
7    $('#' + this.prefix + '_over').removeClass(this.prefix + '-hide');
8  },
```

在上述代码中，第 2 行和第 6 行用于在 id 为 game_over_info 元素中添加提示信息，第 3 行和第 7 行用于移除 id 为 game_over 元素的 class 样式 game-hide，移除后提示信息就会显示出来。

在增加了 win()和 over()方法后，在 Game2048 函数中按照如下步骤进行修改。

```
// ① 在 board.onMove 中找到如下代码：
setTimeout(function() { alert('您获胜了'); }, 300);
// 修改为：
setTimeout(function() { view.win(); }, 300);
// ② 在 board.onMoveComplete 中找到如下代码：
setTimeout(function() { alert('本次得分：' + score); }, 300);
// 修改为：
setTimeout(function() { view.over(score); }, 300);
```

通过浏览器访问测试，当游戏结束后，就会看到图 12-2 所示的效果。

12.3.6 重新开始游戏

当游戏结束后，在页面中提供“重新开始”按钮，单击此按钮可以重新开始游戏。为了实现这个功能，首先在 View 原型对象中增加 cleanNum()方法，用于清空页面中所有的数字单元格，具体代码如下。

```
1  cleanNum: function() {
1    this.nums = {};
2    $('#' + this.prefix + '_over').addClass(this.prefix + '-hide');
3    $('.' + this.prefix + '-num').remove();
4  },
```

上述第 2 行代码用于清空 this.nums 中保存的所有数字单元格对象，第 3 行代码用于隐藏游戏结束时的提示信息，第 4 行代码用于移除页面中所有的数字单元格。

然后修改 Game2048 函数中的代码，将开始游戏相关的功能整理到 start()函数中，具体代码如下。

```
1  function Game2048(opt) {
2    var score = 0;              // 初始分数
3    var winNum = 2048;          // 获胜条件
4    var isGameOver = true;      // 在调用 start() 前游戏处于停止状态
5    ……
6    function start() {          // 开始游戏
7      score = 0;                // 将保存的分数重置为 0
8      view.updateScore(0);      // 将页面中的分数重置为 0
9      view.cleanNum();          // 清空页面中多余的数字单元格
10     board.init();             // 初始化单元格数组
11     board.generate();         // 生成第 1 个数字
12     board.generate();         // 生成第 2 个数字
13     isGameOver = false;       // 将游戏状态设为开始
14   }
15   $('#' + prefix + '_restart').click(start);    // 为“重新开始”按钮添加单击事件
16   start();                                      // 开始游戏
17 }
```

在上述代码中，第 6～14 行将初始化游戏相关的代码整理到 start()函数中， 第 15 行代码用于获取 id 为 game_restart 的元素（即“重新开始”按钮），为其添加单击事件，单击时执行 start()函数开始游戏。第 16 行代码调用了 start()函数，用于在页面打开后自动开始游戏。

至此，一个简单的网页版 2048 游戏已经开发完成。

本章小结

本章通过网页版 2048 小游戏帮助大家综合运用前面所学的知识，培养大家在开发时能够站在项目的整体层面思考问题、分析问题与解决问题的能力。

课后练习

一、填空题

1. jQuery 中________选择器可以获取被选中的复选框。
2. 在 jQuery 中 event 对象的________属性可获取键盘按键值。

二、判断题

1. jQuery 是对 JavaScript 封装的函数库。(　　)
2. 变量 aa = bb = 0，则 aa 变为 3 后，bb 也等于 3。(　　)
3. JSON 是独立于语言的数据交换格式。(　　)
4. “{}”可用于在 JavaScript 中创建对象。(　　)
5. 变量创建后，可以在任意位置使用。(　　)

三、选择题

1. 循环语句 for (var i=0; i = 1; i++) { } 的循环次数是 (　　)。
   A. 0　　B. 1　　C. 2　　D. 无限
2. 下列选项中，不属于 jQuery 选择器的是 (　　)。
   A. 元素选择器　　B. 属性选择器　　C. CSS 选择器　　D. 分组选择器
3. 下列选项中，(　　) 可用来切换元素的可见状态。
   A. show()　　B. hide()　　C. toggle()　　D. slideToggle()